Dirk Fox
Thomas Püttmann

Bauen, erleben, begreifen: Technikgeschichte mit fischertechnik

16 Meilensteine zum Nachbauen

dpunkt.verlag

Dirk Fox **E-Mail: dirk.fox@secorvo.de**
Thomas Püttmann **E-Mail: Thomas.Puettmann@rub.de**

Lektorat: Dr. Michael Barabas
Copy-Editing: Sandra Gottmann, Münster-Nienberge
Herstellung: Susanne Bröckelmann, Heidelberg
Satz: Ulrich Borstelmann, Dortmund
Umschlaggestaltung: Helmut Kraus, www.exclam.de
Druck und Bindung: M. P. Media-Print Informationstechnologie GmbH, 33100 Paderborn

Bibliografische Information der Deutschen Nationalbibliothek
Die Deutsche Nationalbibliothek verzeichnet diese Publikation in der Deutschen Nationalbibliografie; detaillierte bibliografische Daten sind im Internet über http://dnb.d-nb.de abrufbar.

ISBN:
Buch 978-3-86490-296-3
PDF 978-3-86491-791-2
ePub 978-3-86491-792-9
mobi 978-3-86491-793-6

1. Auflage 2015
2., aktualisierter Nachdruck 2022

Wieblinger Weg 17
69123 Heidelberg

5 4 3 2

Bauen, erleben, begreifen: Technikgeschichte mit fischertechnik

Dirk Fox ist Informatiker, Gründer und Geschäftsführer eines Beratungsunternehmens für IT-Sicherheit, Herausgeber einer Fachzeitschrift für Datenschutz und Datensicherheit, Vorstand eines großen IT-Netzwerks – und begeisterter »fischertechniker«. Er gibt die fischertechnik-Zeitschrift »ft:pedia« heraus und setzt sich für den Ausbau des Technikunterrichts an deutschen Schulen ein – mit fischertechnik.

Thomas Püttmann ist außerplanmäßiger Professor für Mathematik an der Ruhr-Universität Bochum. Zur Vermittlung von Themen aus den Bereichen Mathematik, Technik und Naturwissenschaften entwickelt er gezielt lehrreiche Modelle, wenn möglich aus fischertechnik. Als echter Mathematiker optimiert er seine Konstruktionen so lange, bis man keinen Stein mehr weglassen oder verschieben kann. Regelmäßig schreibt er Beiträge für die ft:pedia.

4 Die Uhr 51

5 Das Planetarium 79

11 Der Telegraf 225

12 Die Normalzeit 247

13 Der Film 263

14 Das Raupenfahrzeug 281

Zur Einführung

Die Geschichte der Entwicklung der Menschheit ist vor allem eine Geschichte der Entwicklung der Technik.

Denn dass ein biologisch wenig spezialisiertes und angepasstes Lebewesen wie der Mensch bis heute überlebt hat, verdankt er in erster Linie seiner (technischen) Erfindungsgabe. Technische Errungenschaften erlauben es dem Menschen, Arbeiten zu verrichten, die weit über seine physischen Kräfte hinausgehen, sich Energien dienstbar zu machen, Distanzen zu überwinden, sich von Temperatur und Wetter weitgehend unabhängig zu machen und über große Entfernungen mit anderen Menschen in Kontakt zu treten.

In den vergangenen 2000 Jahren haben technische Entwicklungen das Leben der Menschheit grundlegender und umfassender verändert als Millionen von Jahren davor.

Dennoch ist die Geschichte der jüngsten 2000 Jahre, die heute in der Schule gelehrt wird, in erster Linie eine Geschichte von Macht und Krieg, von Herrschaft und sozialen Verhältnissen. Bis auf die Phase der industriellen Revolution, in der sich der Einfluss von Technik nicht ignorieren lässt, spielt die Geschichte der Technik darin keine Rolle.

Wer aber hat – auf lange Sicht – die Entwicklung der Welt wohl nachhaltiger beeinflusst: Ludwig XIV. oder Christiaan Huygens' Pendeluhr? Napoleon Bonaparte oder die Erfindung der Dampflokomotive durch seinen Zeitgenossen Richard Trevithick? Karl Marx oder die von Samuel Morse entwickelte Telegrafie?

Dieses Buch erzählt daher eine andere Geschichte. Es ist die Geschichte einiger großer Erkenntnisse und Innovationen, die unser heutiges Leben geprägt haben. Es ist eine Geschichte, die nicht werten, aber würdigen will. Sie erzählt von Erfindern und Machern, die sich nicht mit dem theoretischen Verständnis von Zusammenhängen zufrieden gegeben haben, sondern so lange an ihrer praktischen Umsetzung und Nutzbarmachung getüftelt haben, bis sie eine funktionierende Lösung vor sich hatten.

Unsere Auswahl von 16 Meilensteinen ist subjektiv, und zweifellos lassen sich mit guten Argumenten weitere nennen, die in einer Geschichte der Technik eigentlich nicht fehlen dürfen. Unstrittig dürfte aber sein, dass den von uns ausgewählten Innovationen der Ehrentitel »Meilenstein« gebührt.

Wir erzählen unsere Geschichte mit der Unterstützung von prototypischen Modellen. Sie sollen zum Nach- und Weiterbauen anregen, denn erst durch die eigene Konstruktion wird die Genialität vieler Innovationen nachvollziehbar, manchmal geradezu haptisch erlebbar. Wir haben die Modelle mit einem Baukastensystem nachkonstruiert, das eine äußerst schnelle Entwicklung von Prototypen erlaubt und zugleich realen Verhältnissen sehr nahe kommt: mit fischertechnik.

In diesem Jahr feiert das fischertechnik-Baukastensystem, das nach unserer festen Überzeugung in keinem Kinderzimmer der Welt fehlen sollte, seinen 50sten Geburtstag. Wie kein zweites technisches Spielzeug vermittelt es technisches Grundverständnis und begeistert zugleich für technische Zusammenhänge.

Entwickelt wurde es von dem genialen Erfinder Artur Fischer, mit weit über 1000 Patenten ein zweiter Thomas Alva Edison.

Ihm widmen wir dieses Buch – zum Dank für die ungezählten wunderbaren, faszinierenden und erkenntnisreichen Stunden, die seine Erfindung uns und unseren Kindern beschert hat.

Dirk Fox und Thomas Püttmann

Hinweise

- Im Anhang haben wir eine Zeitleiste mit den in diesem Buch genannten technischen Innovationen beigefügt – eingebettet in den historischen Kontext. Sie gibt einen Eindruck davon, mit welcher Macht und Geschwindigkeit technische Entwicklungen vor allem die jüngsten 200 Jahre unserer Zeitrechnung geprägt haben.
- Ein Buch ist in der heutigen Zeit schon fast ein Anachronismus. Tatsächlich lassen sich viele Informationen (wie z.B. Onlinequellen, Bauanleitungen oder Programmdateien) viel leichter über ein Onlinemedium vermitteln. Daher gibt es eine Webseite zu diesem Buch mit weiterführenden Materialien: http://www.technikgeschichte-mit-fischertechnik.de
- Die Modelle in diesem Buch können alle mit heute noch käuflich zu erwerbenden fischertechnik-Bauteilen nachgebaut werden. Wem einzelne Bauteilbezeichnungen, die wir verwenden, nicht geläufig sind, kann sie in der offiziellen Bauteilliste von fischertechnik nachschlagen, die wir auf der Webseite zum Buch verlinkt haben. Dort finden sich auch Bezugsquellen für fischertechnik-Baukästen und Einzelteile.
- Zu allen Modellen, die sich nicht so leicht anhand der Fotos in diesem Buch nachbauen lassen, haben wir eine 3D-Bauanleitung mit Bauteilliste erstellt und zum Download auf der oben angegebenen Webseite bereitgestellt. Die 3D-Bauanleitungen wurden mit dem Programm *fischertechnik designer* von Michael Samek entworfen. Auf der Webseite http://3dprofi.de gibt es ein kostenloses Demo-Programm für Windows und einen Apple-Reader zum Download, mit dem die Anleitungen genutzt werden können.
- Einige wenige Modelle verwenden einen fischertechnik-Controller (ROBO TX oder ROBOTICS TXT). Die Programme in der Programmiersprache ROBO Pro können ebenfalls von der Webseite zum Buch heruntergeladen werden.
- Alle Literaturhinweise, die über eine Internetquelle erreichbar sind, finden sich ebenfalls auf der Webseite zum Buch und können dort direkt angeklickt werden.

1 Der Flaschenzug

Schon in der Frühzeit der Menschheitsgeschichte war die Überwindung der Begrenztheit menschlicher Kraft eine der großen Herausforderungen. Vor über 2000 Jahren entdeckten die Menschen eine technische Lösung, um selbst tonnenschwere Gegenstände, wie z. B. große Steinblöcke, mit Menschenkraft anzuheben.

Abb. 1–1 *Kuppel des Doms von Florenz, Zeichnung von Filippo Brunelleschi (um 1419)*

In einer Zeit, in der als Kraftquelle nur die Muskelkraft von Mensch und Tier zur Verfügung stand, war die Entdeckung einer Mechanik, mit der es gelang, die Kraftwirkung zu vergrößern, von größter Bedeutung. Neben dem Hebelgesetz, das bereits in der Antike von dem griechischen Mathematiker und Physiker *Archimedes von Syrakus* (287–212 v. Chr.) aufgestellt wurde und die Grundlage der Mechanik bildet, revolutionierte die Erfindung des Flaschenzugs die Bautechnik. Mit Flaschenzügen gelangen in der Antike und Renaissance architektonische Leistungen wie das Colosseum in Rom oder die Kuppel des Florenzer Doms von *Filippo Brunelleschi* (1377–1446), bis heute beeindruckende Meisterwerke.

Die Funktion eines Flaschenzugs – dessen Bezeichnung übrigens nichts mit Gefäßen für Flüssigkeiten zu tun hat, sondern von den Rollenhalterungen stammt, die dieselbe Bezeichnung trugen – ist schnell erklärt. Die für eine bestimmte *Hubarbeit* – das Anheben eines bestimmten Gewichts um eine definierte Höhe – erforderliche Kraft lässt sich über die Länge des zu überwindenden *Hubwegs* steuern, da die Hubarbeit als Produkt aus Kraft und Weg berechnet wird: Mit einem längeren Hubweg benötigt man weniger Kraft für dieselbe Hubarbeit.

Ein Flaschenzug verlängert nun künstlich den Hubweg, genauer: die Länge des für die Leistung der Hubarbeit aufzuwickelnden Zugseils. Damit ist weniger Kraft für die Hubarbeit erforderlich. Der Preis, den man für diese »Kraftverstärkung« zahlt: Man muss länger ziehen oder kurbeln.

Abb. 1–2 *Flaschenzug*

Faktorenflaschenzug

Wenn wir heute von einem Flaschenzug sprechen, meinen wir in der Regel einen *Faktorenflaschenzug*, der die Seillänge durch »Schlingen« und Seilrollen künstlich verlängert.

Schon ein einfacher Flaschenzug mit einer Schlinge verdoppelt die Länge des Zugseils und halbiert damit die benötigte Kraft: Ein Mensch, der maximal 50 kg bewegen kann, kann mit einem solchen Flaschenzug bis zu 100 kg Last anheben.

In der Antike wurden Flaschenzüge von Griechen und Römern in einfachen Kränen eingesetzt. Der römische Ingenieur *Marcus Vitruvius Pollo* (ca. 80–15 v. Chr.) beschrieb den zu seiner Zeit verbreiteten *Trispastos*, einen einfachen Kran mit Drei-Rollen-Flaschenzug, der die Kraft des Bedieners mit einem zusätzlichen Hebel an der Winde insgesamt etwa verzwölffachte (Abb. 1–3).

Solche Flaschenzüge waren wahrscheinlich schon seit etwa 750 v. Chr. bekannt und kamen auf Baustellen und im Theater zum Einsatz. Dabei sorgte der Flaschenzug für eine Verdreifachung der Kraftwirkung; der Hebel an der Winde (Haspel) bewirkte eine zusätzliche Vervielfachung der Kraft des Bedieners.

Die beeindruckende Wirkung eines solchen »Kraftverstärkers« lässt sich durch einen Nachbau des Trispastos in fischertechnik demonstrieren. Abb. 1–4 zeigt ein Modell, das einen Ver-

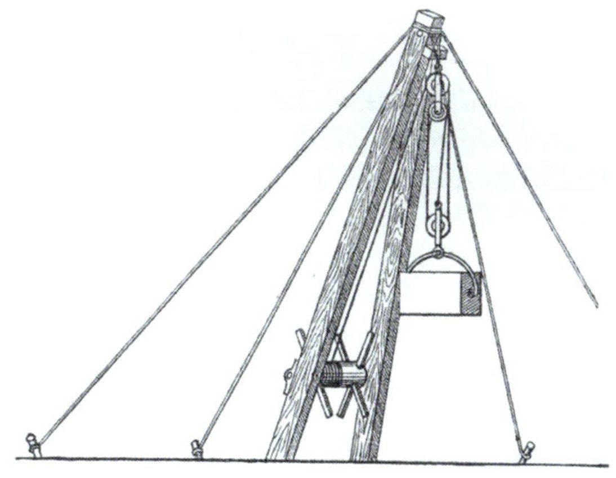

Abb. 1–3 Römischer Trispastos nach Vitruv

Abb. 1–4 fischertechnik-Modell eines Trispastos

stärkungsfaktor von etwa 18 besitzt. Problemlos kann man mit dieser einfachen Konstruktion eine mit Gewindestangen gefüllte Kiste (450 g) hochziehen.

Die Krafteinsparung (oder -verstärkung) lässt sich mit weiteren »Schlingen« vergrößern: Die für die Hubarbeit benötigte Kraft F_Z sinkt bei n Seilwegen (= Seilrollen) auf ein n-tel der Gewichtskraft der Last F_L:

$$F_Z = \frac{F_L}{n}$$

Daher liegt es nahe, die von einem Kran oder einer Seilwinde leistbare Hubarbeit zu vergrößern, indem man den Flaschenzug um weitere Rollen ergänzt.

Dafür gibt es im Wesentlichen zwei Ansätze: die Anordnung der Rollen nebeneinander (horizontal) und die Anordnung übereinander (vertikal). Mit letzterer lässt sich der Flaschenzug schlanker realisieren; dafür reduziert sich konstruktionsbedingt die maximale Hubhöhe, da ein Teil für die vertikale Anordnung der Rollen benötigt wird.

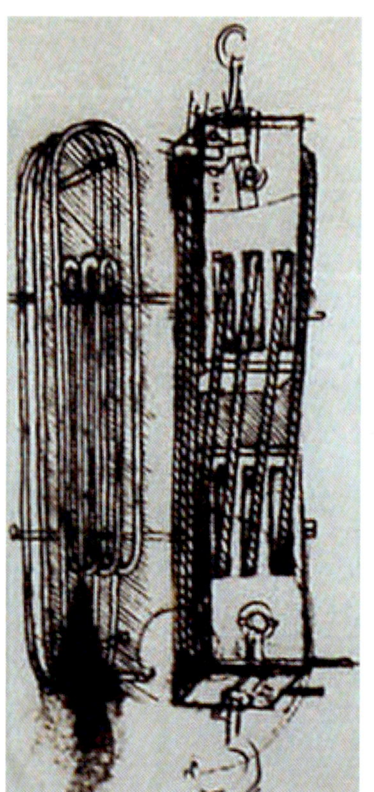

Abb. 1–5 *Flaschenzug von Leonardo da Vinci*

Eine kompakte Konstruktion eines sowohl horizontalen als auch vertikalen Flaschenzugs mit 12 Rollen, bei der die Rollen sowohl nebeneinander als auch übereinander angeordnet sind, ist vom Universalgenie der Renaissance, *Leonardo Da Vinci* (1452–1519), überliefert (Abb. 1–5).

Flaschenzüge aus fischertechnik finden sich schon in der Anleitung zum *Grundkasten* aus dem Jahr 1966 (S. 20, Abb. 1–6).

In hobby 1, Band 1 [4] wurde dem Flaschenzug 1972 ein eigenes Kapitel gewidmet. Wirken die frühen fischertechnik-Flaschenzüge noch etwas plump und eher wie grobe Funktionsmodelle, gelingt unter Verwendung von Statikkomponenten wie z.B. den S-Laschen (oder den heutigen Laschen 21,2) eine deutlich elegantere Konstruktion (linke Variante in Abb. 1–7) – zu finden z.B. in der Anleitung zum *Aufbau-Statikkasten 50S/3* aus dem Jahr 1975. Auch die Kreuzknotenplatten aus den frühen Statikkästen von 1970 erlauben eine ansprechende Konstruktion wie die zweite Variante von rechts in Abb. 1–7, zu finden z.B. in hobby 2 Band 4 [5], (S. 18, 20, 49).

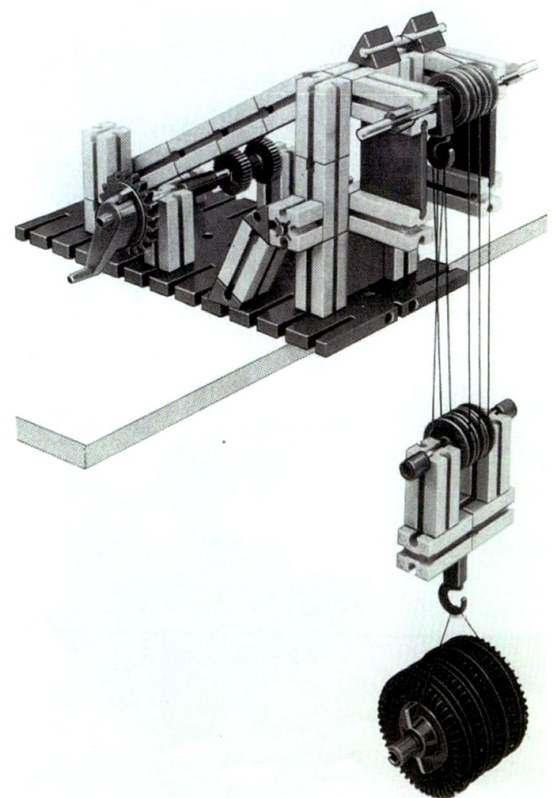

Abb. 1–6 fischertechnik-Flaschenzug von 1966 (aus: Bauanleitung Grundkasten)

Das Rollenlager, 1990 eingeführt mit dem Modellkasten *Starlifters*, eignet sich ebenfalls zur Konstruktion eines Flaschenzugs (rechte Variante in Abb. 1–7).

Auch mit den Kupplungsstücken aus dem *Universal*-Baukasten von 1997, verwendet in der zweiten Variante von links in Abb. 1–7, lässt sich ein Flaschenzug konstruieren, siehe die zugehörige Bauanleitung (Abb. 1–8).

Abb. 1–7 Konstruktionsvarianten einfacher fischertechnik-Flaschenzüge

Abb. 1–8 Flaschenzug im Baukasten Universal

Bei der Montage der Seilrollen muss man darauf achten, dass die Rollen nicht eingeklemmt werden, sondern möglichst widerstandsarm frei rotieren.

Bei allen gezeigten Varianten wird das Seilende jeweils mit einer der Klemmbuchsen an der oberen Achse befestigt, über dic untere Rolle und von dort über die obere Umlenkrolle zu einer Seilwinde geführt.

Will man mehr als eine Verdoppelung der Kraftwirkung erreichen, benötigt man einen Flaschenzug mit weiteren Seilrollen. Auch mit fischertechnik lassen sich die zusätzlichen Rollen sowohl vertikal als auch horizontal anordnen. Abb. 1–9 zeigt vier Realisierungsalternativen für *n*-fache Flaschenzüge.

Die drei linken Varianten sind auf jeweils vier Rollen beschränkt; damit lässt sich die Kraftwirkung vervierfachen. In der Anleitung zum Teleskop-Mobilkran von 1983 (S. 45) findet sich eine kompakte vertikale Konstruktion.

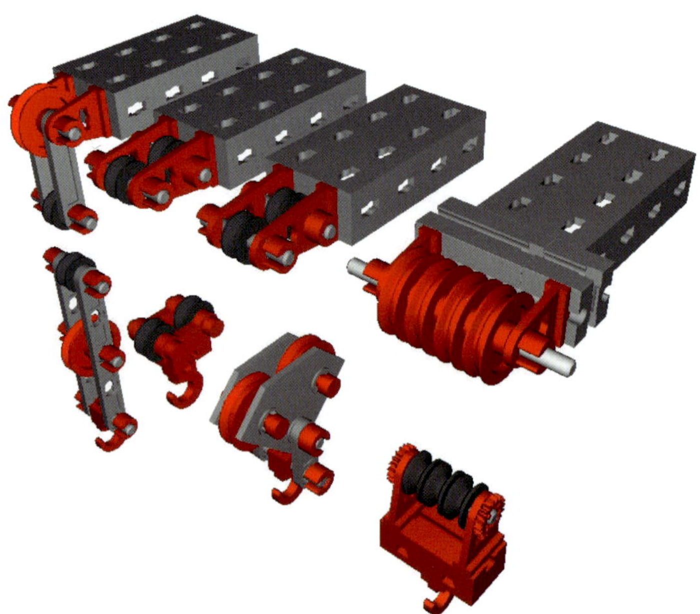

Abb. 1–9 Realisierungsalternativen für n-fache Flaschenzüge

Ein Flaschenzug mit horizontal angeordneten Rollen wird im hobby 2, Band 4 [5], (S. 10) vorgestellt. Er verwendet I-Streben, um Haken und Rollenachse miteinander zu verbinden. Die rechte Variante in Abb. 1–9 erreicht eine Verachtfachung der Kraftwirkung; sie kann zudem leicht um weitere Führungsrollen erweitert werden.

Eine ähnliche Konstruktion findet sich im Abenteuer-Bau-Buch [6], (S. 50 ff.) aus dem Jahr 1985 (Abb. 1–10).

Zu weit sollte man es aber nicht treiben, denn auch mit einem fischertechnik-Flaschenzug lassen sich nicht beliebig große Gewichte anheben – die Hubarbeit geht irgendwann nicht mehr spurlos am Material vorüber.

Spätestens wenn am Antrieb (Schnecke, Zahnrad) Abrieb entsteht, sollte man das Gewicht reduzieren.

Abb. 1–10 7-facher Flaschenzug

Potenzflaschenzug

Der Faktorenflaschenzug ist zwar der einfachste, aber keineswegs der einzige Flaschenzugtyp.

Eine andere Konstruktion liegt dem *Potenzflaschenzug* (Abb. 1–11) zugrunde. Man kann sich ihn als eine Art »Hintereinanderschaltung« mehrerer einfacher Faktorenflaschenzüge vorstellen. Dabei wird mit jeder zusätzlichen Rolle ein weiteres Zugseil eingeführt und damit die erforderliche Kraft halbiert.

Die für die Hubarbeit erforderliche Zugkraft liegt bei n »losen« Rollen also bei einem 2^n-tel der Gewichtskraft der Last:

$$F_Z = \frac{F_L}{2^n}$$

Die Wirkung ist größer als bei einem Faktorenflaschenzug, denn mit nur fünf losen Rollen erreicht man eine Verstärkung von 32. Dennoch findet man diesen Flaschenzugtyp eher selten.

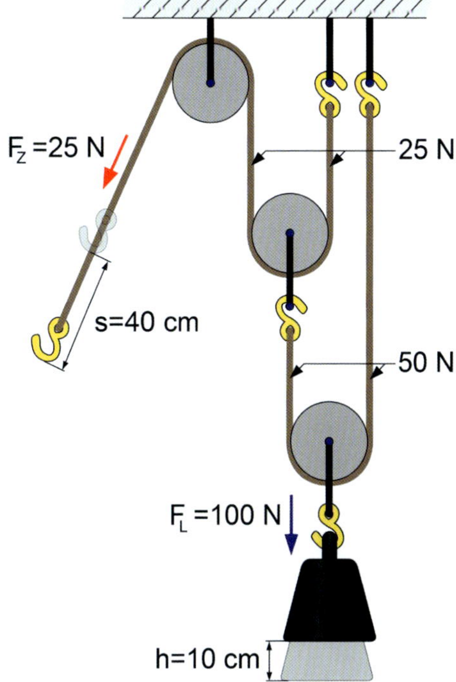

Abb. 1–11 Potenzflaschenzug

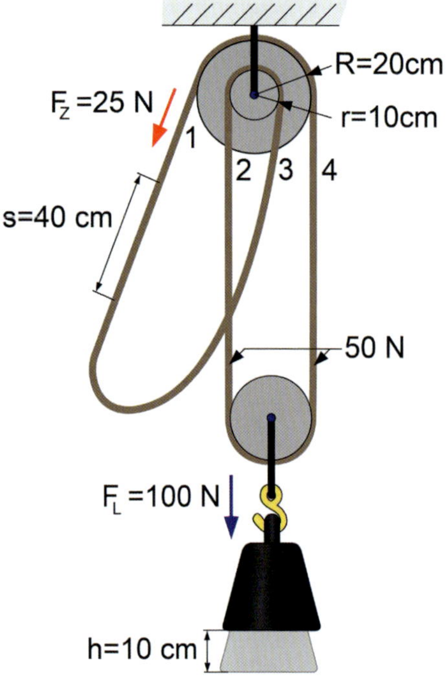

Abb. 1–12 Differenzialflaschenzug

Differenzialflaschenzug

Ein dritter Flaschenzugtyp ist der *Differenzialflaschenzug*. Er besteht aus zwei auf einer Achse fest miteinander verbundenen Rollen mit unterschiedlichem Radius und einer dritten, losen Rolle.

Die Seilführung erfolgt wie bei einem Faktorenflaschenzug, allerdings werden die Seilenden miteinander zu einer großen »Schlaufe« verbunden (Abb. 1–12). Die Kraftverstärkung berechnet sich hier aus der Differenz der Radien der beiden Rollen.

Denn während über die kleinere Rolle mit Radius *r* je Umdrehung eine Seillänge von $2\pi \cdot r$ abrollt, verkürzt sich die Seilschlinge zugleich um die an der großen Rolle mit Radius *R* aufgerollte Seillänge $2\pi \cdot R$. Die erforderliche Zugkraft berechnet sich daher aus der Last mit:

$$F_Z = \frac{F_L \cdot (R - r)}{2 \cdot R}$$

Ist der Radius *R* wie in Abb. 1–12 doppelt so groß wie *r*, genügt ein Viertel der Kraft für die nötige Hubarbeit. Da der Seilzug auf den Rollen nicht durchrutschen darf, werden meist statt eines Seils eine Kette und statt der Rollen Zahnräder verwendet.

Ein fischertechnik-Modell eines Differenzialflaschenzugs mit Kette findet sich in hobby 2, Band 4 [5] auf S. 19 (Nachbau in Abb. 1–13). Das Z20 hat einen Innenradius von $R = 1{,}5$ cm, beim Z10 ist $r = 0{,}75$ cm. Statt der Radien können wir auch mit der Anzahl der Zähne rechnen und kommen zu demselben Ergebnis: Die Kraftverstärkung liegt in unserem Modell bei vier. Wir sehen: Je enger die Radien der beiden Zahnräder zusammenliegen, desto größer ist die Kraftverstärkung des Differenzialflaschenzugs. Ersetzen wir das Z10 durch ein Z15, bewirkt der Flaschenzug eine Kraftverstärkung von acht.

Abb. 1–13 Differenzialflaschenzug

Differenzialwinde

Nach demselben Prinzip arbeitet die Differenzialwinde. Sie kommt allerdings ohne Rollen (bzw. Zahnräder) aus. Stattdessen verwendet sie zwei Winden mit unterschiedlichem Durchmesser auf derselben Achse. Die beiden Enden des Zugseils werden auf den Winden in entgegengesetzter Richtung aufgewickelt. Damit wird beim Drehen der Achse das eine Ende des Zugseils auf einer der Winden ab- und das andere auf der anderen Winde aufgewickelt – wegen des unterschiedlichen Durchmessers mit unterschiedlichen Seillängen (Abb. 1–14).

Das Verhältnis der Zugkraft zur Gewichtskraft der Last berechnet sich nach derselben Formel wie beim Differenzialflaschenzug.

Ein Konstruktionsbeispiel für eine solche Differenzialwinde findet sich im hobby 2, Band 4 [5], (S. 18). Das eine Seilende wird dabei auf einer Seiltrommel (R = 3,75 mm), das andere direkt auf der Achse (r = 2 mm) aufgewickelt (Abb. 1–15).

Diese Differenzialwinde verstärkt also um den Faktor 4,3 – beim Faktorenflaschenzug benötigen wir dafür mindestens vier Rollen.

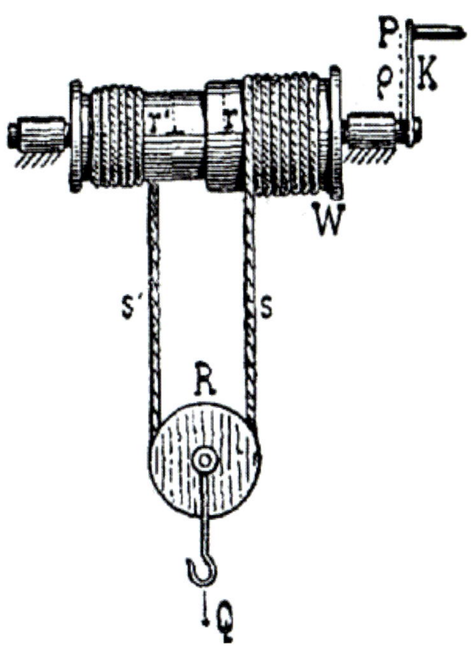

Abb. 1–14 Prinzip der Differenzialwinde

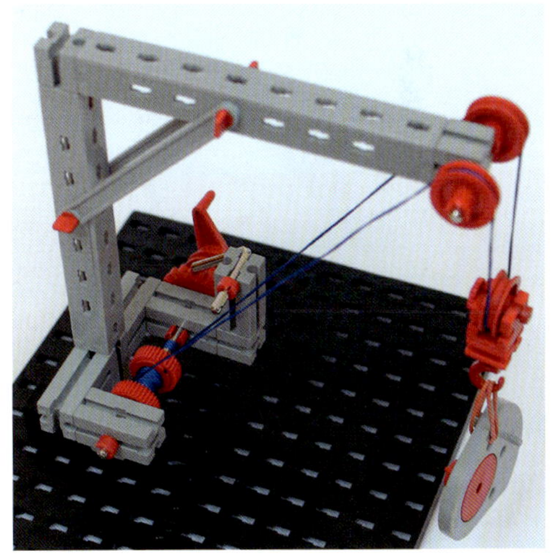

Abb. 1–15 Differenzialwinde

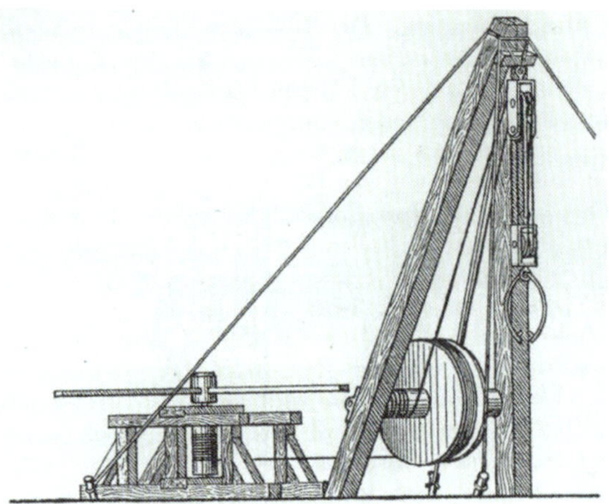

Abb. 1–16 Römischer Kran mit Wellrad

Abb. 1–17 Trispastos mit Wellrad

Krane mit Wellrad

Waren größere Gewichte zu heben, wurde bereits in antiken Kranen neben der Haspel ein *Wellrad* (meist ein Speichenrad) mit großem Durchmesser montiert. Um das Wellrad wurde ein langes Zugseil gewickelt und mit einer Winde verbunden.

Diese Konstruktion bewirkte eine weitere Zugkraftverstärkung. Sie berechnet sich unmittelbar aus dem Verhältnis der beiden Radien von Haspel (r) und Wellrad (R):

$$F_Z = \frac{F_L \cdot r}{R}$$

Bereits bei Vitruv findet sich eine Beschreibung eines solchen römischen Baukrans (Abb. 1–16).

Ersetzt man in unserem Trispastos-Modell die Winde durch ein Speichenrad, so werden das Funktionsprinzip und die Wirkung dadurch veranschaulicht (Abb. 1–17).

Die Kraftverstärkung des Trispastos vergrößert sich durch das Wellrad (R = 4,5) um den Faktor 12 auf 216. Bei der Konstruktion muss man darauf achten, dass das Zugseil am Wellrad die 12fache Länge des Seils an der vorderen Seiltrommel haben muss.

Tretradkrane

In großen römischen (und später mittelalterlichen) Kranen wurde statt eines Speichenrads ein *Tretrad* verwendet, in dem Sklaven oder Arbeiter (Kranknechte) die Hubarbeit nicht mehr nur mit Armkraft, sondern durch Einsatz ihres Körpergewichts verrichteten, was eine weitere Leistungssteigerung bewirkte.

Krane mit Tretrad wurden bereits im 1. Jahrhundert von Vitruv beschrieben (Abb. 1–18).

Die älteste bekannte Darstellung eines solchen Tretradkrans findet sich in einem Grabrelief des römischen Bauunternehmers *Quintus Haterius Tychicus* (Haterier-Grab) aus dem 2. Jahrhundert (Abb. 1–19).

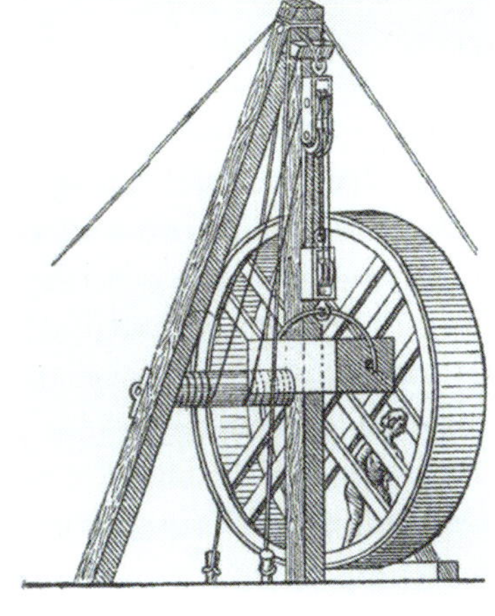

Abb. 1–18 Römischer Kran mit Tretrad nach Vitruv

Abb. 1–19 Tretradkran auf dem Grabrelief von Quintus Haterius Tychicus (Haterier-Grab)

Auf dem Relief ist nur ein Ausschnitt des Baukrans abgebildet; dennoch erkennt man deutlich, dass der Kran bereits mit mehreren Flaschenzügen und einem Tretradantrieb arbeitete.

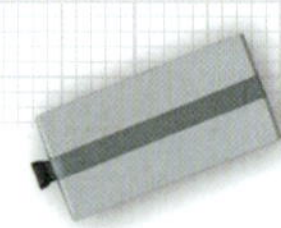

Abb. 1–20 Alter Moselkran in Trier (von 1413)

Abb. 1–21 Treträder des Alten Moselkrans

Nach dem Ende des römischen Reichs ging das Wissen der Römer zunächst verloren. Tretradkrane tauchten erst im späten Mittelalter wieder auf und wurden auf Baustellen und in Häfen eingesetzt. Einer der ältesten Hafenkrane mit Tretrad stand in Brügge (gebaut 1287/88).

Die Tretradkrane des Mittelalters wurden überwiegend drehbar konstruiert, sodass der Kranausleger mit seiner Last geschwenkt werden konnte. Bei vielen Konstruktionen schwenkte das gesamte Tretrad mit, da es zugleich als Gegengewicht für die Kranlast diente. So auch in den Turmhebekränen, von denen es allein in deutschen Binnenhäfen über 60 gab. Europaweit sind nur noch 15 erhalten; einer der ältesten ist der Moselkran in Trier aus dem Jahr 1413, der für eine höhere Entladegeschwindigkeit mit zwei Treträdern ausgestattet und bis 1910 im Einsatz war (Abb. 1–20/1–21). Hier wurde der gesamte Turm mit Ausleger, Last und den beiden Treträdern geschwenkt.

Eine deutliche Verbesserung des Wirkungsgrads der Gewichtskraft brachte die 1615 von *Fausto Veranzio* (1551–1617) vorgeschlagene Verwendung von Sprossenrädern als »Außentretrad« (Abb. 1–22).

Von Baukranen mit Tretrad gibt es zahlreiche Nachbauten in Originalgröße, z.B. im Limesmuseum bei Aalen und in der Burg Fleckenstein (Elsass). Mit dem Tretradkran im Technoseum in Mannheim darf man sogar – unter Aufsicht – größere Steinblöcke anheben.

Ein Kranmodell mit Tretrad findet sich auch im hobby 2, Band 4 [5], (S. 10). Abb. 1–22 zeigt ein etwas größeres Modell: Das Tretrad (Sprossenrad) hat einen Radius von 11,5 cm, die Seilrolle ca. 0,375 cm – das ergibt einen Faktor 30 für den Hebel. Der Flaschenzug sorgt zusätzlich für einen Faktor drei.

Ein Mensch kann mit einem solchen Tretradkran theoretisch – wenn wir Reibungsverluste vernachlässigen – etwa das 90fache seines Körpergewichts anheben. Damit könnte ein 30 kg leichtes Kind einen etwa 2,5 Tonnen schweren Stein bewegen. Tatsächlich konnten Tretradkrane der Antike mit einem Fünf-Rollen-Flaschenzug mit zwei Personen Lasten von sechs Tonnen anheben.

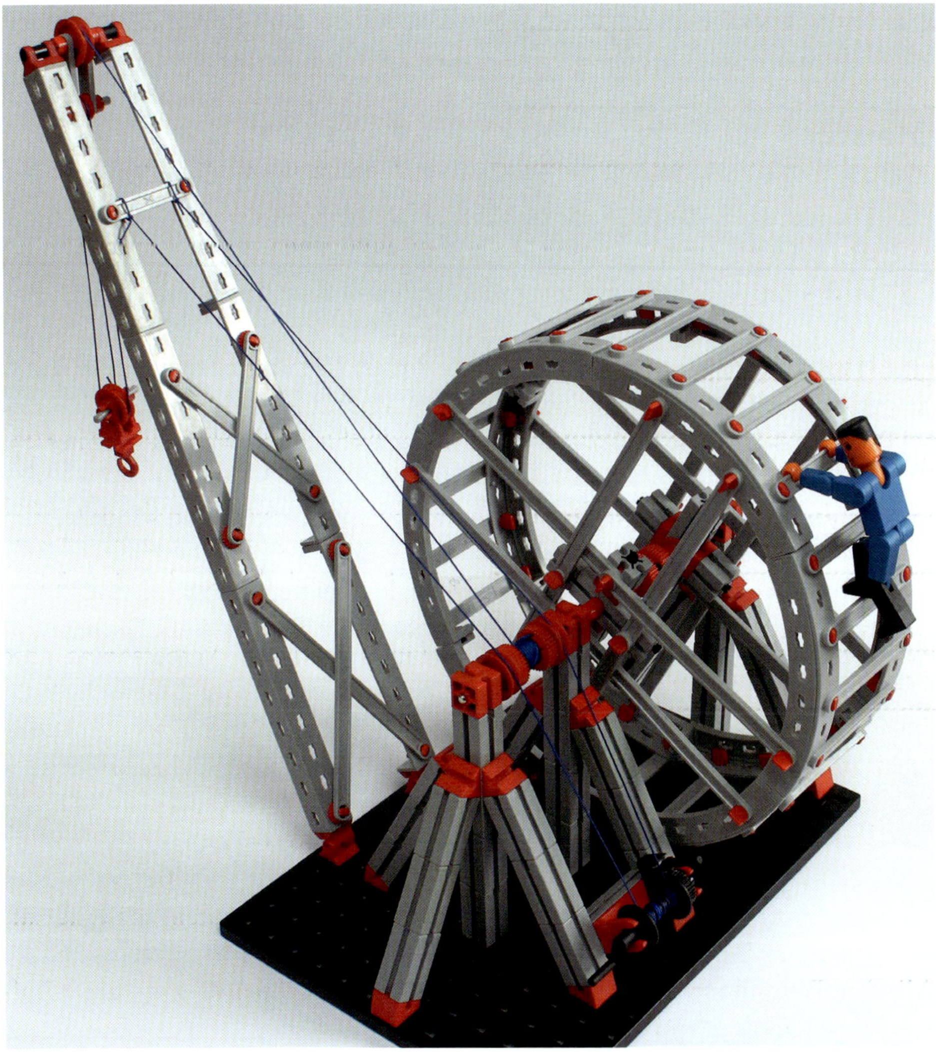

Abb. 1–22 fischertechnik-Tretradkran mit dreifachem Flaschenzug

Flaschenzüge, Differenzialwinden und Wellräder sind einfache mechanische Maschinen, mit denen eine Zugkraft verstärkt oder auch abgeschwächt werden kann. Bei Winden mit Motorantrieb sind sie eine Alternative zu Über- oder Untersetzungen durch Getriebe.

Flaschenzüge haben zudem einen positiven Nebeneffekt: Sie stabilisieren das Zugseil, indem sie Verdrillungen erschweren. Ein Objekt lässt sich damit sehr gerade nach oben ziehen. Je mehr Seilstränge, desto widerstandsfähiger ist ein Flaschenzug gegen Torsion.

Schließlich wird das Zugseil entlastet, da auf jeden einzelnen Seilstrang nur ein Bruchteil der Gewichtskraft des zu hebenden Gegenstands wirkt. So kann man mit einem Flaschenzug auch sehr schwere Gegenstände mit einem relativ dünnen Seil anheben.

Literatur

[1] Theodor Beck: *Beiträge zur Geschichte des Maschinenbaus*. Springer-Verlag, 1899.

[2] Brian Bolt: *Was hat der Bagger mit Mathematik zu tun?* Klett Verlag, 1995.

[3] Hans-Liudger Dienel, Wolfgang Meighörner: *Der Tretradkran*. Technikgeschichte und Rekonstruktion, Deutsches Museum, 1995.

[4] Artur Fischer: *Der Flaschenzug*. In: fischertechnik hobby, Experimente und Modelle, *hobby 1, Band 1*, Fischerwerke, 1972, S. 40–43.

[5] Artur Fischer: *Krane*. fischertechnik hobby, Experimente und Modelle, *hobby 2, Band 4*, Fischerwerke, 1975.

[6] Artur Fischer: *Das Abenteuer-Bau-Buch*. Fischerwerke, 1985.

[7] Heribert Keh: *Der Flaschenzug*. Unterrichtshilfe Technik (u-t). Fischerwerke, 1980.

2 Das Getriebe

Nachdem der Mensch einfache technische Hilfsmittel wie das Rad und den Hebel zu nutzen gelernt hatte, war ein nächster wesentlicher Schritt das gezielte Umformen und Anpassen von Bewegungen durch Getriebe. Das beinhaltete die Änderung von Bewegungsformen, die Nutzbarmachung von Wind-, Wasser- oder tierischer Kraft und die Auslösung oder Simulation von sich wiederholenden Vorgängen.

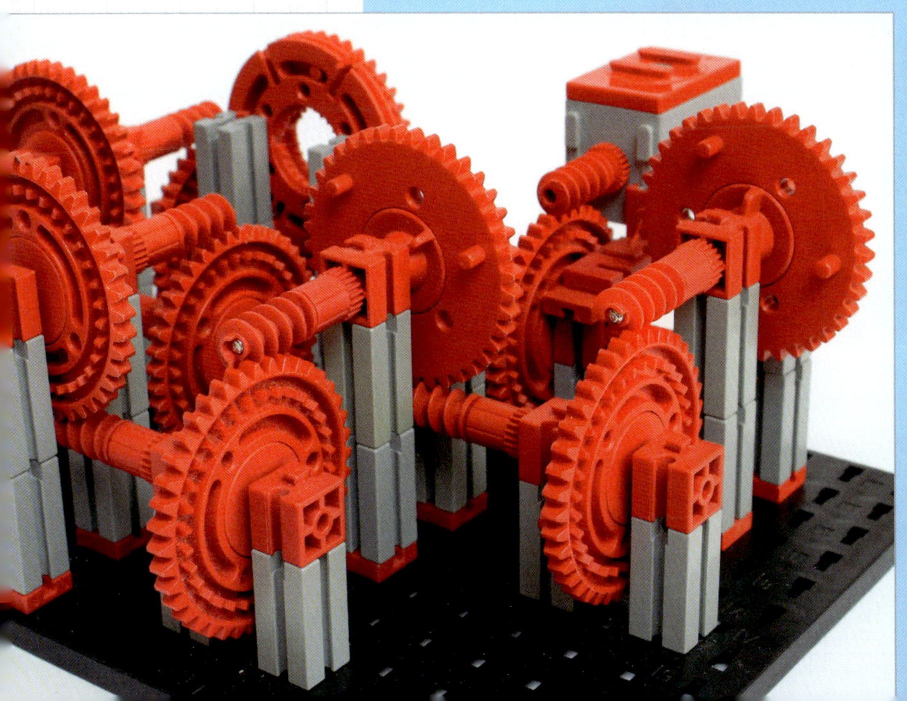

Abb. 2–1 Untersuchung des Schiffswracks vor der Insel Antikythera im Winter 1900/1901

Im Oktober 1900 stießen Schwammtaucher vor der griechischen Insel Antikythera auf ein Schiffswrack. Viele Artefakte (Statuen, Münzen) konnten in den folgenden Monaten aus dem Wrack geborgen werden, anhand derer der Zeitpunkt des Untergangs ins 1. Jahrhundert v. Chr. datiert wurde.

Eines der Fundstücke war ein unscheinbarer Klumpen aus stark korrodierten Bronzeteilen, der bei oder nach der Bergung in mehrere Bruchstücke zerfiel, die sich jetzt im Archäologischen Nationalmuseum in Athen befinden. Die drei größten Fragmente sind ausgestellt, weitere 79 archiviert.

Die große wissenschafts- und technologiegeschichtliche Bedeutung dieses Fundes wurde erst viel später bekannt. Es handelt sich um einen erstaunlich komplexen, feinmechanischen Mechanismus mit mehr als 30 Zahnrädern zur Simulation des Sonnen-, Mond- und möglicherweise auch des Planetenlaufs. Er besaß kalendarische Fähigkeiten und konnte Sonnen- und Mondfinsternisse vorhersagen.

Unser Wissen über antike mechanische Apparate und Maschinen stammt zum großen Teil aus wenigen schriftlichen Hauptquellen wie den *Zehn Büchern über Architektur* von *Vitruv* (1. Jahrhundert v. Chr.) oder den Werken des *Heron von Alexandria* (wahrscheinlich 1. Jahrhundert n. Chr.) und einzelnen Erwähnungen oder Beschreibungen nicht immer technisch versierter Autoren. Artefakte oder bildliche Darstellungen sind selten, und neue Funde bringen bisweilen größere Veränderungen unserer bruchstückhaften Vorstellung von antiker Technologie mit sich. So deutet in den Hauptquellen nichts darauf hin, dass ein Instrument wie der Mechanismus von Antikythera existiert haben könnte. An zwei Stellen seiner Werke erwähnt *Cicero* (106–43 v. Chr.) Planetarien, aber erst durch den Mechanismus von Antikythera wurde klar, wie solche Geräte konkret funktioniert haben und welche komplexen Getriebe sie enthalten konnten.

Abb. 2–2 Fragment A des Antikythera-Mechanismus. Das große Speichenrad hatte 224 Zähne.

Wo die Geschichte der Getriebe anfängt, liegt ebenso im Dunkel wie die Erfindung des Rads. Getriebe formen Bewegungen um, machen Wasser-, Wind- oder tierische Kraft nutzbar und erzeugen periodische Vorgänge – zum Beispiel zur Simulation von Himmelskörperbewegungen in Planetarien, zur Zeitmessung in Uhren oder zur Entfernungsmessung im Hodometer. Für jeweils einen dieser Zwecke geben wir in diesem Kapitel ein frühes Beispiel an. Weitere Beispiele finden sich in den folgenden Kapiteln.

Aus den Quellen geht eindeutig hervor, dass Getriebe immer wieder Gegenstand von Gedankenspielen waren. Wir gehen hier auf das repräsentative Beispiel der vielstufigen Übersetzungen ein, mit denen theoretisch unmessbar große Kräfte oder unmessbar langsame Bewegungen erzeugt werden können.

Sakijen und Mühlen

Im größeren Umfang wurden Zahnräder schon vor mindestens 2000 Jahren in Ägypten zur Bewässerung landwirtschaftlicher Nutzflächen eingesetzt, und diese Art des Schöpfens hat sich an einzelnen Stellen bis heute in nahezu unveränderter Form erhalten.

Kamele oder Ochsen treiben ein horizontales Rad an, in dessen Rand radial Holzpflöcke eingesteckt sind, die als Zähne dienen. Durch diese Zähne wird die Drehbewegung auf ein in gleicher Weise gebautes vertikales Rad übertragen. Die Welle dieses Rads läuft unter einer Brücke und endet in einem zweiten vertikalen Rad. Auf dem Rand dieses Rads sind horizontale Stangen angebracht, die eine mehrere Meter lange Strickleiter in einer Endlosschleife drehen. An dieser Strickleiter sind Gefäße befestigt, die das Wasser aus der Tiefe schöpfen und am höchsten Punkt in ein kleines Becken entleeren, von wo aus es durch Kanäle auf die Felder verteilt wird.

Abb. 2–3 Sakije in Luxor (Ägypten)

In unserem fischertechnik-Modell einer solchen *Sakije* (Abb. 2–4) folgen wir der antiken Strategie und stecken Elemente des fischertechnik-Systems (S-Riegel, Klemmstifte) so in andere Elemente (Flachträger, Innenzahnrad), dass ein Getriebe entsteht, das erstaunlich gut funktioniert. Als Gefäße dienen Riegelsteine, die mit Federnocken an zwei parallelen endlosen Seilen befestigt sind. Die Klemmhülsen an den Enden der Riegelsteine garantieren ein Auskippen des

Wassers am höchsten Punkt. Auf ein Auffangbecken wurde wegen der Übersichtlichkeit auf dem Foto verzichtet.

Abb. 2–4 Modell einer Sakije – wegen fehlender Tiere im System muss selbst gearbeitet werden.

Unser fischertechnik-Getriebe kann auch in umgekehrter Richtung genutzt werden. Wenn man die Eimerkette zum Beispiel durch ein Wasserrad ersetzt und mit der vertikalen Welle einen Mühlstein antreibt, erhält man ein Modell für eine Getreidemühle, wie sie schon Vitruv beschrieben hat. Es gab dabei zwei Typen: einen mit konischen Mühlsteinen, bei dem die Drehbewegung des Wasserrads wie in unserem Modell und in Abb. 2–5 ins Langsame übersetzt wurde, und einen, bei dem ebene Mühlsteine verwendet wurden und die Bewegung ins Schnelle übersetzt wurde.

Es wird vermutet, dass die Nutzung des Sakijengetriebes in umgekehrter Richtung tatsächlich der historische Entwicklungsweg zur Mühle war.

Den Antrieb eines horizontalen Rads durch Tiere nennt man auch *Göpel.* Göpel wurden ab dem ausgehenden Mittelalter in Mitteleuropa im Bergbau zur Entwässerung und Förderung eingesetzt.

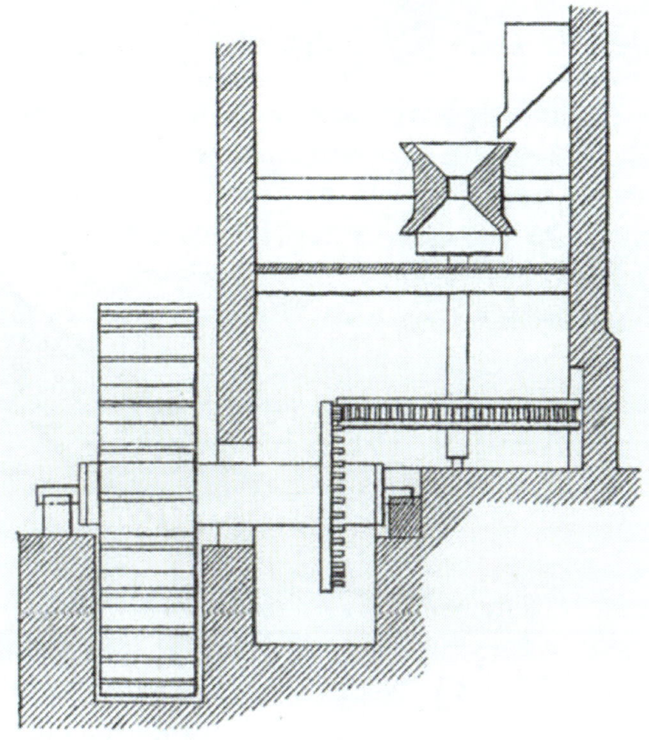

Abb. 2–5 Getreidemühle bei Vitruv

Steinsägemühlen

Mühlen wurden nicht nur zum Mahlen von Getreide eingesetzt, sondern auch zum Sägen. Dazu benötigt man ein *Schubkurbelgetriebe*, bei dem die Drehbewegung des Mühlrads durch eine exzentrisch gelagerte Pleuelstange in eine geradlinige Vor- und Rückwärtsbewegung umgesetzt wird.

Bis vor wenigen Jahrzehnten wurde angenommen, dass Schubkurbelgetriebe erst im Mittelalter erfunden wurden. Nur ein Gedicht von *Ausonius* (ca. 310–394 n. Chr) deutete darauf hin, dass an der Ruwer schon im 4. Jahrhundert n. Chr. Steine mit Wasserkraft gesägt wurden. Funde in Gerasa und Ephesus zeigten dann, dass Sägemühlen im 6. Jahrhundert n. Chr. existierten. Spektakulär ist schließlich das Relief auf einem Sarkophag-Deckel aus dem 3. Jahrhundert n. Chr. im Gräberfeld von Hierapolis in der heutigen Türkei. Im Jahr 2005 erkannte Klaus Grewe, dass es sich um die Darstellung einer wassergetriebenen Doppelsteinsäge mit Schubkurbelantrieb handelt.

Abb. 2–6 Reliefdarstellung einer Steinsägemühle aus dem 3. Jhd. n. Chr. (Foto: Klaus Grewe)

Auf dem Relief in Abb. 2–6 ist rechts ein Wasserrad mit Zuleitung zu sehen. Eine Welle verbindet dieses Wasserrad mit einem Zahnrad links, das wiederum ein darunter befindliches Rad antreibt. Von diesem unteren Rad gehen zwei Pleuelstangen zu den beiden Bügelsägen.

Unser primitives fischertechnik-Modell in Abb. 2–7 gibt diese Struktur grob wieder. Die Führung der Sägen ist wie auf dem Relief nicht ausgeführt.

Abb. 2–7 Grobes Funktionsmodell der Hierapolis-Sägemühle. Die beiden Sägen wurden aus Platzgründen in die gleiche Richtung gelegt.

Kraftverstärkung

Das Problem, mit einer kleinen Kraft eine große Last bewegen zu können, war eines der wesentlichen Modellprobleme in der Antike. Verschiedene Lösungen zum Heben großer Lasten wurden schon im vorigen Kapitel dargestellt. Ein anderer Lösungsweg ist der Einsatz von Getrieben. Die Kraftverstärkung von Getrieben beruht dabei auf dem ebenfalls schon im vorigen Kapitel angesprochenen Prinzip des Wellrads (Abb. 2–8).

Auf einer Welle sind zwei Räder unterschiedlicher Radien R und r befestigt. Greift am Umfang des größeren Rads tangential eine Kraft F_R und am kleineren tangential eine Kraft F_r im entgegengesetzten Drehsinn an, so bewegt sich das Rad nicht, wenn $F_r \cdot r = F_R \cdot R$ ist. Der Zusammenhang mit dem Hebelgesetz ist sofort ersichtlich, und mit genau dieser Analogie argumentiert Heron in seinem Werk *Mechanica*.

Abb. 2–8 Wellrad

Abb. 2–9 Das Hebelgesetz an der Waage: 5 Gewichtseinheiten · 3 Längeneinheiten = 3 Gewichtseinheiten · 5 Längeneinheiten.

Will man nun eine sehr große Kraftverstärkung erzielen, so kann man statt des kleineren Rads die Welle selbst nehmen (daher stammt der Name Wellrad = Welle mit Rad). Aus praktischen Gründen sind aber dem Radius des großen

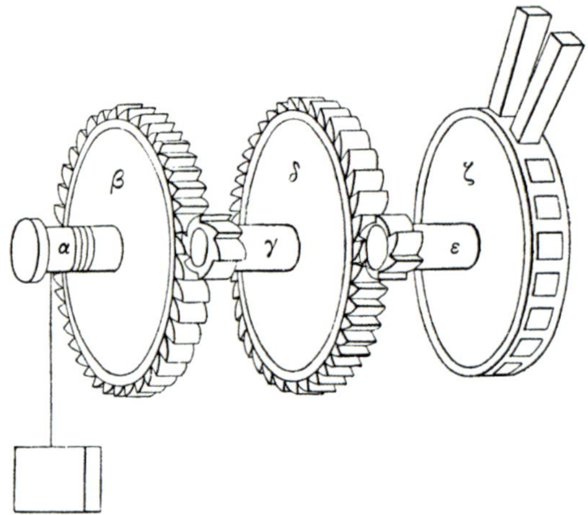

Abb. 2–10 Herons Barulkos – in der dargestellten Version verstärkt das rechte Wellrad die Kraft vierfach, die anderen beiden jeweils siebenfach. Insgesamt ergibt sich damit eine 7·7·4 = 196fache Kraftverstärkung

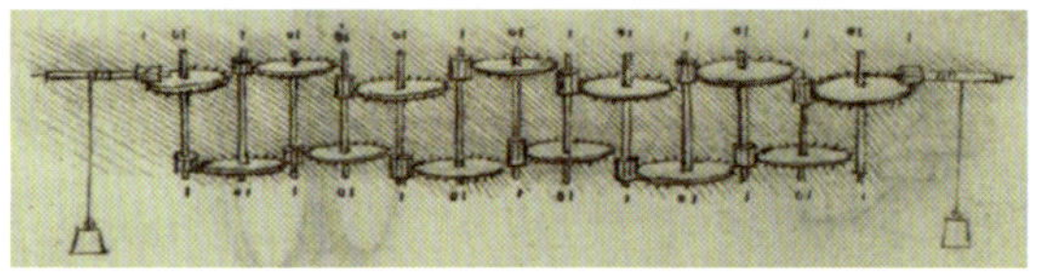

Abb. 2–11 13-stufiges Getriebe von Leonardo da Vinci, Codex Madrid I.1, f 36v

Rads Grenzen gesetzt. Daher schaltet man mehrere zur Vermeidung von Durchrutschen verzahnte Wellräder hintereinander. Die Kraftverstärkung der einzelnen Wellräder multipliziert sich dabei. Genau das hat Heron in seinem *Barulkos* gemacht, um eine 200fache Kraftverstärkung zu erzielen.

Das gleiche Modellproblem wurde viel später von *Leonardo da Vinci* (1452–1519) aufgegriffen und in vollkommen unpraktische Ausmaße gesteigert. Der *Codex Madrid*, der heute in Madrid sich befindende Teil seines Notizbuchs, enthält die in Abb. 2–11 wiedergegebene Skizze – wohl als Studie von Kräften und Weglängen in mehrstufigen Getrieben.

Wenn man das Getriebe von rechts nach links durchläuft, so findet an jeder der zwölf rechten vertikalen Wellen eine zehnfache Kraftverstärkung statt. An der 13. vertikalen Welle ganz links wird die Kraft nicht verstärkt, sondern die Drehbewegung nur weitergegeben. Die Effekte der Horizontal-/Vertikalumsetzungen an den beiden Enden heben sich gegenseitig auf. Die gesamte Kraftverstärkung beträgt somit theoretisch 10^{12} – das ist also eine 1 mit zwölf folgenden Nullen – und die Anordnung ist im Gleichgewicht, wenn die Masse des linken Gewichts 10^{12}-mal so viel beträgt wie die des rechten.

Übersetzungen

Kämmen sich ein Zahnrad mit 10 und eins mit 30 Zähnen, so sagt man, dass eine Übersetzung von 3:1 vorliegt, weil das Zahnrad mit 10 Zähnen drei volle Umdrehungen macht, während das Zahnrad mit 30 Zähnen eine volle Umdrehung (in entgegengesetzter Richtung) macht.

Wir kehren zu Leonardos Getriebe in Abb. 2–11 zurück und gehen auf die Auslenkungen der beiden Gewichte ein. Wie schon oben erwähnt, heben sich die Effekte der Horizontal-/Vertikalumsetzungen auf beiden Seiten auf. Macht die rechte vertikale Welle 10^{12} Umdrehungen, so macht die links benachbarte $10^{12}/10 = 10^{11}$ Umdrehungen und so weiter bis zur ganz linken vertikalen Welle, die genau eine Umdrehung macht. Zieht man also das rechte Gewicht um eine Strecke *s* nach unten, so wird sich das linke nur um $s/10^{12}$ nach oben bewegen.

Abb. 2–12 Übersetzung von 3:1

Abb. 2–13 Ewigkeitsmaschine

Diese Idee steigerte der US-amerikanische Maschinenkünstler *Arthur Ganson* (*1955) in seiner *Machine with Concrete* noch weiter, indem er zwölf hintereinander geschaltete Übersetzungen von 50:1 durch einen Motor mit 200 Umdre-

hungen pro Minute antrieb und das letzte Zahnrad einbetonierte. Da es sich erst in 46,45 Milliarden Jahren um einen Zahn weitergedreht haben wird, stellt das sicher kein Problem dar.

Abb. 2–14 Rückansicht der Ewigkeitsmaschine

Die Abbildungen 2–13 und 2–14 zeigen eine fischertechnik-Adaption mit zehn Übersetzungsstufen von 40:1. Damit macht das letzte Zahnrad eine Umdrehung, wenn die Welle des Antriebsmotors $40^{10} \approx 1{,}05 \cdot 10^{16}$ Umdrehungen macht. Bei 8000 Umdrehungen pro Minute braucht der Motor dafür 2,5 Millionen Jahre.

Wir schließen diesen Abschnitt mit einer kurzen Bemerkung zum Begriff des Drehmoments ab. Im vorigen Abschnitt haben wir die Kraftverstärkung durch mehrstufige Getriebe behandelt und dabei das Getriebe in Wellräder gruppiert. Die Kräfte wirken entlang des Umfangs der Räder auf den Wellen und sind vom Radius abhängig. Das Produkt aus Kraft entlang des Umfangs und Radius ist nach dem Hebelgesetz für alle Räder auf einer Welle konstant. Im 17. Jahrhundert etabliert sich dieses Produkt als eigenständige physikalische Größe. Sie heißt *Drehmoment*. Kämmen sich zwei Zahnräder, so überträgt sich die Kraft von einem Umfang zum anderen unverändert, das Drehmoment wird aber bei einer Übersetzung von beispielsweise 3:1 dreimal so groß. Dieser Umstand kann am Anfang verwirren.

Das Hodometer

Die gezielte Verlangsamung einer Drehbewegung ist auch Gegenstand unseres nächsten Modells, des *Hodometers*. Das Hodometer ist der antike Kilometerzähler. Beschreibungen finden sich bei Vitruv und Heron, erwähnt wird es auch in der offiziellen chinesischen Geschichtsschreibung ab der Jin-Dynastie (um 300 n. Chr).

Es wird angenommen, dass sich das chinesische Hodometer aus einem Trommelwagen entwickelt hat. In regelmäßigen Abständen wurde eine Trommel durch eine oder mehrere Figuren automatisch geschlagen. Im Vitruv'schen Hodometer fielen statt dessen Kugeln in einen Behälter. In beiden Fällen ging es um die Auslösung einer Aktion nach einer festen zurückgelegten Wegstrecke wie einem Li oder einer Meile.

In unserem fischertechnik-Modell fallen die Achsen 30 mit einem deutlich hörbaren Klacken ziemlich genau alle 50 cm in den Behälter, sodass man sehr gut sein Zimmer mit dem Hodometer vermessen kann. In Kurven sollte man darauf achten, dass die Bewegung des linken Rads gemessen wird.

Abb. 2–15 Hodometer

Abb. 2–16 Unterseite des Hodometers

Abb. 2–17 Oberteil abgenommen

Zur Verlangsamung der Drehbewegung wird eine Schnecke eingesetzt, die ein Rastritzel Z10 antreibt. Mit jeder Umdrehung des linken Laufrads wird das Rastritzel so um einen Zahn weitergedreht. Es liegt also eine Übersetzung von 10:1 vor. Heron kannte Schnecken und verwendete sie in Getrieben, Pressen und Automaten.

Der obere Drehkranz unseres Modells besteht aus zwei Innenzahnrädern und einer I-Strebe 60, die alle drei durch zwei rote Klemmstifte fest miteinander verbunden sind.

Dieses Modell bereitet selbst kleineren Kindern viel Spielspaß.

Der Antikythera-Mechanismus

Wir kehren noch einmal zum Ausgangspunkt dieses Kapitels zurück und erklären zwei charakteristische Bestandteile des Antikythera-Mechanismus etwas ausführlicher.

Auf der Vorderseite des Apparats wurden zu einem vorgegebenen Datum die Positionen von Sonne und Mond im Tierkreis und vermutlich auch die Mondphasen dargestellt. Auf der Rückseite befanden sich zwei Anzeigen, die der Vorhersage von Sonnen- und Mondfinsternissen dienten, auf die wir aber nicht näher eingehen werden.

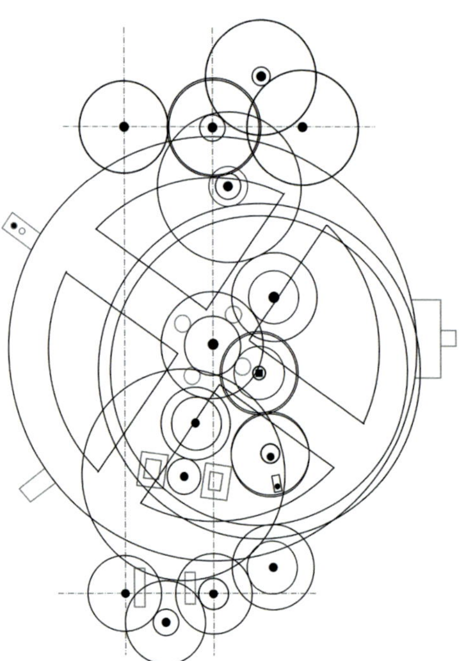

Abb. 2–18 Schematischer Aufbau des Antikythera-Mechanismus in der Draufsicht. Der obere Getriebeteil ist nicht gesichert.

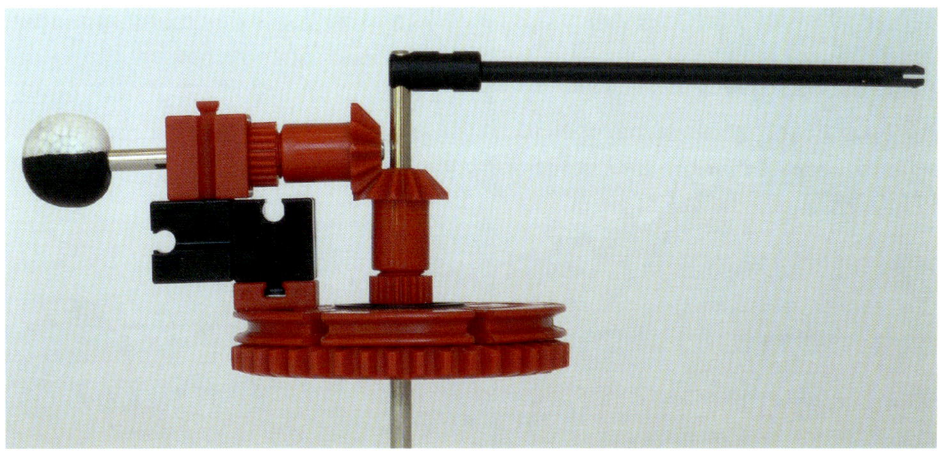

Abb. 2–19 An das fischertechnik-System angepasste Sonnen- und Mondzeiger mit Anzeige der Mondphasen

In Abb. 2–19 ist ein Modell der Anzeige auf der Vorderseite dargestellt. Der Sonnenzeiger (im Bild rechts) und der Mondzeiger (im Bild links) können unabhängig voneinander bewegt werden, weil die Drehscheibe 60 mit einer Freilaufnabe versehen ist. Abhängig von ihrer Stellung zueinander werden die passenden Mondphasen angezeigt. In Abb. 2–19 stehen sich Sonne und Mond gegenüber, es ist also Vollmond. Dementsprechend wird einem Betrachter, der auf die Vorderseite des Mechanismus schaut, die weiße Hälfte der Miniaturmondkugel (eine bemalte Styroporkugel aus dem *Optics*-Baukasten) gezeigt. Zeigen Sonnen- und Mondzeiger in die gleiche Richtung, so ist Neumond und der Betrachter sieht die schwarze Hälfte der Mondkugel.

Im originalen Antikythera-Mechanismus wurden keine Kegelzahnräder verwendet, sondern ein Kronenrad. Auch ist dort die äußere Welle die Sonnenwelle und die innere die Mondwelle. Der Tausch ist nötig, um den Mondphasen-Mechanismus mit fischertechnik umsetzen zu können. Weitere Mondphasen-Mechanismen finden sich im Kapitel 5 *Das Planetarium*.

Der Sonnenzeiger war im originalen Mechanismus direkt mit dem großen Speichenrad verbunden, das durch ein Kronenrad mit einer Kurbel angetrieben wurde. Da der Mond in 19 Jahren ziemlich genau 254 Umdrehungen vor dem Fixsternhimmel macht, ist die mittlere Übersetzung zwischen Sonnen- und Mondzeiger 19:254. Diese wurde in drei Stufen mit Übersetzungen von 38:64, 24:48 und 32:127 erzielt. Die Bahngeschwindigkeit des Mondes ist allerdings wie sein Abstand von der Erde während eines Umlaufs nicht konstant: Seine Geschwindigkeit nimmt zu, je näher er der Erde kommt. Dieser Effekt wurde im Mechanismus durch zwei übereinander liegende und etwas exzentrisch verschobene Räder simuliert, von denen das eine das andere durch einen Stift mitnahm, der in einem Schlitz lief. In Abb. 2–18 sind diese Räder rechts unterhalb der Mitte zu erkennen. Ein Modell dieses Mechanismus ist in Abb. 2–20 dargestellt. Als Stift dient ein Spurstangengelenk, das fest in eine Bohrung der rechten Drehscheibe gedrückt wurde und sich frei in den Nuten der Bausteine 30 an der linken Drehscheibe bewegen kann.

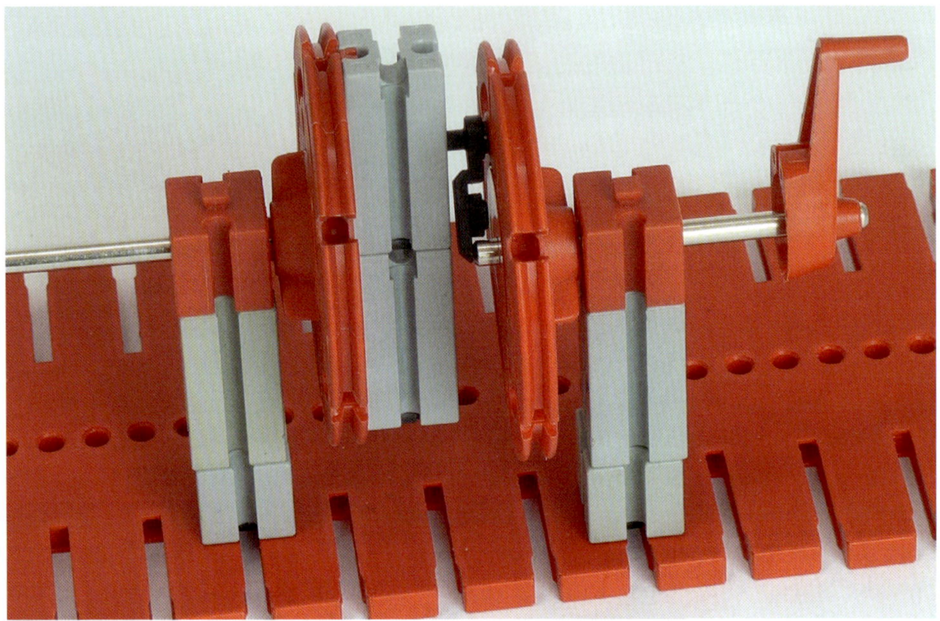

Abb. 2–20 Getriebe zur Erzeugung der ungleichmäßigen Bahngeschwindigkeiten des Monds. Um den Effekt zu verdeutlichen, ist es um einiges zu exzentrisch eingestellt.

Die Verbindungslinie zwischen dem erdnächsten Punkt der Mondbahn (*Perigäum*) und dem erdfernsten Punkt dreht sich zusätzlich einmal innerhalb von ca. 8,9 Jahren. Auch dieser Effekt wurde simuliert, indem die beiden gerade besprochenen Räder exzentrisch auf einer Trägerscheibe angebracht waren, die eine volle Umdrehung macht, wenn der Sonnenzeiger sich 8,9-mal dreht.

Auch in den weiteren Teilen des Mechanismus ist die Erzeugung spezieller Übersetzungen wie 5:19 oder 4:18,03 wesentlich. Es ist eine der großen Leistungen des Erbauers, diese verschiedenen Übersetzungen mit wenigen Zahnrädern auf einer kleinen Fläche erzielt zu haben.

Literatur und Links

Ein guter und sehr schön bebilderter Überblick über die Geschichte des Zahnrads findet sich in Conrad Matschoß' Buch [2]. Dort wird auch die Geschichte der Verzahnung dargestellt, auf die wir hier nicht eingegangen sind. Zum Thema Evolventenverzahnung und dazu, wie man mit Standardzahnrädern vorgegebene Übersetzungen realisiert, verweisen wir auf die Reihe *Zahnräder und Übersetzungen* [4]. Hervorragende Abbildungen von Getrieben unterschiedlichster Art sind in Sigvard Strandhs weltweit erfolgreichem Buch *Die Maschine* enthalten [7]. Ein umfassendes Bild von der Getriebetechnik im antiken China vermittelt Joseph Needhams Klassiker *Science and Civilisation in China* [3].

Es lohnt sich immer, einen Blick in die klassischen Werke wie Vitruvs *De architectura libri decem* zu werfen, die man meist in mehreren Varianten im Internet findet, zum Teil sogar kommentiert. Zu Herons Werk *Mechanica* haben wir den Kommentar [6] mit Gewinn gelesen. Hervorragend gemacht ist auch der Onlinekommentar zum *Codex Madrid* von Leonardo da Vinci [9]. Es werden sehr viele Querverbindungen darin aufgezeigt.

Zum Mechanismus von Antikythera gibt es eine Vielzahl von Büchern, Artikeln, Internetseiten und Videos von sehr unterschiedlicher Qualität. In dem ausführlichen Dokumentationsfilm *Die Wundermaschine von Antikythera* [10] gibt es einen Ausschnitt, in dem Michael T. Wright zeigt, wie damals nur mithilfe einer Feile und eines Zirkels Zahnräder hergestellt wurden. Neue Taucharbeiten am Wrack wurden im Jahr 2014 unter dem Projektnamen *Return to Antikythera* aufgenommen [11].

Das Thema Sakijen und Wassermühlen wird neben vielen anderen Themen im leider schwer erhältlichen *Handbook of Ancient Water Technology* ausführlich behandelt [8]. Zur Steinsäge von Hierapolis gibt es die Originalarbeiten [1, 5]. Insbesondere wird darin erklärt, wie das Sägen von Steinen mit unverzahnten Sägeblättern funktioniert, und darüber diskutiert, wie die Sägen geführt wurden.

Eine Ewigkeitsmaschine wurde mit fischertechnik erstmals von Martin Romann gebaut und stimmungsvoll in Szene gesetzt [12].

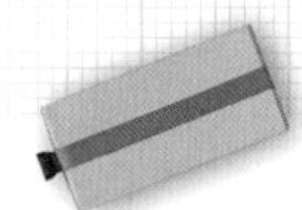

[1] Klaus Grewe: *Die Reliefdarstellung einer antiken Steinsägemaschine aus Hierapolis in Phrygien und ihre Bedeutung für die Technikgeschichte*. In: M. Bachmann (Hrsg.): Bautechnik im antiken und vorantiken Kleinasien, BYZAS 9, Veröffentlichungen des Deutschen Archäologischen Instituts Istanbul, Istanbul, 2009, S. 429–454.

[2] Conrad Matschoß: *Geschichte des Zahnrads*. VDI Verlag, Berlin, 1940.

[3] Joseph Needham: *Science and Civilisation in China*. Band 4, Cambridge University Press, Cambridge, 1962. Einfacher erhältlich ist die abgekürzte Version von Colin A. Ronan aus dem gleichen Verlag.

[4] Thomas Püttmann: *Zahnräder und Übersetzungen 1–3*. ft:pedia 2/2011, 3/2011 und 1/2012, http://www.ftcommunity.de/ftpedia.

[5] Tullia Ritti, Klaus Grewe, Paul Kessener: *A Relief of a Water Powered Stone Saw Mill on a Sarcophagus at Hierapolis and its implications*. Journal of Roman Archeology 20, 207, S. 138–163.

[6] Mark J. Schiefsky: *Theory and Practice in Heron's Mechanics*. In: W. R. Laird, S. Roux (Hrsg.): *Mechanics and Natural Philosophy before the Scientific Revolution*. Springer-Verlag, New York, 2007.

[7] Sigvard Strandh: *Die Maschine*. Weltbild, Augsburg, 1992.

[8] Örjan Wikander (Hrsg.): *Handbook of Ancient Water Technology*. Brill, Leiden, 2000.

[9] Onlinekommentar zum Codex Madrid von Leonardo da Vinci: http://www.codex-madrid.rwth-aachen.de.

[10] Dokumentarfilm *Die Wundermaschine von Antikythera*, ausgestrahlt auf ARTE am 15.08.2013.

[11] Return to Antikythera: http://antikythera.whoi.edu.

[12] Die Ewigkeitsmaschine von Martin Romann (Remadus): https://youtu.be/AZ3EDa-qM34.

3 Das Differenzialgetriebe

Seit der Erfindung des Automobils befindet sich in fast jeder angetriebenen Hinterachse ein Differenzialgetriebe. Die Geschichte der Differenzialgetriebe ist aber viel älter und zu einem großen Teil ungeklärt. Mit Modellen und Experimenten erklären wir die Funktion dieser Getriebe und verfolgen bekannte Spuren über die Äquationsuhren bis zu den chinesischen Kompasswagen zurück.

Angetriebene Fahrzeuge

Wenn ein Fahrzeug eine Kurve fährt, legen die äußeren Räder einen weiteren Weg zurück als die inneren und sollten sich daher schneller drehen. Bei einer starren Verbindung zwischen den Rädern drehen die inneren durch oder die äußeren rutschen – je nachdem, wo die Bodenhaftung kleiner ist. Dieses Verhalten lässt sich leicht mit fischertechnik überprüfen.

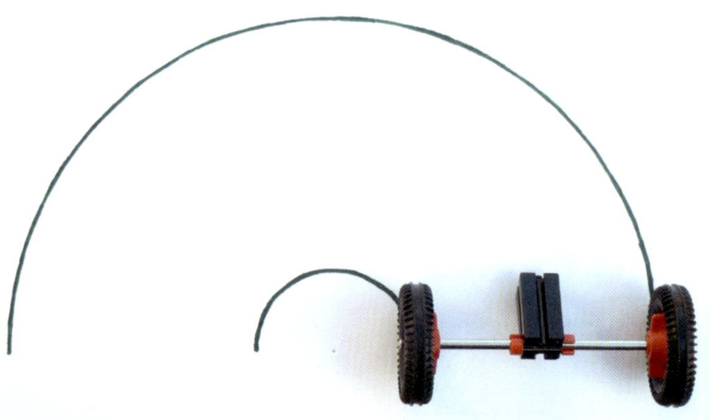

Abb. 3–1 Starr verbundene Räder in einer Linkskurve

Soll ein Fahrzeug angetrieben werden, ist dieser Effekt zu berücksichtigen. Die einfachste Maßnahme besteht darin, die Hinterachse zu teilen, eine Hälfte anzutreiben und die andere freilaufen zu lassen. Diese Form des Antriebs wurde schon von *Leonardo da Vinci* (1452–1519) skizziert (*codex atlanticus 1049*).

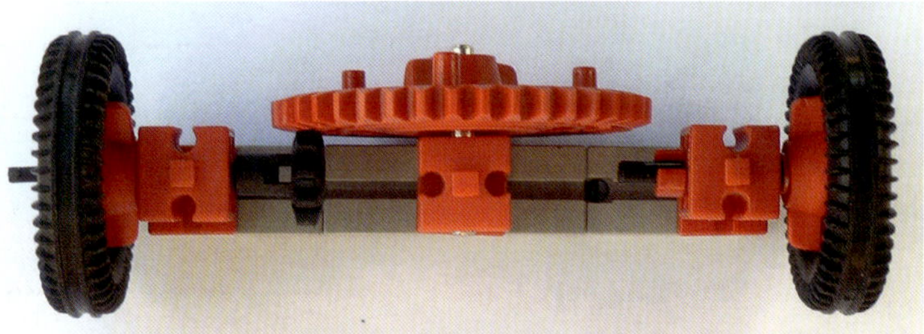

Abb. 3–2 Modell einer einseitig angetriebenen Hinterachse nach Leonardo da Vinci

Eine einseitig angetriebene Hinterachse ist aber problematisch. Lenkt man in die Richtung des angetriebenen Rads, wird das Fahrzeug schneller, lenkt man in die andere Richtung langsamer.

Die Lösung dieses Problems fand *Onésiphore Pecqueur* (1792–1852). Sein 1828 patentiertes Dampfautomobil war ein Meilenstein des Fahrzeugbaus. Die angetriebene Hinterachse enthielt ein Differenzialgetriebe, das den gleichzeitigen Antrieb beider Räder ermöglicht, obwohl sich diese in Kurven mit unterschiedlichen Geschwindigkeiten drehen. Dies war vermutlich der erste Einsatz eines Differenzialgetriebes als Ausgleichs- oder Verteilgetriebe.

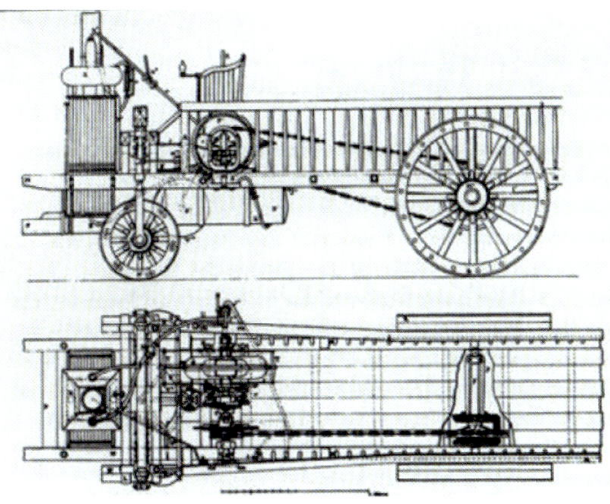

Abb. 3–3 Dampfautomobil von Onésiphore Pecqueur (1828)

Differenzialgetriebe finden sich in wenig veränderter Form in fast jeder angetriebenen Hinterachse. Bei Fahrzeugen, die nicht nur für den Einsatz auf ebenen Straßen gedacht sind, gibt es oft die Möglichkeit, den Verteileffekt des Differenzialgetriebes ganz oder teilweise zu sperren. Hat nämlich ein Rad keine Bodenhaftung, so erhält bei einem offenen Differenzialgetriebe auch das andere kein nennenswertes Drehmoment.

Das White'sche Dynamometer

Sieht man sich das Kegelraddifferenzial in Pequeurs Patentschrift genauer an, so kann man vom Aufbau her eine große Ähnlichkeit mit dem Dynamometer von *James White* feststellen, das dieser mehrere Jahre zuvor zur Messung von Drehmomenten, Kräften und Leistungen im laufenden Betrieb vorgeschlagen hatte.

Abb. 3–4 Dynamometer von James White

Für die Funktion des Dynamometers ist das dritte Newton'sche Gesetz *actio = reactio* wesentlich: In einer Welle ist das antreibende Drehmoment so groß wie das widerstehende Drehmoment auf der Abtriebsseite, nur entgegengesetzt gerichtet. Ähnlich wie man eine Leitung auftrennt, um den Strom mit einem Ampèremeter zu messen, so kann man eine Welle auftrennen und ein Dynamometer und ein Umkehrgetriebe dazwischen schalten. Ohne weiteres Zutun würde nun das zentrale Rad des Dynamometers angetrieben und nicht der eigentliche Abtrieb. Man bringt daher das zentrale Rad durch Anhängen eines möglichst kleinen Gewichts zum Stillstand. Dann drehen sich die beiden äußeren Achsen des Dynamometers synchron, aber in entgegengesetztem Drehsinn. Das Antriebsdrehmoment an der einen äußeren Achse des Dynamometers ist jetzt so groß wie das widerstehende Drehmoment an der anderen, und beide sind halb so groß wie das bekannte Drehmoment, das auf das zentrale Rad ausgeübt wird, aber entgegengesetzt gerichtet.

Der Einsatz des White'schen Dynamometers ist hauptsächlich bei Vorgängen mit zeitlich schwankenden Leistungen und Momenten (z.B. Pumpen) interessant. Bei schnellen Schwankungen muss man das Gewicht durch eine Feder mit konstanter Rückstellkraft ersetzen, um den Messvorgang nicht durch die Trägheit des Gewichts zu verfälschen.

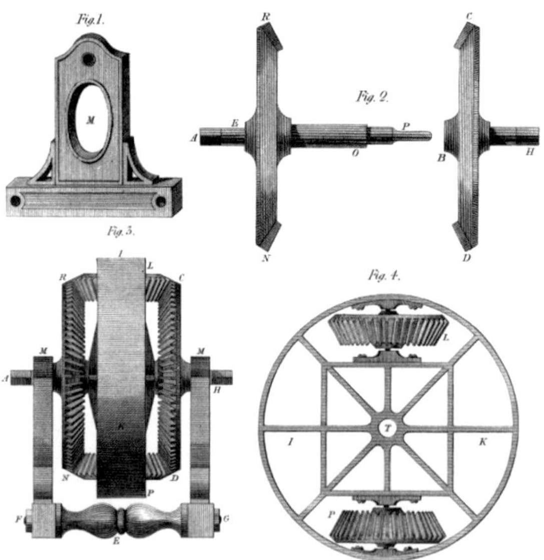

Abb. 3–5 Aufbau des Dynamometers

Ein fischertechnik-Modell des White'schen Dynamometers und des Pecqueur'schen Differenzialgetriebes ist in den Abb. 3–6 und Abb. 3–7 wiedergegeben. Zuerst wird das zentrale Rad zusammengebaut. Die aufeinander liegenden Bausteine 7,5 bleiben dabei zunächst unverbunden. Das Rad 45 enthält eine Freilaufnabe. Dann werden die beiden Flachträger zu einem Rad verbunden und mit Federnocken an den Bausteinen 7,5 befestigt.

Abb. 3–6 Modell des White'schen Dynamometers

Um die Ausgleichsfunktion eines Differenzialgetriebes in Fahrzeugen mit unserem Modell zu veranschaulichen und greifbar zu machen, kann man das zentrale Rad durch ein Reibrad oder einen Riemen antreiben oder durch ein Ritzel, wenn man eine Kette mit 54 Gliedern aufzieht.

Ein lehrreiches Experiment zur Gleichverteilung des Drehmoments auf die äußeren Räder ist das folgende: Zunächst wird nur eine der beiden äußeren Achsen mit den Fingern festgehalten. Dies geschieht ohne Anstrengung, weil die andere äußere Achse freiläuft, wofür kein nennenswertes Drehmoment erforderlich ist. Sobald man aber auch die andere Achse festhält, spürt man das schlagartige gleichmäßige Einsetzen des Drehmoments auf beiden Seiten.

Abb. 3–7 Zentrales Rad des Dynamometers

Die gebrauchsfertigen fischertechnik-Differenzialgetriebe sind im Innern analog zu unserem Modell aufgebaut. Durch die Verwendung kleiner Kegelzahnräder sind sie deutlich kleiner und lassen sich dadurch platzsparender verbauen, allerdings besitzen sie auch mehr Spiel und der Ausgleichs- bzw. Verteilvorgang kann nicht eingesehen werden.

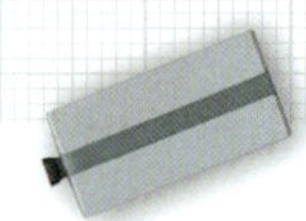

Das White'sche Differenzialrad

Warum das Differenzialgetriebe *Differenzialgetriebe* heißt, ist aus seiner Verwendung als Ausgleichsgetriebe in Fahrzeugen nicht verständlich. Seinen Ursprung hat der Name vermutlich in einer anderen Erfindung von James White, seiner *Differential Combination of Wheels*, in Deutschland damals *Differenzialrad* genannt. Dieses Differenzialrad war vor 1820 im *Conservatoire des Arts et Métiers* in Paris ausgestellt, wo es Onesiphore Pecqueur gesehen hatte. Sein Zweck war das Erzielen großer Übersetzungen mit wenigen Rädern.

In Abb. 3–8 besitzt die Achse *AB* einen Arm *x*, um dessen Ende sich ein Ritzel *W* drehen kann. Auf der Achse *AB* können sich die beiden Kronenräder *C* und *D* frei drehen. Die inneren Zahnkränze *b* und *d* dieser Kronenräder kämmen mit dem Ritzel *W*, die äußeren Zahnkränze *a* und *c* mit einem Ritzel *Z*, an dem sich eine Kurbel befindet.

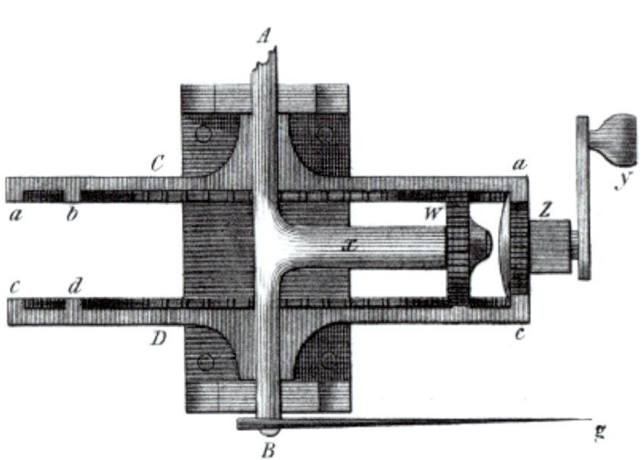

Abb. 3–8 Das White'sche Differenzialrad

White verwendete Zahnkränze *a*, *b*, *c* und *d* mit 99, 100, 100 und 101 Zähnen. Die Übersetzung von der Kurbel auf die Achse *AB* ist dann mit 2020000:1 ungeheuer groß. Das in Abb. 3–9 dargestellte einfache Modell erzielt zwar nur eine vergleichsweise bescheidene Übersetzung von 64:3, veranschaulicht aber sehr gut das Funktionsprinzip.

Abb. 3–9 Modell zum Differenzialrad

Dreht man das obere und das untere Kronenrad in Abb. 3–9 gleich weit, aber im entgegengesetzten Sinn, so dreht sich das linke Zahnrad Z15 zwar um den Arm, aber dieser Arm dreht sich überhaupt nicht. Dreht man das obere Kronenrad einen Winkel α weiter als das untere in die andere Richtung, so dreht sich der Arm um den Winkel $\alpha/2$. Die leicht unterschiedlich

weite Drehung der beiden Kronenräder wird nun im Modell durch das rechte Zahnrad Z15 erzeugt, das oben in den Kronenzahnkranz und unten in den Stirnkranz eingreift. Bei einer Umdrehung dieses Zahnrads macht das obere Kronenrad 15/32 Umdrehungen, das untere 15/40 = 12/32 Umdrehungen. Die Differenz beträgt 3/32 Umdrehungen. Daher macht die zentrale Achse 3/64 Umdrehungen.

Diese Bewegung der zentralen Achse nannte White *Differenzbewegung*. Würde man – wie bei Fahrzeugen – den Drehsinn beider Kronenräder gleich festlegen, so würde man von einer Summenbewegung oder besser noch von einer Mittelwertbewegung sprechen. Das Differenzialgetriebe heißt also Differenzialgetriebe, weil White bei seiner Erfindung den Umlaufsinn der Kronenräder verschieden gewählt hat.

Obwohl das White'sche Differenzialrad der Namensgeber für das Differenzialgetriebe war, ist es wegen der leicht verschiedenen Zahnzahlen im heutigen Sinn gar kein Differenzialgetriebe mehr, sondern fällt in die allgemeinere Klasse der Umlaufrädergetriebe oder Planetengetriebe, die ebenfalls eine weit zurückreichende Geschichte besitzen.

Mathematische Beschreibung

Um die weiter zurückliegende Geschichte der Differenzialgetriebe zu verstehen, ist es sinnvoll, zunächst eine mathematische Beschreibung der Zustände eines Differenzialgetriebes zur Verfügung zu haben. Wir werden sehen, dass diese Beschreibung durch die lineare Gleichung

$$x + y - 2z = 0$$

erfolgt. Bevor wir diese Gleichung genau herleiten, erklären wir zunächst eine wichtige Analogie zwischen Getriebe und Gleichung.

In einem Differenzialgetriebe sind drei An-/Abtriebe miteinander verkoppelt. Ebenso sind in der angegebenen Gleichung die drei Variablen x, y und z miteinander verkoppelt.

Das Differenzialgetriebe kann als Ausgleichsgetriebe (ein Antrieb, zwei Abtriebe) oder als Summiergetriebe (zwei Antriebe, ein Abtrieb) benutzt werden. Ebenso kann man in der linearen Gleichung den Wert einer Variablen vorgeben und erhält eine Gleichung für die beiden anderen, oder den Wert von zwei Variablen vorgeben, wobei die dritte dann festgelegt ist.

Die Herleitung der Gleichung erfolgt nun mithilfe des Differenzialgetriebes aus Abb. 3–10. Es besteht aus einem Steg mit zwei freilaufenden Zahnrädern Z15 und zwei Kronenrädern oben und unten, die jeweils um eine Rastachse mit Platte frei laufen. Auf jedem Kronenrad wird ein Zahn markiert, sodass die Marken

Abb. 3–10 Differenzialgetriebe mit freilaufenden Kronenzahnrädern

mit dem Steg und der Nut eines Sockelbausteins fluchten (Abb. 3–11).

Wir bezeichnen mit x, y und z die Winkel, um die das obere Kronenrad, untere Kronenrad bzw. der Steg gegen die Ausgangsposition gedreht sind, siehe Abb. 3–12. Die Winkel werden gegen den Uhrzeigersinn positiv und im Uhrzeigersinn negativ gemessen.

Abb. 3–11 Ausgangsposition des Getriebes

Abb. 3–12 Winkel, um die die Kronenräder und der Steg gedreht sind

Wir halten nun zunächst den Steg in der Ausgangsposition fest. Dreht man nun das obere Kronenrad, so wird die Drehbewegung über die beiden Zahnräder Z15 auf das untere Kronenrad übertragen, das sich genauso weit dreht wie das obere, aber im entgegengesetzten Sinn (Abb. 3–13). Mathematisch bedeutet dies: Ist $z = 0$, so ist $y = -x$.

Um den allgemeinen Fall zu verstehen, versetzen wir uns in einen Beobachter hinein, der sich mit dem Steg dreht und die Winkel x' und y' gegen den Steg misst. Er sieht genau das, was wir bei festgehaltenem Steg gesehen haben. Daher gilt:

$$y' = -x' \text{ (Abb. 3–12).}$$

Abb. 3–13 Festgehaltener Steg

Wir drehen nun die beiden Kronenräder und den Steg gemeinsam um den Winkel z im Uhrzeigersinn. Dadurch verkleinern wir die ursprünglichen Winkel x, y und z um den Wert z, während sich x' und y' nicht ändern. Es ergibt sich also $x' = x - z$ und $y' = y - z$, was man in Abb. 3–12 sehr gut erkennen kann. Das Einsetzen dieser beiden Formeln in die Gleichung $x' + y' = 0$ liefert die angekündigte Gleichung

$$x + y - 2z = 0.$$

Wenn ein Differenzialgetriebe in Fahrzeugen als Verteilgetriebe benutzt wird, schreibt man diese Gleichung meist in der Form $z = (x + y)/2$. Das heißt, die Drehzahl des angetriebenen Stegs ist der Mittelwert der Drehzahlen der Räder. Wie genau sich die beiden Räder drehen, hängt von der Kurvenfahrt ab. Das Fahrzeug bewegt sich aber insgesamt immer so, als hätte es nur ein Rad in der Mitte der Hinterachse, das mit der Drehzahl z angetrieben würde.

Wir beschreiben noch ein weiteres Differenzialgetriebe mathematisch, das in einem Kompasswagen zum Einsatz kommen wird (Abb. 3–14). Die beiden äußeren Zahnräder Z15 besitzen Klemmringe (37685), die anderen beiden laufen frei. Wer keine Z15 mit Klemmring besitzt, kann freilaufende Z15 mit Papier auf den Achsen festklemmen.

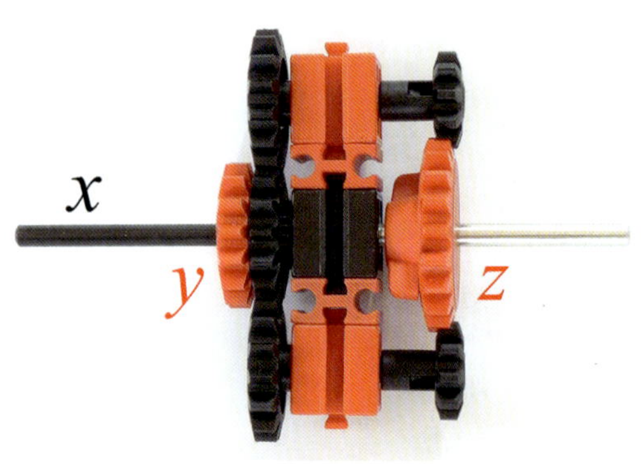

Abb. 3–14 Stirnrad-Differenzialgetriebe

Der Steg ist mit der schwarzen Kunststoffachse mit Vierkant fest verbunden. Hält man ihn fest, so gilt $z = y/2$ wegen der 2:1-Übersetzung vom roten Zahnrad Z15 auf das rote Zahnrad Z20. Ein mit dem Steg bewegter Beobachter misst also immer $z' = y'/2$. Dreht man das komplette Getriebe so, dass sich der Steg in Ausgangsposition befindet, so verkleinert man alle Winkel um x und erhält daher $y' = y - x$, $z' = z - x$ und somit durch Einsetzen und Umformen erneut

$$x + y - 2z = 0.$$

Die Drehbewegung der Metallachse wird also aus den Drehbewegungen der Kunststoffachse und des roten Zahnrads Z15 gemittelt. Aufgrund der räumlichen Lage der An- und Abtriebe eignet sich das Getriebe in Abb. 3–14 weniger als Verteilgetriebe im Fahrzeugbau, dafür aber hervorragend als Summiergetriebe im weiter unten vorgestellten Kompasswagen.

Äquationsuhren

Dass mit Onésiphore Pecqueur ein Uhrmacher das Differenzialgetriebe in den Fahrzeugbau einführte, ist kein Zufall. Ein Differenzialgetriebe wurde nämlich schon mehr als hundert Jahre zuvor in einer Uhr verwendet.

Um zu verstehen, welchem Zweck es dort diente, müssen wir uns in die Zeit um 1700 zurückversetzen. Eisenbahn und Telegrafie waren noch nicht erfunden, Zeitzonen daher noch nicht eingeführt. Jeder Ort hatte seine eigene Zeit, die anhand der Sonne verbindlich ermittelt wurde.

Sonnenuhren zeigen die wahre Sonnenzeit an, bei der um 12 Uhr die Sonne am höchsten steht. Wegen der Schiefe der Ekliptik und der elliptischen Umlaufbahn der Erde um die Sonne schwankt die Länge eines wahren Sonnentags allerdings im Laufe des Jahres. Mechanische Uhren laufen aber gleichmäßig und können daher nur einen Mittelwert anzeigen: die mittlere Sonnenzeit. Die Differenz zwischen wahrer und mittlerer Sonnenzeit beträgt bis zu 16 Minuten und wird Zeitgleichung genannt.

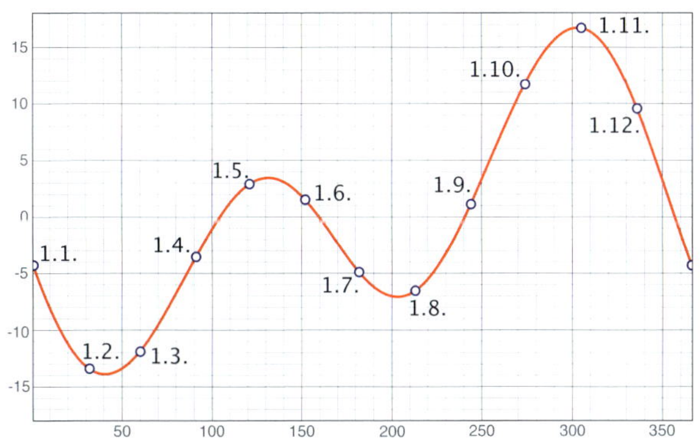

Abb. 3–15 Die Zeitgleichung ist die Differenz zwischen wahrer Sonnenzeit und mittlerer Sonnenzeit. Dargestellt ist eine grobe Näherung mit einer Periode von vier Jahren.

Die erste Uhr, die sowohl wahre als auch mittlere Ortszeit anzeigt, baute *Jost Bürgi* (1552–1632) in Kassel im Jahr 1591. In England wurden solche Äquationsuhren ab dem Ende des 17. Jahrhunderts häufiger gebaut. Unterschiedliche Methoden wurden dabei verwendet, am häufigsten aber kam eine Kurvenscheibe zum Einsatz, die sich mit gleichmäßiger Geschwindigkeit einmal im Jahr drehte. Ein Stift an einem Hebel wurde durch eine Feder an die Scheibe gedrückt. Der so abgetastete Wert der Zeitgleichung wurde durch ein Zahnsegment am Hebel weitergegeben.

Anfänglich wurde dieser abgetastete Wert direkt angezeigt. Später gab es aber auch Uhren, die zwei Minutenzeiger hatten – einen für die mittlere Sonnenzeit und einen für die wahre Sonnenzeit.

Joseph Williamson baute um das Jahr 1720 eine Pendeluhr mit zwei Zifferblättern, einem auf der Vorderseite mit der wahren Sonnenzeit und einem auf der Rückseite mit der mittleren Sonnenzeit. In dieser Uhr befindet sich zwischen den beiden Minutenzeigern ein Differenzialgetriebe. Der abgetastete momentane Wert der Zeitgleichung wird über den Käfig/Steg des Differenzials zur mittleren Zeit hinzuaddiert. Die Gleichung des Differenzialgetriebes wird also in der Form $y = -x + 2z$ eingesetzt, wobei x die mittlere Zeit, y die wahre Zeit und z der halbe Wert der Zeitgleichung ist. Günstig ist dabei auch die Umkehrung des Drehsinns der beiden Minutenzeiger, die wegen der zwei Ziffernblätter auf der Vorder- und der Rückseite der Uhr sowieso erforderlich gewesen wäre.

Dieses Beispiel einer Äquationsuhr ist die bislang früheste gesicherte Verwendung eines Differenzialgetriebes. Äquationsuhren waren in Frankreich bis ins Jahr 1826 sehr populär, sodass es nicht unwahrscheinlich ist, dass auch Onésiphore Pecqueur, der Erfinder des Fahrzeugdifferenzials, als Uhrmacher mit diesem Mechanismus vertraut war.

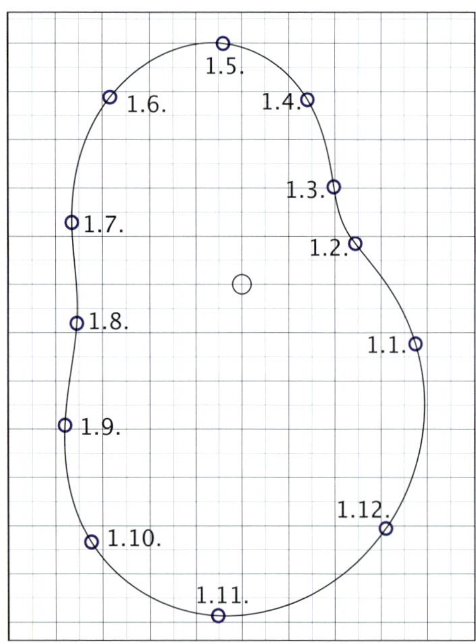

Abb. 3–16 Kurvenscheibe unseres Modells; zu den angegebenen Daten berührt der Stift jeweils den markierten Punkt

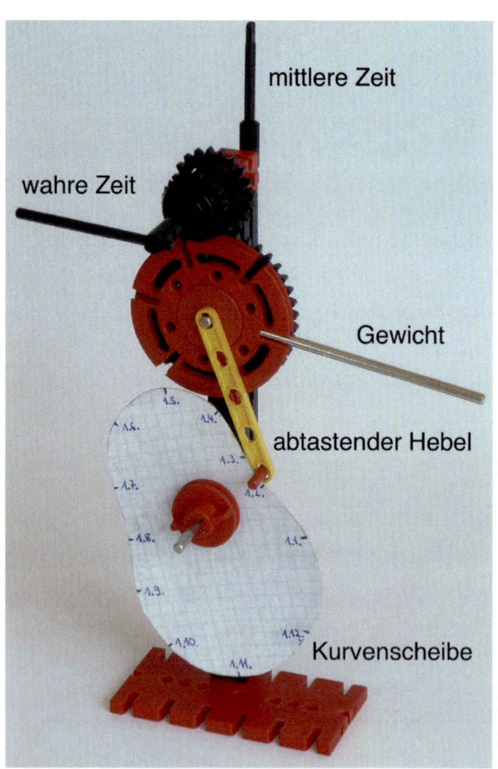

Abb. 3–17 Funktionsmodell des Äquationsmechanismus in der Uhr von Joseph Williamson aus dem Zeitraum 1719–1724

Im 19. Jahrhundert hatten sich die mechanischen Uhren als verbindliche Zeitgeber endgültig durchgesetzt, sodass man Äquationsuhren als überflüssig ansah. So schrieb der englische Uhrmacher *Edmund Backett Denison* in seinem Buch *Rudimentary Treatise on Clock and Watch Making* aus dem Jahr 1850 zum Bau von Äquationsuhren: »... it is perfectly useless, and worse than useless ...«. Auch wenn die Äquationsuhren selbst also aus der Mode kamen, so kam die große Zeit für Kombinationen aus Kurvenscheiben und Differenzialgetrieben erst später: In der ersten Hälfte des 20. Jahrhunderts wurden sie zusammen mit Integratoren sehr erfolgreich in mechanischen Analogcomputern eingesetzt.

Kompasswagen

Im dritten Jahrtausend vor Christus soll der Gelbe Kaiser Huáng Dì einen Kompasswagen erfunden haben, um seinen Truppen die Orientierung im dichten Nebel zu ermöglichen – das sagt die chinesische Mythologie. Aus der Auswertung schriftlicher Quellen wird als wahrscheinlich angesehen, dass der Ingenieur Ma Jun (ca. 200–265 n. Chr.) einen Kompasswagen konstruierte, allerdings ist keinerlei Beschreibung seines Mechanismus erhalten.

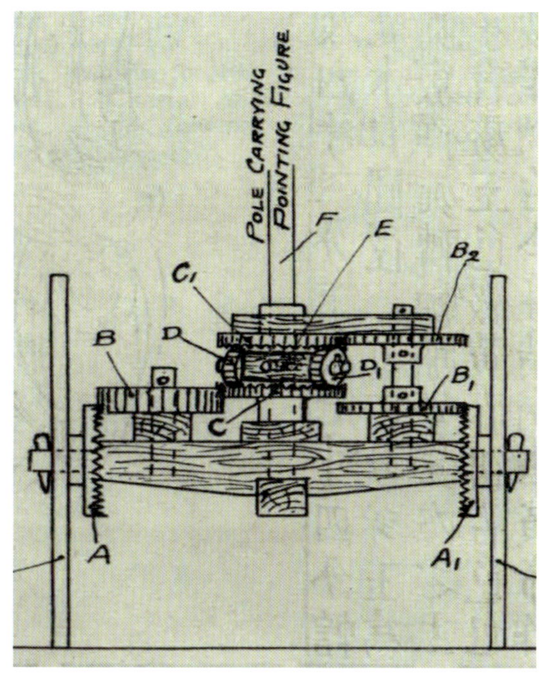

Abb. 3–18 *Skizze von George Lanchester, in der er zum ersten Mal seine Idee verdeutlichte, dass ein Differenzialgetriebe Bestandteil der Kompasswagen gewesen sein könnte*

Die Idee des Kompasswagens ist verwandt mit der des Hodometers, eines Wagens, der die zurückgelegte Strecke ermittelt oder verkündet. Die Streckenmessung wird ermöglicht durch ein Getriebe, das die Bewegung eines der Laufräder ins Langsame übersetzt und auf ein Rad überträgt, das sich während einer festen Wegstrecke (zum Beispiel ein Li) genau einmal dreht und am Ende dieser Drehung eine Aktion auslöst, zum Beispiel einen Gong schlagen oder ein Steinchen in einen Behälter fallen lässt.

Sieht man sich noch einmal Abb. 3–1 an und verdeutlicht sich, dass bei einer Kurvenfahrt die äußeren Räder einen größeren Weg zurücklegen als die inneren,

so ist die Idee naheliegend, aus der Differenz der Wegstrecken der Räder auszurechnen, wie weit sich der Wagen gedreht hat. Statt diese Rechnung mit zwei Hodometern zu bewerkstelligen, ist es natürlich viel sinnvoller, den Wagen die Differenz durch ein Getriebe selbst bestimmen und anzeigen zu lassen.

Diese Idee führte den britischen Ingenieur *George Lanchester* (1874–1970) zur heute weitgehend geteilten Vermutung, dass ein Differenzialgetriebe zentraler Bestandteil der ersten Kompasswagen war.

Mit dem Differenzialgetriebe aus Abb. 3–10 können wir einen Kompasswagen nach Lanchester aus fischertechnik bauen, an dem der Rechenvorgang bestmöglich sichtbar wird (Abb. 3–19).

Abb. 3–19 Lanchester-Modell mit fischertechnik

Die Drehbewegung des rechten Laufrads wird über zwei Kegelzahnräder und das rote Zahnrad Z20 auf das rote Zahnrad Z40 übertragen. Ebenso wird die Drehbewegung des linken Laufrads auf das schwarze Zahnrad Z40 übertragen. Fährt der Kompasswagen vorwärts, so dreht sich das rote Z40 von oben betrachtet im Uhrzeigersinn und das schwarze Z40 gegen den Uhrzeigersinn. Beide drehen sich gleich schnell, sodass der Steg und damit der Zeiger oben in Ruhe bleiben.

Abb. 3–20 *Aufbau des Fahrgestells*

Die zweite theoretisch wichtige Bewegung ist die folgende: Das rechte Rad dreht sich auf der Stelle (rollt also überhaupt nicht) und das linke fährt einen Kreis ab, dessen Radius gerade der Abstand zwischen den beiden Laufrädern ist – in unserem Lanchester-Modell 92 mm. Da das linke Laufrad einen Durchmesser von 46 mm besitzt, dreht es sich während der vollen Kreisfahrt genau viermal. Diese Drehbewegung wird über die Kegelzahnräder und das schwarze Zahnrad Z20 auf das schwarze Z40 übertragen, das sich wegen der 2:1-Übersetzung bezogen auf das Fahrgestell genau zweimal dreht, und zwar gegen den Uhrzeigersinn. Das Differenzialgetriebe mittelt nun die Drehbewegung des schwarzen und des roten Z40. Der Steg und der Zeiger drehen sich daher während einer vollen Kreisfahrt genau einmal entgegengesetzt zum Wagen und zeigen damit von außen gesehen immer in dieselbe Richtung.

Die Mathematik besagt nun, dass der Zeiger des Kompasswagens bei jeder beliebigen Fahrt in der Ebene immer dieselbe Richtung anzeigt, wenn er das bei der Geradeausfahrt und der vollen Linkskurve macht. Das liegt an der sogenannten Linearität der Gleichung, die die Zustände eines Differenzialgetriebes beschreibt.

Abb. 3–21 Kompasswagen in Aktion

Die Quellen legen nahe, dass der Kompasswagen in der Geschichte Chinas mehrmals wiedererfunden wurde, vermutlich mit verschiedenen Mechanismen. Wir geben noch ein zweites Modell an, das allein mit Stirnrädern auskommt und bei dem die Laufräder optisch den damals gebräuchlichen gespeichten Rädern etwas näherkommen.

Kompasswagen waren mit Sicherheit niemals praxistauglich: Eine landschaftliche Ebene ist immer noch keine mathematische Ebene, Unterschiede in der Radgröße verursachen sich aufsummierende Abweichungen, permanente Bodenhaftung kann kaum sichergestellt werden. Wie andere technische Geräte (zum Beispiel anfänglich Rechenmaschinen und Uhren) war der Kompasswagen in erster Linie eine technische Kuriosität für die Herrscher und Mächtigen. Automaten waren im antiken China genauso beliebt wie in antiken europäischen Kultu-

Abb. 3–22 Stirnrad-Kompasswagen

ren, und ein Wagen, der selbstständig die Richtung hält, fand sicherlich große Aufmerksamkeit.

Abb. 3–23 Zusammenbau des Stirnrad-Kompasswagens

Zum Schluss dieses Kapitels möchten wir noch zeitlich und räumlich den Bogen zurück schlagen zu unserem Ausgangspunkt, dem Frankreich des 19. Jahrhunderts, und den Zusammenhang herstellen zu einem der aufsehenerregendsten Experimente jener Zeit: dem Foucault'schen Pendel.

Abb. 3–24 Das Foucault'sche Pendel

Das Foucault'sche Pendel dient dem Nachweis der Eigendrehung der Erde. Lässt man ein Fadenpendel am Nordpol frei schwingen, so dreht sich die Erde innerhalb eines Tages unter ihm um ihre eigene Achse. Ein Beobachter, der sich mit der Erde dreht, nimmt somit wahr, wie die Schwingungsebene des Pendels synchron mit dem Sternenhimmel eine Umdrehung im entgegengesetzten Sinn macht. Anders als am Pol ändert sich die Schwingungsebene eines Pendels am Äquator für einen mitbewegten Beobachter dagegen nicht. Auf den Breitengraden zwischen Pol und Äquator dreht sich die Schwingungsebene des Pendels im Laufe eines Tages um einen bestimmten Winkel, der um so größer ist, je näher man dem Pol kommt.

Das Verhalten des Foucault'schen Pendels lässt sich hervorragend mit einem Kompasswagen veranschaulichen. Um das zu verstehen, müssen wir uns zunächst gedanklich von dem verabschieden, was wir eigentlich nachweisen wollen: der Erddrehung. Entscheidend für das Verhalten des Pendels ist nämlich nicht die Erddrehung, sondern die durch sie bewirkte Bewegung des Pendels um die Erdachse. Stände die Erde still, und wir würden mit einem Pendel in einem Flug- oder Fahrzeug einen Breitenkreis abfliegen oder -fahren, so würden wir das gleiche Verhalten beobachten wie ein mit einer rotierenden Erde mitbewegter Beobachter.

Fahren wir mit unserem Kompasswagen einen nördlichen Breitenkreis auf einem Gymnastikball ostwärts ab, so beobachten wir, wie sich dabei der Zeiger im Uhrzeigersinn dreht. Die Erklärung dafür ist einfach: Der nördlichere Breitenkreis, den das linke Rad abfährt, ist kürzer als der südlichere, den das rechte Rad abfährt. Der Wagen befindet sich also in einer permanenten Linkskurve – genau wie wir, wenn wir uns mit der Erde ostwärts drehen. Der Mechanismus des Wagens sorgt dafür, dass der Zeiger – soweit auf der gekrümmten Oberfläche möglich – in eine konstante Richtung zeigt. Daraus resultiert die Rechtsdrehung des Zeigers. Genau wie der Zeiger behält auch das Pendel seine Schwingungsebene so weit wie möglich bei. Daher entsprechen sich die Bewegung des Zeigers und die des Foucault'schen Pendels einander vollkommen.

Abb. 3–25 Der Zeiger des Kompasswagens dreht sich wie die Schwingungsebene eines Foucault'schen Pendels

In der modernen Mathematik spricht man nicht davon, dass der Zeiger in eine konstante Richtung zeigt, sondern dass er längs eines Wegs parallel verschoben wird (vgl. Abb. 3–21). Diese Parallelverschiebung entlang Wegen in gekrümmten Räumen ist ein Begriff, der aus vielen modernen physikalischen Theorien nicht mehr wegzudenken ist. Eine antike technische Kuriosität veranschaulicht somit ein fundamentales, hochaktuelles mathematisches Konzept.

Literatur und Links

Zum Abschnitt *Angetriebene Fahrzeuge* sind die Patentschrift von Onésiphore Pecqueur [3] und das Video *Around the Corner* [8] sehr empfehlenswert. Die Erfindungen von James White sind sehr gut in seinem Buch *A New Century of Inventions* [5] beschrieben. Dass Onésiphore Pecqueur Whites Differenzialrad aus dem Conservatoire des Arts et Métiers kannte, hat er selbst in einer zweiten Patentschrift beschrieben. Zum Abschnitt *Äquationsuhren* kann man weiter gehende Informationen in den Büchern finden, die in Kapitel 4 *Die Uhr* angegeben sind, hauptsachlich in dem Werk *Geared to the Stars*, in dem insbesondere Joseph Williamsons Uhr beschrieben ist. Die Primärquelle dazu – eine Arbeit von Hans von Bertele, der diese Uhr besessen hat – stand uns nicht zur Verfügung. Sieht man von der militärischen Ausrichtung ab, so ist das Video *Basic Mechanisms in Fire Control Computers* [7] sehr lehrreich und zeigt das Zusammenspiel aus Kurvenscheiben, Differenzialgetrieben und weiteren Elementen in mechanischen Analogcomputern. Das Standardwerk zur Technik- und Wissenschaftsgeschichte Chinas ist Joseph Needhams *Science and Civilisation in China* [2].

Der Aufsatz, in dem George Lanchester seine Idee darlegte, dass ein Differenzialgetriebe der wesentliche Bestandteil der chinesischen Kompasswagen gewesen sein könnte, findet sich in einem frei verfügbaren Heft der ehemaligen *China Society London* [1]. Viele nützliche Informationen gut aufbereitet findet man auf der Internetseite [6]. Empfehlenswert für Leser, die sich von etwas Mathematik nicht abschrecken lassen, ist auch der Aufsatz von Mariano Santander [4], in dem als Erstes der Einsatz von Kompasswagen zur Visualisierung der Parallelverschiebung vorgeschlagen wurde.

[1] George Lanchester: *The Yellow Emperor's South Pointing Chariot*. The China Society, London, 1947.

[2] Joseph Needham: *Science and Civilisation in China*. Band 4, Cambridge University Press, Cambridge, 1962. Einfacher erhältlich ist die abgekürzte Version von Colin A. Ronan aus dem gleichen Verlag.

[3] Onésiphore Pecqueur: *Pour un chariot à vapeur*. Patent erteilt am 25.4.1828, erschienen in G.-J. Christian, C. P. Molard (Hrsg.), Description des Machines et Procédés..., Band 50, S. 25–35, Bouchard-Huzard, Paris 1843, online einsehbar unter http://digital.onb.ac.at/OnbViewer/viewer.faces?doc=ABO_%2BZ183046501.

[4] Mariano Santander: *The Chinese South-Seeking Chariot*. A simple mechanical device for visualizing curvature and parallel transport. American Journal of Physics 60 (1992), S. 782–787, online einsehbar unter http://unavistacircular.files.wordpress.com/2012/12/art_santander_chinesesouthseekingchariot_amjphys_60_782.pdf

[5] James White: *A New Century of Inventions*. Leech and Chatham, London, 1822.

[6] Die Internetseite zum Thema Kompasswagen: http://www.odts.de/southptr.

[7] Das Video *Basic Mechanisms in Fire Control Computers*: http://www.youtube.com/watch?v=s1i-dnAH9Y4.

[8] Das Video *Around the Corner*: http://www.youtube.com/watch?v=yYAw79386WI.

4 Die Uhr

Keine andere Erfindung hat die Entwicklung unserer Zivilisation andauernder und nachhaltiger beeinflusst als die der Uhr. Das Einteilen der Zeit in immer kleinere gleichmäßige Portionen und die immer weiter reichenden Techniken zur Synchronisation ermöglichen erst das feinverzahnte globale Ineinandergreifen menschlicher und maschineller Tätigkeiten, das wir heute kennen. Einige der entscheidenden Stationen in diesem Entwicklungsprozess werden wir mit fischertechnik-Modellen in diesem Kapitel nachvollziehen.

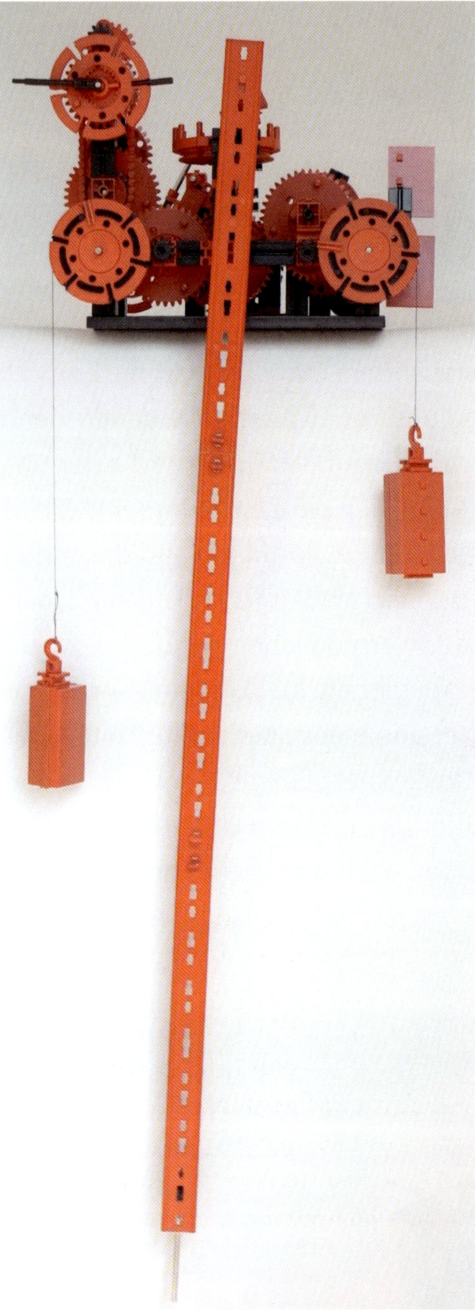

Abb. 4–1 Modell einer Turmuhr mit Spindelhemmung, Pendel und Schlagwerk

Einleitung

Das Hauptmodell dieses Kapitels ist das einer Turmuhr mit Spindelhemmung, Pendel und Viertelstundenschlagwerk (Abb. 4–1 und 4–2).

Die *Spindelhemmung* war der wesentliche Bestandteil der ersten mechanischen Uhren ab ca. 1300 und blieb über mehrere Jahrhunderte konkurrenzlos. Sie eignet sich optimal dazu, die Funktion einer Gangregelung sichtbar zu machen.

Anhand des *Pendels* wurde zum ersten Mal verstanden, dass man zur genauen Zeitmessung ein frei schwingendes System verwenden kann. Zum Aufrechterhalten der Schwingung sollte dieses nur so wenig angeregt werden, wie es zur Kompensation der Dämpfung nötig ist. Von 1656 bis ins 20. Jahrhundert hinein lieferten Pendel die Zeitbasis für fast alle standfesten Uhren. Ein Pendel ist ideal, um auch mit den eingeschränkten Möglichkeiten eines Konstruktionssystems wie fischertechnik eine Uhr zu bauen, die einen Gangfehler von nur wenigen Sekunden pro Tag besitzt.

Das *Schlagwerk* schließlich ist der Inbegriff für die von den Uhren ausgehende Taktung menschlicher Tätigkeiten.

Das Modell verdeutlicht wesentliche Entwicklungsschritte, Komponenten und Funktionen mechanischer Uhren. Zwar hat es kein direktes historisches Vorbild, aber es versetzt einen atmosphärisch zurück in die Zeiten, in denen der Tagesablauf durch schlagende Turmuhren geregelt wurde.

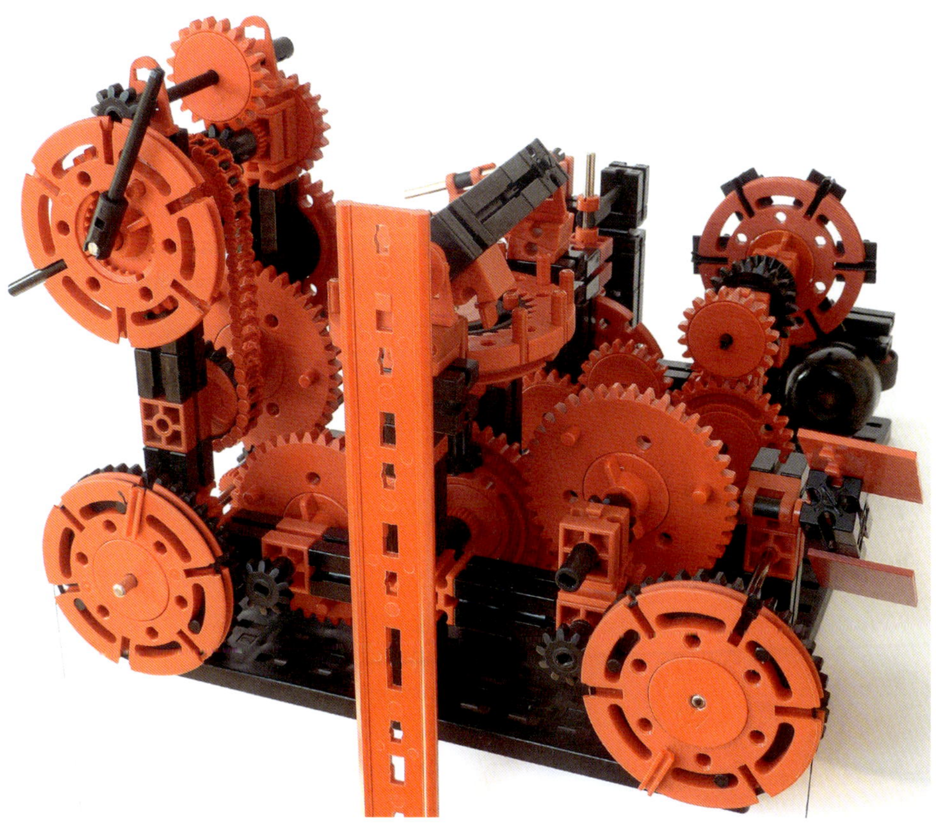

Abb. 4–2 Modell einer Turmuhr mit Spindelhemmung, Pendel und Schlagwerk

Natürlich wird auch eine Auswahl weiterer wichtiger Schritte in der Entwicklungsgeschichte der Uhren zwischen dem 14. und 18. Jahrhundert mit Modellen illustriert: der *Waagbalken*, der statt des Pendels in den ersten Uhren zum Einsatz kam; die *Ankerhemmung*, die einen flacheren Aufbau und Pendel mit kleinerer Auslenkung ermöglichte; die *Unruh*, die der wesentliche Durchbruch auf dem Weg zu genauen tragbaren Uhren war; und schließlich der *Stiftengang* als ein mit fischertechnik gut umsetzbares Beispiel für eine ruhende Hemmung.

In den Kapiteln 10 *Der Elektromotor* und 12 *Die Normalzeit* werden mit den Synchron- und Funkuhren spätere Entwicklungsschritte der Uhrengeschichte behandelt.

Uhren und Zeiteinteilung

Uhren sind Instrumente zur Zeiteinteilung. Wir Menschen haben keinen Sinn, mit dem wir Zeit direkt wahrnehmen können – was wir wahrnehmen, ist der Ablauf der Ereignisse mit seinen Veränderungen und Wiederholungen.

Abb. 4–3 *Schlagende Jacquemarts an der Kirche Notre-Dame in Dijon: Der Mann links wurde angeblich zusammen mit der großen Glocke 1382 in Kortrijk erbeutet, Frau und Kinder sind definitiv spätere Zutaten.*

Ohne technische Hilfsmittel können wir in der Natur nur sich vergleichsweise langsam wiederholende Prozesse beobachten. Der für den Menschen wichtigste dieser Prozesse ist sicher der Wechsel zwischen Tag und Nacht. Er ist der Ausgangspunkt der gesamten Zeiteinteilung. Für die weitere Zeiteinteilung sind wir auf technische Hilfsmittel angewiesen.

Zwei Aspekte spielten und spielen bei der künstlichen Zeiteinteilung eine besondere Rolle: a) die Synchronisation innerhalb einer Gemeinschaft von Menschen (später auch innerhalb einer Maschine), insbesondere das Signalisieren von Zeitmarken zur Abstimmung von Tätigkeiten, b) die Einteilung der Zeit in möglichst gleich lange Abschnitte, also die genaue Zeitmessung.

Das möglichst auffällige Verkünden von Zeitmarken war besonders wichtig in Zeiten, in denen es nur wenige Uhren gab. Schon im antiken Rom wurde der Lichttag in vier Teile geteilt und die Übergangspunkte durch Blasinstrumente signalisiert. Im Mittelalter setzte sich ab dem 14. Jahrhundert das automatische Schlagen der Stunden durch Turmuhren durch. Die rasche Verbreitung dieser Uhren ging mit dem Aufstieg der Städte, des Handels und des Bürgertums einher.

Mit der zunehmenden Verbreitung standfester oder tragbarer Uhren in breiteren Teilen der Bevölkerung wurden diese vor Ort befindlichen Uhren genutzt, um menschliche Tätigkeiten aufeinander abzustimmen. Die Synchronisation verlagerte sich damit auf den regelmäßigen Abgleich eigener Uhren mit allgemein anerkannten Hauptuhren. Im Zuge der Erfindung der Eisenbahn und der Telegrafie rückte man nach 1850 mit der Einführung von Zeitzonen von der Anzeige der Zeit auf Sonnenuhren weit ab. Beispiele für Techniken zum Uhrenabgleich aus dem letzten Jahrhundert sind die Zeitansage per Telefon oder der 20-Uhr-Gong der Tagesschau.

Der letzte Schritt in der Entwicklung sind Synchron-, Funk- und Internetuhren, die gar keine eigentlichen Uhren mehr sind, sondern nur noch Zeitanzeigen. Sie beziehen die Zeitinformation nicht mehr aus einem eigenen Oszillator, sondern über das Stromnetz, über Funk oder das Internet. Die Gleichtaktung der Gesell-

schaft ist insgesamt gesehen immer umfassender, stiller und unauffälliger geworden.

Die Zeiteinteilung der normalen Bevölkerung basierte bis ins späte Mittelalter auf dem Lichttag, der von Sonnenauf- bis Sonnenuntergang in zwölf sogenannte temporale Stunden eingeteilt wurde, die man direkt an Sonnenuhren ablesen konnte. Die Länge der temporalen Stunden variiert zwangsläufig im Laufe eines Jahres: Im Sommer sind die Tage länger als die Nächte, im Winter ist es umgekehrt. Die Astronomen dagegen verwendeten schon seit der Antike auch Äquinoktialstunden – also die temporalen Stunden bei Tag- und Nachtgleiche.

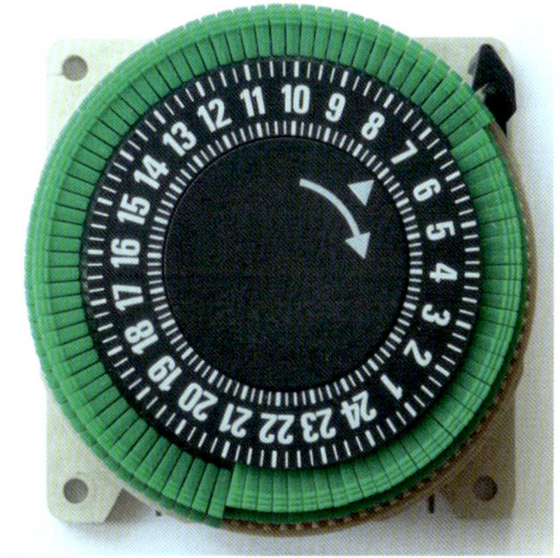

Abb. 4–4 Zeitschaltuhr mit Synchronmotor aus den 80er-Jahren

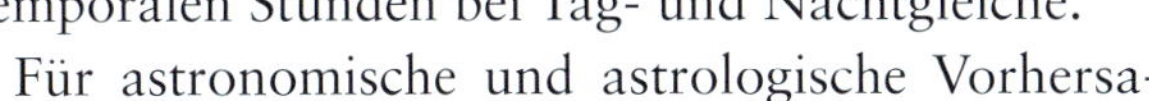

Für astronomische und astrologische Vorhersagen war das Interesse an einer genauen Datierung von Himmelsereignissen groß. So ist es nicht verwunderlich, dass eine deutliche Genauigkeitssteigerung der mechanischen Uhren vom Schweizer Uhrmacher *Jost Bürgi* (1552–1632) erzielt wurde, der ab 1579 im Dienst des Landgrafen Wilhelm IV. von Kassel und ab 1604 in Prag Uhren und astronomische Instrumente baute.

Abb. 4–5 Die Berner Zytglogge aus dem Jahr 1405 zeigt die temporalen Stunden an den goldenen Linien an und die äquinoktialen auf dem römischen Zifferblatt.

Die großen Fortschritte (Pendel, Unruh, Hemmungen, Temperaturkompensation) auf dem Gebiet der Zeitmessung in den folgenden zwei Jahrhunderten wurden mehr oder weniger durch das sogenannte Längengradproblem befördert, das von immenser wirtschaftlicher Bedeutung war: Schiffe verspäteten sich oder verunglückten auf hoher See, weil ihre geografische Länge ohne die korrekte Zeit zu Hause bzw. später in Greenwich nicht genau bestimmt werden konnte.

Im 20. Jahrhundert kam es dann mit der Entwicklung von Quarzuhren ab dem Jahr 1927 und vor allem mit der Entwicklung von Atomuhren ab dem Jahr 1946 zu unvergleichlichen Genauigkeitssteigerungen.

Abb. 4–6 John Harrison löste das Längengradproblem durch den Bau genauer Uhren.

Abb. 4–7 Die NBS-1, die erste, noch ungenaue Atomuhr aus dem Jahr 1952

Spindel mit Waagbalken

Die ersten mechanischen Uhren funktionierten mit Gewichtsantrieb. Hängt man ein ausreichend schweres Gewicht an das Ende eines auf einer Trommel aufgerollten Seils, so wird sich das Gewicht beschleunigt nach unten bewegen und die Trommel sich entsprechend beschleunigt drehen. Die Drehbewegung der Trommel kann man durch Anbringen von Windflügeln verlangsamen und regulieren, allerdings nicht sehr stark und nur ungenau.

Zentraler Bestandteil der ersten mechanischen Uhren war dementsprechend ein neuer Mechanismus zur kontrollierten Verlangsamung einer Drehbewegung, eine sogenannte *Gangregulierung* oder *Hemmung*.

Diese Hemmung bestand aus einer vertikalen Spindel mit zwei Lappen, dem mit ihr fest verbundenen horizontalen Waagbalken und dem vertikalen *Hemmrad* (auch *Steigrad* oder *Gangrad* genannt) (Abb. 4–8). Die Drehung des Hemmrads wird dadurch reguliert, dass es mit seinen Zähnen über die Lappen die Spindel mit dem Waagbalken abwechselnd hin und her schubst. Hat das Hemmrad einen Lappen weggedrückt, so stellt sich ihm der zweite Lappen auf der anderen Seite in den Weg.

Damit das abwechselnde Eingreifen und Wegdrücken der Lappen funktioniert, muss das Hemmrad eine ungerade Anzahl von Zähnen besitzen. Bei einer geraden Anzahl von Zähnen blockieren die beiden gegenüberliegenden Lappen gleichzeitig. So steht es zumindest in den meisten Büchern, und diese Aussage scheint eine Umsetzung der Spindelhemmung mit fischertechnik zu verhindern.

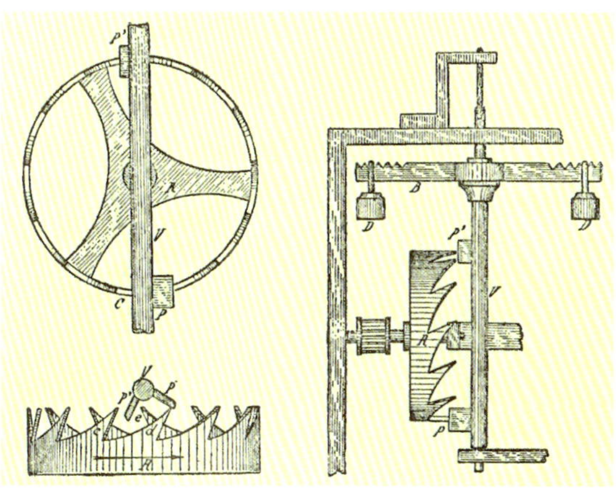

Abb. 4–8 Gangregulierung durch Spindel mit Waagbalken

Es gibt aber einen Trick, mit dem eine Umsetzung dennoch möglich wird: Wenn man die Spindel nicht genau durch den Mittelpunkt des Hemmrads gehen lässt, sondern etwas seitlich verschiebt, bedeutet das praktisch, dass auf dieser Seite ein kleinerer Teil des Kreisumfangs zwischen den beiden Lappen liegt. Damit verkleinert sich auch die Anzahl der Zähne zwischen den beiden Lappen.

In unserem Modell in Abb. 4–9 kommt das Innenzahnrad mit seinen zwölf äußeren Bohrungen als Hemmrad zum Einsatz. In den Bohrungen stecken Seilklemmstifte, die die Funktion der Zähne übernehmen. Sie sind an den Enden konisch gefast, was für diesen Zweck sehr hilfreich ist. Wird die Spindel um ein Viertel des Abstands zwischen zwei Stiften aus der Mitte gezogen, so liegen zwischen den beiden Lappen auf dem Umfang nur noch 5,5 statt sechs Stifte und das Modell funktioniert.

Ist man erst einmal so weit, so probiert man natürlich auch, was passiert, wenn man die Spindel noch weiter aus der Mitte zieht. Erstaunlicherweise funktioniert die Hemmung sogar besser, wenn nur 4,5 Stifte zwischen den beiden Lappen liegen. Der eine Lappen wird dann nach oben, der andere zur Seite weggedrückt. Dadurch wird der Auslenkungswinkel der Spindel kleiner (wichtig für unserer Hauptmodell mit

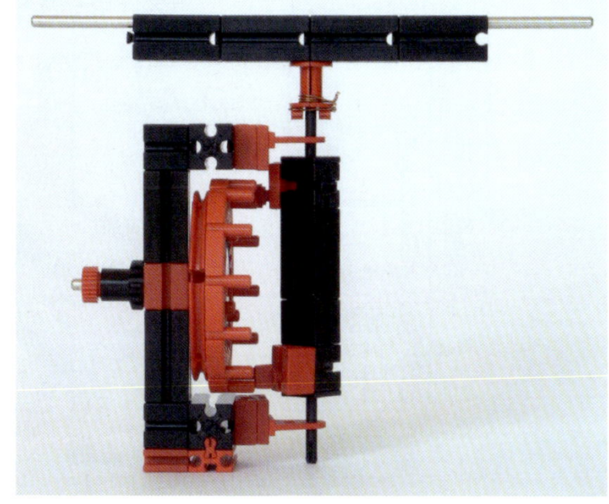

Abb. 4–9 fischertechnik-Modell einer Hemmung durch Spindel mit Waagbalken

Pendel) und die Lappen können tiefer eingreifen und stehen beim Blockieren und Wegdrücken anfänglich paralleler zu den Stiften, was eine bessere Kraftübertragung ermöglicht. Detailliert wird der Aufbau der Spindelhemmung in der Beschreibung unseres Hauptmodells erläutert.

Bei den Recherchen zum Thema astronomische Uhren in Kapitel 5 *Das Planetarium* fanden wir schließlich heraus, dass schon eine der frühesten dokumentierten mechanischen Uhren, das Astrarium von *Giovanni Dondi* (1318–1389), ein Hemmrad mit 24 Zähnen besessen hat. Warum anschließend nahezu ausschließlich Hemmräder mit einer ungeraden Anzahl von Zähnen verwendet wurden und sich die Meinung durchsetzte, das könne gar nicht anders sein, ist uns nicht bekannt.

Die Ganggeschwindigkeit des Hemmrads ist vom Antriebsdrehmoment abhängig und vom Trägheitsmoment des Waagbalkens, das über die Position der Gewichte eingestellt werden kann. Im Modell erfolgt diese Einstellung durch das Ausziehen der zwei Metallachsen.

Das Modell aus Abb. 4–9 lässt sich mit ein paar Übersetzungsstufen sehr einfach zu einer Uhr vervollständigen. Damit lässt sich die Genauigkeit der ersten mechanischen Uhren sehr gut nachvollziehen. Es kam innerhalb eines Tages zu unregelmäßigen Abweichungen von zehn Minuten und mehr.

Die Spindelhemmung mit Waagbalken war trotzdem sehr erfolgreich und blieb über mehr als 300 Jahre nahezu unverändert im Einsatz, bis der Waagbalken nahezu vollständig durch das Pendel ersetzt wurde.

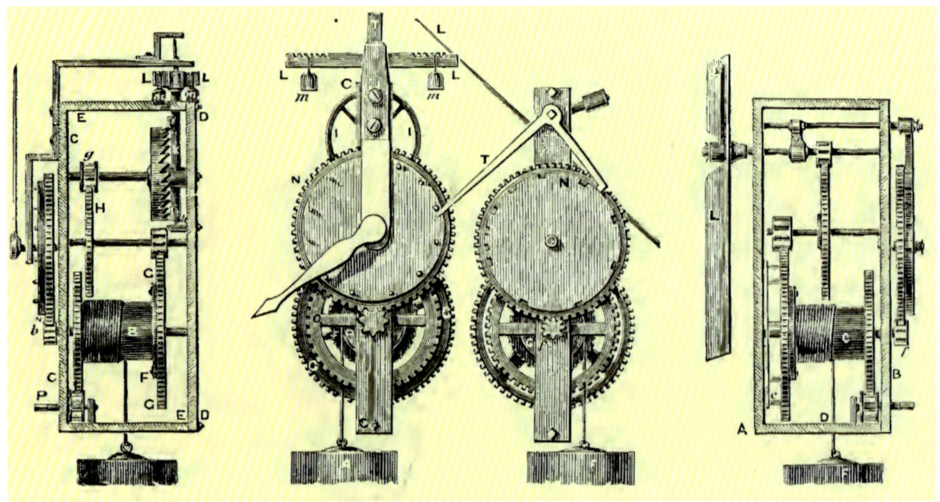

Abb. 4–10 Prinzipieller Aufbau einer frühen Uhr mit Schlagwerk

Frühe Uhren mit Schlagwerk

Auch wenn von einigen wenigen erhaltenen Uhrwerken behauptet wird, sie stammten aus dem 14. Jahrhundert, ist die Datierung in jedem dieser Fälle umstritten. Der vermutliche prinzipielle Aufbau früher Uhren mit Schlagwerk ist in Abb. 4–10 dargestellt.

In der linken Hälfte ist das *Gehwerk* abgebildet, in der rechten das *Schlagwerk*. Im Gehwerk übt das Gewicht ein Drehmoment auf die Seiltrommel aus, das – durch zwei Übersetzungen ins Schnelle verkleinert – an das Hemmrad weitergegeben wird. Die Hemmung sorgt für ein geregeltes ruckweises Drehen des Hemmrads und damit der Seiltrommel. Die Drehbewegung der Seiltrommel wird außerdem noch – ins Langsame übersetzt – an den Stundenzeiger weitergegeben. Das mit dem Zeiger verbundene Rad hat zwölf Stifte, die über einen zweiarmigen Hebel das Schlagwerk auslösen.

Der rechte Arm des Hebels greift in eine frühe Version einer sogenannten Schlossscheibe, die die Laufzeit des Schlagwerks und damit die Anzahl der Schläge codiert. Das Schlagwerk selbst wird von einem eigenen Gewicht angetrieben. Die Geschwindigkeit der Drehbewegungen wird durch den Windflügelregler konstant gehalten. Am hinteren bzw. linken Ende der Seiltrommel erkennt man das *Hebnägelrad*, das während der Laufzeit des Schlagwerks regelmäßig einen Hammer hebt, der dann beim Abrutschen von einem Nagel gegen einen Klangkörper schlägt.

Der Nachbau einer solchen Uhr mit Schlagwerk wird am Ende des Kapitels mit leichten Veränderungen beschrieben.

Das Pendel

Die Ungenauigkeit der frühen mechanischen Uhren resultierte daher, dass Spindel und Waagbalken nur wegen des Antriebs durch das Hemmrad schwingen. In der Sprache der Physik ist der Waagbalken (anders als ein Pendel oder eine Masse, die an einer Feder hängt) kein freier Oszillator. Ein freier Oszillator schwingt nach einer einmaligen Anregung einige Zeit lang selbstständig weiter. Die Dauer einer vollständigen Schwingung nennt man dabei *Schwingungsdauer* oder *Periode*, die größte Auslenkung während der Schwingung heißt *Amplitude*.

Galileo Galilei (1564–1642) war der erste, der die Schwingungseigenschaften von Pendeln untersuchte und sie als Zeitmesser in die Wissenschaft einführte. Angewendet wurden sie zunächst von Hand – vor allem die sogenannten Sekundenpendel, deren Schwingungsdauer zwei Sekunden beträgt. Die Zeit zwischen zwei Durchgängen durch die vertikale Lage beträgt damit eine Sekunde.

Abb. 4–11 Christiaan Huygens

Die ersten dokumentierten Pendeluhren entwarf *Christiaan Huygens* (1629–1695) ab dem Jahr 1656. Sie gingen bis auf wenige Sekunden pro Tag genau. Die Spindelhemmung kam dabei weiterhin zum Einsatz. Meist wurde sie um 90° gedreht, sodass das Hemmrad eine horizontale Lage einnahm (Abb. 4–12).

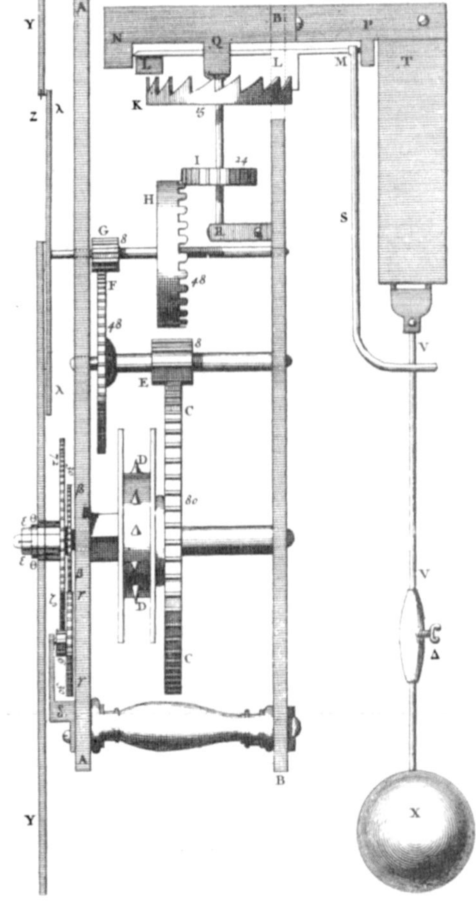

Abb. 4–12 Pendeluhr von Christiaan Huygens

Bei der Spindelhemmung in der klassischen Form sind die beiden Lappen ungefähr 90° gegeneinander gedreht. Dies führt zu großen Pendelauslenkungen von etwa 45°.

Solch große Pendelauslenkungen sind aus zwei Gründen problematisch: Die Schwingungsdauer eines Pendels verkleinert sich mit abnehmender Amplitude. Dieser Effekt ist bei ohnehin kleinen Amplituden gering und oft vernachlässigbar, bei großen allerdings nicht. Durch Schwankungen des Antriebsdrehmoments am Hemmrad (verursacht vor allem durch schwankende Reibung im Antriebsgetriebe) kann sich die Amplitude des Pendels leicht ändern, was zu Ungenauigkeiten führt. Das zweite Problem ist, dass bei großen Amplituden vergleichsweise viel Arbeit verrichtet werden muss, um Amplitudenabnahmen auszugleichen, da die Pendelmasse angehoben werden muss. Bei kleinen Amplituden verläuft die Bewegung des Pendels dagegen nahezu horizontal.

Huygens ersann zwei Methoden, um diese Nachteile auszugleichen. Die mathematische Lösung für das erste Problem war die Verwendung von Backen, an die sich der obere flexible Teil des Pendels anschmiegte und die das Pendel eine isochrone Schwingung ausführen lassen – also eine Schwingung, deren Dauer nicht von der Amplitude abhängt. Ein praktischer Verbesserungsansatz für beide Probleme bestand darin, mit einem kurzen Pendel an der Spindel ein langes, eigentlich zeitbestimmendes, höher aufgehängtes schweres Pendel zu führen.

In unserem Hauptmodell werden wir dagegen nur ein Pendel verwenden, das direkt an der Spindel befestigt ist. Das ermöglicht der asymmetrische Aufbau unserer Spindelhemmung. Durch ihn ergeben sich Amplituden von nur ca. 5°.

Die Ankerhemmung

Die *Ankerhemmung* wurde vor 1671 vom britischen Physiker *Robert Hooke* (1635–1703) oder dem gelegentlich für ihn arbeitenden Uhrmacher *William Clement* erfunden. Sie brachte zwei wesentliche Vorteile gegenüber der klassischen Spindelhemmung und verdrängte diese weitgehend. Der erste Vorteil ist, dass die Ankerachse deutlich weniger ausgelenkt wird als die Spindel. Dadurch wurde es möglich, Uhren mit kleinen Pendelausschlägen zu bauen. Der zweite Vorteil ist der deutlich flachere Aufbau gegenüber der Spindel, was für die Entwicklung tragbarer Uhren wesentlich war.

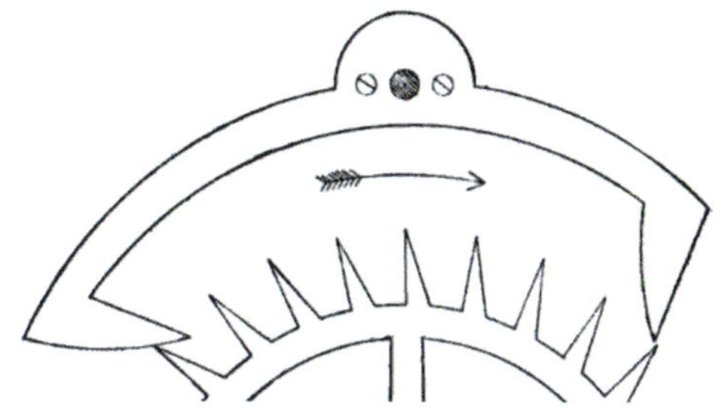

Abb. 4–13 Rückführende Ankerhemmung

Abb. 4–14 Ankerhemmung von Heinz Jansen

Ankerhemmungen mit fischertechnik finden sich schon im fischertechnik-Buch hobby 1, Band 2 [9]. Sehr gut erklärt hat Heinz Jansen seine Ankerhemmung [10]. Die Geometrie des Z40-Zahnrads ist natürlich nicht optimal für den Bau von Ankerhemmungen geeignet, wie man mit einem vergleichenden Blick auf die Abb. 4–13 und 4–14 erkennen kann. Es erfordert Verständnis und eine genaue Einstellung, um sie zum Funktionieren zu bringen.

Die Unruh

In Kombination mit der Ankerhemmung war die *Unruh* der Wegbereiter für kleine genaue, tragbare Uhren. Tragbare federgetriebene Uhren gab es schon ab dem ausgehenden 15. Jahrhundert. Diese verwendeten kleine Spindeln mit Waagbalken, wobei die Waagbalken durch Schweinsborsten in eine Gleichgewichtslage zurückgeführt wurden. Unter Transportbedingungen kam es zu größeren Gangabweichungen. Pendel eignen sich aufgrund ihrer Länge schlecht als Zeitbasis für mobile Uhren. In der Unruh wurde ein miniaturisierter Waagbalken mit einer Spiralfeder versehen. Dadurch entstand ein freier Oszillator, der eine genau definierte Eigenfrequenz besitzt. Über die Erfindung der Unruh gab es einen heftigen Prioritätsstreit zwischen Christiaan Huygens und Robert Hooke im Jahr 1675.

Abb. 4–15 Kompensationsunruh

Ein gut funktionierendes fischertechnik-Modell einer Unruh lässt sich bauen, wenn man als Spiralfeder eine Flexschiene verwendet und mit dieser einen festen Baustein 15 mit einem zweiten an einer drehbar gelagerten Drehscheibe 60 verbindet. Die Unruh in Abb. 4–16 schwingt mit einer Frequenz von ungefähr 15 Hz. Man sollte sie zunächst ohne Anker und Antrieb aufbauen, manuell auslenken und die nach dem Freigeben stattfindenden abklingenden Schwingungen beobachten. Befestigt man dann den Anker aus Abb. 4–14 mit einem Verbindungsstück an der Drehscheibe, so entsteht ein ausgezeichneter Gangregler. Die Drehzahl des Z40 wird über

einen weiten Drehmomentbereich auf 15/40 Umdrehungen pro Sekunde (also 22,5 Umdrehungen pro Minute) gehalten. Kombiniert man das Modell aus Abb. 4–16 mit dem Rückzugsmotor und einer genügend hohen Übersetzung ins Schnelle, so entsteht ein Funktionsmodell einer Taschen-, Armband- oder Eieruhr mit Handaufzug.

Abb. 4–16 Gangregulierung auf 22,5 Umdrehungen pro Minute durch Unruh mit Ankerhemmung; diese Kombination war der Durchbruch auf dem Weg zu genauen, tragbaren Taschen- und Armbanduhren.

Ruhende Hemmungen

Die Spindelhemmung und die klassische Ankerhemmung sind Beispiele für *rückführende* Hemmungen. Die Lappen der Spindel bzw. die Kontaktflächen des Ankers schieben beim Blockieren das Hemmrad ein wenig gegen die eigentliche Laufrichtung. Dieser Effekt ist besonders ausgeprägt, wenn das Antriebsdrehmoment am Hemmrad deutlich größer ist, als es für das sichere Laufen der Uhr erforderlich ist. Durch das Hin und Her kommt es zu unnötiger Reibung und zu einem theoretisch schlecht modellierbaren Wechselspiel zwischen dem Antrieb und dem schwingenden System.

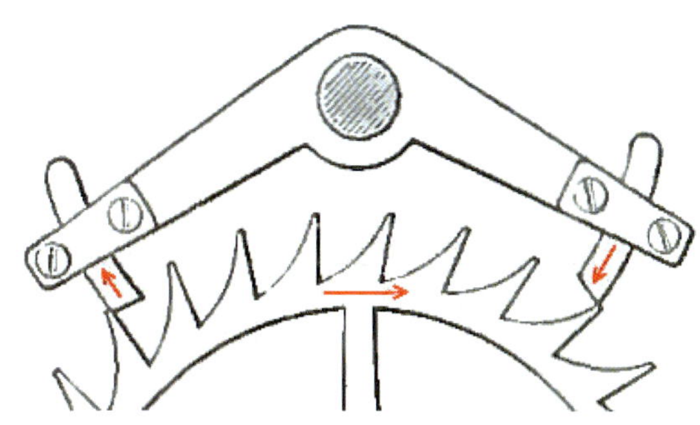

Abb. 4–17 Die ruhende Ankerhemmung

Der englische Astronom und Mathematiker *Richard Towneley* (1629–1707) veränderte um das Jahr 1675 die Form des Ankers, sodass das Hemmrad über weite Teile der Bewegung des Pendels stillsteht und sich nur während kurzer Zeitphasen in den Umkehrpunkten des Pendels weiterdreht. In diesen Zeitphasen wird dem Pendel durch die schrägen Hebflächen des Ankers Energie zugeführt. Diese *ruhende* Ankerhemmung wird häufig nach dem englischen Uhrmacher *George Graham* (1673–1751) benannt, der sie zum Standard bei Pendeluhren machte.

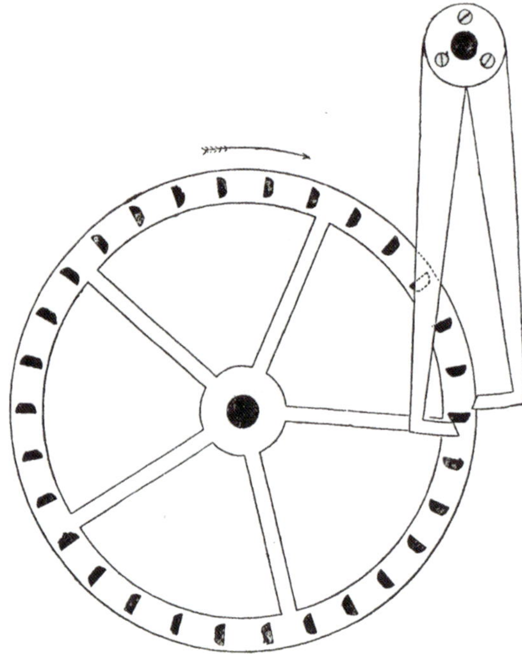

Abb. 4–18 Der Stiftengang

Abb. 4–19 Der Anker auf der Rückseite des Pendels: Die beiden 15°-Winkelsteine sind 5 mm herausgezogen.

Mit fischertechnik lässt sich eine später entwickelte ruhende Hemmung besser umsetzen: der *Stiftengang* (auch *Scherengang*, *Amant-Hemmung* oder *Mannhardt-Hemmung* genannt), der vor allem in Turmuhren Verwendung fand (Abb. 4–18). Bei ihm wird die Energie nicht in den Umkehrpunkten des Pendels, sondern bei dessen Durchgängen durch die Ruhelage zugeführt.

Durch die Befestigung der Ruhe- und Hebeflächen direkt am Pendel werden nur wenige Bauteile benötigt. Bei echten Turmuhren kann man große Räder mit vielen Stiften verwenden, wodurch man zusätzlich noch eine Übersetzungsstufe sparen kann.

Grundsätzlich sollte man bei freien Hemmungen schwerere Pendel verwenden als bei rückführenden Hemmungen. Dementsprechend sollte man das Pendel für den Stiftengang schwerer machen als das unseres Hauptmodells. Am einfachsten ist es, nur eine Laufschiene zu verwenden, an der eine oder mehrere Metallachsen aufgehängt sind. Es ist insgesamt gesehen einfach, den Stiftengang statt der Spindelhemmung in unser Hauptmodell zu integrieren. Man kann dann sogar das Antriebsgewicht auf weniger als 50 g plus Batteriefach verkleinern. Wegen der kleineren Pendelamplitude und der fehlenden Rückführung benötigt der Stiftengang deutlich weniger Leistung als die Spindelhemmung.

Um einen möglichst kleinen Gangfehler und eine möglichst kleine Leistungsaufnahme zu erzielen, kann man ein deutlich schwereres, gut aufgehängtes Pendel verwenden. Die Entfernung des Ankers zum Aufhängepunkt des Pendels sollte man allerdings nicht zu groß machen.

Im weiteren Verlauf der Geschichte wurden noch viele weitere Hemmungen erfunden. Bei den verschiedenen Typen freier Hemmungen zum Beispiel ist das gemeinsame Ziel, dem Oszillator regelmäßig kurz Energie zuzuführen, um die Dämpfung zu kompensieren, ihn aber ohne irgendeinen Kontakt zum Antrieb schwingen zu lassen. Dies ermöglicht einen sehr genauen Gang.

Abb. 4–20 fischertechnik-Stiftengang

Das Turmuhr-Modell

Das Hauptmodell dieses Kapitels ist eine Turmuhr mit Viertelstunden-Schlagwerk. Zur vollen Stunde schlägt dieses Werk viermal, eine Viertelstunde später einmal, zur halben Stunde zweimal und zur Dreiviertelstunde dreimal. Wir beschreiben detailliert den Aufbau mit Spindelhemmung und Pendel. Alternativ kann die Uhr ohne großen Aufwand auf Spindel mit Waagbalken oder auf Stiftengang mit Pendel umgerüstet werden. Es lohnt sich, den Vergleich zwischen diesen Gangregulierungen selbst durchzuführen, um nachzuvollziehen, warum es im 18. Jahrhundert praktisch keine Uhren mit Waagbalken mehr gab.

Aufbau und Funktion

Der Aufbau der Uhr ist in Abb. 4–21 dargestellt. Das Antriebsgewicht übt auf das Antriebsrad unter der Anzeige ein Drehmoment aus. Die Drehbewegung des Antriebsrads wird in der Antriebseinheit mehrfach ins Schnelle übersetzt und durch die Hemmung mit dem Stabpendel nur ruckweise in sehr kleinen Portionen ermöglicht. Dadurch dreht sich das Antriebsrad in einer Viertelstunde genau einmal. Diese Drehbewegung wird in der Anzeigeeinheit so ins Langsame übersetzt, dass sich der Minutenzeiger einmal pro Stunde und der Stundenzeiger einmal in zwölf Stunden dreht.

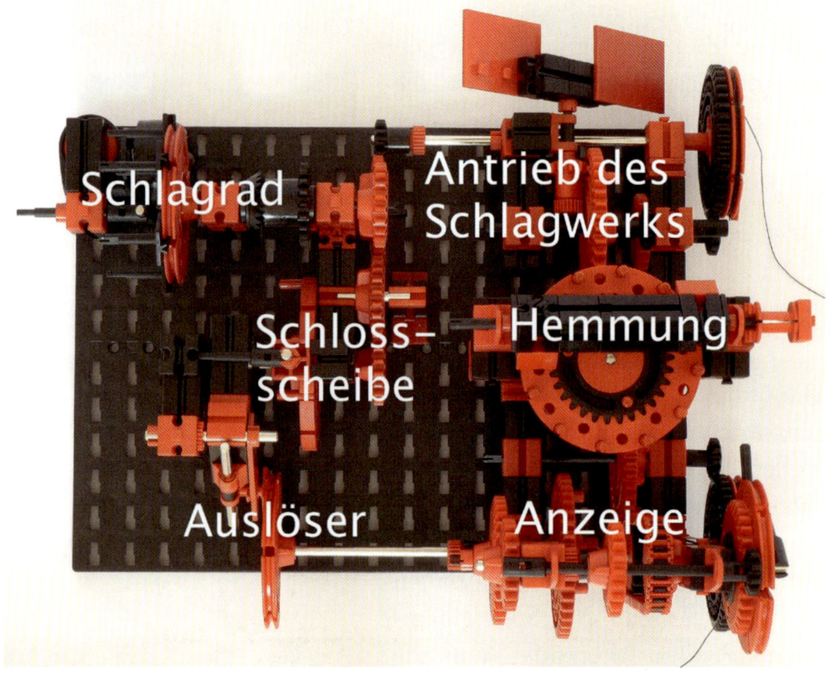

Abb. 4–21 Aufbau der Turmuhr: Der Antrieb des Uhrwerks befindet sich unter Hemmung und Anzeige.

Am Ende der Hauptantriebswelle befindet sich der Auslösungsstift für das Schlagwerk. Er hebt in den letzten fünf Minuten einer Viertelstunde den Auslösehebel an, der dann genau zu Viertelstunden-Zeiten schlagartig fällt und kurzzeitig die Drehbewegung der Schlossscheibe freigibt. Auf die Schlossscheibe wird durch das Antriebsgewicht des Schlagwerks permanent ein Drehmoment ausgeübt. Die Schlossscheibe dreht sich, bis der nächste auf ihr befindliche Stift die Bewegung blockiert. Die vier Stifte codieren die Laufzeit des Schlagrads (Hebnägelrad), sodass bei aufeinanderfolgenden Auslösungen erst einmal, dann zweimal, dann

dreimal und schließlich viermal geschlagen wird. Das Schlagrad hebt in regelmäßigen Abständen eine Metallachse, die dann schlagartig fällt und den Klangkörper einer Fahrradklingel anschlägt. Durch den Windfang in der Antriebseinheit des Schlagwerks finden alle Drehungen im Schlagwerk mit geregelter Drehzahl statt. Die mechanischen Details werden im Folgenden erläutert.

Die Antriebseinheit (Gehwerk)

Die Antriebseinheit des Uhrwerks ist in Abb. 4–22 dargestellt. Auf die Drehscheibe 60 wird das Seil für das Antriebsgewicht gegen den Uhrzeigersinn aufgewickelt. Die Drehbewegung der Drehscheibe wird durch das Getriebe zweimal 1:4 übersetzt. Das letzte große Zahnrad überträgt die Drehbewegung über das Kronenrad mit 32 Zähnen auf das Zahnrad Z10 der Hemmung. Zusammen mit den vorigen beiden Übersetzungen ergibt sich insgesamt eine Übersetzung von 1:51,2 ins Schnelle.

Abb. 4–22 Antriebseinheit der Pendeluhr

Beim Nachbau ist zu beachten, dass die Naben und Spannzangen fest angezogen werden. Man sollte leichtgängige Kombinationen aus Achsen und Bausteinen 15 mit Bohrung aus seinem Teilevorrat auswählen und die Antriebseinheit vor Anbau der Hemmung auf gleichmäßiges Laufverhalten überprüfen. Die Drehscheibe 60 und das Zahnrad Z40 werden durch wenigstens einen roten Klemmstift fest miteinander verbunden. Am Ende der langen Metallachse 200 befindet sich eine weitere Drehscheibe mit einer Aufnahmeachse zum Auslösen des Schlagwerks.

Die Spindelhemmung

Das zentrale Element der Uhr ist die Spindelhemmung. Das durch das Antriebsgewicht auf das Antriebsrad ausgeübte Drehmoment erreicht nach einer 1:51,2-Übersetzung das Hemmrad. Dieses Hemmrad wird durch die zwei eingreifenden Lappen der horizontalen Spindel im Takt des Pendels abwechselnd blockiert und wieder freigegeben. Durch den kleinen Anschwung, den das Hemmrad dem Pendel über die Lappen bei der Aufhebung der Blockade jedes Mal gibt, wird das Pendel mit Energie versorgt und schwingt kontinuierlich.

Abb. 4–23 Die Spindelhemmung

Die Hemmung erfordert beim Nachbau höchste Genauigkeit und eine sorgfältige Einstellung. Die roten Seilklemmstifte werden in die äußeren Bohrungen des Innenzahnrads von einer Seite aus so weit eingesteckt, dass sie mit der anderen Seite genau plan abschließen. Am besten drückt man sie erst etwas zu weit ein und dann mit einem ebenen Metallstück wieder zurück. Das Zahnrad Z30 und die Drehscheibe 60 sind durch Seilklemmstifte miteinander verbunden. Es ist wichtig, dass beide ohne Zwischenraum aneinander liegen.

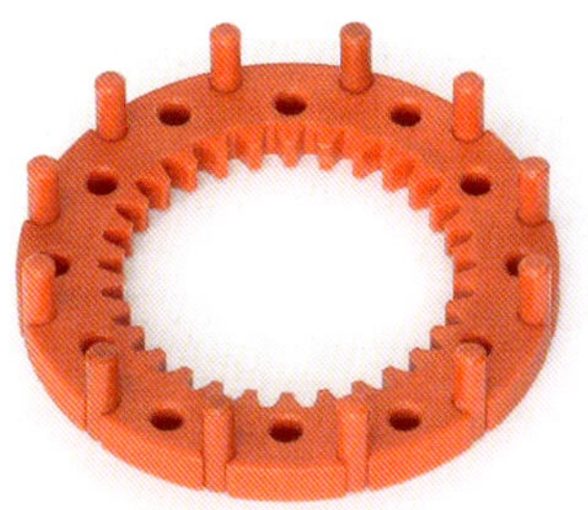

Abb. 4–24 Das Hemmrad

Die Position der Lager muss genau eingestellt werden. Die Ausgangskonfiguration ist in Abb. 4–25 dargestellt.

Neben der Position der Lager muss auch die Position der Lappen (S-Riegel) in den Nuten der Winkelsteine 30 eingestellt werden. Die Einstellung erfolgt zunächst ohne Pendel. Dazu dreht man das Zahnrad Z10 mit unterschiedlichen Geschwindigkeiten. Das Hemmrad darf beim langsamen Drehen nicht total blockiert werden und beim schnelleren Drehen nicht Durchdrehen. Die Lappen müssen abwechselnd das Hemmrad blockieren und wieder freigeben. In Abb. 4–26 erkennt man, wie der vordere Lappen gerade den Stift blockiert, sobald der hintere Lappen vom Stift rutscht. Hinten schieben sich die Stifte mittig unter dem Lappen hindurch, während sie sich vorne seitwärts aus dem Lappen herausdrücken. Daher ist auch die Position des vorderen Lappens für einen optimalen Gang wesentlich. Nach dem Anbau von Pendel und Antriebseinheit kann die Hemmung noch einmal nachjustiert werden.

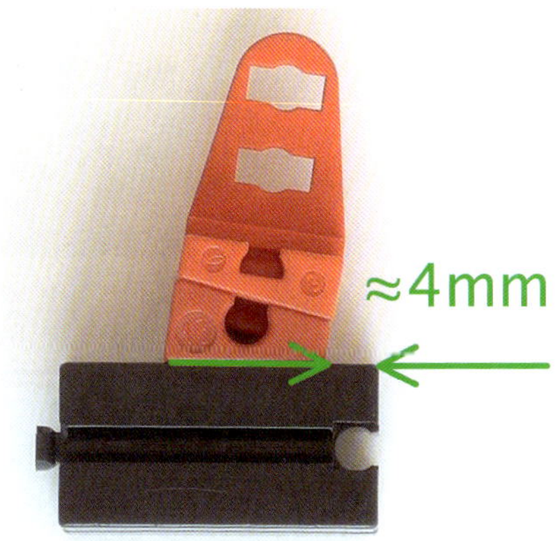

Abb. 4–25 Ausgangskonfiguration für die Positionierung der Spindellager

Abb. 4–26 Der vordere Lappen blockiert einen Stift, sobald der hintere vom Stift rutscht.

Stabpendel

Das Pendel besteht aus drei miteinander verbundenen Laufschienen. Die Verbindungen erfolgen wie üblich mit S-Laschen. Am unteren Ende des Pendels ist eine Metallachse 110 aufgehängt, die den Schwerpunkt des Pendels nach unten verlagert. Durch die Höhe der Aufhängung kann die Pendellänge und damit die Schwingungsdauer des Pendels eingestellt werden.

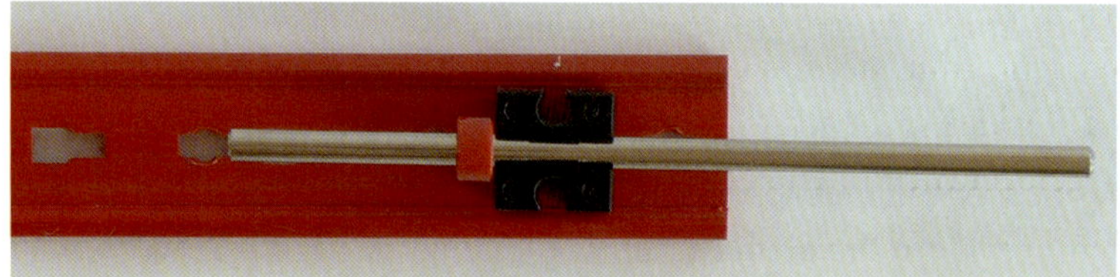

Abb. 4–27 Einstellung der Schwingungsdauer

Nach einer vollen Schwingung des Pendels hat sich das Hemmrad von einem Stift zum nächsten gedreht. Das Hemmrad dreht sich also genau einmal während zwölf voller Schwingungen des Pendels. Wenn sich das Antriebsrad während einer Viertelstunde – also während 900 Sekunden – genau einmal drehen soll, muss wegen der 1:51,2-Übersetzung das Pendel eine Schwingungsdauer von $900\text{ s} / (51{,}2 \cdot 12) \approx 1{,}46\text{ s}$ besitzen.

Das Pendel wird mittels einer Seiltrommel auf die Spindelwelle geklemmt. Um eine ausreichend feste Verbindung zu bekommen, kann man einen Papierstreifen einklemmen (siehe Abb. 6–20 in Kapitel 6 *Die Rechenmaschine*) oder die Zapfen der Seiltrommel mit einem verdrillten Draht zusammenziehen.

Die Verbindung zwischen Pendel und Spindel muss durch Verdrehen sorgfältig eingestellt werden. Das entscheidende Kriterium ist, dass die Uhr mit möglichst wenig Antriebsgewicht dauerhaft läuft. Eine Fehleinstellung kann man daran erkennen, dass in der Hemmung die Blockade eines der beiden Lappen länger dauert als die des anderen. Eine erste Einstellung kann nach Gehör erfolgen: Tick und Tack müssen in gleichen Abständen aufeinander folgen.

Gewichte und Seile

Als Gewichte dienen zwei Batteriegehäuse. Das Batteriegehäuse für das Uhrwerk wird mit ca. 150 g Masse gefüllt, das Gehäuse für das Schlagwerk mit 50 g. In unserem Modell wurden Felgengewichte verwendet, es eignen sich aber ebenso gut Schrauben oder Abschnitte von Gewindestangen, z.B. aus dem Kasten *Super Cranes*. Das originale fischertechnik-Nylonseil ist für den Einsatz in unserem Modell etwas zu dick. Um viele Windungen auf die Drehscheibe 60 der Antriebseinheit wickeln zu können, verwendet man besser Leinenzwirn.

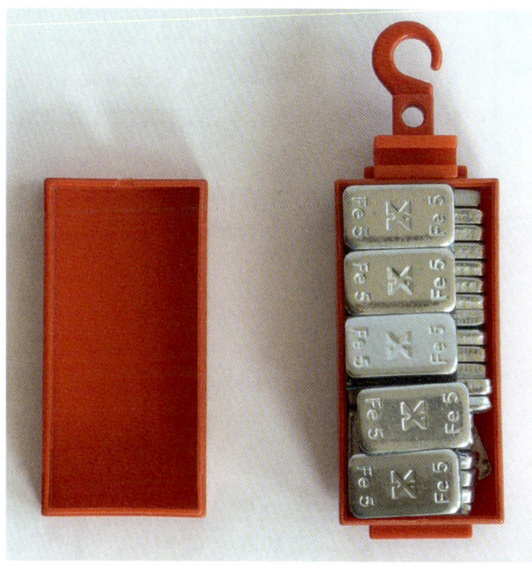

Abb. 4–28 Antriebsgewicht

Bei der Einstellung von Hemmung und Pendel wählt man zunächst ein etwas größeres Gewicht, mit dem die Uhr sicher läuft, und verkleinert nach und nach, bis die Uhr gelegentlich stehenbleibt. Dann erhöht man das Gewicht wieder ein klein wenig.

Die Anzeigeeinheit

In der Anzeigeeinheit wird die Drehbewegung des Antriebsrads 4:1 auf den Minutenzeiger und 12:1 auf den Stundenzeiger übersetzt. In den beiden Zahnrädern Z30 kommen Freilaufnaben zum Einsatz.

Abb. 4–29 Anzeigeeinheit

Die Ersteinstellung erfolgt, indem man den Stunden- und Minutenzeiger senkrecht nach oben stellt. Wichtig ist, dass 12 Uhr beim Vorwärtsdrehen der Uhr korrekt angezeigt wird. Beim Rückwärtsdrehen gibt es durch das Spiel des Räderwerks etwas Versatz.

Die Zeiteinstellung im Normalbetrieb der Uhr erfolgt in der Regel zusammen mit dem Aufziehen der Uhr durch Herausziehen des Antriebsrads und der Antriebswelle. Die Uhrzeit kann dann durch Drehen des unteren Z40 der Anzeigeeinheit eingestellt werden. Am Antriebsrad kann man die Zeit bis auf wenige Sekunden genau ablesen.

Abb. 4–30 Antrieb des Schlagwerks

Der Antrieb des Schlagwerks

Der Antrieb des Schlagwerks ist ähnlich aufgebaut wie das Gehwerk. Das Drehmoment des Antriebsrads wird zunächst in zwei Stufen 1:4 und 1:2 ins Schnelle übersetzt. Das große Zahnrad treibt dann als Kronenrad mit einer weiteren Übersetzung von 10:32 einen Windflügelregler an, der dem gesamten Getriebe schon nach einer kurzen Anlaufzeit Drehbewegungen mit konstanter Winkelgeschwindigkeit aufzwingt. Dadurch erfolgen die Schläge in gleichmäßigen zeitlichen Abständen.

Abb. 4–31 Windflügelregler

Abb. 4–32 Auslösung des Schlagwerks

Abb. 4–33 Verriegelung der Schlossscheibe

Die Auslösung des Schlagwerks

Am Ende der Antriebswelle des Gehwerks befindet sich eine Drehscheibe 60 mit einem Auslösestift für das Schlagwerk. Dieser Stift hebt über fünf Minuten den Auslösehebel an, bevor dieser dann exakt zu Viertelstunden-Zeiten herunterfällt.

Der Auslösehebel ist zweiarmig. Nach dem Auslösen nutzt er die durch das langsame Anheben gewonnene Energie, um durch seine Gleichgewichtslage hindurch zu schwingen und so mit seinem zweiten Arm kurzfristig die Verriegelung der Schlossscheibe freizugeben. Das Schlagwerk läuft dadurch an, der Auslösehebel bewegt sich durch die Dämpfung der Schwingung wieder in seine Gleichgewichtslage und die Verriegelung senkt sich durch die Schwerkraft und blockiert die Schlossscheibe, sobald der nächste Klemmstift den Sperrbolzen erreicht.

Die Schlossscheibe

Die Laufzeiten des Schlagwerks werden durch die vier Klemmstifte in den äußeren Bohrungen eines Innenzahnrads codiert. Das Prinzip ist wie folgt: In einer Stunde muss die Uhr insgesamt 1+2+3+4 = 10 Mal schlagen. Die Schlossscheibe dreht sich während der kompletten Schlagfolge einmal, daher finden die Schläge alle 36° statt. Abb. 4–34 erklärt nun, wie die passenden Blockierungen mit dem Innenzahnrad erzielt werden können.

Abb. 4–34 Funktion der Schlossscheibe

Das Schlagrad

Die Stifte des Schlagrads unseres Modells – in der Uhrmachersprache auch *Hebnägelrad* genannt – lenken eine Metallachse 50 aus, die im weiteren Verlauf der Drehung schlagartig freigegeben wird, durch die vertikale Gleichgewichtslage schwingt und einmal gegen den Klangkörper (in unserem Modell eine Fahrradklingel) schlägt.

Das Schlagrad schlägt pro Umdrehung sechsmal. Diese sechsfache Teilung passt nicht direkt zur zehnfachen Teilung der Schlossscheibe. Daher bedarf es einer 6:10-Übersetzung, die in unserem Modell mit einem Differenzialgetriebe realisiert wurde, da es keine Strinräder mit geeigneten Zahnzahlen im fischertechnik-System gibt.

Wenn sich also die Schlossscheibe einmal dreht, macht das Schlagrad eine 10/6-Drehung und schlägt somit zehn-

Abb. 4–35 Kurz vor dem Schlag

mal. Für eine korrekte Schlagfolge muss die Drehscheibe mit den Stiften bei gelöster Nabe passend zu Abb. 4–34 gegen die Schlossscheibe verdreht werden.

Abb. 4–36 Übersetzung zwischen Schlossscheibe und Schlagrad

Abb. 4–37 Übergang von Schlossscheibe zur Übersetzung

Laufzeit und Genauigkeit

Das Antriebsgewicht der Uhr verliert in einer Stunde den vierfachen Umfang einer Drehscheibe 60 an Höhe, also ungefähr 72 cm. Man kann diese Laufzeit durch die Verwendung von Flaschenzügen erhöhen, ohne Platz für weitere Übersetzungsstufen zu benötigen. Bei einer Turmuhr ist es natürlich stilecht, die Gewichte durch ein Treppenhaus abzuseilen (Achtung: Brandschutzbestimmungen beachten!). Bei einer Kombination beider Methoden braucht man nur noch einmal am Tag aufzuziehen.

In der dargestellten Variante mit Spindelhemmung und Pendel geht die Uhr bei gleichmäßiger Temperierung bis auf wenige Sekunden am Tag genau. Kontrolliert wird das am besten anhand des Auslösens des Schlagwerks.

Literatur und Links

Die Bücher [1] und [3] sind für Uhrenliebhaber bestimmt. Sie enthalten je einen allgemeinen Teil und stellen eine umfassende Auswahl an Uhren detailliert vor. Die wirtschaftliche und kulturhistorische Geschichte der Uhren ist Gegenstand von [2], [4] und [7], die technische Geschichte wird in [8] ausführlich beleuchtet. Wertvolles Uhrmacherwissen findet sich in [5] und [6]. Sehr schöne Pendeluhren aus fischertechnik haben Heinz Jansen und Martin Romann gebaut [11, 12].

[1] Ernst von Bassermann-Jordan, Hans von Bertele: *Uhren*. 9. Auflage, Klinkhardt & Biermann, München, 1982.

[2] Gustav Bilfinger: *Die mittelalterlichen Horen und die modernen Stunden*. W. Kohlhammer, Stuttgart, 1894.

[3] Frederick J. Britten: *Old Clocks and Watches & their Makers*. 2. Auflage, B. T. Batsford, London, 1904.

[4] Carlo M. Cipolla: *Gezählte Zeit*. Wagenbach, Berlin, 1905.

[5] Edmund B. Denison: *Rudimentary Treatise on Clock and Watch Making*. John Weale, London, 1850.

[6] Conrad Dietzschold: *Die Hemmungen der Uhren*. C. Dietzschold Verlag, Krems a. Donau, 1905.

[7] Gerhard Dorn-van Rossum: *Die Geschichte der Stunden*, Carl Hanser, München 1992.

[8] Henry C. King: *Geared to the Stars. The Evolution of Planetariums, Orreries, and Astronomical Clocks*. University of Toronto Press, Toronto, Buffalo, 1978.

[9] Thomas de Padova: *Leibniz, Newton und die Erfindung der Zeit*, Piper, 2013.

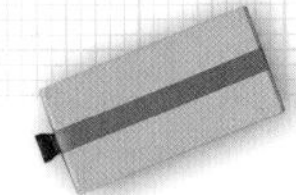

[10] fischertechnik hobby 1, Band 2, Fischerwerke, Waldachtal, 1972.

[11] Heinz Jansen: *Die Standuhr*, Clubblatt 2/2012, fischertechnikclub Nederland und *Die Kuckucksuhr*, Clubblatt 2/2014, ergänzende Erklärungen unter http://www.fischertechnikclub.nl/images/ftcnl/modellen/2012/02/Staande_Klok/Slingerklok_bottlenecks.pdf.

[12] Martin Romann: *Dokumentation zur Entwicklung einer Pendeluhr.* http://ftcommunity.de/categories.php?cat_id=1886.
Video unter http://www.youtube.com/watch?v=VJ2OkslQSzU.

[13] Jonathan Betts: *Harrison. Eine Uhr zur Bestimmung des Längengradproblems*. Delius Klasing, 2009

[14] Ralf Berhorst: *Der Uhrmacher und das Meer.* In: Das Rätsel Zeit, GEOkompakt Nr. 27, 2011, S. 104–115.

5 Das Planetarium

Die Erscheinungen, Veränderungen und Bewegungen am nächtlichen Himmel zu deuten und zu begreifen – dieser Drang ist so alt wie die Menschheit selbst. Er schlug sich nieder in einer Vielzahl von Anschauungsmodellen, die sich gemeinsam mit dem naturwissenschaftlichen Weltbild und den technischen Möglichkeiten weiterentwickelten: von der Himmelsscheibe von Nebra über die Armillarsphären und Astrolabien, den Mechanismus von Antikythera, die mittelalterlichen astronomischen Uhren, die heliozentrischen Orreries bis zu den modernen Projektionsplanetarien. Wir beschreiben einige ausgewählte Aspekte dieses fruchtbaren Wechselspiels zwischen Beobachtung, Modell, Weltbild und Technik.

Armillarsphären

Jeden Morgen geht die Sonne im Osten auf, erreicht mittags ihren Höchststand im Süden und geht abends im Westen unter. Diese grundlegende Beobachtung haben Menschen auf der nördlichen Erdhalbkugel schon immer gemacht.

Abb. 5–1 *Das Begreifen der Mächte hinter dem Firmament ist Gegenstands dieses Holzschnitts eines anonymen mittelalterlichen Meisters.*

Wie die Sonne tagsüber, so gehen nachts die Sterne im Osten auf, kulminieren im Süden, gehen im Westen unter und scheinen sich dabei um den sogenannten Himmelsnordpol zu drehen, der in unserer Zeit ziemlich genau durch den Polarstern markiert wird.

Diese Vorgänge führten in der Antike zu der Vorstellung einer sich drehenden, weit entfernten Himmelssphäre, an der die Fixsterne angeheftet sind, dem sogenannten Firmament oder Himmelsgewölbe. Vor diesem Hintergrund befinden sich Sonne, Mond und Planeten, die sich zwar im Laufe eines Tages mit ihm drehen, sich aber in längeren Zeiträumen sichtbar vor ihm her bewegen, weshalb sie auch Wandelsterne genannt werden.

Abb. 5–2 *Armillarsphäre*

Die idealen Modelle, um die tägliche Bewegung der Gestirne am Himmel zu verdeutlichen, sind Armillarsphären. Varianten gab es schon in Babylonien und dem antiken Griechenland, später wurden sie in China und Arabien verwendet. Ab dem 13. Jahrhundert wurden sie auch in Europa populär – zunächst als Mess-, Lehr- und Anschauungsinstrument, später als Kunst- und Repräsentationsgegenstand.

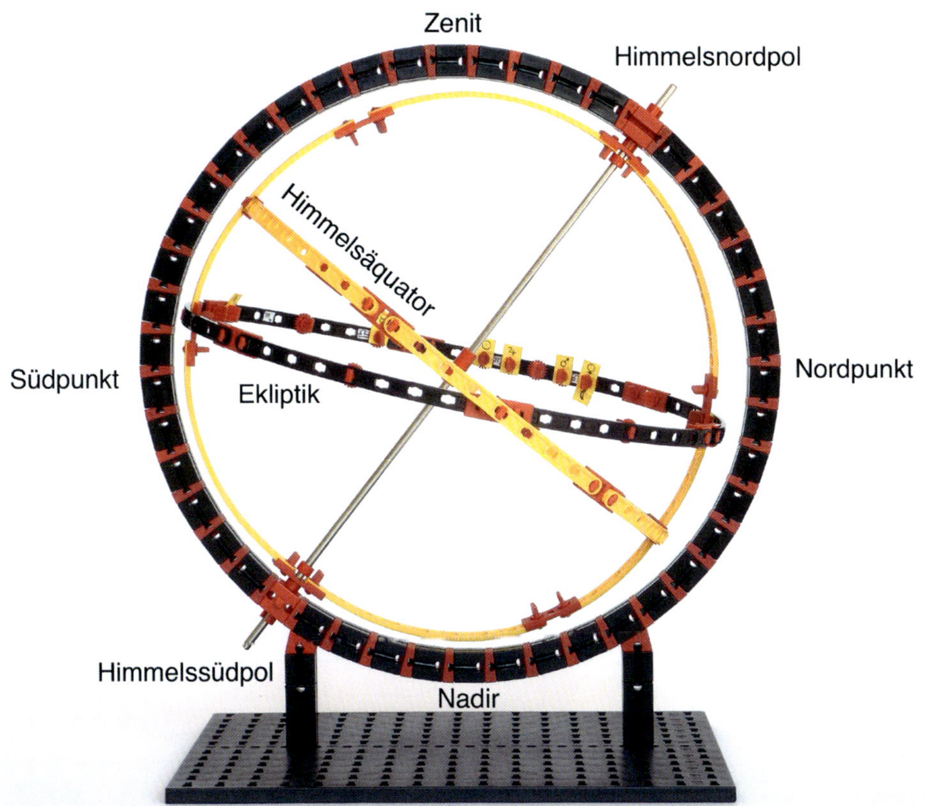

Abb. 5–3 Einfache Armillarsphäre aus fischertechnik

Bei unserer fischertechnik-Armillarsphäre denkt man sich als Beobachter verkleinert in den Mittelpunkt. Senkrecht über einem ist der Zenit, der Horizont verläuft parallel zur Bodenplatte. Hat man einen Kompass bei sich und hält ihn horizontal, so zeigt die Nadel auf den Nordpunkt. Nachts sieht man den Polarstern in Richtung Himmelsnordpol. Die Fixsternsphäre wird im Modell durch die beiden gelben Kreise repräsentiert. Einer dieser Kreise ist der Himmelsäquator, der andere verläuft senkrecht dazu durch die beiden Himmelspole. Die Fixsternsphäre lässt sich um die Achse und damit um die Himmelspole drehen. So kann die Bewegung der Fixsterne veranschaulicht werden.

Die Sonne durchwandert innerhalb eines Jahres ostwärts den schwarzen Kreis, die sogenannte *Ekliptik*. Die Ekliptik und der Himmelsäquator treffen sich in zwei Punkten: dem Frühlings- oder Widderpunkt und dem Herbst- oder Waagepunkt. Wenn die Sonne um den 21. März bzw. um den 23. September an einem dieser Punkte steht, sind Tag und Nacht gleich lang. Diese beiden Termine heißen daher auch das *Frühlings-* und das *Herbstäquinoktium*.

Die Ekliptik ist seit der Antike in zwölf gleich lange Abschnitte eingeteilt, die traditionell mit einem Tierkreiszeichen markiert werden (Abb. 5–4).

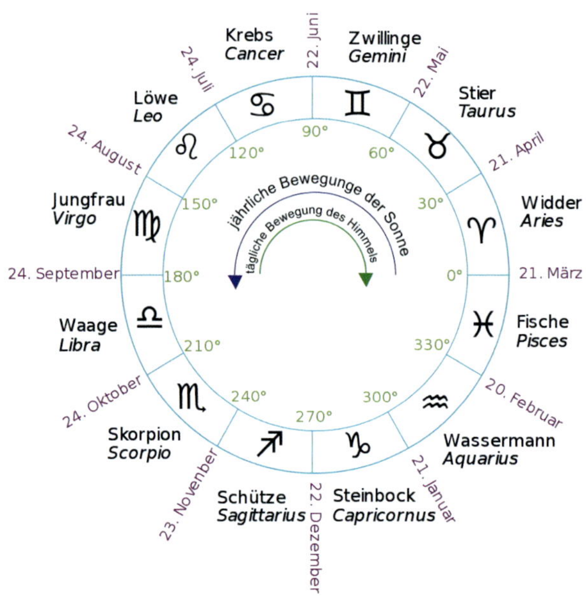

Abb. 5–4 *Die Bewegung der Sonne durch die Ekliptik: Die Zeitangaben variieren von Jahr zu Jahr leicht.*

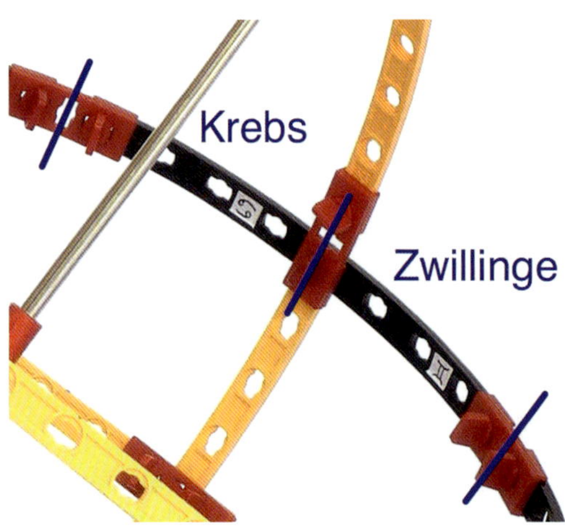

Abb. 5–5 *Der Tierkreis in unserem Modell*

In unserem Modell erstrecken sich diese Abschnitte von einem S-Riegel bis zur Mitte der benachbarten Lasche (Abb. 5–5).

In der Astrologie sagt man, dass jemand unter dem Sternzeichen Widder geboren ist, wenn die Sonne im Widder-Abschnitt der Ekliptik steht, also zwischen dem 21. März und dem 20. April. Zu den figürlichen Sternbildern entlang der Ekliptik passt diese Einteilung inzwischen nicht mehr: Seit Christi Geburt ist der Frühlingspunkt vom Sternbild Widder durch das Sternbild Fische gewandert und die Tierkreiszeichen haben sich gegenüber den Sternbildern um eins verschoben.

Der Mond und die Planeten halten sich in der näheren Umgebung der Ekliptik auf. Diese Umgebung bezeichnet man als Tierkreis oder Zodiak. Die Position der Wandelgestirne im Tierkreis wird in unserem Modell durch Marken festgesetzt (Abb. 5–6). Während sich die Position der Sonne auf der Ekliptik direkt aus dem Datum ergibt, bestimmt man die Position der Planeten und des Mondes mithilfe eines Jahrbuchs wie des *Himmelsjahrs*, eines Planetariumsprogramms wie *Stellarium* [9] oder leicht zu findender Tabellen im Internet (Stichwort: *Ephemeriden*).

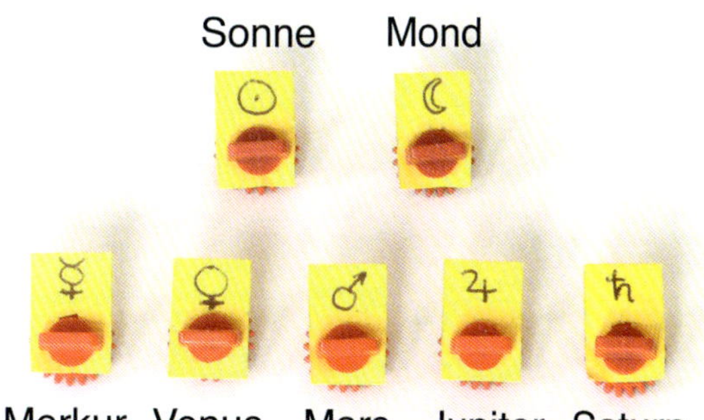

Abb. 5–6 Marken für die mit bloßem Auge sichtbaren Wandelsterne

Als Beispiel betrachten wir den Himmelsanblick gen Osten am 10. September 2015 gegen 6 Uhr früh. Man findet für Mond, Venus, Mars und Jupiter ekliptikale Längen von 130,7°, 135°, 140,3° bzw. 156,2°. Anhand von Abb. 5–4 sehen wir, dass Mond, Venus und Mars im Löwen stehen, Jupiter dagegen in der Jungfrau. Auch die Sonne steht zu diesem Datum offensichtlich in der Jungfrau. Genau beträgt ihre ekliptikale Länge 166,8°. Insgesamt ergibt sich damit eine sehr ansprechende Konstellation am Morgenhimmel, die auch im Jahrbuch *Himmelsjahr 2015* [3] empfohlen wird.

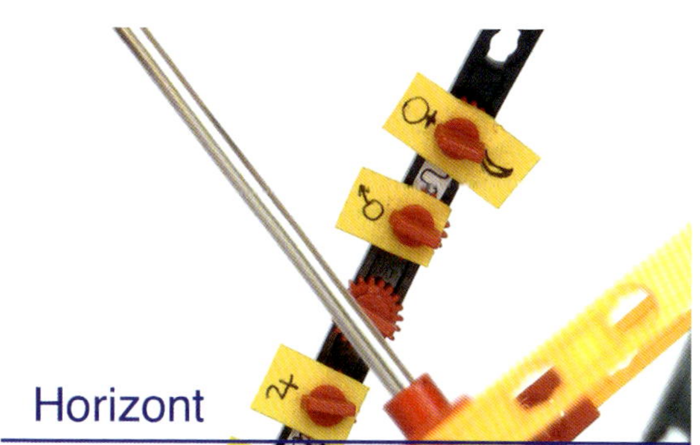

Abb. 5–7 Himmelsanblick gen Osten am 10.09.2015 gegen 6 Uhr früh: Jupiter ist gerade aufgegangen, Mars und Venus stehen in der Nähe der sehr schmalen Mondsichel

In den Abbildungen 5–7 und 5–8 kann man die Simulationen dieser Konstellation mit unserem Modell und mit dem Programm Stellarium miteinander vergleichen.

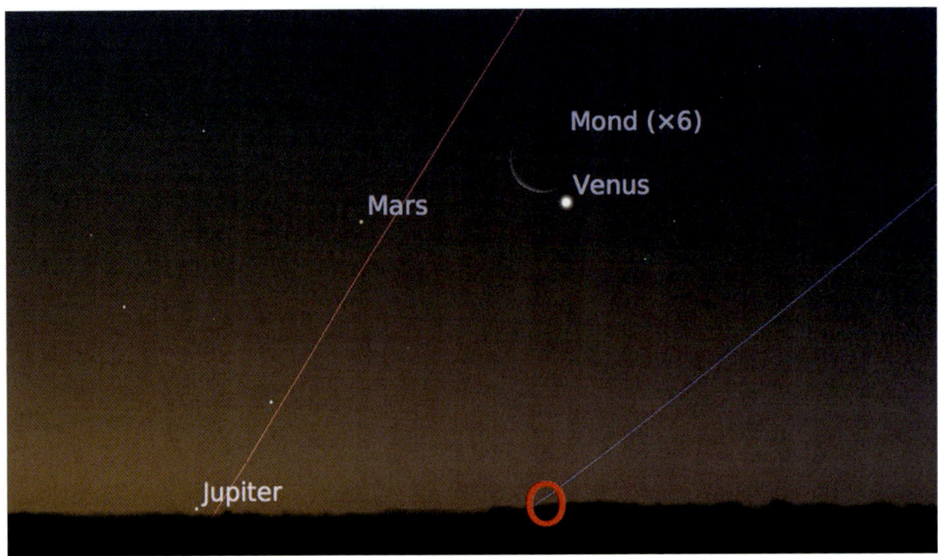

Abb. 5–8 *Himmelsanblick gen Osten am 10.09.2015 gegen 6 Uhr früh in der Simulation mit Stellarium*

Zum Einstellen und Ablesen der Uhrzeit ist es sinnvoll, mit einem Filzstift auf dem Himmelsäquator eine Teilung in 24 Stunden anzubringen. Man nennt diese Teilung *Rektaszensionsskala.* Wie bei der Ekliptik ist der Nullpunkt der Frühlingspunkt. Der Mittelpunkt der nächsten östlichen Lasche wird mit 2 h markiert. Entsprechend geht es weiter. Um nun das Modell zum Beispiel auf 8 Uhr einzustellen, wird die Sonnenmarke zunächst genau in den Süden gedreht (Höchststand). Dies entspricht einer wahren Ortszeit von 12 Uhr. Man liest die Rektaszension im Süden ab und dreht die Fixsternsphäre so, dass sich dieser Wert um vier Stunden verkleinert. Damit hat man das Modell auf 8 Uhr eingestellt.

Dieses Verfahren ist allerdings nicht ganz exakt, da sich die Sonne während einer vollen Umdrehung der Fixsternsphäre ein kleines Stück ostwärts bewegt hat und ein Sterntag dementsprechend nur rund 23 Stunden und 56 Minuten dauert. Aus praktischer Sicht ist es aber ausreichend. Zu beachten ist, dass sich die wahre Ortszeit von der Mitteleuropäischen Zeit um die Zeitgleichung (siehe den Abschnitt Äquationsuhren in Kapitel 3 *Das Differenzialgetriebe*) und um die Konstante

$$(\text{eigene östliche Länge} - 15°) \cdot 4\ \text{min}/°$$

unterscheidet. Vereinfacht gesagt steht die Sonne im Westen Deutschlands nicht um 12 Uhr MEZ am höchsten, sondern im Mittel um ca. 12:30 Uhr. Auch die Sommerzeit sollte man nicht vergessen!

Kann man die Uhrzeit einstellen, so kann man die Armillarsphäre natürlich auch als Beobachtungsinstrument nutzen und die Position des Monds und der Planeten selbst ermitteln, statt auf fremde Daten zurückzugreifen. Dazu stellt man das Instrument auf eine horizontale Unterlage und nordet es ein, indem man die Achse auf den Polarstern ausrichtet. Man peilt dann durch zwei gegenüberliegende Löcher auf der Ekliptik die Wandelgestirne an und setzt die Marken entsprechend.

Der Nachbau unserer Armillarsphäre sollte keine Schwierigkeiten bereiten. Wer nicht über 48 Winkelsteine 7,5° verfügt, kann einen äußeren Halbkreis weglassen. Verbessern kann man das Modell zum einen durch eine Abstützung, die es erlaubt, die nördliche Breite des Aufenthaltsorts einzustellen, zum anderen, indem man die Ekliptik an den Punkten der Sommer- und Wintersonnenwende nicht mit dem Meridian verschraubt, sondern mit einem transparenten Faden ein halbes Loch versetzt anbindet. Dadurch kann der Winkel zwischen der Ekliptik und dem Himmelsäquator auf den tatsächlichen Wert von ungefähr 23,5° eingestellt werden. Ohne diese Änderung beträgt sie im Modell ca. 26,7°. Setzt man nun noch die Wandelsternmarken mit Büroklammern statt mit S-Riegeln, so kann man Auf- und Untergangszeiten der Sonne an einem vorgegebenen Datum mit unserem Modell bis auf wenige Minuten genau bestimmen. Beim Mond und den Planeten ist zu beachten, dass sich diese in der Regel nicht genau auf der Ekliptik befinden, woraus sich Ungenauigkeiten ergeben, wenn Auf- und Untergänge simuliert werden.

Astronomische Uhren

Der Weg zur automatischen Bewegung mehrerer Himmelskörper führte über die Astrolabien (zweidimensionale Varianten der Armillarsphären) zunächst zu den astronomischen Schauuhren, die sich ab dem 14. Jahrhundert in Europa in Kirchen und an Rathäusern verbreiteten. Als Beispiel betrachten wir die weltberühmte Prager Rathausuhr aus dem Jahr 1410, deren Grundfunktionen über die Jahrhunderte im Wesentlichen gleich geblieben sind.

Abb. 5–9 *Prager Rathausuhr aus dem Jahr 1410*

Das Ziffernblatt ist in die blau-grünliche obere Taghälfte und die ocker-schwarze untere Nachthälfte eingeteilt und stellt den Himmelsanblick gen Süden dar. Die kreisförmige Trennlinie zwischen Tag- und Nachthälfte ist der Horizont. Sonne, Mond und Tierkreiszeichen drehen sich vor dem Ziffernblatt. Sie gehen links im Osten auf, erreichen oben im Süden ihren Höchststand (*Kulmination*) und gehen rechts im Westen unter. Wer sich schon immer gefragt hat, woher der Drehsinn der Zeiger unserer Uhren kommt, hat hier die Antwort vor sich.

Im Zentrum des Ziffernblatts befindet sich ein Hohlwellensystem. Die innere Welle bewegt den Tierkreisring vor dem Ziffernblatt, die mittlere Hohlwelle bewegt den Sonnenzeiger und die äußere Hohlwelle den Mondzeiger. Hinter dem Ziffernblatt ist an jeder dieser Wellen ein Zahnrad mit 365, 366 bzw. 379 Zähnen befestigt. Die drei Zahnräder sind gleich groß und werden von einem einzigen Ritzel angetrieben. Der Sonnenzeiger dreht sich synchron zur Sonne einmal pro Tag, der Tierkreis dreht sich 366/365-mal so schnell, also ziemlich genau einmal mehr pro Jahr als der Sonnenzeiger und somit nahezu synchron zu den Fixsternen. Der Mondzeiger bewegt sich 366/379-mal so schnell, also einmal weniger als der Sonnenzeiger in 29,15 Tagen. Dies stellt eine grobe, aber mit dem einfachen Aufbau nicht zu verbessernde Näherung an die Zeitspanne von Neumond zu Neumond dar, deren Mittelwert genauer 29,53 Tage beträgt.

Der Sonnenzeiger zeigt im Mittag auf die XII oben, zu Mitternacht auf die XII unten. Das Foto wurde also um 9 Uhr morgens aufgenommen. Der Tierkreisring ist mit vier Stangen an der inneren Welle befestigt. Eine dieser Stangen ragt über den Tierkreisring hinaus und trägt einen Stern. An diesem Zeiger kann man die *Sternzeit* ablesen. Die Sternzeit ist ungefähr die Zeit, die seit der Kulmination des Frühlingspunkts im Süden vergangen ist. Es gibt einen kleinen Unterschied, weil der Tierkreis etwa vier Minuten weniger für eine Umdrehung braucht als der Sonnenzeiger. Auf dem Foto in Abb. 5–9 ist es also ungefähr 5:15 Uhr Sternzeit.

Auf dem Sonnen- und dem Mondzeiger befinden sich ein Sonnensymbol bzw. eine halb goldene, halb schwarze Mondkugel, die sich durch den Tierkreis bewegen, genauer entlang der Ekliptik. Durch eine Stange, deren Länge so groß ist wie der Radius der Ekliptik, sind Sonnensymbol und Mondkugel einerseits drehbar mit dem Mittelpunkt des Tierkreises verbunden. Andererseits können sie sich geradlinig auf Stangen bewegen, die parallel zum Sonnen- bzw. Mondzeiger verlaufen. Das fischertechnik-Modell in den Abb. 5–10, 5–11 und 5–12 verdeutlicht den genauen Aufbau.

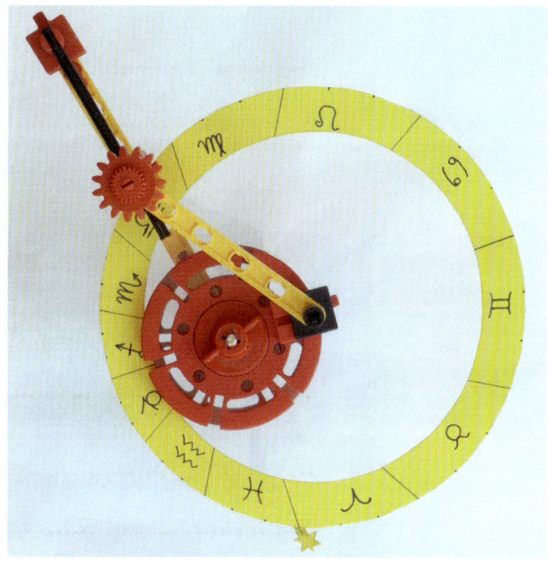

Abb. 5–10 Zusammenspiel von Sonnenzeiger und Tierkreisscheibe im Modell

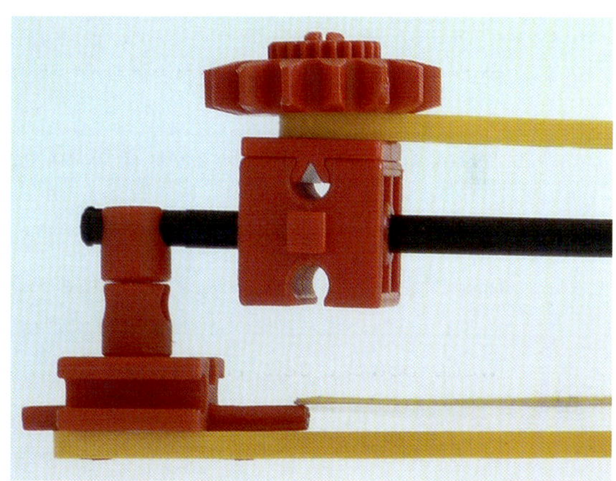

Abb. 5–11 Befestigung der Stange am Zeiger

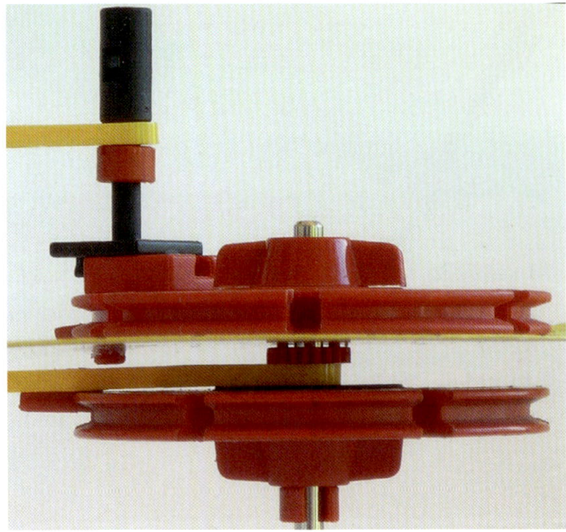

Abb. 5–12 Hohlwelle durch Freilaufnabe

Durch diesen Mechanismus wird nicht nur verdeutlicht, wie sich Sonne und Mond im Laufe eines Jahres vor dem Tierkreis bewegen, sondern auch wie hoch sie sich über dem Horizont befinden. Dass das nicht nur qualitativ, sondern auch quantitativ funktioniert, liegt an der Art und Weise, wie Ziffernblatt und Tierkreis konstruiert sind, nämlich mit der sogenannten *stereografischen Projektion*.

Um das Prinzip zu verstehen, denken wir uns eine verkleinerte Fixsternsphäre oder nehmen die Armillarsphäre vom Beginn des Kapitels zur Hand und legen ein Blatt Papier so, dass es die Sphäre im Himmelssüdpol berührt. Wir peilen einen Fixstern vom Himmelsnordpol aus an und markieren den Punkt auf dem Papier, vor dem er erscheint. Nach diesem Prinzip hat schon *Hipparch* (ca. 190–120 v. Chr.) Sternkarten angefertigt. Die stereografische Projektion hat die wertvollen Eigenschaften, dass sie Kreise auf Kreise oder Geraden abbildet und Winkel zwischen Linien erhält.

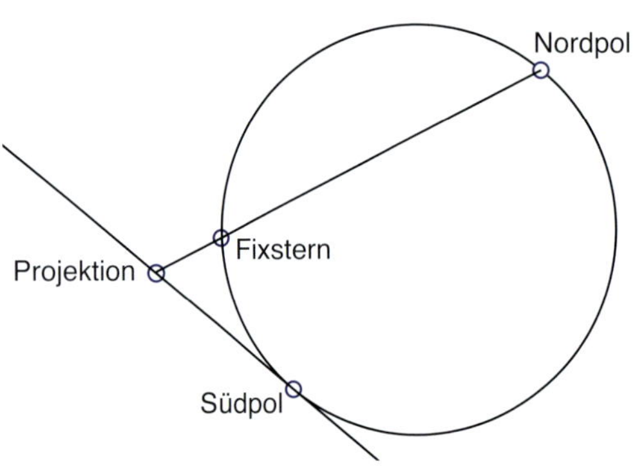

Abb. 5–13 Stereografische Projektion

Das Ziffernblatt und der Tierkreisring der Prager Rathausuhr sind genauso konstruiert. Der Himmelssüdpol wird in die Mitte des Ziffernblatts abgebildet, der Himmelsäquator wird zu einem konzentrischen, der Horizont zu einem exzentrischen Kreis.

Die Sonnenauf- und -untergangszeiten zum aktuellen Datum können daran abgelesen werden, wann das Sonnensymbol über die Horizontlinie wandert. Der Horizont trennt also Tag und Nacht. Die astronomische Nacht beginnt allerdings erst, wenn die Sonne 18° unter den Horizont gesunken ist. Auf der Prager Rathausuhr hält sich das Sonnensymbol dann im schwarzen Nachtkreis unten auf. Befindet sich das Sonnensymbol über dem ockerfarbenen Gebiet, ist Dämmerung.

Vor der Erfindung der gewichtsgetriebenen Räderuhren und noch einige Zeit danach wurde die Zeitspanne von Sonnenauf- bis Sonnenuntergang in zwölf gleich lange Stunden eingeteilt, deren Länge aber natürlich über das Jahr hinweg variierte. Auch diese sogenannten temporalen Stunden zeigt die Prager Uhr an (Abb. 5–14). Schließlich gibt die Hand am äußersten Ende des Sonnenzeigers die böhmische Zeit an, bei der ein Tag in 24 gleich lange Stunden eingeteilt ist, wobei die 24. Stunde mit dem Sonnenuntergang endet. Da der Zeitpunkt des Sonnenuntergangs vom Datum abhängt, muss der äußere Zahlenkranz mit den arabischen Zahlen durch ein Getriebe entsprechend bewegt werden. Die böhmische Zeit war in Prag bis ins 16. Jahrhundert gebräuchlich.

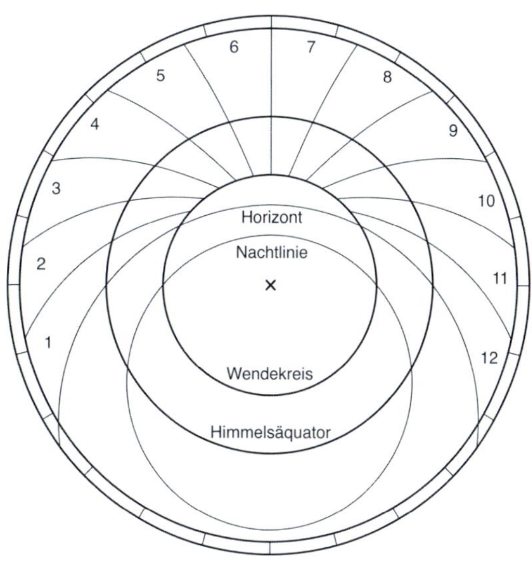

Abb. 5–14 Ziffernblatt der Prager Rathausuhr

Mondphasen

Die Mondphasen hängen nicht davon ab, wo der Mond vor dem Fixsternhimmel steht, sondern von seiner Position zur Sonne. Steht er am Himmel der Sonne gegenüber, so ist Vollmond, steht er in Richtung der Sonne, ist Neumond. Schon in der Antike folgerte man aus dem Zusammenhang zwischen dem von der Erde aus gesehenen Winkel zwischen Sonne und Mond und den Mondphasen, dass der Mond eine Kugel ist, von der Sonne angestrahlt wird und die Sonne sehr viel weiter von der Erde entfernt ist als der Mond.

An vielen astronomischen Uhren gibt es eine Mondkugel, die die Mondphasen anzeigt. Die eine Hälfte ist meist vergoldet, die andere blau oder schwarz. Indem die Kugel passend zur aktuellen Stellung von Sonne, Erde und Mond gedreht wird, sieht der Betrachter die augenblickliche Mondphase.

Wie die Phasen an der Prager Rathausuhr angezeigt werden, ist einfach und genial. Es geht keine Welle von außen in die Mondkugel, der Mechanismus befindet sich im Innern und nutzt die Erdanziehungskraft. Das klingt im ersten Moment unglaublich und hat auf die Betrachter in den vergangenen Jahrhunderten sicher einen mystischen Eindruck gemacht.

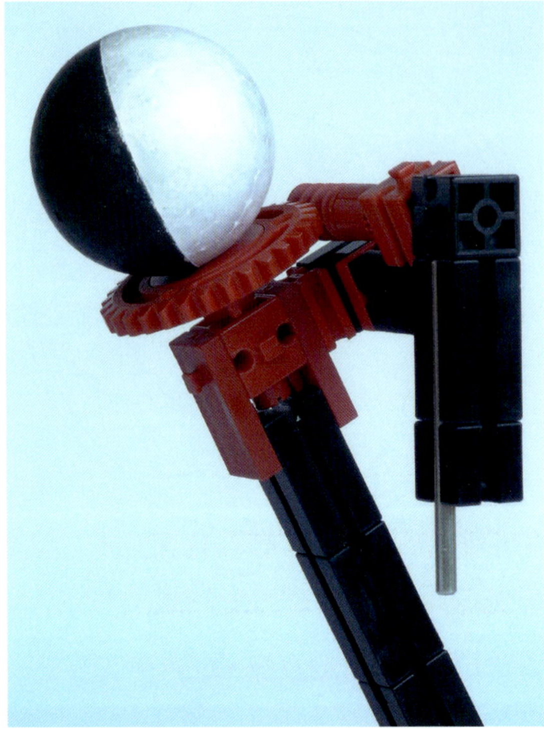

Abb. 5–15 Rückseite eines Mondzeigers: Die Mondphasen werden allein durch die Bewegung des Zeigers und die Schwerkraft erzeugt.

Abb. 5–16 Mondphasenanzeige an der Nürnberger Frauenkirche

Einen Schwerkraftmechanismus zur Steuerung einer Mondkugel auf einem Mondzeiger können wir auch mit fischertechnik bauen (Abb. 5–15). Allerdings befinden sich mangels Hohlkugeln und großer Schneckenscheiben das Gewicht und der Mechanismus bei unserem Modell außerhalb der Mondkugel. Der Vorgang wird dadurch aber vollkommen transparent und nachvollziehbar. Die Zeit zwischen zwei gleichen Phasen dauert im Modell genau 30 Tage. Nach zwei Monaten müsste der Mechanismus daher um einen Tag vorgestellt werden.

In Abb. 5–15 blicken wir von hinten auf das Ende eines Mondzeigers. Das Gewicht rechts oben ist durch eine Achse mit Vierkant mit der Schnecke verbunden. Während einer Umdrehung des Zeigers dreht sich die Schnecke in Bezug auf den Zeiger daher einmal und treibt das Zahnrad Z30 einen Zahn weiter.

Bei den heute üblichen halben Uhren, bei denen der Stundenzeiger eine Umdrehung in zwölf Stunden macht, gibt es oft eine alleinstehende Mondphasenanzeige (Abb. 5–16).

Unser zugehöriges fischertechnik-Modell in Abb. 5–17 kann an die Stundenwelle jeder halben Uhr angeschlossen werden. Der Drehsinn muss dabei umgekehrt werden. Alternativ kann man das Modell natürlich auch alleinstehend verwenden und pro Tag die Handkurbel zweimal gegen den Uhrzeigersinn drehen.

Die Zeitspanne von Neumond zu Neumond beträgt im Mittel etwa 29,5306 Tage. Wie viele Uhren und der islamische Kalender, dessen Monate abwechselnd 30 und 29 Tage haben, nähern wir uns dieser Periode im Modell in Abb. 5–17 durch 29,5 Tage an. Erst nach drei Jahren beträgt die Abweichung dann etwa einen Tag. Da sich die Stundenwelle einer Uhr zweimal pro Tag dreht, benötigen wir eine Übersetzung von 59:1. In den meisten Uhren wird diese Übersetzung in der Regel mit einfachen Stirnradgetrieben umgesetzt.

Da es im fischertechnik-System keine Stirnräder mit passenden Zahnzahlen gibt, nutzen wir ein Umlaufgetriebe. Um zu verstehen, wie die gewünschte Übersetzung zustande kommt, halten wir zunächst zweckfremd den oberen Teil des Drehkranzes fest. Es ergibt sich eine Übersetzung von 58:1 von der zentralen vertikalen Welle auf den unteren Teil des Drehkranzes, allerdings – und das ist wichtig – drehen sich beide gegensinnig. Dreht man das gesamte Modell eine Umdrehung im gleichen Sinn wie die zentrale Welle, so ist das Drehkranzunterteil in seine Ausgangsposition zurückgekehrt, die zentrale Welle hat 59 Umdrehungen gemacht und das Drehkranzoberteil eine.

Abb. 5–17 Mondphasenanzeige für halbe Uhren

Epizykel

Die Planeten Merkur, Venus, Mars, Jupiter und Saturn bewegen sich mit wechselnden Geschwindigkeiten vor dem Fixsternhimmel. Die Positionen von Merkur und Venus schwanken um die Sonne herum. Mars, Jupiter und Saturn bewegen sich normalerweise ostwärts durch den Tierkreis. Um den Zeitpunkt aber, an

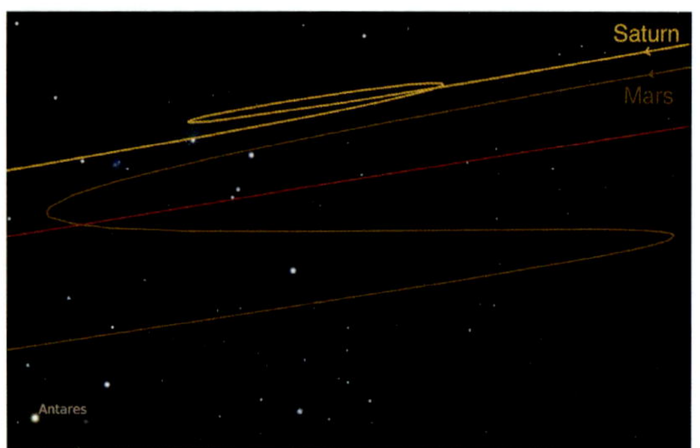

Abb. 5–18 Mars (Februar 2016 bis August 2016) und Saturn (Oktober 2014 bis August 2016) vor dem Sternbild Skorpion

dem sie der Sonne am Himmel gegenüberstehen, werden sie rückläufig und vollziehen eine Schleifenbewegung.

Schon die Babylonier modellierten diese Bahnbewegungen durch geeignetes Zusammenstückeln linearer Funktionen. Der griechische Zugang war dagegen geometrisch. *Apollonios von Perge* (ca. 262–190 v. Chr.) benutzte *epizyklische* Kreisbewegungen. Kreise galten als perfekt, gleichförmige Kreisbewegungen waren das, was man mechanisch bauen und sich vorstellen konnte. Epizyklisch bedeutet, dass sich ein kleinerer Kreis (*Epizykel*) auf einem sich drehenden Trägerkreis (*Deferent*) dreht.

In Abb. 5–19 ist ein möglichst einfaches fischertechnik-Modell dargestellt, das zeigt, wie die epizyklische Bewegung eines Planeten von der Erde aus vor dem Tierkreis wahrgenommen würde. Gedanklich steht man als Beobachter auf der Erde im Verbindungspunkt zwischen der Metallachse und der langen Rastachse und hat weit draußen den festen Tierkreis vor Augen. Der Planet ist der Baustein 15 mit Bohrung auf der I-Strebe. Die lange Rastachse zeigt die Position des Planeten vor dem Tierkreis. Man hält das Modell an der roten Klemmkupplung fest und dreht den Arm. Dabei rollt das Zahnrad Z20 auf dem Zahnrad Z40 ab und dreht sich zusammen mit der I-Strebe gleichsinnig zum Arm, nur dreimal so schnell. Die lange Rastachse bewegt sich dadurch von oben gesehen die meiste Zeit gegen den Uhrzeigersinn, unterbrochen von kurzen Phasen der Rückläufigkeit (Abb. 5–20).

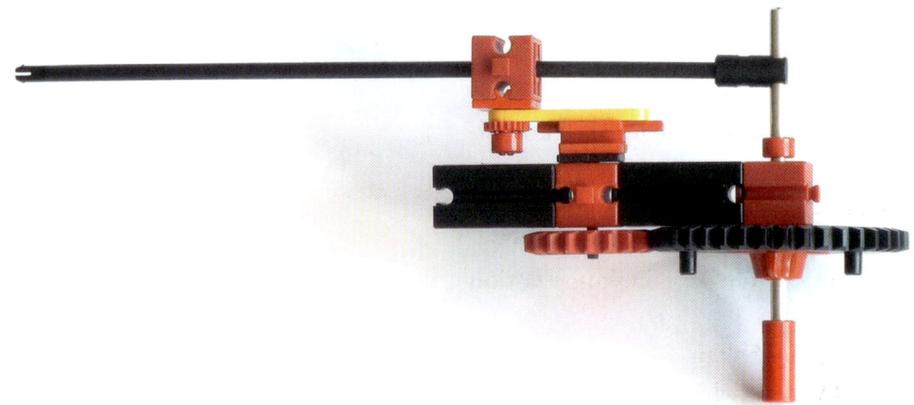

Abb. 5–19 Modell zur epizyklischen Planetenbewegung

Die Theorie des Apollonius und das primitive Modell aus Abb. 5–19 geben die Planetenschleifen qualitativ wieder. Schon in der Antike war jedoch klar, dass man mit den vier Parametern Winkelgeschwindigkeit des Deferenten, Winkelgeschwindigkeit des Epizykels, Radius des Epizykels und Abstand zwischen Epizykel- und Deferentenzentrum die beobachteten Planetenbahnen nicht präzise modellieren kann.

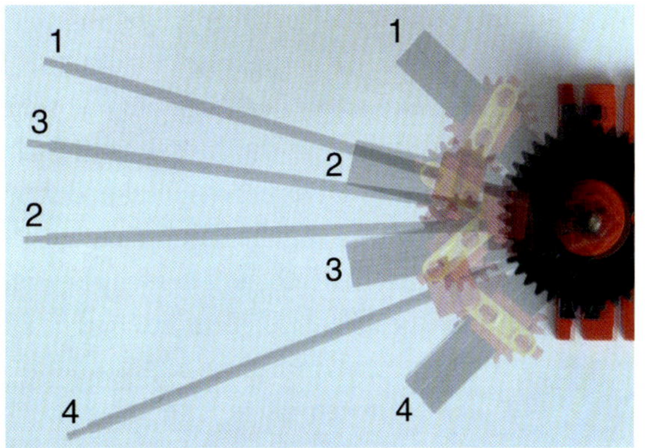

Abb. 5–20 Erzeugung von Planetenschleifen

In seinem monumentalen Werk *Almagest*, das vom 2. bis ins 17. Jahrhundert wissenschaftlicher Standard war, stellte *Claudius Ptolemäus* (ca. 100–160 n. Chr.) eine Kombination aus Apollonios' einfacher Epizykeltheorie und Hipparchs Exzentertheorie vor, die eine deutlich genauere Modellierung der Planetenbahnen ermöglichte. Aus heutiger Sicht schuf er damit vor allem eine erfolgreiche geometrische Approximationstheorie. Damals jedoch wurde mit dem Werk untrennbar ein Weltbild verbunden.

Eine frühe astronomische Uhr, in der Ptolemäus' Theorie mechanisiert wurde, war das *Astrarium* von *Giovanni Dondi* (1318–1389) aus dem Jahr 1364. Es zeigte insbesondere die Positionen aller damals bekannten Planeten und kombinierte Wissenschaft und Technologie in selten erreichter Weise. Sein Schicksal ist ab dem frühen 16. Jahrhundert ungeklärt, die ausführliche Dokumentation seines Erbauers ist aber in mehreren Abschriften erhalten.

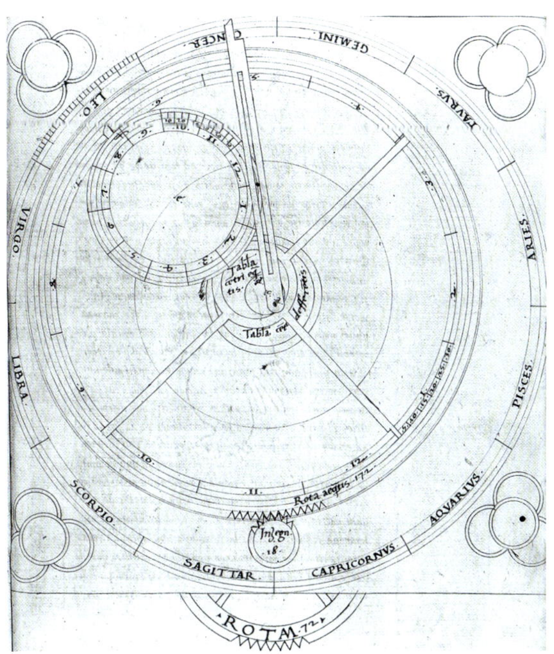

Abb. 5–21 Epizyklische Modellierung der Bewegung des Mars in Giovanni Dondis Astrarium aus dem Jahr 1364

Das Astrarium hatte sieben Anzeigen, je eine für Sonne, Mond und jeden der damals bekannten Planeten. Abb. 5–21 zeigt das Ziffernblatt für den Mars.

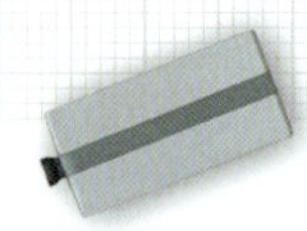

Außen ist der Tierkreis aufgezeichnet. In dessen Zentrum befindet sich die Erde. Sie ist der Ausgangspunkt des geschlitzten Planetenzeigers. Zum vorliegenden Zeitpunkt steht der Mars im Abschnitt Krebs (Cancer) der Ekliptik. Der Planetenzeiger wird durch den Stift auf dem Epizykel geführt. Der Epizykel dreht sich mit der Deferentenscheibe, deren Mittelpunkt von der Erde aus ein Stück in Richtung des sogenannten Aux im Löwen verschoben ist. Noch einmal so weit in die gleiche Richtung verschoben ist der Äquant, das Zentrum des gespeichten Rads über der Deferentenscheibe. Dieses gespeichte Rad wird mit konstanter Winkelgeschwindigkeit angetrieben und treibt seinerseits durch Mitnahme den Deferenten gemäß der Ptolemäischen Theorie ungleichförmig an. Der Antrieb des Epizykels befindet sich hinter der Deferentenscheibe und ist in Abb. 5–21 nicht zu erkennen.

Wechsel des Weltbilds

Die bisher besprochenen Geräte bilden die Himmelsvorgänge nach, wie man sie von der Erde aus sieht. Natürlich haben sich die Menschen schon immer nicht nur dafür interessiert, was man sieht, sondern auch dafür, wie die Vorgänge zustande kommen. Die Annahme, dass die Erde ruht und sich alles um sie bewegt (geozentrisches Weltbild), war zunächst einmal sehr natürlich.

Abb. 5–22 Galileo Galilei

Schon in der Antike gab es heliozentrische Theorien, in denen sich die Erde und die anderen Planeten um die Sonne bewegen, diese setzten sich aber nicht dauerhaft durch. Diskutiert wurden solche Theorien wieder nach der Veröffentlichung des Buchs *De revolutionibus orbium coelestium* von *Nicolaus Kopernikus* (1473–1543). Obwohl nun die Schleifenbewegungen der Planeten durch ihre Relativbewegung zur Erde erklärt werden konnten, musste auch Kopernikus auf Epizykel zurückgreifen, um seine Rechnungen mit den Beobachtungen in Übereinstimmung zu bringen.

Überzeugende Argumente für das heliozentrische Modell lieferten die Arbeiten von *Johannes Kepler* (1571–1630) und die Fernrohrbeobachtungen *Galileo Galileis* (1564–1642). Galileo Galilei entdeckte die Venusphasen, die in ihrem

Ablauf nicht mit einem geozentrischen Weltbild vereinbar sind, und vier Jupitermonde, die bewiesen, dass sich nicht alles um die Erde dreht. Auch heute noch ist es sehr eindrucksvoll, mit einem einfachen Fernglas zu beobachten, wie sich die vier Galileischen Monde innerhalb weniger Nächte um den Jupiter bewegen.

Abb. 5–23 Galileo Galileis Aufzeichnung der Jupitermondstellungen aus dem Januar 1610

Johannes Kepler konnte die genauen Beobachtungsdaten von *Tycho Brahe* (1546–1601) mathematisch überzeugend modellieren. Er ging von kreisförmigen Bahnen zu Ellipsen über, befreite so die Theorie von überflüssigen Parametern und Epizykeln und erhöhte die Genauigkeit der Bahnberechnungen deutlich.

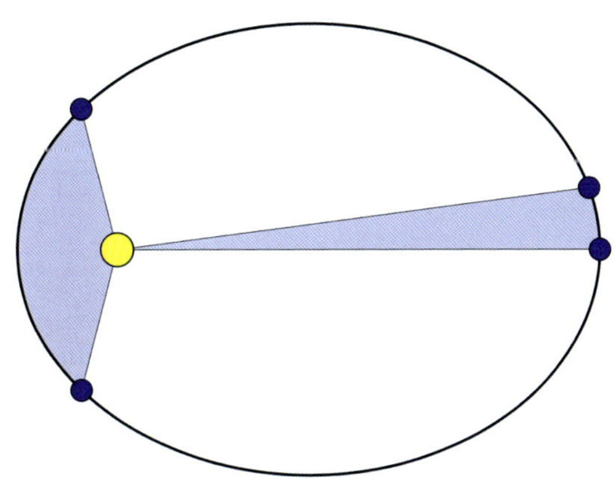

Abb. 5–24 Die ersten beiden Kepler'schen Gesetze: Planeten bewegen sich auf Ellipsen, in deren einem Brennpunkt die Sonne steht; dabei überstreicht die Strecke zwischen Sonne und Planet in gleichen Zeiten gleiche Flächen

Die physikalische Erklärung für die drei Kepler'schen Gesetze lieferte *Isaac Newton* (1643–1727) mit seinem Gravitationsgesetz im Jahr 1686. Allerdings zeigte das Gesetz auch, dass exakte Ellipsen nur beim sogenannten Zweikörperproblem, also einem System aus Sonne und einem Planeten, vorliegen. Im realen Sonnensystem bewirkt die Anziehung der Planeten untereinander leichte Abweichungen der Planetenbahnen von der Ellipsenform. Auch zeigte das Gravitationsgesetz, dass schon beim Zweikörperproblem aus theoretischer Sicht keiner der Himmelskörper gegenüber dem anderen bevorzugt ist: Beide bewegen sich auf Ellipsen um den gemeinsamen Schwerpunkt. Von einem heliozentrischen Weltbild konnte man von da an eigentlich nicht mehr sprechen. Die endgültige Auflösung der einfachen Weltbilder lieferte dann die Astrophysik durch den Nachweis, dass unsere Sonne ihrer Natur nach ein Stern ist.

Abb. 5–25 Ausschnitt aus Jan van Rossums Portrait von Willem Janszoon Blaeu aus dem Jahr 1663 (Amsterdam Museum)

Tellurien

Die ersten Anschauungsmodelle zum heliozentrischen Weltbild enthielten nur Sonne und Erde, bisweilen noch den Mond. Die frühesten erhaltenen Modelle stammen vom niederländischen Kartographen *Willem Janszoon Blaeu* (1571–1638).

Ein einfacher Mechanismus hält die Ausrichtung der Erdachse während des Umlaufs um die Sonne konstant. Dadurch wird die Entstehung der Jahreszeiten simuliert. Im Sommer bekommt die nördliche Halbkugel täglich länger und intensiver Sonnenlicht ab, im Winter die südliche.

Ein fischertechnik-Modell zu diesem Zweck lässt sich mit wenigen Teilen konstruieren (Abb. 5–26). Man hält die Metallachse mit Daumen und Zeigefinger der rechten Hand fest. Die Sonne wird durch die Lampe oberhalb der Metallachse dargestellt. Mit der linken Hand bewegt man die Erde um die Sonne in die gewünschte jahreszeitliche Position. Ist diese eingestellt, kann man mit der Kurbel die tägliche Drehung der Erde zu dieser Zeit des Jahres simulieren.

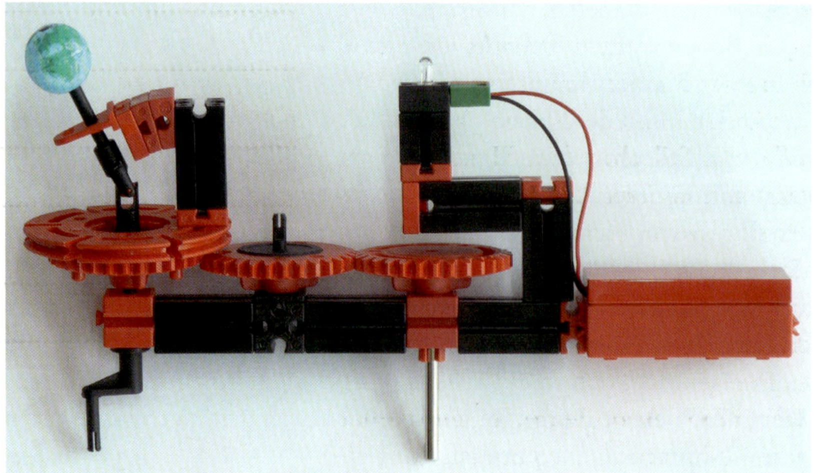

Abb. 5–26 Modell zur heliozentrischen Erklärung der Jahreszeiten

Abb. 5–27 Die Erde zur Wintersonnenwende

Der Funktionsmechanismus ist der gleiche wie bei Blaeus Modellen: Mit der Metallachse wird auch das darauf geschraubte Zahnrad Z30 festgehalten. Während das mittlere Zahnrad Z30 auf diesem abrollt und sich mit doppelter Winkelgeschwindigkeit des Erdarms bewegt, dreht sich das äußere Zahnrad Z30 wiederum überhaupt nicht. Verständlich wird dieses Verhalten, wenn man die drei Zahnräder vom sich drehenden Erdarm aus betrachtet: Das mittlere Zahnrad dreht sich dann genauso schnell wie die beiden anderen, nur im entgegengesetzten Sinn.

Abb. 5–28 Wilhelm Schickard mit seinem Handtellurium auf einem Portrait von Conrad Melperger aus dem Jahr 1632

Blaeus Tellurien waren vergleichsweise groß, da die Erde von einer Armillarsphäre umgeben war. Unser Modell aus Abb. 5–26 ähnelt in Größe und Stil eher dem Handtellurium, mit dem *Wilhelm Schickard* (1592–1635), der Erfinder der Rechenmaschine, sich auf einem Gemälde aus dem Jahr 1632 portraitieren ließ.

Ganz auf dieser minimalistischen Linie liegt auch das *Mechanical Paradox* des schottischen Astronomen *James Ferguson* (1710–1776) aus dem Jahr 1755 (Abb. 5–29). In ihm behält nicht nur die Erdachse eine parallele Ausrichtung, sondern die Schnittpunkte der geneigten

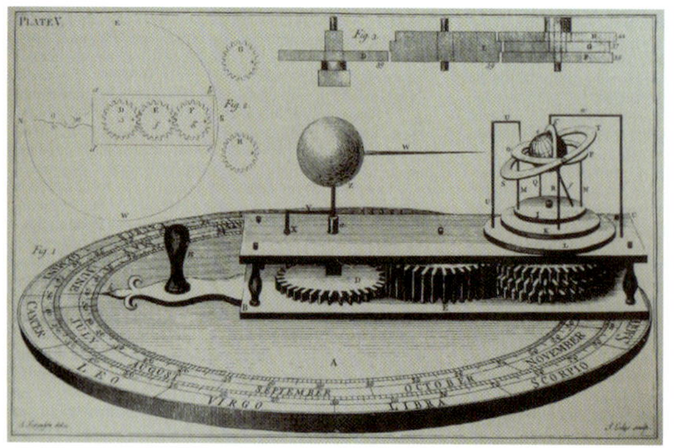

Abb. 5–29 Mechanical Paradox von James Ferguson aus dem Jahr 1755

Mondbahn mit der Ekliptik (*Mondknoten*) und der Punkt größter Erdnähe (*Perigäum*) bewegen sich passend zur Drehung der Erde um die Sonne. Damit können neben der Entstehung der Jahreszeiten auch die Entstehung von Sonnen- und Mondfinsternissen und die Helligkeitsschwankungen des Mondes erklärt werden. So kann es nur dann zu einer Sonnenfinsternis kommen, wenn es innerhalb von wenigen Tagen um den Zeitpunkt, an dem die Nadel auf einen Mondknoten zeigt, zu einem Neumond kommt.

Das Zahnrad unter der Sonne ist fest mit der Bodenplatte verbunden und hat 39 Zähne. Das hohe Zahnrad in der Mitte hat ebenfalls 39 Zähne. Die Zahnräder unter der Erde haben von unten nach oben 39, 37 und 44 Zähne und kämmen alle mit dem mittleren Zahnrad. Das unterste sorgt somit für die parallele Ausrichtung der Erdachse. Das mittlere dreht sich entgegengesetzt zum Erdarm in 37/(39-37) = 18,5 Jahren einmal und liefert die Drehbewegung der Mondknoten. Das obere dreht sich gleichsinnig zum Arm in 44/(44-39) = 8,8 Jahren und gibt die Bewegung des Perigäums wieder.

Planetarien

Mit dem Begriff Planetarium verbinden die meisten Menschen heutzutage eines der Projektionsplanetarien, die man häufig in größeren Städten findet. Als Planetarien wurden aber schon lange vor der Erfindung der Projektionsplanetarien Apparate bezeichnet, die den Lauf mehrerer Planeten um die Sonne mechanisch veranschaulichen.

Johannes Kepler hatte schon im Jahre 1596 Ideen für ein heliozentrisches Planetarium mit einem Hohlwellensystem, bei dem sich die Planeten auf eisernen Armen um die Sonne drehen. Seine Pläne wurden aber schnell zu ambitioniert, weshalb er sie schließlich verwarf. Zum Beispiel wollte er die Neigungen der Planetenbahnen gegen die Erdbahn modellieren.

Ole Rømer (1644–1710) wies durch seine Beobachtungen der Jupitermonde ab dem Jahr 1672 nach, dass die Lichtgeschwindigkeit endlich ist und gab einen groben Schätzwert an. Um die Bewegung der vier Galileischen Monde zu verdeutlichen, entwickelte er ein sogenanntes *Jovilabium* (Abb. 5–30). Von seinem

Aufbau her kam es wohl Keplers ersten Vorstellungen ziemlich nahe. Damit der einfache doppelkegelförmige Aufbau funktioniert, müssen die Zahnräder unterschiedliche Moduln (Größenmaß für Zähne) besitzen.

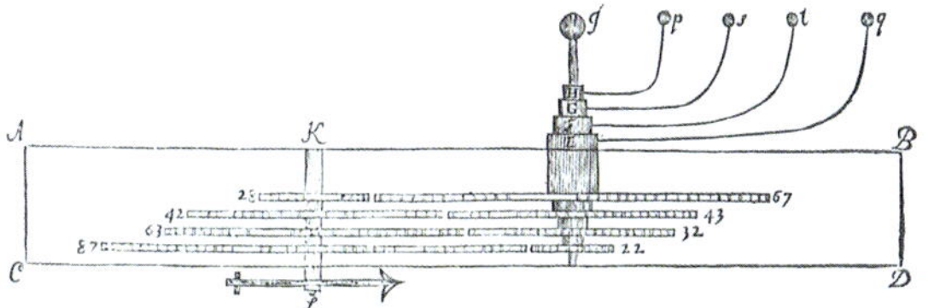

Abb. 5–30 Jovilabium von Ole Rømer aus dem Jahr 1677

Rømer entwarf auch ein bedeutendes Planetarium, das im Jahr 1680 vom Uhrmacher *Isaac Thuret* (ca. 1630–1706) gebaut wurde. Bei diesem liefen die Planeten vom Merkur bis zum Saturn in zum Teil exzentrischen kreisförmigen Schlitzen der Frontplatte um die Sonne.

Eine Weiterentwicklung lieferte *Christiaan Huygens* (1629–1695) im Jahr 1682. Um die Verhältnisse der mittleren Umlaufzeiten möglichst gut nachzubilden, setzte Huygens die mathematische Methode der Kettenbruchentwicklungen systematisch ein. Technisch ist sein Planetarium bedeutend, weil die Bewegung der Modellplaneten in sehr guter Näherung nach den Kepler'schen Gesetzen erfolgt. Jeder Planet ist auf einem mit Rollen gelagerten Kreisring befestigt. Der Mittelpunkt dieses Kreisrings ist um die Exzentrizität der Ellipse gegen die Sonne verschoben. Das liefert bei jedem Planeten außer dem Merkur eine Bahn, die optisch nicht von der Kepler'schen Ellipse zu unterscheiden ist. Um auch noch die Bahngeschwindigkeiten möglichst nahe nach dem zweiten Kepler'schen Gesetz erfolgen zu lassen, wird der Kreisring nicht direkt angetrieben, sondern ein mit ihm verbundener, noch einmal um die gleiche Exzentrizität versetzter Kreisring.

Abb. 5–31 Bewegung eines Modellplaneten in sehr guter Näherung an die Kepler'schen Gesetze

Abb. 5–32 A Philosopher Giving a Lecture on the Orrery: Mezzotint-Tiefdruck nach einem Gemälde von Joseph Wright of Derby aus dem Jahr 1766

Abb. 5–33 Nachbau eines Grand Orreries von John Rowley durch Benjamin Martin

Im fischertechnik-Modell in Abb. 5–31 ist Huygens' Idee umgesetzt. Die Sonne wird durch das Ende der herabhängenden Metallachse repräsentiert. Der Modellplanet ist auf einer exzentrisch gelagerten Drehscheibe befestigt. An dieser Drehscheibe ist mit zwei Federnocken unten eine weitere befestigt, die um die gleiche Exzentrizität gegenüber der oberen verschoben und mit einem Kronenrad Z32 verbunden ist. Man dreht nun die Handkurbel möglichst gleichmäßig und mit leichtem Druck nach links. Dadurch dreht sich der Planet mit variabler Bahngeschwindigkeit. Nähert er sich dem *Perihel*, also dem sonnennächsten Punkt, so bewegt er sich sichtbar schneller als in der Nähe des *Aphels*, des sonnenfernsten Punkts. Die Metallachse mit der Handkurbel bewegt sich beim Kurbeln abwechselnd nach links und nach rechts.

Im Jahr 1704 baute der Uhrmacher *George Graham* (1673–1751) ein Tellurium, das in England zum Namensgeber aller folgenden Geräte wurde. Es wurde von *John Rowley* (1665–1728) nachgebaut, der es dem Earl of Orrery schenkte. Die *Orreries* wurden daraufhin in England sehr populär. Man könnte von einer Art Edutainment des 18. Jahrhunderts sprechen. Bildung hatte in dieser Zeit in den mittleren und oberen Schichten einen hohen Stellenwert, und gerne verschönerte man seine Bibliothek mit einem schmucken, lehrreichen Gerät oder lauschte den Erklärungen von Personen, die diese Geräte demonstrierten.

Planetarien wurden von Herstellern wissenschaftlicher Instrumente wie Sextanten und Globen, Uhrmachern und Astronomen angefertigt und vertrieben. Bedeutend waren unter anderen *Thomas Wright* (gest. 1751), *Benjamin Martin* (1704–1782), *James Ferguson* (1710–1776) und *William Pearson* (1767–1847) in England, *Philipp Matthäus Hahn* (1739–1790) in Deutschland, *David Rittenhouse* (1732–1796) in den USA, *Eise Eisinga* (1744–1828) in den Niederlanden und *Antide Janvier* (1751–1835) in Frankreich.

Das Anfertigen von rein mechanischen Planetarien ließ mit der industriellen Revolution nach. Mit dem von *Walther Bauersfeld* (1879–1959) bei Carl Zeiss in den 20er-Jahren des 20. Jahrhunderts entwickelten Projektionsplanetarium begann eine neue Erfolgsgeschichte der astronomischen Breitenbildung.

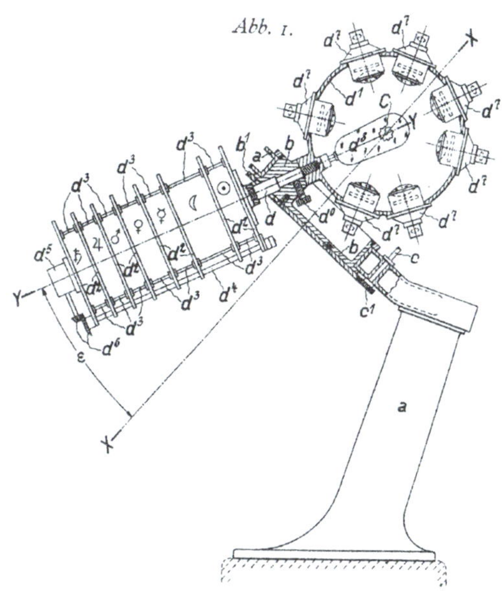

Abb. 5–34 Auszug aus der Patentschrift von Walther Bauersfeld aus dem Jahr 1922

Merkur, Venus, Erde

Die Venus ist zu bestimmten Zeiten nach Sonne und Mond das hellste Gestirn am Himmel. Sie erscheint abwechselnd für ungefähr neun Monate als Morgen- und als Abendstern. In den Wochen des Wechsels ist sie nur schwierig oder gar nicht am Himmel auszumachen, da sie zu nah bei der Sonne steht.

Merkur kann – wenn überhaupt – nur an wenigen Tagen im Jahr beobachtet werden. Der Winkel zwischen ihm und der Sonne muss groß genug sein und die Ekliptik muss ausreichend steil zum Horizont verlaufen.

Das Hauptmodell dieses Kapitels ist ein Planetarium, das den Lauf der drei Planeten Merkur, Venus und Erde um die Sonne simuliert. Man kann es bei Tageslicht benutzen, um die Positionen der drei Planeten zu einem einstellbaren Datum zu ermitteln. Eindrucksvoller ist aber die Verwendung in einem verdunkelten Raum. Eine fischertechnik-Lampe übernimmt dann die Rolle der Sonne und beleuchtet realistisch je eine Hälfte der Planetenkugeln.

Mit unserem Planetarium können beispielsweise folgende Fragen beantwortet werden: Ist die Venus gerade als Morgen- oder als Abendstern sichtbar? Vor wel-

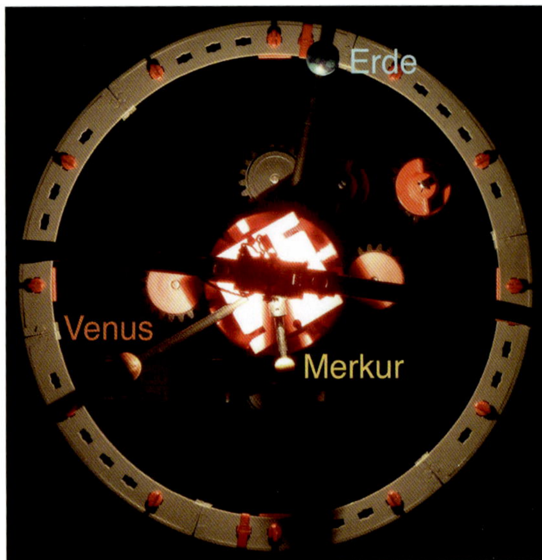

Abb. 5–35 Modellplaneten mit Tag- und Nachthälfte

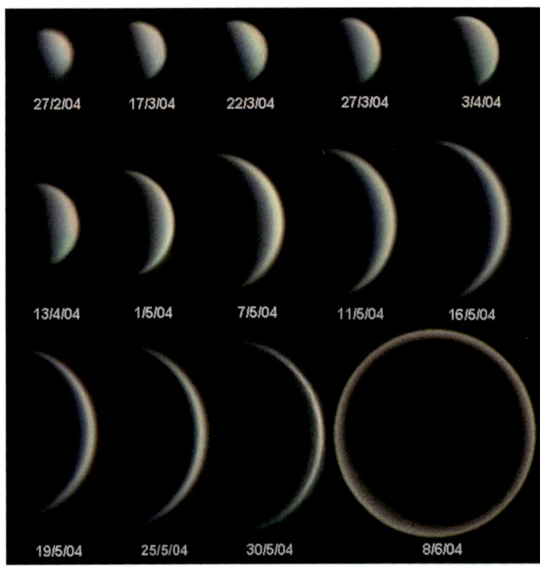

Abb. 5–36 Ablauf der Venusphasen im Jahr 2004

chem Sternbild steht sie? Wann kann man den Merkur beobachten? Wie kommen die zeitlichen Schwankungen der Größe der Planetenscheiben zustande, die man mit einem Fernglas bei der Venus beobachten kann und mit einem Teleskop beim Merkur? Welche Phasen sieht man im Fernglas bzw. Fernrohr?

Das Ziel beim Entwurf des Planetariums war es, ein optisch ansprechendes Modell aus einer überschaubaren Zahl von Teilen zu kreieren, mit dem diese Fragen beantwortet werden können und das zum Vergleich von Simulation und Nachthimmel einlädt. Natürlich kann man mit mehr Aufwand und Bauteilen die Planetenbewegungen genauer simulieren und die elliptischen Umlaufbahnen, die variablen Bahngeschwindigkeiten und die Neigungen der Planetenbahnen gegeneinander berücksichtigen. Angebracht sind diese Genauigkeitssteigerungen allerdings schon aus geschichtlicher Sicht vor allem beim Mars, weil die Auseinandersetzung mit dessen Bahn Kepler auf seine drei Gesetze gebracht hat.

Abb. 5–37 Merkur-Venus-Erde-Planetarium

Der Aufbau

Die drei Planeten drehen sich in unserem Modell auf einer Höhe um eine zentrale Achse (Abb. 5–37). Sie bestehen aus Knete und sind mit zurechtgebogenen Büroklammern an den Enden von Rastachsen befestigt. Da das fischertechnik-System keine Hohlwellen bietet, erfordert die unabhängige Drehbewegung der drei Planeten um die zentrale Achse eine eigene Lösung (Abb. 5–38). Die Rastachse 30 des Merkur ist mit einem Rastadapter direkt an der zentralen Welle befestigt. Die Rastachse 75 der Venus steckt in einer Grundplatte 45 × 45 (in Abb. 5–38 rechts). Die Rastachse 90 der Erde steckt in der radialen Bohrung einer Drehscheibe, die mit einem Zahnrad Z40 verbunden ist. Beide, Drehscheibe und Zahnrad, enthalten keine Naben. Durch die gewonnene Öffnung passen nicht nur die zentrale

Welle, sondern auch zwei Metallachsen 30, die die obere Grundplatte 45 × 45 mit einer unteren verbinden. Die untere Grundplatte 45 × 45 ist mit zwei Federnocken auf einem weiteren Verbund aus Drehscheibe und Zahnrad Z40 befestigt.

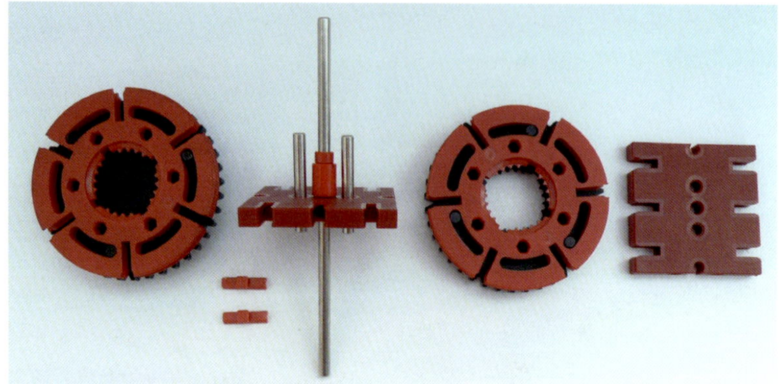

Abb. 5–38 Aufbau des Getriebekopfs

Abb. 5–39 Blick auf das Merkurgetriebe

Der Antrieb des Modells erfolgt mit der Handkurbel rechts. Die Drehbewegung wird durch das Kronenrad ins Langsame übersetzt und um 90° gedreht. Von der vertikalen Welle durch das Kronenrad werden alle weiteren Drehbewegungen abgeleitet. Zunächst sitzt am oberen Ende dieser Welle ein Zahnrad Z20, das das obere Zahnrad Z40 im Getriebekopf und damit den Erdzeiger antreibt.

Unter dem Zahnrad Z20 ist auf der zentralen Welle ein Zahnrad Z30 geschraubt, von dem aus sich das Venus- und das Merkurgetriebe ableiten. Diese beiden Getriebe werden weiter unten genau beschrieben. Der Ausgang des Merkurgetriebes ist der Käfig des vorderen Differenzials. Er treibt über zwei rote Zahnräder Z20 die zentrale Welle und damit den Merkurzeiger an. Der Ausgang des Venusgetriebes ist der Käfig des hinteren Differenzials. Er treibt über eine Welle mit zwei Zahnrädern Z20 das untere Zahnrad Z40 des Getriebekopfs und damit den Venuszeiger an.

Das obere Zahnrad Z40 des Getriebekopfs wird durch vier Zahnräder Z20 von außen gelagert. Das rechte Z20 in Abb. 5–37 treibt das Z40 an, das vordere und das hintere enthalten eine Freilaufnabe und dienen nur der Lagerung. Das linke Zahnrad Z20 überträgt die Drehbewegung des Z40 durch eine Schnecke auf das Zahnrad Z40 des Jahreszählers, der sich so bei einer Umdrehung der Erde um zwei Zähne weiterdreht. Der Jahreszähler wird oben an der Nut eines Verbindungsstücks 15 abgelesen.

Entscheidend für den Nachbau sind die genauen Positionen der Lager der vertikalen Wellen. Diese lassen sich Abb. 5–42 entnehmen.

Abb. 5–40 *Blick auf das Venusgetriebe*

Abb. 5–41 *Antrieb des Jahreszählers*

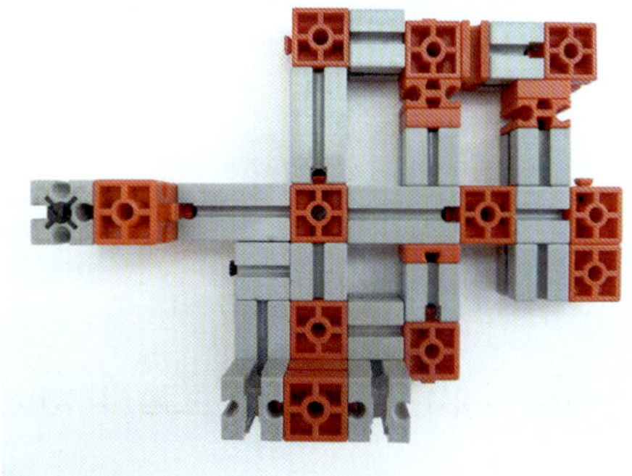

Abb. 5–42 *Die Lager der vertikalen Wellen*

Merkur- und Venusgetriebe

Im Merkur- und im Venusgetriebe werden mit je einem Differenzial Übersetzungen erzeugt, die sich durch einfache Stirnradgetriebe mit den fischertechnik-Zahnrädern nicht darstellen lassen.

Der Merkur benötigt für seinen Umlauf um die Sonne ziemlich genau 88 Erdtage, die Erde ungefähr 365,25 Erdtage. Dementsprechend dreht sich die zentrale Welle unseres Modells 4,15-mal so schnell wie die Erde. Diese Übersetzung wird mit dem Getriebe in Abb. 5–43 erzielt. Die Metallachse ist die vertikale Antriebswelle, die sich zweimal so schnell dreht wie die Erde, nur im entgegengesetzten Sinn. Das schwarze Zahnrad Z10 am unteren Eingang des Differenzials dreht sich damit gleichsinnig zur Erde, aber achtmal so schnell. Der obere Teil des Getriebes sorgt dafür, dass sich der obere Eingang des Differenzials 0,3-mal so schnell dreht wie die Erde. Das Differenzial mittelt die Drehbewegungen an den Eingängen, sodass sich der Käfig (8 + 0,3)/2 = 4,15-mal so schnell dreht wie die Erde.

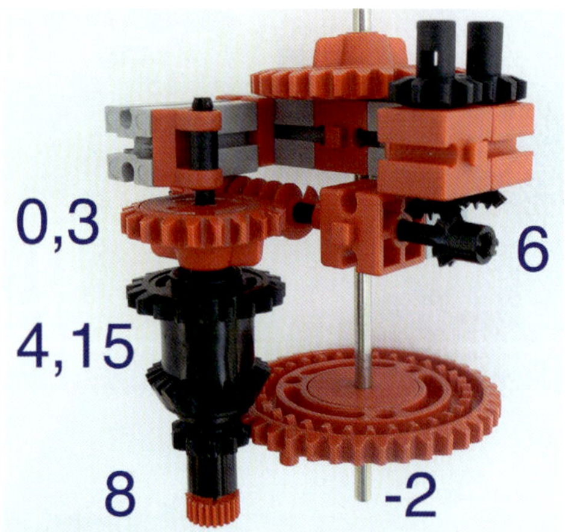

Abb. 5–43 *Funktion des Merkurgetriebes*

Schon in der Antike war bekannt, dass die Venus in acht Erdjahren ziemlich genau 13-mal die Sonne umrundet und damit etwas mehr als 224,7 Erdtage für eine Umrundung benötigt. Dementsprechend dreht sich die Venus in unserem Modell 13/8 = 1,625-mal so schnell wie die Erde. Das Zahnrad Z30 in Abb. 5–44 rechts oben kämmt direkt mit dem Zahnrad Z30 auf der vertikalen Antriebswelle und dreht sich daher doppelt so schnell wie die Erde. Durch eine zweimalige 2:3-Übersetzung dreht sich der untere Eingang des Differenzials 9/2 = 4,5-mal so schnell wie die Erde. Das Differenzial mittelt die Drehbewegungen an seinen Eingängen. Der Käfig dreht sich daher (2 + 4,5)/2 = 3,25-mal so schnell wie die Erde. Am Getriebekopf wird noch einmal 2:1 übersetzt, sodass sich die Venus wie gewünscht 1,625-mal so schnell dreht wie die Erde.

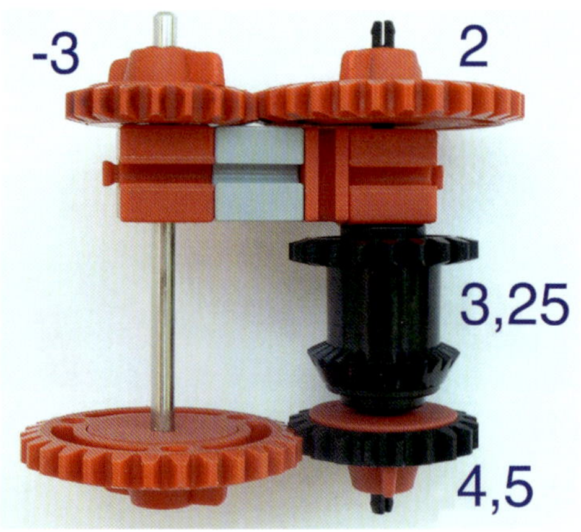

Abb. 5–44 *Funktion des Venusgetriebes*

Sonne und Planeten

In unserem Modell laufen die Planeten auf konzentrischen Kreisen um die Sonne. Die Bahnradien sind in einem festen Maßstab zu den mittleren Entfernungen der Planeten von der Sonne dargestellt. Die mittlere Entfernung der Erde von der Sonne beträgt in der Realität ungefähr $150 \cdot 10^6$ km, im Modell 10 cm. Daraus ergeben sich die Bahnradien von Venus und Merkur im Modell von 7,2 cm bzw. 3,8 cm sowie ein Sonnendurchmesser von etwa 1 mm. Das passt sehr gut zur Ausdehnung des Glühwendels der verwendeten fischertechnik-Lampe. Wenn man ein Auge unmittelbar über oder neben einen Modellplaneten bewegt, erscheint die leuchtende Modellsonne genauso groß, als stünde man real auf dem Planeten und würde die reale Sonne anschauen. Besonders vor dem Sternbilderhintergrund schafft dies eine stimmige Atmosphäre, die man auf Fotos nur schlecht wiedergeben kann. Die anderen Modellplaneten sieht man so groß, als würde man ein Fernrohr mit 1.700facher Vergrößerung benutzen. Die Modellplaneten haben Durchmesser von 15 mm (Erde), 14 mm (Venus) und 6 mm (Merkur).

Die realen Planetenbahnen sind mit hoher Genauigkeit Ellipsen mit einer Exzentrizität von 0,017 bei der Erde, 0,007 bei der Venus und 0,206 beim Merkur. Wegen der kleinen Exzentrizitäten unterscheiden sich die reale Erdbahn und die reale Venusbahn kaum von exzentrischen Kreisen, die Merkurbahn dagegen schon. In einem besseren Modell mit gleichem Maßstab müsste die Erdbahn um 1,7 mm nach links, die Venusbahn um 0,5 mm gegen 8 Uhr und die Merkurbahn 8 mm gegen 10 Uhr versetzt werden, wobei letztere auch noch quer dazu etwas gestaucht werden müsste. Die Neigungen der Venus- und der Merkurbahn gegen die Erdbahn von 3,4° bzw. 7° bleiben im Modell unberücksichtigt.

Bahngeschwindigkeiten

Dreht man die Kurbel des Modells mit konstanter Geschwindigkeit, so bewegen sich auch die Planeten mit konstanten Geschwindigkeiten. In der Realität bewirken die elliptischen Bahnformen nach dem zweiten Kepler'schen Gesetz Geschwindigkeitsschwankungen. Auf der Erde dauert zum Beispiel das Frühjahr gegenwärtig ungefähr 92,8 Tage, der Sommer 93,7 Tage, der Herbst 89,8 Tage und der Winter 89,0 Tage. Den Jahreszeiten entsprechen in unserem Modell exakte Viertelkreise auf dem äußeren Ring, die durch die Statikstreben voneinander getrennt sind. Durch diesen Effekt kommt es also bei der Erde zu einem Positionsfehler von ± 3°, bei der Venus von ± 1°, beim Merkur allerdings von ungefähr ± 20°. Diese Fehler akkumulieren sich natürlich nicht mit der Zeit.

Beim Anblick des Planetariums von außen sind die Positionsfehler von Erde und Venus vernachlässigbar klein, die Position des Merkur wird qualitativ richtig wiedergegeben. Man sollte aber bedenken, dass diese Fehler größere Auswir-

kungen haben können, wenn man sein Auge über einen Modellplaneten bewegt und die Position eines anderen vor dem Fixsternhimmel ermitteln möchte.

Die Übersetzungen im Venus- und Merkurgetriebe weichen von den Verhältnissen der realen mittleren Geschwindigkeiten leicht ab, woraus ein Positionsfehler von 0,16° pro Jahr bei der Venus und 0,68° pro Jahr beim Merkur resultiert.

Die nur bis auf wenige Tage genaue Datumseinstellung des Planetariums mithilfe des S-Riegels passt zu diesen grundsätzlichen Ungenauigkeiten und berücksichtigt die unterschiedliche Länge der Monate nicht (Abb. 5–46).

Konjunktionen und Transite

Wenn Merkur oder Venus von der Erde aus gesehen auf der anderen Seite der Sonne stehen, spricht man von einer oberen Konjunktion. Befinden sich Merkur oder Venus zwischen Erde und Sonne, so spricht man von einer unteren Konjunktion. In beiden Fällen bleiben die Planeten von der Erde aus unsichtbar. Wegen der Neigungen der Planetenbahnen gegeneinander kommt es nur bei sehr wenigen unteren Konjunktionen zu einem sogenannten *Transit*, bei dem man das Planetenscheibchen von der Erde aus vor der Sonne vorbeiziehen sehen kann.

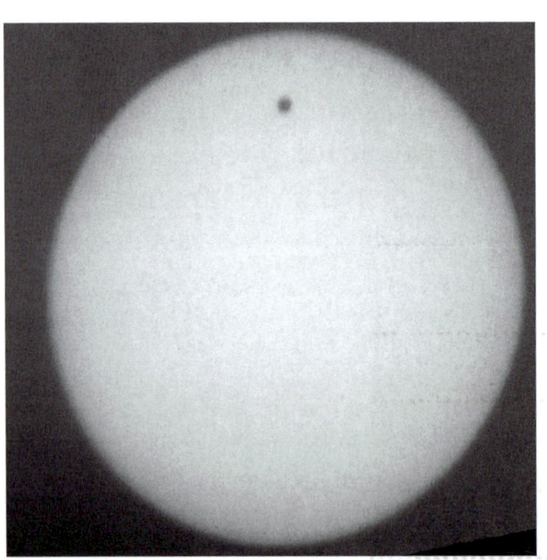

Abb. 5–45 *Venustransit am 8. Juni 2004: Mit einem normalen Fernglas wurde das Bild der Sonne auf ein Stück Papier projiziert.*

Die beiden letzten Venustransite fanden in den Jahren 2004 und 2012 statt, der nächste wird sich erst im Jahr 2117 ereignen. Merkurtransite sind häufiger, der nächste wird am 9. Mai 2016 stattfinden. Diese Daten können gut zur Einstellung des Planetariums benutzt werden.

Zunächst müssen Jahreszähler und Erdbewegung synchronisiert werden, d. h., wenn die Erde sich in der Position 1. Januar befindet, muss die Nut des Verbindungsstücks am Jahreszähler auf die Trennlinie zwischen zwei Jahresfeldern zeigen.

Als Nächstes wird durch Kurbeln das Datum 6. Juni 2012 eingestellt. Indem man die beiden unteren Zahnräder Z20 auf der Welle direkt hinter dem Getriebekopf gegeneinander verdreht, wird die Venus genau zwischen Erde und Sonne gebracht (Abb. 5–46).

Zur Positionierung des Merkur wird das Datum 9. Mai 2016 eingestellt und der Merkurzeiger einfach zwischen Erde und Sonne gedreht (Abb. 5–47).

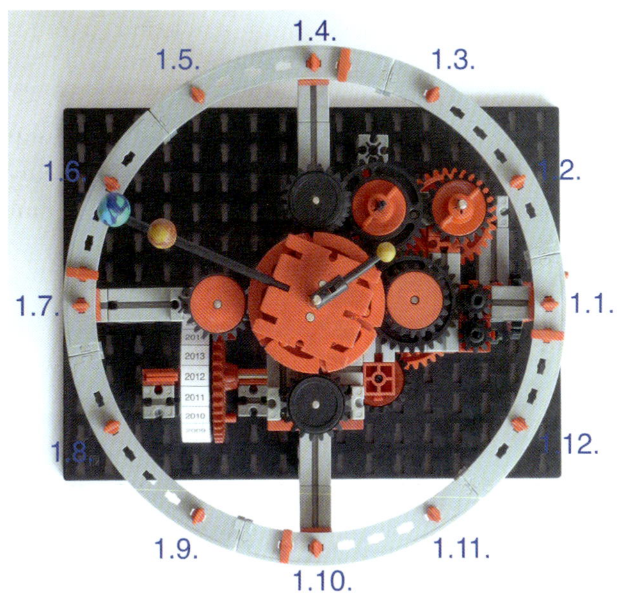

Abb. 5–46 Venustransit am 6. Juni 2012

Abb. 5–47 Merkurtransit am 9. Mai 2016

Sternbilder

Mithilfe des Planetarium-Programms Stellarium [9] wurde durch Aneinanderkleben von ausgedruckten Screenshots eine Mercatorprojektion des Sternenhimmels um die Ekliptik herum erstellt. Die Sterne wurden mit Nadeln auf drei Bögen Tonpapier übertragen und die Sternbilder figürlich dargestellt. Die Helligkeit der Sterne wird durch die Dicke der aufgemalten weißen Punkte wiedergegeben. Der Maßstab der Projektion ist so gewählt, dass ein Tonpapierbogen an vier Flachträger mit Bogenstücken 30° angeschraubt werden kann. Immer zwei Tonpapierbögen können so je nach gewünschter Blickrichtung als Hintergrund verwendet werden, der bezogen auf jeden Himmelskörper zentriert werden kann.

Abb. 5–48 Figürliche Darstellung der Sternbilder um den Tierkreis herum von Jutta Püttmann

Abb. 5–49 Hintergrund mit Sternbildern

Venus- und Merkurphasen

Mit dem Planetarium lassen sich die Fragen beantworten, ob Venus oder Merkur zu einem bestimmten Zeitpunkt morgens oder abends sichtbar sind und welche Phasen man im Fernglas bzw. Teleskop sieht. Venus nimmt ihre Rolle als Abendstern zwischen oberer und unterer Konjunktion wahr, also wenn sie östlich der Sonne steht. Dann geht sie nämlich später unter. Ein paar Tage nach der unteren Konjunktion ist sie dann kurz nach Sonnenaufgang zu sehen und wird zum Morgenstern. Wie viele Tage es genau sind, hängt vor allem davon ab, wie steil die Ekliptik zum Horizont verläuft, wenn die Sonne aufgeht, und ob die Venus nördlich oder südlich der Sonne steht. Das kann man sehr gut mit der Armillarsphäre vom Anfang des Kapitels verdeutlichen. Der Merkur wird nur sichtbar, wenn er von der Erde aus gesehen einen möglichst großen Winkel (*Elongation*) mit der Sonne bildet und die Ekliptik steil zum Horizont verläuft. Bei Morgensichtbarkeit ist das im Herbst, bei Abendsichtbarkeit im Frühling der Fall.

In den Abb. 5–50, 5–51 und 5–52 kann man die Simulation des Himmelsanblicks zu Weihnachten 2011 mit unserem Planetarium und mit dem Programm Stellarium unmittelbar vergleichen. Man erkennt Venus vor dem Steinbock und Merkur im Skorpion. Die Phasen werden von unserem Modell gut wiedergegeben.

Abb. 5–50 Himmelsanblick am 25.12.2011 um 7:35 Uhr ...

Abb. 5–51 ... und um 17:35 Uhr (simuliert mit Stellarium [9])

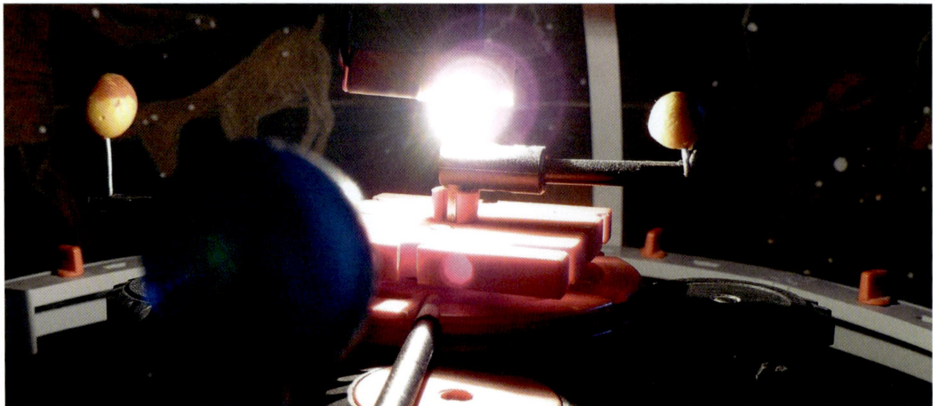

Abb. 5–52 Weihnachten 2011. Simulation mit unserem Planetarium

Motorisierung

Mit geringem Aufwand kann das Modell motorisiert werden (Abb. 5–53). Der Polwendeschalter wird unmittelbar am Jahreszähler angebracht und von den Noppen des Z40 geschaltet. So läuft das Planetarium einstellbare sieben Jahre immer wieder vor und zurück.

Abb. 5–53 Motorisierung

Literatur und Links

Geared to the Stars [2] ist eine umfassende und detaillierte Gesamtdarstellung der Geschichte der Planetarien und astronomischen Uhren. Ein deutlich kürzeres, prägnantes Buch mit dem Schwerpunkt Projektionsplanetarien ist *Der Himmel auf Erden* [5]. Die astronomischen Uhren in den norddeutschen Hanse-Städten sind detailliert im Buch *Wunderuhren* [6] beschrieben. Die Geschichte des Astrariums von Giovanni Dondi und des zugehörigen Werks *Tractatus Astrarii* ist umfassend in *Mechanical Universe* [1] dargestellt. In *Wilhelm Schickards technische Entwürfe und die Erfindung seines Handplanetarium* [4] wird diskutiert, was Wilhelm Schickards Handplanetarium verdeutlicht haben könnte. Unter den unten angegebenen Links [9], [10], [11] und [12] finden sich ausgezeichnet dargestellte Informationen zu speziellen Themen.

[1] Silvio A. Bedini, Francis R. Madison: *Mechanical Universe: The Astrarium of Giovanni de'Dondi*. Transactions of the American Philosophical Society 56, No. 5, 1966, S. 1–69.

[2] Henry C. King: *Geared to the Stars. The Evolution of Planetariums, Orreries, and Astronomical Clocks*. University of Toronto Press, Toronto, Buffalo, 1978.

[3] Hans-Ulrich Keller: *Das Himmelsjahr 2015*. Kosmos, Stuttgart, 2014.

[4] Ludolf von Mackensen: *Wilhelm Schickards technische Entwürfe und die Erfindung seines Handplanetariums*. In: Friedrich Seck (Hrsg.): *Wissenschaftsgeschichte um Wilhelm Schickard*. Contubernium 26, S. 67–80, J. C. B. Mohr, Tübingen, 1981.

[5] Ludwig Meier: *Der Himmel auf Erden. Die Welt der Planetarien*. Johann Ambrosius Barth, Leipzig, Heidelberg, 1992.

[6] Thomas de Padova: *Leibniz, Newton und die Erfindung der Zeit*, Piper, 2013.

[7] Thomas de Padova: *Das Weltgeheimnis*. Piper, 2009.

[8] Manfred Schukowski: *Wunderuhren*. Thomas Helms Verlag, Schwerin, 2006.

[9] Eine Einführung zum Thema Armillarsphären: http://www.armillarsphaere.de.

[10] Umfassende Informationen zur Prager Rathausuhr: http://www.orloj.eu.

[11] Die Planetariumssoftware *Stellarium*: http://www.stellarium.org.

[12] *Meilensteine des Wissens – Meisterwerke der Kunst: Planetenlaufuhr*. Ein sehenswertes Kurzvideo über die Planetenlaufuhr von Eberhard Baldewein aus dem Jahr 1563 im Dresdener Mathematisch-Physikalischen Salon: http://www.youtube.com/watch?v=OlYNdluA0B4.

6 Die Rechenmaschine

Noch heute üben mechanische Rechenmaschinen eine ungeheure Faszination auf den Benutzer aus – eine Faszination, die zur Zeit ihrer Entstehung im 17. Jahrhundert unvergleichlich größer gewesen sein muss. Das Rechnen zu automatisieren, dieser Traum einiger Visionäre äußerte sich in anfänglich sehr individuellen Maschinen, denen ein Grundproblem gemeinsam war: die mechanische Buchführung der Zehnerüberträge. Wir erzählen einen Teil dieser Geschichte und stellen eine Rechenmaschine aus fischertechnik mit kontinuierlicher Zehnerübertragung vor. Diese auf Planetengetrieben basierende Art der Zehnerübertragung wurde in den 70er-Jahren des 19. Jahrhunderts vom Mathematiker Pafnuti Lwowitsch Tschebyscheff erfunden.

Einleitung

Mit der hier vorgestellten Rechenmaschine (Abb. 6–1 und 6–2) kann man auf faszinierende Weise addieren, subtrahieren, multiplizieren, dividieren und Wurzeln ziehen. Alle Rechenvorgänge sind dabei sichtbar, greifbar, hörbar – man lernt spielend durch bloßes Experimentieren. In der vorgestellten Variante arbeitet die Maschine mit dreistelligen Zahlen, deckt also den Bereich von 0 bis 999 ab. Das Addierwerk kann aber grundsätzlich mit beliebig vielen Stellen aufgebaut werden und arbeitet dann genauso problemlos und zuverlässig wie mit drei Stellen. Möglich macht dies der besondere Mechanismus, der *kontinuierliche Zehnerüberträge* erzeugt.

Dem Wort *Zehnerübertrag* begegnet man heutzutage in der Regel zum ersten Mal in der Grundschule, wenn man das schriftliche Rechnen erlernt:

```
    2 3 7
+   1 8 4
    ¹ ¹      ← Zehnerüberträge
---------
    4 2 1
```

Die Buchführung der Zehnerüberträge ist das zentrale Problem bei der Durchführung der Grundrechenarten im Dezimalsystem und anderen Stellenwertsystemen. Die Geschichte der Rechenmaschinen ist daher besonders am Anfang zu einem großen Teil von der Entwicklung geeigneter Übertragsmechanismen bestimmt. Diese Geschichte erzählen wir im Folgenden so weit, dass die zwei Grundkonzepte unseres Hauptmodells in den Zusammenhang eingeordnet werden können: die kontinuierliche Zehnerübertragung des Addierwerks und das Eingaberegister mit setzbaren Stiften, das die wahrscheinlich erste Idee zur mechanischen Multiplikation umsetzt.

Geschichte

Grundlage allen Rechnens ist das Zählen und die symbolische Darstellung der Zahlen. Anfänglich wurde das Zählen mit einfachen Hilfsmitteln bewerkstelligt. Zum Beispiel wurde für jedes gezählte Objekt ein Stein in einen Beutel gelegt. Addieren ist dann nichts anderes als abgezähltes Hinzufügen von Steinen und Subtrahieren nichts anderes als abgezähltes Wegnehmen. Das Rechnen ist also bei dieser direkten Form der Zahldarstellung von größtmöglicher Einfachheit. Mit zunehmender Anzahl an Steinen verliert man aber die Übersicht und kann

nur noch schlecht abschätzen, wie viele Steine im Beutel sind. Das Nachzählen dauert lange und ist fehleranfällig.

Abb. 6–1 *Die Rechenmaschine mit abnehmbarem und versetzbarem Eingaberegister*

Abb. 6–2 *Das Addierwerk mit kontinuierlicher Zehnerübertragung*

Um die Übersicht bei größeren Anzahlen nicht zu verlieren, wird gebündelt oder gruppiert, wie das jeder von der Führung von Strichlisten her kennt:

Der nächste Schritt ist der Austausch oder das Ersetzen von Bündeln gegen bzw. durch höherwertige Einheiten. Dies ist typisch für Additionsysteme wie das römische Zahlensystem. Fünf I werden durch den Buchstaben V ersetzt, zwei V durch ein X, fünf X durch ein L, zwei L durch ein C, fünf C durch ein D und zwei D durch ein M. So steht zum Beispiel LXVIIII für die Zahl 69 im Dezimalsystem. (Subtraktive Schreibweisen wie IX statt VIIII setzten sich erst im Mittelalter endgültig durch.)

Der Abakus

Der römische Abakus in Abb. 6–3 ist nichts anderes als ein Speicher für römische Zahlen. Die schlecht erkennbaren Einkerbungen zwischen den oberen und unteren Spalten geben an, welchen Wert die Spalten haben. So ist die mit I beschriftete dritte Spalte von rechts die Einer-/Fünfer-Spalte, die mit X markierte Spalte links daneben die Zehner-/Fünfziger-Spalte. Ein Knopf wird gezählt, wenn er zur Mitte geschoben ist. Das Funktionsmodell in Abb. 6–4 speichert somit die Zahl DCCCXXXXVII = 847.

Abb. 6–3 Replik eines römischen Abakus aus dem 2./3. Jh. n. Chr. im Bonner Arithmeum

Abb. 6–4 Auf drei Stellen verkürztes Funktionsmodell eines römischen Abakus

Im römischen Abakus ist auch eine weitere Stufe in der Entwicklung der Zahldarstellungen geometrisch umgesetzt, nämlich das Dezimalsystem als Beispiel für ein Stellenwertsystem. Jedes Paar aus oberer und unterer Spalte bildet eine Stelle in der Dezimaldarstellung einer Zahl – nur enthalten die Spalten geometrische Muster statt der indisch-arabischen Ziffernsymbole 0 bis 9. In Abb. 6–4 liefert das Spaltenpaar links die Ziffer 8, das Spaltenpaar in der Mitte die Ziffer 4 und das Spaltenpaar rechts die Ziffer 7 der Dezimaldarstellung der gespeicherten Zahl 847.

Auf dem römischen Abakus kann jede Zahl auf genau eine Weise gespeichert werden. Beim Rechnen hat der Benutzer selbst den Austausch gegen höhere oder niedrigere Einheiten unmittelbar vorzunehmen. Wenn zum Beispiel die Zahl XXIIII zu der in Abb. 6–4 angezeigten Zahl DCCCXXXXVII addiert werden soll, stellt man fest, dass keine zwei weiteren X-Knöpfe mehr zur Mitte gezogen werden können. Also benutzt man XX = L – XXX und zieht den L-Knopf zur Mitte und drei X-Knöpfe zum Rand. Vier I-Knöpfe können auch nicht mehr zur Mitte gezogen werden. Daher benutzt man IIII = V – I und zieht einen I-Knopf zum Rand. Da der V-Knopf schon gesetzt ist, verwendet man weiter V = X – V, löscht also den V-Knopf und setzt einen weiteren X-Knopf. Jetzt ist das Ergebnis DCCCLXI im Abakus gespeichert.

Der römische Abakus war ein hervorragendes Rechenhilfsmittel, mit dem ein geübter Benutzer die Grundrechenarten schnell und sicher durchführen konnte. Das liegt daran, dass geometrische Muster vom menschlichen Gehirn schnell und effektiv gespeichert und verarbeitet werden können. Durch die Fünfer-Zwischenstufen entstehen überschaubare Einheiten und es müssen nur wenige musterbasierte Regeln erlernt werden.

Wer einmal den Computerspielklassiker Tetris oder eine seiner Varianten gespielt hat, kennt die unglaublichen Geschwindigkeitssteigerung, die man nach ein paar Stunden Training erzielen kann. Die gleichen Geschwindigkeitssteigerungen erfahren Benutzer des japanischen Sorobans, einer modernen Abakusvariante, die zwar historisch nicht direkt vom römischen Abakus abstammt, aber die gleichen geometrischen Muster benutzt.

Im Internet finden sich viele Texte und Videos zum Thema Abakus. Faszinierend sind insbesondere Videos von Sorobanwettkämpfen oder Wettkämpfen von Kopfrechenkünstlern, die zum Beispiel acht fünfstellige Zahlen in einer halben Sekunde addieren und dabei die Abakusmuster im Kopf manipulieren.

Der Abakus ist ein Rechenhilfsmittel – ein Speicher, der auf die mentalen Qualitäten und Fingerfertigkeiten seines Benutzers maßgeschneidert ist. Als Grundlage für eine automatische Rechenmaschine eignet er sich nicht, nicht einmal als Grundlage für ein Zählwerk.

Abb. 6–5 Funktionsmodell eines Sorobans

In der Sprache der heutigen Technik formuliert liegt das daran, dass dem Abakus ein Impulseingang fehlt. Wie man um eins weiterzählt, ist stark davon abhängig, welche Zahl schon gespeichert ist. Ist zum Beispiel die Zahl III im Abakus gespeichert, muss nur der vierte Knopf zur Mitte gezogen werden. Ist dagegen XVIIII gespeichert, muss festgestellt werden, dass kein weiterer I-Knopf vorhanden ist und daher vier I-Knöpfe zurückgesetzt werden müssen. Dann ist zu erkennen, dass der V-Knopf schon gesetzt ist. Anschließend muss er zurückgesetzt und ein zweiter X-Knopf gesetzt werden. Diese aufeinanderfolgenden Fallunterscheidungen und die dadurch auszulösenden Aktionen sind mechanisch schwierig zu automatisieren. Es ist also nicht verwunderlich, dass wir kein antikes Zählwerk kennen, das auf dem Abakus aufbaut.

Uhren und Zählwerke

Der Weg vom Abakus zur Rechenmaschine ist der Weg von Mustern auf Stangen zu mit Ziffern beschrifteten Rädern. Wesentlich für diese Entwicklung war sicherlich das Aufkommen mechanischer Uhren ab dem 14. Jahrhundert. Im Jahr 1585 baute der Uhrmacher, Instrumentenbauer, Mathematiker und Astronom *Jost Bürgi* (1552–1632) erstmalig eine Uhr, deren Gangungenauigkeit nur etwa eine Minute pro Tag betrug. Das war eine enorme Verbesserung gegenüber den zuvor gebauten Uhren und ermöglichte die präzisiere Datierung astronomischer Beobachtungen. Um die Zeit auch entsprechend genau ablesen zu können, versah Bürgi seine Uhr neben dem üblichen Stundenzeiger auch mit einem Minuten- und einem Sekundenzeiger. Mechanische Uhren waren damit *Schwingungszählwerke* mit einem doppelten *kontinuierlichen Übertragsmechanismus* geworden.

Jeder kennt diese Art des Übertrags von unseren heutigen Analoguhren: In der Stunde zwischen beispielsweise 2 Uhr und 3 Uhr macht der Minutenzeiger eine volle Umdrehung, der Stundenzeiger verschiebt sich dabei gleichmäßig von der Ziffer 2 auf die Ziffer 3 und legt nur den zwölften Teil einer vollen Umdrehung zurück.

Verwendet man statt der Übersetzung von 12:1 die Übersetzung von 10:1, so hat man einen Mechanismus für den kontinuierlichen Übertrag zwischen zwei Stellen einer Dezimalzahl. In Abb. 6–6 ist ein solches zweistelliges Zählwerk dargestellt, das die Zahl 38 anzeigt. Dreht man den blauen Zeiger weiter im Uhrzeigersinn auf die 0, so wird die Drehbewegung vom blauen Rad über das grüne Zwischenrad im Verhältnis 10:1 gleichsinnig auf das rote Rad und den roten Zeiger übertragen, der zum Schluss genau auf die Ziffer 4 zeigt.

Das Problem bei dieser einfachen Getriebeart ist, dass die linke Stelle nicht verstellt werden kann, ohne auf die rechte zurückzuwirken. Dezimalzahlen können somit nicht stellenweise addiert werden. Obwohl daher Uhrwerke mit Minuten und Sekundenzeigern nicht unmittelbar zur Erfindung der Rechenmaschine führten, ist es sehr plausibel, dass sie trotzdem von entscheidender Bedeutung waren.

Die Rechenuhr

Die erste Rechenmaschine erfand der Tübinger Astronom, Mathematiker, Geodät und Sprachwissenschaftler *Wilhelm Schickard* (1592–1635) im Jahre 1623. Seine Erfindung ist nur aus zwei Briefen an seinen Freund *Johannes Kepler* (1571–1630) und einer Anweisung an seinen Mechaniker *Johannes Pfister* bekannt. Kepler hatte von 1604 bis 1612 in Prag eng mit Jost Bürgi zusammengearbeitet. Schickard kannte also sicherlich Uhr-

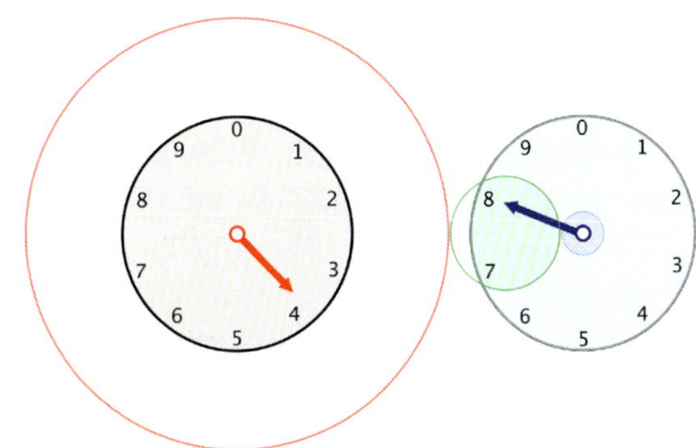

Abb. 6–6 *Ein Dezimalzählwerk mit kontinuierlichem Übertrag zeigt die Zahl 38 an.*

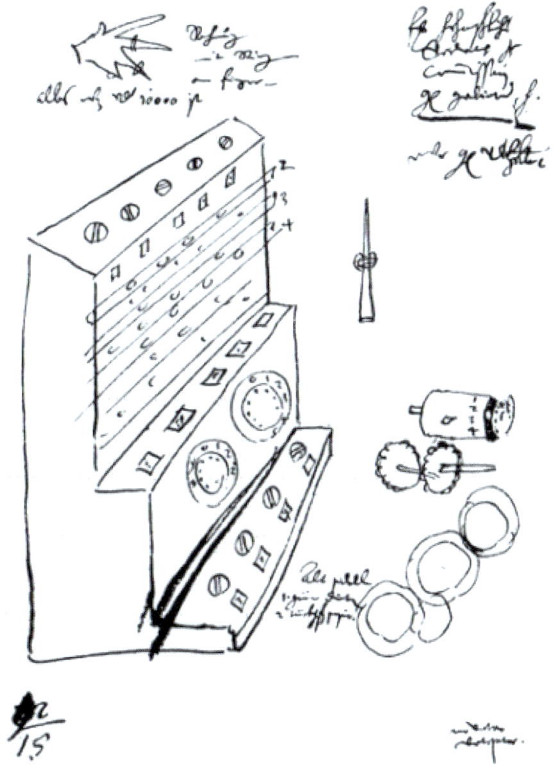

Abb. 6–7 *Skizze von Wilhelm Schickard aus dem Jahr 1623*

werke mit Stunden-, Minuten- und Sekundenzeigern. Die Analogie zeigte sich auch in dem Namen, den er seiner Maschine gab: *Rechenuhr*.

Schickards Maschine war zum Multiplizieren zweier mehrstelliger Zahlen entwickelt worden. Das Multiplizierwerk befand sich im oberen Teil. Der Multiplikand wurde über die Drehknöpfe ganz oben eingestellt. Jeder dieser Knöpfe drehte eine vertikale Walze mit den zehn Napier'schen Rechenstäben. Mit den horizontalen Schiebern konnten dann Teilprodukte einer Stelle des Multiplikators mit dem Multiplikanden ermittelt und per Hand in das untere Addierwerk übertragen werden.

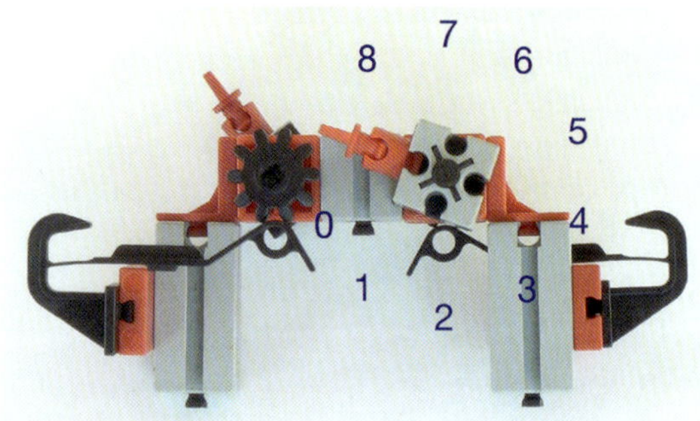

Abb. 6–8 Funktionsmodell zum Übertragsmechanismus der Schickard'schen Rechenuhr

Abb. 6–9 Weitere Ansicht des Modells

Schickards Addierwerk weist gegenüber dem Dezimalzählwerk in Abb. 6–6 eine entscheidende Änderung auf: Die Überträge erfolgen nicht kontinuierlich, sondern ein Einzahn (Mitnehmer) schaltet beim Übergang von 9 auf 0 das nächsthöherwertige Rad schlagartig um 1 weiter. Damit wird die stellenweise Addition von Dezimalzahlen durch abgezähltes stufenweises Weiterdrehen möglich (Abb. 6–8 und 6–9).

Dieser auf den ersten Blick einfach erscheinende Mitnahmemechanismus bringt in der Praxis erhebliche Probleme mit sich, die man am besten selbst erlebt, indem man das Modell aus Abb. 6–8 nachbaut oder eine eigene Variante entwirft. Im Modell drehen sich die beiden Räder entgegengesetzt. Schickard verwendete anscheinend Zwischenzahnräder, um den gleichen Drehsinn zu erzielen, obwohl das die Entwicklung eines gut funktionierenden Prototyps unnötig erschwert haben sollte.

Damit das Modell zuverlässig funktioniert, muss der Baustein 15 am rechten Rad auf der Platte der Rastachse mit der Platte im Zehntelmillimeterbereich genau eingestellt werden, ansonsten kann entweder das linke Rad nicht unabhängig verstellt werden oder es wird beim Übertrag gar nicht oder um zwei Positionen statt einer weitergeschaltet.

Bei sorgfältiger Einstellung der Federungen kann das Modell um eine weitere Stelle zu einem zuverlässig funktionierenden dreistelligen Addierwerk ergänzt werden.

Das Hauptproblem des Schickard'schen Übertragsmechanismus ist, dass ein Übertrag über viele Stellen (zum Beispiel von 9999 auf 10000) das Vielfache des Drehmoments erfordert, das für das einfache Weiterschalten eines Rads erforderlich ist. Alle Dokumentationen von Nachbauten berichten übereinstimmend von der Schwierigkeit, einen zuverlässigen sechsstelligen Mechanismus zu konstruieren. Inwieweit Schickards Maschinen selbst zuverlässig funktioniert haben, ist unklar. Schickard galt aber als ausgezeichneter Mechaniker (sein Vater war Schreiner). Kepler bezeichnete ihn als »beidhändigen Philosophen«.

Ein zweiter Anfang

Blaise Pascal (1623–1662) war ein französischer Mathematiker, Physiker, Philosoph und Theologe und galt über lange Zeit als Erfinder der Rechenmaschine, bis Schickards Briefe an Kepler in der Mitte des letzten Jahrhunderts wiederentdeckt und funktionsfähige Nachbauten konstruiert wurden. Nach eigenen Angaben baute Pascal mehr als fünfzig Prototypen, bevor er seine Rechenmaschine, die sogenannte *Pascaline*, im Jahr 1645 der Öffentlichkeit präsentierte. Es gibt keine Indizien dafür, dass Pascal von Schickards Maschinen wusste. Man kann also sagen, dass er die Rechenmaschine wiedererfunden hat.

Abb. 6–10 Bedienfläche eines historischen Nachbaus der Pascaline aus dem 19. Jahrhundert im Bonner Arithmeum

Der Pascal'sche Übertragsmechanismus ist in Abb. 6–11 dargestellt. Der Übertrag findet vom rechten unteren Rad mit zehn Stiften auf das links benachbarte durch eine Schaltklinke statt. Schon wenn das rechte Rad die Position 4 hat, beginnt das zweistufige Anheben der Schaltklinke über zwei Stifte. Die so verteilt zugeführte Energie wird beim Auslösen der Schaltklinke im Übergang von 9 auf 0 schlagartig freigesetzt, um das linke Rad eine Position weiterzuschalten. Sperrklinken sorgen für das Einrasten der gestifteten Räder in den zehn gewünschten Positionen.

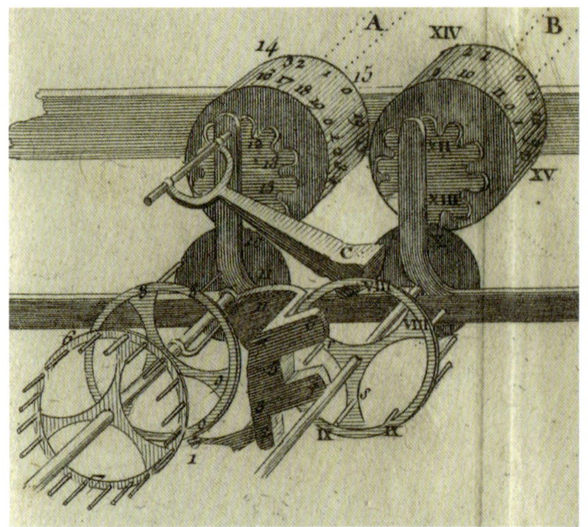
Abb. 6–11 Die Pascal'sche Übertragsmechanik

Pascals und Schickards Übertragsmechanismen unterscheiden sich in vieler Hinsicht. Während bei Schickards Mechanismus durch Drehen der Räder in unterschiedliche Richtungen gleichermaßen addiert und subtrahiert werden konnte, lassen sich Pascals Räder wegen der verwendeten Klinken nur in eine Richtung drehen – es handelt sich mechanisch um eine reine Addiermaschine. Das Subtrahieren kann man durch Komplementrechnen erzielen.

Ein Vorteil des Pascal'schen Mechanismus liegt in der Verwendung gespeicherter Energie. Die einzelnen Stellen sind beim Übertrag mechanisch vollkommen voneinander entkoppelt, sodass man theoretisch auf dieser Grundlage Rechenmaschinen mit beliebig vielen Stellen bauen kann.

Der Pascal'sche Mechanismus ist nichtsdestotrotz sehr sensibel. Gewicht, Form und Auslenkung der Sperr- und Schaltklinken müssen sehr genau aufeinander abgestimmt sein, ansonsten funktioniert der Übertrag nicht oder es kommt zum mehrfachen Weiterschalten. Pascal hat mehrere Exemplare seiner Maschine gebaut und laufend Verbesserungen vorgenommen. Neun seiner Maschinen haben die Zeit überdauert. Leider gibt es widersprüchliche Angaben dazu, wie zuverlässig der Übertragsmechanismus bei diesen Originalen funktioniert. Im Arithmeum in Bonn befinden sich zwei historische Nachbauten, von denen einer tadellos funktioniert. Es lohnt sich, sich diese Maschinen im Rahmen einer Führung anzusehen.

Leibniz

Gottfried Wilhelm Leibniz (1646–1716) war einer der größten Universalgelehrten aller Zeiten und wurde von starken Träumen zur Verbesserung der Welt angetrieben. Seine bahnbrechenden Beiträge zur Mathematik, Philosophie, Religion und Technik sind zahlreich, sein Nachlass so umfangreich, dass er immer noch nicht aufgearbeitet ist, obwohl damit bereits Anfang des 20. Jahrhunderts begonnen wurde. Nach eigener Aussage hatte er »nach dem Erwachen schon so viele Einfälle, dass der Tag nicht ausreichte, um sie niederzuschreiben«. Einer dieser Einfälle ist im Folgenden von zentraler Bedeutung.

Leibniz hatte um 1670 in der Einleitung der bis dahin unveröffentlichten Pascalschen *Pensées* von dessen Rechenmaschine gelesen und sich die Maschine vom königlich französischen Bibliothekar Carcavius per Brief beschreiben lassen. Als Antwort schrieb Leibniz, er wage zu versprechen, eine Maschine vorstellen zu können, die präzise und schnell auch Multiplizieren und Dividieren könne.

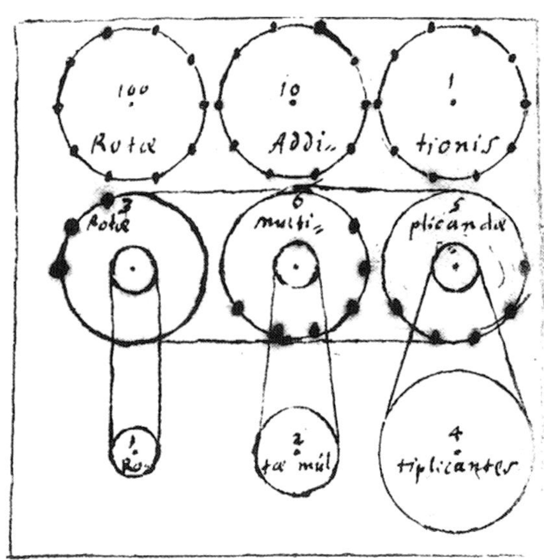

Abb. 6–12 Leibniz' erste Idee zur maschinellen Multiplikation

Eine erste Form seiner Idee ist in der Originalskizze in Abb. 6–12 wiedergegeben. Oben sind drei Räder eines Addierwerks skizziert. Die drei Räder in der Mitte sind durch eine Kette miteinander verbunden. An ihnen ist durch gesetzte Stifte der Multiplikand 365 eingestellt. Dieser Multiplikand wird durch eine Umdrehung des rechten unteren Rads viermal in das Addierwerk übertragen, danach werden die mittleren Räder um eine Stelle nach links versetzt und die 365 durch eine Umdrehung des mittleren unteren Rads zweimal in das Addierwerk übertragen. Abschließend werden die mittleren Räder noch einmal um eine Stelle nach links versetzt und die 365 durch eine Umdrehung des linken unteren Rads einmal in das Addierwerk übertragen. Insgesamt ist so durch drei Umdrehungen die Multiplikation 124 × 365 ausgeführt worden.

In dieser einen Idee hat Leibniz zwei Prinzipien vorweggenommen, die sich in den arithmetisch-logischen-Einheiten (ALUs) aller heutigen Mikroprozessoren wiederfinden: *Register*, deren Inhalte unabhängig gesetzt und dann auf einmal in die Recheneinheit übertragen werden können, und *Shifts*, die zu den binären Grundoperationen gehören.

Obwohl die Idee genial ist, war sie zunächst so gar nicht ausführbar, da weder der Pascal'sche noch der Schickard'sche Übertragsmechanismus (der Leibniz wohl nicht bekannt war) die *gleichzeitige* Addition in mehreren Stellen erlauben.

Leibniz musste also einen eigenen Übertragsmechanismus erfinden. Das war das Hauptproblem bei der Entwicklung seiner Rechenmaschinen, die sich über viele Jahrzehnte hinzog. Seine Lösung dafür war zum Schluss ein komplexer, zweistufiger Mechanismus, der hier nicht wiedergegeben wird und der auf die Geschichte der Rechenmaschinen im weiteren keinen nennenswerten Einfluss hatte.

Abb. 6–13 Nachbau einer Leibniz'schen Rechenmaschine im Bonner Arithmeum: Die linke Kurbel bewegt bei einer Umdrehung das Eingaberegister vorne rechts um eine Stelle nach rechts oder links. Durch eine Umdrehung der anderen Kurbel wird der Wert des Eingaberegisters zum Wert des Akkumulators addiert oder von ihm subtrahiert. Der Übertragsmechanismus ist oben hinten zu sehen.

Zwei andere technische Lösungen von Leibniz setzen sich dagegen durch, auch wenn sie möglicherweise unabhängig wiedererfunden wurden: Staffelwalze und Sprossenrad. Beides sind Alternativen für die mittleren Räder mit den zu setzenden Stiften in Abb. 6–12.

Abb. 6–14 Funktionsmodell einer Staffelwalze

Planetengetriebe

Nach Leibniz wurde das Übertragsproblem in verschiedenen Maschinen überzeugender gelöst, was unter anderem dem Fortschritt der Feinmechanik zu verdanken war. Die Lösungen blieben aber längere Zeit Ad-hoc-Lösungen, d. h., sie waren auf eine Maschine maßgeschneidert, trickreich und mussten meist mehrfach verbessert werden, bis sie zuverlässig mit der beabsichtigten Stellenzahl funktionierten.

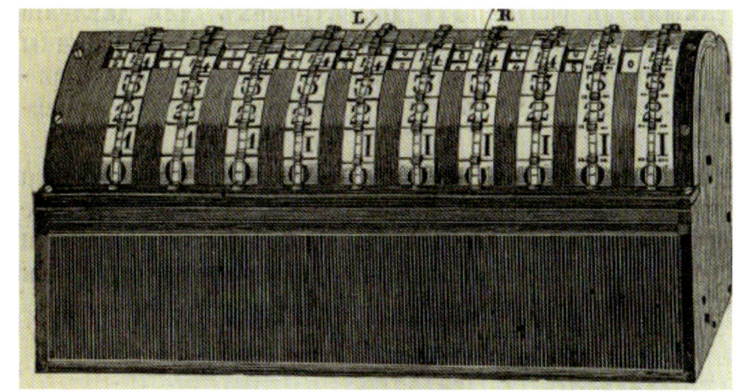

Abb. 6–15 Tschebyscheffs Rechenmaschine aus dem Jahr 1878

Eine systematische Lösung des Übertragsproblems fand der russische Mathematiker *Pafnuti Lwowitsch Tschebyscheff* (1821–1898) in den 70er-Jahren des 19. Jahrhunderts. Er kehrte von schlagartigen Überträgen zurück zu kontinuierlichen Überträgen, wie sie im Abschnitt *Uhren und Zählwerke* vorgestellt wurden. Kontinuierliche Überträge haben den Vorteil, dass sie absolut zuverlässig funktionieren, egal wie viele Stellen die Maschine hat, und dass man gleichzeitig in allen Stellen addieren kann. Der einzige Nachteil, den sie haben, ist die schlechtere Ablesbarkeit der Anzeige, die schon in Abb. 6–6 zu erkennen war. Dies ist weniger für den menschlichen Benutzer problematisch als für die maschinelle Weiterverarbeitung der Ergebnisse: Ein Druckwerk an das Rechenwerk anzuschließen erfordert eine Digitalisierung.

Mit einfachen Stirnradgetrieben wie in Abb. 6–6 kann nicht stellenweise addiert werden, da die Räder ohne weitere Freiheitsgrade direkt miteinander verkoppelt sind. Tschebyscheff verwendete Planetengetriebe, mit denen man zwei Antriebe auf einen Abtrieb gewichtet addieren kann.

Planetengetriebe waren seit der Antike immer wieder erfolgreich benutzt worden, das theoretische Verständnis und der gezielte Entwurf solcher Getriebe verbreiteten sich aber erst mit dem Buch *Principles of Mechanisms* von *Robert Willis* (1800–1875) aus dem Jahr 1841.

Tschebyscheffs erste Rechenmaschine aus dem Jahr 1876 war eine reine Additions-/Subtraktionsmaschine. Sie ist ein Einzelstück geblieben, das jetzt im Museum der Geschichte St. Petersburg ausgestellt ist. Zwei Jahre später baute er eine verbesserte Version (Abb. 6–15), die er im Jahr 1883 noch um eine automatische Multiplikationseinheit ergänzte. Auch sie ist ein Einzelstück, das sich im *Conservatoire des Arts et Métiers* in Paris befindet.

Das Getriebe der Maschine aus dem Jahr 1878 ist auszugsweise für die unteren beiden Dezimalstellen in Abb. 6–16 abgebildet. Die Räder n_1 und n_2 zeigen den Wert an, der momentan in dem Addierwerk gespeichert ist. Dazu sind auf ihrem Umfang dreimal hintereinander die Ziffern von 0 bis 9 aufgedruckt. Die Räder r_1 und r_2 ermöglichen die Eingabe des Werts, der addiert werden soll. Dazu haben sie 27 Einkerbungen. Das Addieren der Zahl 23 zu einem im Addierwerk gespeicherten Wert geschieht, indem man das Rad r_1 in Pfeilrichtung drei Einkerbungen weiterdreht und das Rad r_2 zwei Einkerbungen.

Um die Funktion des Getriebes zu verstehen, benötigt man folgende Informationen: Alle Räder laufen frei auf der zentralen Achse X. Das Ergebnisrad n_1 ist mit den Zahnrädern *d* und *f* starr verbunden. Die Anzahl der Zähne von *f*, *e*, *g* und *h* sind mit 12, 48, 24 bzw. 60 so gewählt, dass sich eine 10:1-Übersetzung von *f* auf *h* ergibt, wenn das Einstellrad r_2 festgehalten wird. Damit hat Tschebyscheff einen kontinuierlichen Zehnerübertrag zwischen den Ergebnisrädern n_1 und n_2 hergestellt. Nach der Willis-Gleichung gilt nun

$$10\, n_1 - n_2 - 9\, r_2 = 0.$$

Diese Gleichung wird weiter unten anschaulich erklärt. Jedenfalls ist eine Konsequenz der Gleichung, dass man mit den Einstellrädern r_1 und r_2 wie oben beschrieben stellenweise durch abgezähltes Weiterdrehen addieren kann.

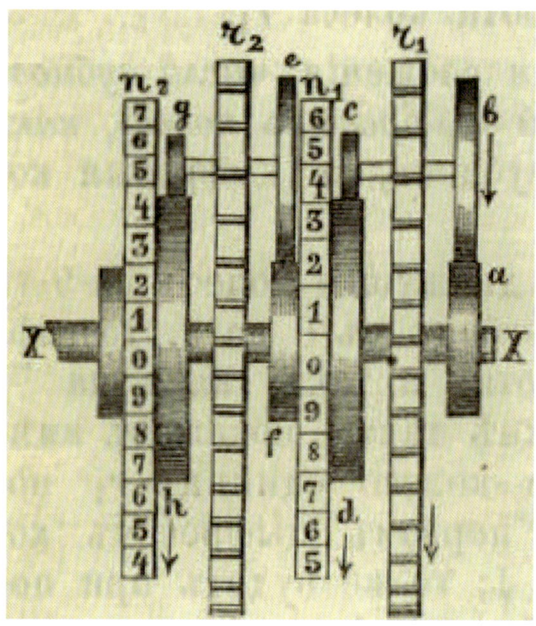

Abb. 6–16 Zwei Getriebestufen der Tschebyscheff'schen Rechenmaschine

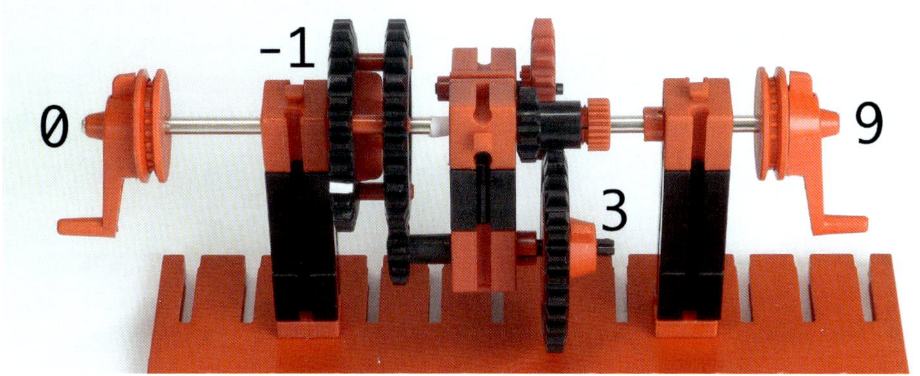

Abb. 6–17 Funktionsmodell zum kontinuierlichen Zehnerübertrag mit Planetengetrieben. Die zentrale Achse ist im mittleren Baustein 15 mit Bohrung geteilt. Der linke Teil ist mit dem Steg verbunden.

Die Getriebe der beiden Rechenmaschinen von Tschebyscheff lassen sich nicht exakt mit fischertechnik nachbauen, da eine 10:1-Übersetzung mit den fischertechnik-Zahnrädern nicht direkt erzielt werden kann. Trotzdem lässt sich der kontinuierliche Zehnerübertrag zwischen den Ergebnisrädern n_1 und n_2 mit einem Planetengetriebe realisieren, und zwar, indem man nicht die Ergebnisräder mit der Übersetzung 10:1 koppelt, sondern das Ergebnisrad n_1 und das Einstellrad mit der Übersetzung -9:1. Warum und wie das funktioniert, wird durch das Funktionsmodell in Abb. 6–17 anschaulich erklärt.

Zunächst wird die linke Kurbel festgehalten und damit auch der Steg, der dem Ergebnisrad n_2 entspricht. Dreht man die rechte Kurbel neunmal in eine Richtung, so dreht sich das Z30 am Steg wegen der 3:1-Übersetzung vom Z10 über das Z20 auf das Z30 dreimal in die gleiche Richtung. Die beiden verbundenen Z30, die dem Einstellrad r_2 entsprechen, drehen sich dann einmal in die entgegengesetzte Richtung.

Die beiden Kurbeln und die verbundenen Z30 werden synchron eine volle Umdrehung weiter gedreht. Man erkennt daran, dass bei festgehaltenen Z30 die linke Kurbel genau eine volle Umdrehung macht, wenn an der rechten zehn volle Umdrehungen erfolgen. Dies ist der kontinuierliche Übertragsmechanismus.

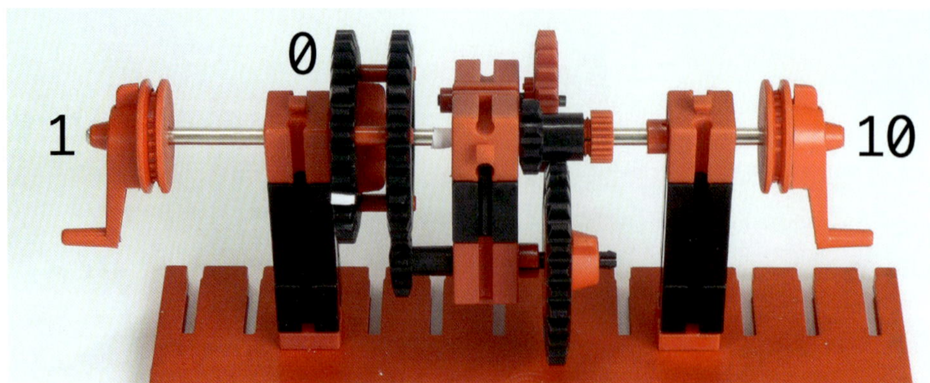

Abb. 6–18 Festgehaltenes Einstellrad

Wenn man die beiden Kurbeln und die verbundenen Z30 im Kopf synchron zehn volle Umdrehungen zurückdreht, erkennt man, dass bei festgehaltener rechter Kurbel die Übersetzung zwischen den Z30 und der linken Kurbel 10:9 ist. Könnte man die Z30 also gleichmäßig in neun Positionen rasten, könnte man den Steg in 1/10-Umdrehungsschritten schalten. Da das nicht möglich ist, wird bei unserem Modell ein mit einem Innenzahnrad verbundenes Z40 vorgeschaltet. Das kann passend zur 3:4-Übersetzung in zwölf Positionen gerastet werden.

Abb. 6–19 Festgehaltener Eingang

Das Rechenmaschinenmodell

Das Hauptmodell ist in den Abbildungen 6–1 und 6–2 dargestellt und besteht aus einem Addierwerk mit kontinuierlicher Zehnerübertragung und einem abnehmbaren und versetzbaren Eingaberegister, das gut zu Leibniz' ursprünglicher Idee in Abb. 6–12 passt.

Addierwerk

Im Zentrum jeder Getriebestufe sitzt ein Baustein 15 mit Bohrung, der durch einen eingeklemmten Papierstreifen fest mit einer Metallachse 90 verbunden ist. Wie dieser Verbund hergestellt wird, ist in Abb. 6–20 dargestellt. Zunächst steckt man einen Klemmring auf eine Hilfsachse, sodass er einen Abstand von 7,5 mm zu einem Ende hat. Mit diesem Ende voran wird die Hilfsachse in den Baustein 15 mit Bohrung gesteckt. Von der anderen Seite wird ein aufgerolltes Papierquadrat mit 12 mm Kantenlänge in die Bohrung gesteckt. In dieses wird nun die Metallachse 90 gepresst, bis sie auf das Ende der Hilfsachse trifft. Die Hilfsachse kann anschließend entfernt werden.

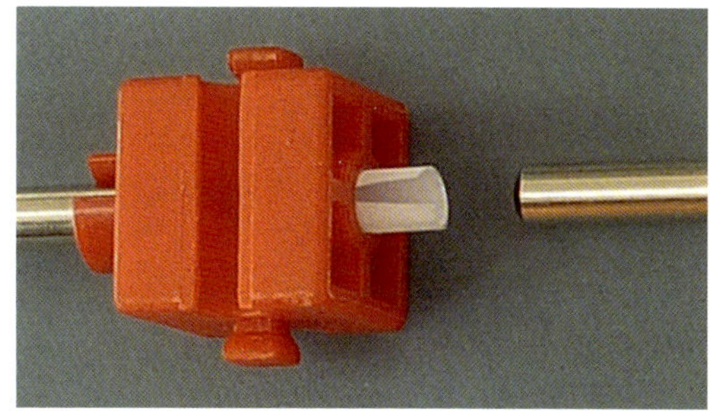

Abb. 6–20 Starres Verbinden eines Bausteins 15 mit Bohrung mit einer Metallachse 90 (rechts)

Der Steg wird gemäß den Abbildungen 6–21 und 6–22 zusammengebaut. Insbesondere werden zwei Zahnräder Z30 durch drei rote Seilklemmstifte fest miteinander verbunden. Der Abstand sollte so groß sein, wie ein Verbindungsstück 30 hoch ist. In eines der beiden Z30 wird eine Freilaufnabe geschraubt. Die Nabe sollte nach innen zeigen. Ein Klemmring wird so weit auf die Metallachse 90 geschoben, dass das rechte Z30 mit den Rastzahnrädern Z10 kämmt.

Abb. 6–21 *Zusammenbau des Stegs; die Metallachse 90 wurde der Übersicht halber entfernt.*

Abb. 6–22 *Weiterer Zusammenbau*

Als Nächstes wird ein Ziffernstreifen aus der Vorlage ausgeschnitten, die sich auf der Internetseite zu diesem Buch befindet. Die kleinen Quadrate zwischen den Ziffern 0 und 1 bzw. 5 und 6 werden entfernt. Der Ziffernstreifen wird

zu einem Ring um den Steg zusammengeklebt. Die Zapfen der beiden äußeren Bausteine 15 mit Bohrung werden dabei in die quadratischen Löcher des Ziffernrings gesteckt.

Abb. 6–23 Lagerblöcke

Anschließend werden die Lagerblöcke und die Einstellräder gemäß den Abbildungen 6–23 und 6–24 zusammengebaut.

Abb. 6–24 Einstellrad

Das vollständige Getriebe für eine Dezimalstelle ist in Abb. 6–25 dargestellt. Die Metallachse 90 ragt 7,5 mm aus dem verschraubten Zahnrad Z10 heraus.

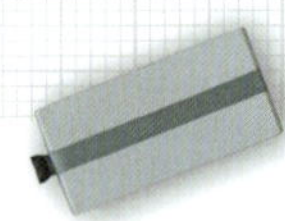

Abb. 6–25 Getriebe für eine Dezimalstelle

Abb. 6–26 Klinkenblock

Die Getriebeeinheiten werden von links nach rechts zusammengebaut. Dabei orientiert man sich an Abb. 6–2. Bei der abschließenden Lagerstange rechts ist zu beachten, dass beim Baustein 15 mit Ansenkung diese Ansenkung außen ist und die Bauplatte 30 × 15 mit einem Zapfen die eingesteckte Kunststoffachse 50 mit Vierkant sichert.

Als Nächstes werden die Klinkenblöcke für die Einstellräder eingesteckt. Durch Verändern der Höhe des Bausteins 30 kann die Stärke der Rastung so eingestellt werden, dass sie deutlich spürbar und hörbar ist, das Einstellrad aber ohne allzu großen Kraftaufwand in beide Richtungen aus der Rastung gedreht werden kann. Die Kunststoffachse sollte sich hauptsächlich vertikal biegen und nicht in Laufrichtung des Rads.

Nun muss eine Nulleinstellung vorgenommen werden. Dazu geht man Stelle für Stelle von rechts nach links vor und dreht die verschraubten Zahnräder Z10, bis an der jeweiligen Stelle im eingerasteten Zustand die Stege vertikal sind und die Ziffer 0 zu sehen ist (Abb. 6–27). Beim Drehen des rechten Z10 springt der Vierkant in die Ansenkung, beim Drehen der anderen Z10 muss man den Steg der rechten benachbarten Stelle festhalten. Entweder dreht sich dann das Z10 auf der Metallachse 90 oder die geklemmte Metallachse 90 im Baustein 15 mit Bohrung.

Abb. 6–27 Nulleinstellung

Jetzt werden die Anzeigerahmen so angebracht und eingestellt, dass die Striche zwischen den Feldern der Ziffern 0 und 1 genau durch die Schlitze in den Griffen der Kurbeln zu sehen sind. Dazu müssen die Bausteine 30 gegebenenfalls leicht nach vorne verschoben werden.

Abb. 6–28 Anbringen der Anzeigerahmen

Das Addierwerk ist nun fertig und kann bereits zum schnellen, akustisch kontrollierten Addieren und Subtrahieren dreistelliger Zahlen benutzt werden.

Eingaberegister

Der Aufbau des Eingaberegisters ist aus Abb. 6–2 ersichtlich. Es besteht aus drei größeren Rädern auf einer gemeinsamen Achse, an deren äußeren Rändern sich jeweils neun leicht setz- bzw. löschbare Mitnehmer befinden. Diese Mitnehmer sind 27 mm lange Zahnstochersegmente, die in den Löchern der Gelenkwürfelklauen 38446 geführt werden. Durch das Ablängen der Zahnstocher entstehen normalerweise schon leicht unregelmäßige Enden, die ein unbeabsichtigtes Herausfallen der Zahnstochersegmente verhindern. Ansonsten kann man die Enden leicht mit einer Zange pressen. Die Bausteine 15 an den Drehscheiben dienen als Gewichte. Sie sorgen dafür, dass eine Drehlage stabil ist, in der kein Mitnehmer ins Einstellrad des Addierwerks eingreift.

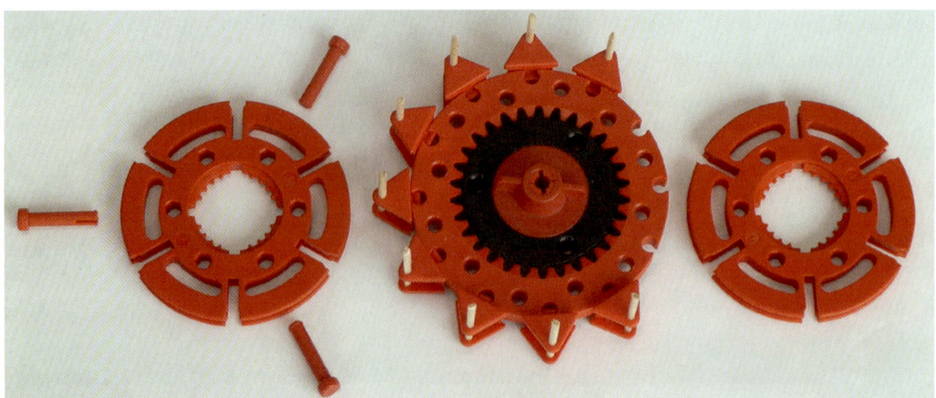

Abb. 6–29 Aufbau des Rads mit Mitnehmern

Die drei Räder sind so auf der Metallachse 260 zu positionieren, dass gesetzte Zahnstochersegmente das Einstellrad sicher mitnehmen und gelöschte Segmente mit etwas Abstand am Einstellrad vorbeidrehen. Um das zu überprüfen, müssen zunächst die Anschläge für das Eingaberegister auf der Grundplatte angebracht werden.

Abb. 6–30 Anschläge für das Eingaberegister

Die Räder mit den Mitnehmern sollten leicht gegeneinander verdreht sein, sodass der Hauptkraftaufwand einer Mitnahme niemals an zwei Rädern gleichzeitig erfolgt.

Nun muss die Feineinstellung erfolgen. Die Anschläge für das Eingaberegister und die Bausteine 15 mit Bohrung auf den Klinkenblöcken müssen sorgfältig so verschoben werden, dass gesetzte Mitnehmer beim Vorwärts- und Rückwärtsdrehen des Zahnrads Z40 ruckfrei, aber sicher in die äußeren, halboffenen Bohrungen der Einstellräder eingreifen und diese um die gewünschten Stufen

weiterdrehen. Diese Einstellung ist von größter Wichtigkeit für zuverlässiges Multiplizieren und Dividieren. Anschließend muss die Position der Anzeigerahmen gegebenenfalls etwas korrigiert werden.

Koppeln mehrerer Maschinen

Um mit mehr als drei Stellen zu rechnen, können mehrere Rechenmaschinen verbunden werden. Dazu entfernt man bei einer Maschine die rechte Lagerstange und schraubt bei der anderen ein zusätzliches Zahnrad Z10 auf die herausstehende Metallachse 90.

Abb. 6–31 Verbinden von Rechenmaschinen

Auf diese Art können beliebig viele Addierwerke miteinander verbunden werden. Eine entsprechende Verbindung der Eingaberegister ist nicht sinnvoll, da zwischen den Grundplatten ein Längenausgleich stattfindet, der nicht exakt im Raster liegt und die Eingaberegister für die Multiplikation versetzt werden müssen. Außerdem steigt das für die Eingabe benötigte Drehmoment ab einer Zahl von drei Maschinen, da die Mitnahme an einigen Rädern dann fast gleichzeitig erfolgen muss. Werden mehrere Maschinen verkoppelt, so arbeitet man also mit separaten Eingaberegistern, die einzeln bedient und versetzt werden.

Bedienung

Zum schnellen Zurücksetzen der Maschine und zum schnellen Addieren und Subtrahieren von Zahlen wird die Maschine normalerweise ohne Eingaberegister durch abgezähltes Vor- oder Zurückdrehen der Einstellräder bedient. Die Eingabe kann blind erfolgen, was bei der Addition langer Zahlenlisten von Vorteil ist.

Multiplikation und Division werden auf wiederholte Additionen bzw. Subtraktionen und Vergleiche zurückgeführt. Dazu ist das Eingaberegister natürlich sehr praktisch.

Soll zum Beispiel das Produkt 24 × 37 berechnet werden, so wird das Addierwerk auf 0 zurückgesetzt und der Multiplikand 37 durch Setzen von drei Stiften am mittleren Rad und sieben Stiften am rechten Rad des Eingaberegisters eingestellt. Der Umdrehungszähler wird auf 4 gedreht. Anschließend wird viermal gegen den Uhrzeigersinn gekurbelt. Der Umdrehungszähler zeigt nun 0 an und in der Anzeige erscheint das Zwischenergebnis 148 der Multiplikation 4 × 37. Anschließend wird das Eingaberegister um eins nach rechts versetzt und zweimal gekurbelt. Es wird nun das Gesamtergebnis 888 angezeigt.

Zur Lösung der Divisionsaufgabe 275:37 wird der Dividend 275 direkt über die Einstellräder ins Addierwerk gegeben und der Divisor 37 in das Eingaberegister. Der Umdrehungszähler wird auf 0 gedreht. Durch Drehen des Z40 am Eingaberegister subtrahiert man nun den Divisor 37, solange er kleiner ist als der Wert im Addierwerk. In diesem Beispiel ist der Wert im Addierwerk nach sieben Subtraktionen 16, also ist das Ergebnis 275:37 = 7 Rest 16.

Die Bedienung der Maschine bei den Grundrechenarten ist ausführlich in einem YouTube-Video dargestellt. Zum Wurzelziehen kann der Toepler-Algorithmus verwendet werden, der allein mit wiederholten Subtraktionen und Vergleichen auskommt.

Literatur und Links

Die Geschichte der Rechenmaschinen und ihre Protagonisten sind sehr übersichtlich auf der Internetseite *History of Computers* (http://history-computer.com) von Georgi Dalakov dargestellt, insbesondere gibt es viele Verweise auf Originalmaterial. Einen prägnanten Überblick über die frühen Rechenhilfsmittel findet man im ersten Kapitel *Early Computing* des Buchs von William Aspray [1]. Dort ist auch weiter gehende Literatur zur Geschichte der Zahlen und des Abakus angegeben. Zu Schickards Rechenmaschine empfehlen wir die Aufsätze [3] und [4] sowie eigenes Experimentieren. Wie Leibniz Idee einer Multiplikationseinheit entstanden ist, hat er selbst in [6] festgehalten. Tschebyscheffs kurze Beschreibung seiner Maschine *Une machine arithmétique à mouvement continu* aus dem Jahr 1882 findet man in [5]. Ausführlich ist die Maschine in [2] dargestellt. Die Internetseite http://tcheb.ru enthält schöne Animationen der Tschebyscheff'schen Mechanismen und weitere gescannte Originalarbeiten.

[1] William Aspray (Hrsg.): *Computing before Computers*. Iowa State University Press, 1990.

[2] Vladimir G. von Bool: *Tschebyscheffs Arithmometer* (Russisch), 1894. Abrufbar unter: http://tcheb.ru.

[3] Detlev Bölter: *Wilhelm Schickards Rechenuhr*. Abrufbar unter: http://www.boelters.de/Rechenmaschinen.

[4] Bruno Baron von Freytag Löringhoff: *Die Rechenmaschine*. Friedrich Seck (Hrsg.): *Wilhelm Schickard (1592–1635)*. Contubernium 25, J. C. B. Mohr, Tübingen, 1978.

[5] Alain Guyot: *La machine à calculer continue de Tchebychev et le reporteur différentiel*, http://www.aconit.org/histoire/calcul_mecanique/documents/Tchebichef_1882.pdf.

[6] Gottfried W. Leibniz: *Machina arithmetica in qua non aditio tantum et subtractio sed et multiplicatio nullo, divisio vero paene nullo animi labore peragantur*, 1685. Englische Übersetzung abrufbar unter: http://history-computer.com.

[7] Thomas de Padova: *Leibniz, Newton und die Erfindung der Zeit*, Piper, 2013.

7 Der Sextant

Auf Knopfdruck liefern einem heute GPS-Empfänger den eigenen Standort auf der Erdkugel, über weite Teile des 20. Jahrhunderts bestimmten Schiffe ihre Position durch Funk- oder Trägheitsnavigation. Vorher erfolgte die Navigation über mehrere Jahrhunderte anhand der Gestirne, deren Höhe man mit dem Sextanten und seinen Vorläufern maß. Wir zeigen, wie man solche Instrumente mit fischertechnik baut, und erklären, wie man mit ihnen seinen Standort ermittelt.

Warnung

In diesem Kapitel werden funktionsfähige Modelle historischer Instrumente vorgestellt, mit denen damals die Sonne direkt angepeilt wurde. Viele der Navigatoren wurden dadurch auf einem Auge blind. *Beim Anpeilen der Sonne besteht die Gefahr schwerer, irreparabler Augenschäden.* Wir raten daher entschieden davon ab, ohne geeigneten Schutz in die Sonne zu blicken. Der Quadrant funktioniert ebenso gut mit der Projektionsmethode. Den Gebrauch des Sextanten kann man auch erlernen, indem man Mond, Planeten oder hellere Sterne anpeilt.

Geschichte

Als *Christoph Kolumbus* (1451–1506) im Jahr 1492 im Auftrag der spanischen Krone in See stach, befand sich das Gebiet der Navigation gerade in einem fundamentalen Wandel.

Die gebräuchliche Art zu navigieren war die *Koppelnavigation*. Man bestimmte seinen Kurs mit dem Kompass und seine Geschwindigkeit mit Log und Sanduhr und berechnete daraus schrittweise seine Position. Im Englischen heißt dieses Verfahren charakteristisch *dead-reckoning*. Da sich die Fehler Schritt für Schritt aufsummieren, ist es für weite Strecken denkbar ungeeignet.

Abb. 7–1 Ptolemäus peilt mit dem Quadranten den Mond an. Holzschnitt aus dem Jahr 1503.

Mehr und mehr Bedeutung erlangte zu jener Zeit die *Astronavigation*, bei der die Höhe der hellen Gestirne mit einem Quadranten, einem Astrolabium oder später einem Jakobsstab gemessen und zur Positionsbestimmung genutzt wurde.

Quadranten wurden schon im *Almagest* von *Claudius Ptolemäus* (ca. 100–160 n. Chr.) zur Messung von Gestirnshöhen vorgeschlagen. Ptolemäus hatte allerdings stationäre Instrumente im Sinn und nicht ein so handliches Instrument, wie es in Abb. 7–1 dargestellt ist.

Astrolabien hatten ihre Wurzeln in der Antike und waren in Arabien für astronomische Zwecke perfektioniert worden. Für die Höhenmessung wurden sie vereinfacht und winddurchlässig gemacht.

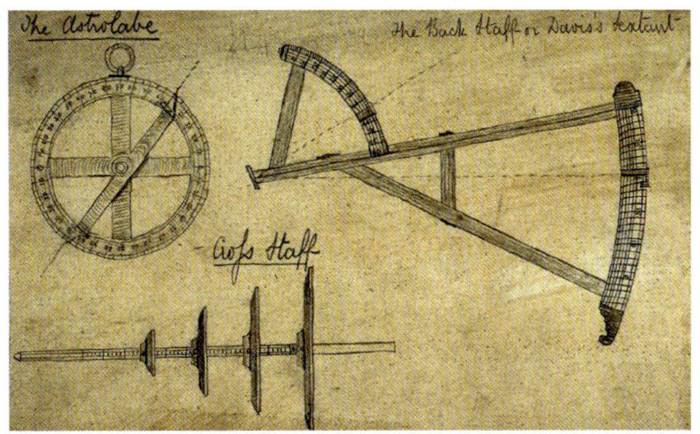

Abb. 7–2 Astrolabium, Davis-Quadrant und Jakobsstab auf einer Zeichnung aus dem frühen 17. Jahrhundert

Der *Jakobsstab* war von *Johannes Müller* (1436–1476), später *Regiomontanus* genannt, in eine brauchbare Form gebracht und beschrieben worden. Gegenüber Quadrant und Astrolabium hatte er den Vorteil, dass er kein Lot benötigte und daher nicht windanfällig war. Um Horizont und Gestirn über die Querstabenden oder Marken anzupeilen, musste man jedoch die Blickrichtung ändern. Bei Seegang hatte sich der Navigator mitsamt seinem Instrument in dieser kurzen Zeitspanne schon ein Stück bewegt. Die Handhabung auf schwankendem Deck war daher selbst mit Übung schwierig.

Die Voraussetzung für die erfolgreiche Anwendung solcher Geräte waren Tafelwerke, in denen die Gestirnspositionen möglichst genau tabelliert waren. Regiomontanus hatte sich intensiv mit dem *Almagest* von Claudius Ptolemäus und mit sphärischer Trigonometrie auseinandergesetzt und darauf aufbauend die Positionen der wichtigsten Gestirne für die Jahre 1475 bis 1506 vorausberechnet und übersichtlich präsentiert. Der kurz zuvor erfundene Buchdruck ermöglichte die weite Verbreitung seiner Tabellenwerke, die schnell für die Seefahrer unverzichtbar wurden.

Kolumbus hatte auf seiner ersten Entdeckungsfahrt Regiomontanus' Ephemeridentafel, einen Quadranten und ein Astrolabium an Bord. Seine Höhenmessungen erfolgten an Land und waren bestenfalls ungenau. Während seiner weiteren Aufenthalte in der neuen Welt berechnete er seine geografische Länge mittels des Zeitpunkts, zu dem eine Mondfinsternis eintrat. Diese Kenntnis benutzte er auch, um die Eingeborenen von Jamaika zu beeindrucken. Die Tafelwerke erfüllten auch astrologische Zwecke: Kolumbus glaubte, dass gewisse Planetenkonstellationen mit Unwetter einhergingen.

In der ersten Hälfte des 18. Jahrhunderts war die Bestimmung der geografischen Breite mittels Quadrant, Astrolabium oder Jakobsstab längst Standard auf jedem Schiff. Die Bestimmung der geografischen Länge dagegen war ein hartnäckiges Problem. Schiffe verloren viel Zeit und setzten sich unnötigen Gefahren aus, indem sie Breitengrade absegelten. Für die Lösung dieses Problems war im

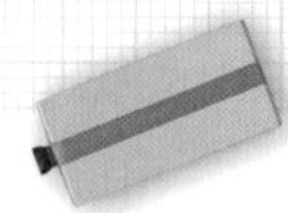

Jahr 1714 vom englischen Parlament die Summe von 20.000 Pfund ausgesetzt worden. Dieser Preis beflügelte die ohnehin schon großen Anstrengungen zur Lösung des Längengradproblems. Letztendlich erfolgreich war der Uhrmacher *John Harrison* (1693–1776), der durch neue Hemmungen, Temperaturkompensation und weitere Detailverbesserungen Schiffsuhren bauen konnte, die auch nach mehreren Monaten auf See nur wenige Sekunden falsch gingen. Die Idee, die Länge mittels der genauen Uhrzeit am Ausgangsort zu bestimmen, hatte schon *Gemma Frisius* (1508–1555).

Abb. 7–3 *Spiegelquadrant und -sextant von John Hadley*

Lange hatte man geglaubt, das Längengradproblem allein durch präzise astronomische Beobachtungen lösen zu können. Nicht grundlos fällt daher auch die Erfindung des Spiegelsextanten durch *John Hadley* (1682–1744) und *Thomas Godfrey* (1704–1749) im Jahr 1730 in diese Zeit. Das Instrument wurde zuerst nach seiner ursprünglichen Skalenlänge Quadrant oder Oktant genannt. Für das Funktionsprinzip haben diese Bezeichnungen aber keine Bedeutung.

Abb. 7–4 *Captain Hubert Paton misst die Sonnenhöhe auf der USS Lydonia im Jahr 1929.*

Der große Vorteil des Spiegelsextanten gegenüber den vorigen Instrumenten war, dass der Navigator nur in eine Richtung schauen muss. Gestirn und Horizont bewegen sich bei Seegang im Gesichtsfeld auf gleiche Weise. Diese einfache Bewegung kann mit etwas Geschick gut kompensiert werden. Ein Fernrohr, hochpräzise Skalen mit Nonius und Lupe oder später Trommel werteten den Sextanten weiter auf. Die Handlichkeit und einfache Bedienbarkeit waren entscheidend dafür, dass sich der Spiegelsextant rasch durchsetzte.

Hadley und Godfrey waren nicht die ersten, die Winkelmessinstrumente mit Spiegeln bauten. Frühere Entwürfe stammten von *Joost van Breen*, *Robert Hooke* (1635–1703), *Isaac Newton* (1643–1727) und *Edmund Halley* (1656–1742). Bis auf Breens Instrument, das etwa hundert Jahre lang in den Niederlanden eingesetzt wurde, fand kein Entwurf den Weg in die Praxis.

Der Sextant blieb das wichtigste Navigationsinstrument, bis im 20. Jahrhundert Funk- und Trägheitsnavigation einfachere Positionsbestimmungen ermöglichten. Auch heute noch beherrschen die meisten Seefahrer die Grundzüge der Astronavigation, und Sextanten befinden sich an Bord der meisten Schiffe, um im Notfall auf sie zurückgreifen zu können.

Der Quadrant

Unser fischertechnik-Quadrant in Abb. 7–5 besteht zunächst einmal aus einem Lot und einer Skala, die den Winkel anzeigt, um den die Grundplatte gegen das Lot gekippt ist. Die nahezu viertelkreisförmige Form der Skala ist der Namensgeber für das Instrument. Die Skala findet sich auf der Internetseite zum Buch. Die kleinste Teilung beträgt 15 Bogenminuten, d. h., jedes Grad ist noch einmal in vier Abschnitte geteilt. Wichtig ist die genaue Ausrichtung der Schnittkanten parallel zu den Kanten der Grundplatte. Das Seil wird so zwischen zwei Bausteinen 5 eingeklemmt, dass es genau an der Ecke zur Skala hin herauskommt.

Abb. 7–5 Quadrant, hier zum Fotografieren auf ein primitives Stativ montiert

Auf der Grundplatte befinden sich ein *Diopter* (Baustein 30 und Baustein 15 mit Ansenkung) und ein *Ringkorn* (Baustein 5, Rastachse mit Platte, Rastadapter), durch die man ein Gestirn anpeilen kann.

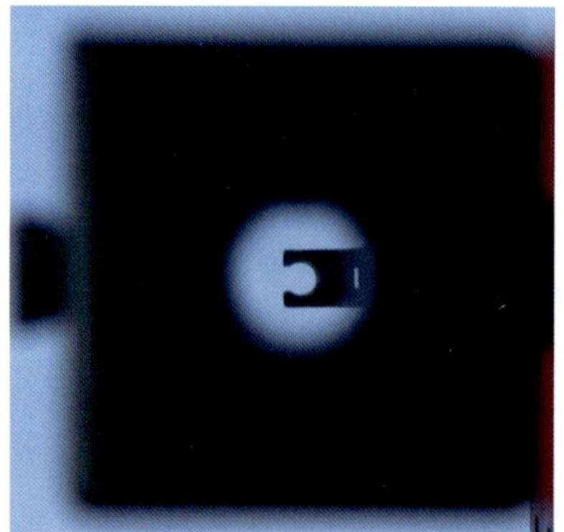

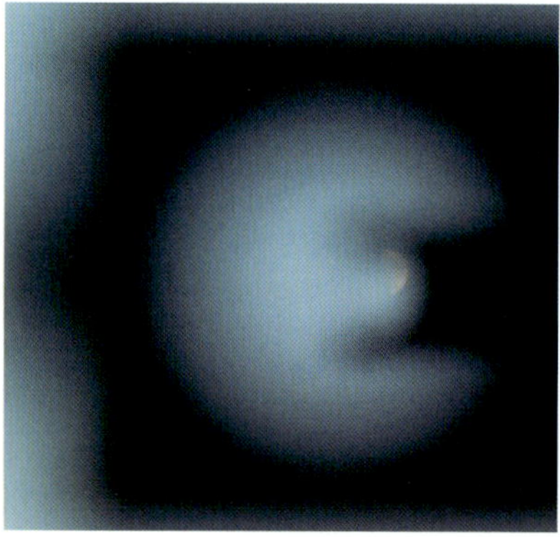

Abb. 7–6 Visier, links leer und rechts – noch nicht exakt ausgerichtet – mit Mond

Ist das Gestirn exakt zentriert im Visier, presst man mit dem Daumen das Lot senkrecht gegen die Skala und kann dann die sogenannte *Gestirnshöhe h* (obere Skala) bzw. die *Zenitdistanz z* des Gestirns (untere Skala) ablesen. Diese beiden Winkel ergänzen sich zu den 90° des Kreisbogens vom Horizont durch das Gestirn zum Zenit.

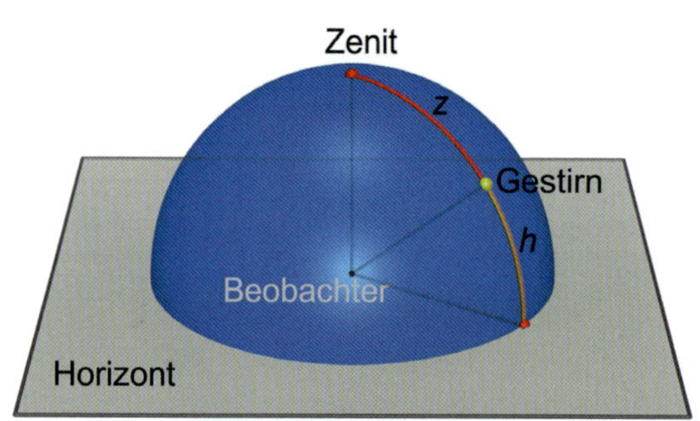

Abb. 7–7 Gestirnshöhe und Zenitdistanz auf der gedachten Fixsternsphäre

Was wir mit dem Quadranten messen, ist die scheinbare Höhe eines Gestirns. Durch die Atmosphäre der Erde wird das Licht gebrochen (*Refraktion*), sodass Himmelskörper höher erscheinen, als sie in Wirklichkeit sind. Dieser Effekt ist in Horizontnähe besonders ausgeprägt und nimmt zum Zenit hin deutlich ab. So muss man zum Beispiel eine scheinbare Höhe von 10° um etwa 5' nach unten korrigieren. Bei der Messgenauigkeit unseres Quadranten können wir die Refraktion vernachlässigen.

Geografische Breite

Welche Informationen kann man nun Höhenmessungen entnehmen? Zunächst einmal kann man mit nur einer Höhenmessung die geografische Breite des Standorts bestimmen. Zur Erinnerung: Die geografische Breite ist der Winkel zwischen Äquator und Standort vom Erdmittelpunkt aus gesehen. Sie stimmt direkt mit der

Höhe des Himmelsnordpols überein, wenn man sich auf der Nordhalbkugel befindet (nördliche Breiten), und mit der Höhe des Himmelssüdpols, wenn man sich auf der Südhalbkugel befindet (südliche Breiten). Die nördliche Breite und die Zenitdistanz des Himmelsnordpols ergänzen sich nämlich zu den 90° vom Äquator zum Nordpol, während sich die Gestirnshöhe und die Zenitdistanz des Himmelsnordpols zu den 90° vom Horizont zum Zenit ergänzen (Abb. 7–8).

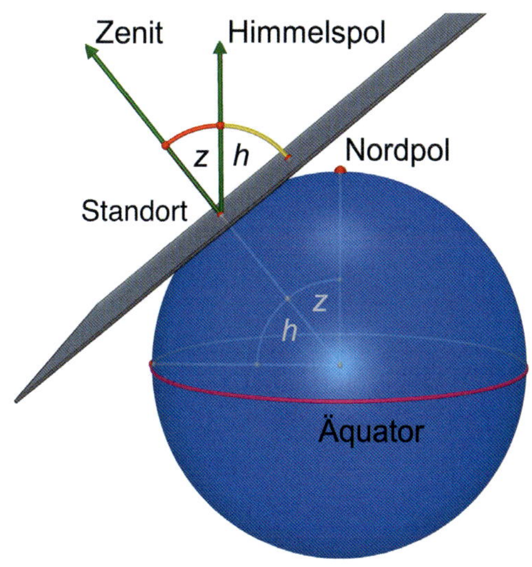

Abb. 7–8 *Die Höhe des Himmelsnordpols ist die nördliche Breite des Standorts.*

Nahe am Himmelsnordpol befindet sich der Polarstern. Eine konkrete Messung seiner Höhe mit dem Quadranten ergab in Bochum am 25.06.2015 um 23:00 Uhr MESZ aus der Hand einen Wert von 51°15', mit einem Stativ von 51°00'. Der zweite Wert stimmt im Rahmen der Messgenauigkeit unseres Quadranten mit dem vom Planetariumsprogramm *Stellarium* berechneten Wert von 50°50'33" überein.

Abb. 7–9 *Blick nach Norden in Bochum am 25.06.2015 um 23:00 Uhr MESZ simuliert mit Stellarium; der markierte Polarstern kann mithilfe des Großen Wagens links oben aufgefunden werden.*

Der passende Himmelsanblick ist in Abb. 7–9 wiedergegeben. Dort kann man auch erkennen, wie man den Polarstern am Himmel findet: Man verlängert die Strecke zwischen den beiden hinteren (in Abb. 7–9 unteren) Sternen des Großen Wagens um das Fünffache.

Der Polarstern steht nicht ganz genau im Himmelsnordpol, sondern ungefähr 40' daneben. Zur angegebenen Zeit war er ziemlich genau in Richtung Horizont versetzt. Die Höhe des Himmelsnordpols über dem Horizont beträgt nach unserer Messung also 51°40', was gut mit der eigentlichen Breite von 51°29' des Beobachtungsorts übereinstimmt. Eine Bogenminute entspricht sehr genau einer Seemeile. Der Abweichung von 11' entspricht somit ein Fehler von 11 Seemeilen, das sind ungefähr 20 km. Wir erreichen also mit unserem einfachen Modell nicht die Genauigkeit moderner GPS-Empfänger. Theoretisch wären wir aber immerhin in der Lage, mit einem Schiff einen Breitenkreis bis auf eine Abweichung von 20 km abzusegeln.

Mittagshöhe der Sonne

Natürlich wird in der Regel die Sonne angepeilt. Den Polarstern kann man nur bei guten Wetterbedingungen und ausreichender Dunkelheit sehen, die Sonne dagegen durchstrahlt selbst eine dünne Wolkenschicht. Der Zusammenhang zwischen Höhe und geografischer Breite ist bei der Sonne jedoch nicht so einfach wie beim Polarstern. Am einfachsten ist er, wenn die Sonne die Mittagslinie durchschreitet. Die Mittagslinie ist der gedachte Halbkreis am Himmel vom Nordpunkt auf dem Horizont durch den Zenit zum Südpunkt. Zu diesem Zeitpunkt ist unsere nördliche Breite die Summe aus der Deklination *d* der Sonne und der Zenitdistanz *z* (Abb. 7–10). Die Deklination der Sonne ist der Winkel zwischen ihr und dem Himmelsäquator. Sie hängt nicht von der Position auf der Erde ab. Man findet sie tabelliert in Jahrbüchern wie dem *Nautischen Handbuch*, dem *Himmelsjahr* oder im Internet unter dem Stichwort Ephemeriden. Man kann sie natürlich auch mit Planetariumsprogrammen wie *Stellarium* ermitteln.

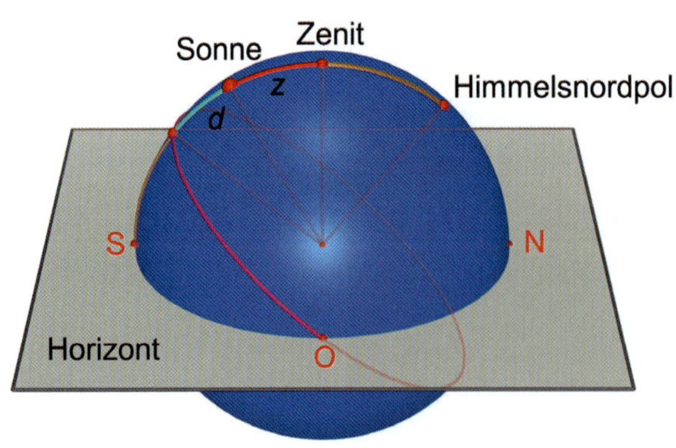

Abb. 7–10 *Die Sonne durchschreitet in ihrem Lauf von Ost nach West die Mittagslinie: Zu diesem Zeitpunkt ist die nördliche Breite des Beobachters die Summe aus der Deklination d und der Zenitdistanz z.*

Da man die Sonne niemals direkt anpeilen sollte, tauschen wir das Ringkorn vorne gegen eine Kombination aus Baustein 30 und Baustein 15 mit Bohrung aus und benutzen den Schattenwurf der Visiereinrichtung. Bei genauer Ausrichtung des Visiers fallen die Schatten des vorderen und hinteren Teils exakt zusammen. Das Sonnenlicht durchstrahlt nacheinander beide Bohrungen und produziert einen elliptischen Lichtfleck inmitten des Schattens.

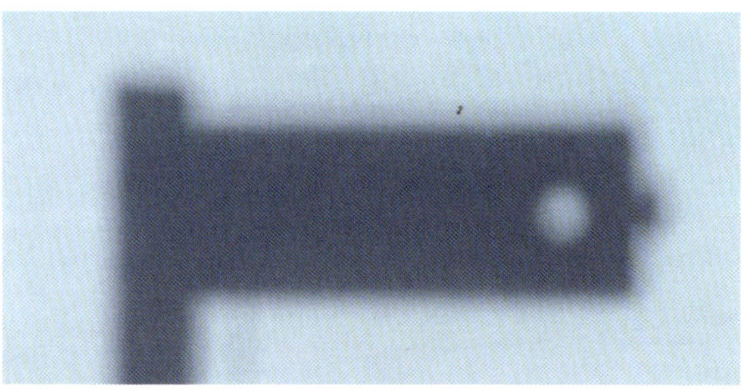

Abb. 7–11 Gemeinsames Schattenbild beider Visierteile bei korrekter Ausrichtung

Konkret haben wir so die Sonnenhöhe am 26.06.2015 gemessen. Die höchsten Werte lagen zwischen 61°45' und 62°00' im Zeitraum von 13:25 Uhr bis 13:40 Uhr MESZ. In dieser Zeitspanne ist die Sonne also durch die Mittagslinie gewandert.

Durch die Messung haben wir drei Informationen bekommen: den Sonnenhöchststand von ungefähr 62°, eine Zeitspanne, innerhalb der in Bochum Mittag (also 12.00 Uhr wahrer Sonnenzeit) ist, und die Südrichtung. In diese zeigt unser Visier nämlich zur Zeit des Sonnenhöchststands.

Aus unserem gemessenen Sonnenhöchststand von zwischen 61°45' und 62° ergibt sich eine minimale Zenitdistanz von zwischen 28° und 28°15'. Die Deklination der Sonne am 26.06. betrug laut Tabelle 23°21'. Damit liegt die geografische Breite des Beobachtungsorts zwischen 51°21' und 51°36'. Der tatsächliche Wert beträgt 51°29'.

Statt der maximalen Höhe der Sonne kann man natürlich durch direktes Anvisieren die maximale Höhe des Monds, der Planeten oder der helleren Fixsterne messen. Zur Berechnung der geografischen Breite benötigt man dann die Deklinationen dieser Gestirne.

Genau genommen erreichen Sonne, Mond und Planeten ihre maximale Höhe nicht exakt bei ihrem Durchgang durch die Mittagslinie. Die Abweichung ist aber so klein, dass wir sie hier vernachlässigen.

Geografische Länge

Um zu verstehen, wie wir mit dem Quadranten unsere geografische Länge bestimmen können, müssen wir zunächst kurz an das Konzept der mittleren Sonne erinnern (siehe Kapitel 3 *Das Differenzialgetriebe*, Abschnitt Äquationsuhren). Die wahre Sonne durchläuft im Laufe des Jahres mit leicht schwankender Geschwin-

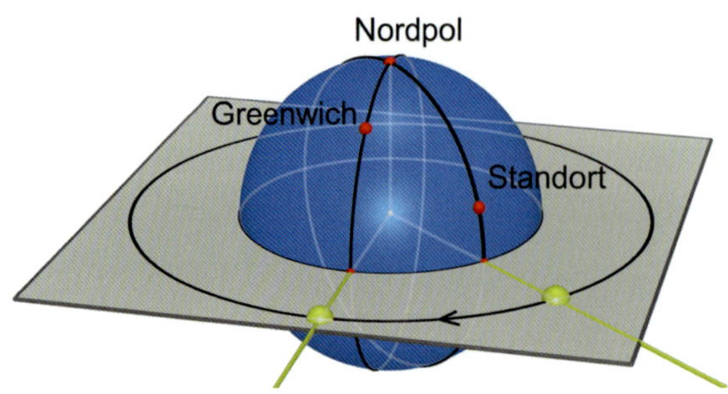

Abb. 7–12 *Beträgt die geografische Länge eines Standorts 50°, so durchschreitet die mittlere Sonne die Mittagslinie in Greenwich 50°/360°·24h = 3h 20 min später als am Standort.*

digkeit die Ekliptik. Man projiziert ihre Bewegung von der Ekliptik auf den Himmelsäquator und mittelt die Geschwindigkeit. Dadurch erhält man die fiktive mittlere Sonne, die mit konstanter Geschwindigkeit den Himmelsäquator durchläuft.

Die geografische Länge eines Standorts ergibt sich nun ganz einfach daraus, um wie viel später die mittlere Sonne die Mittagslinie in Greenwich durchschreitet als die Mittagslinie am Standort. Man muss dazu nur Stunden in Grad umrechnen (Abb. 7–12).

Nach Definition der UTC (*Coordinated Universal Time* = Koordinierte Weltzeit) durchschreitet die mittlere Sonne um 12:00 Uhr UTC die Mittagslinie in Greenwich. Noch zu bestimmen ist also der Zeitpunkt, zu dem die mittlere Sonne die Mittagslinie unseres Standorts durchschreitet. Dazu benötigen wir eine genaue Uhr.

Durch die Messung im letzten Abschnitt hatten wir schon eine Zeitspanne bestimmt, in der die wahre Sonne am 26.06.2015 in Bochum die Mittagslinie durchschritt, nämlich zwischen 13:25 Uhr MESZ = 11:25 Uhr UTC und 13:40 Uhr MESZ = 11:40 Uhr UTC. Die Zeitgleichung beträgt an diesem Tag ungefähr -3 min (siehe auch die grobe Näherung in Abb. 7–15 in Kapitel 3 *Das Differenzialgetriebe*). Die mittlere Sonne hat somit ca. 3 min vor der wahren Sonne ihren Höchststand erreicht, also zwischen 11:22 UTC und 11:37 UTC. Dementsprechend liegt die geografische Länge von Bochum zwischen 23min/24h · 360° = 5,75° und 38min/24h · 360° = 9,5°.

Dieses Ergebnis ist natürlich sehr ungenau. Es entspricht einem Ost-West-Bereich von etwa 230 km. Um die Genauigkeit zu steigern, muss man den Zeitpunkt genauer bestimmen, an dem die wahre Sonne ihren Höchststand erreicht. Das macht man indirekt, indem man morgens und nachmittags die UTC-Zeiten protokolliert, an denen die Sonne eine feste Höhe hat, und diese mittelt.

Die Sonnenhöhe ist nämlich als Funktion der Zeit im Rahmen unserer Genauigkeitsansprüche symmetrisch zum Mittagszeitpunkt. Anders als im Mittag ändert sich morgens und nachmittags die Sonnenhöhe schnell, sodass die Zeitpunkte, an denen vorgegebene Höhen erreicht werden, viel genauer bestimmt werden können.

Am 26.6.2015 haben wir mit unserem Quadranten gemessen, dass die Sonne ziemlich genau um 9:54 Uhr MESZ und um 17:12 Uhr MESZ eine Höhe von 40° hatte. Daraus folgt, dass sie um 13:35 Uhr MESZ = 11:35 Uhr UTC ihren Höchststand erreichte. Die mittlere Sonne ging also um 11:32 Uhr UTC durch die Mittagslinie. Daraus ergibt sich eine östliche Länge von 28min/24h · 360° = 7°00', in sehr guter Übereinstimmung mit dem tatsächlichen Wert von 7°13' des Standorts. Der Fehler beträgt bei dieser Messung nur noch 15 km.

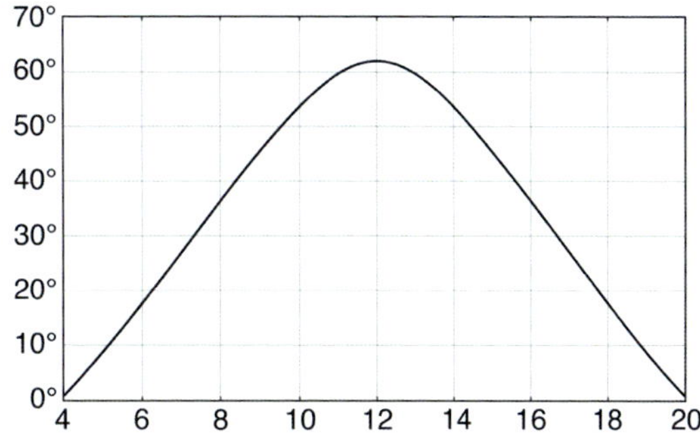

Abb. 7–13 Sonnenhöhe gegen wahre Sonnenzeit in Bochum am 26.06.2015

Natürlich kann man seine geografische Länge auch bestimmen, indem man auf analoge Weise misst, wann andere Gestirne ihren Höchststand erreichen. Man muss dazu nur wissen, wann sie es in Greenwich tun.

Standlinien

Bisher haben wir zur Positionsberechnung nur Gestirnshöhen beim Durchgang durch die Mittagslinie genutzt. In der Praxis verwendet man auch Höhenmessungen zu anderen Zeitpunkten. Wir wollen kurz erklären, wie das funktioniert.

Kennt man die Position eines ausgewählten Gestirns zum fraglichen Zeitpunkt, weiß man, über welchem Punkt auf der Erde dieses Gestirn gerade im Zenit steht. Kennt man die Höhe des Gestirns über dem Horizont, so kennt man auch die Zenitdistanz des Gestirns. Beträgt diese beispielsweise 30°, so weiß man, dass der Winkel zwischen Standort und Gestirn vom Erdmittelpunkt aus gemessen gerade 30° beträgt. Damit befindet man sich auf einem Kreis, der sogenannten *Standlinie* (Abb. 7–14).

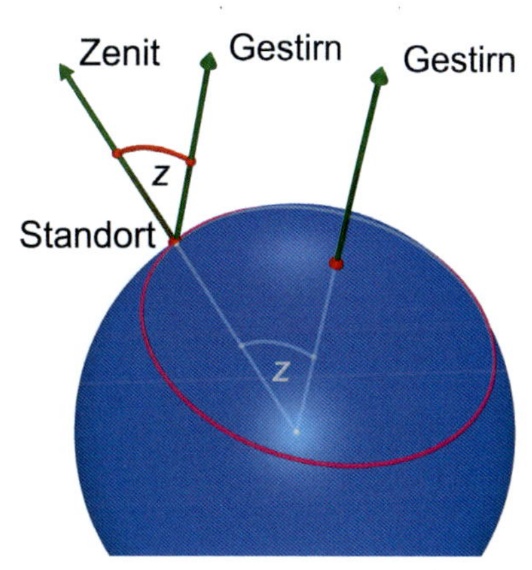

Abb. 7–14 Kennt man die Zenitdistanz eines Gestirns, so weiß man, dass man sich auf einer Standlinie um den Ort herum befindet, über dem das Gestirn im Zenit steht.

Aus zwei Messungen erhält man zwei Standlinien, die sich in zwei Punkten schneiden. Normalerweise liegen diese beiden Punkte so weit auseinander, dass man einen davon als Standort ausschließen kann. Ansonsten misst man eine weitere Gestirnshöhe und erhält so eine weitere Standlinie, die nur durch einen der beiden vorigen Schnittpunkte verläuft.

Hat man nachts mehrere Gestirne zur Verfügung, so kann man deren Höhen messen und durch eine Ausgleichsrechnung die Genauigkeit der Positionsbestimmung steigern.

Tagsüber hat man meist nur die Sonne zur Verfügung. Um trotzdem zwei Standlinien zu bekommen, kann man die Sonnenhöhe zweimal mit einem genügend großen zeitlichen Abstand messen. Man muss dann allerdings berücksichtigen, wie weit man sich selbst in dieser Zeit bewegt hat.

In der Praxis benötigt man nicht die gesamten Standlinien, sondern nur sehr kleine Abschnitte, die man in einer Seekarte näherungsweise durch eine Gerade ersetzt.

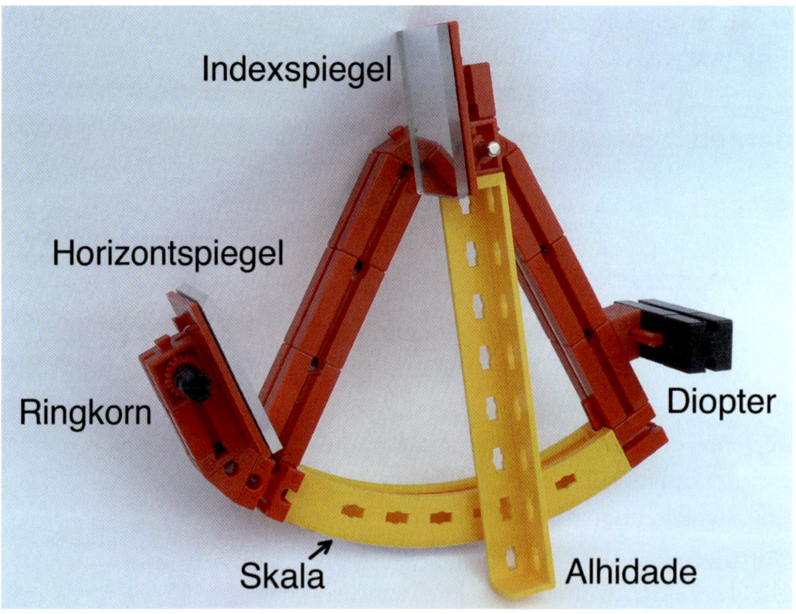

Abb. 7–15 Der fischertechnik-Sextant

Der Sextant

Mit nur wenigen Bauteilen und einer ausgedruckten Skala gelingt der Bau eines Spiegelsextanten, mit dem bei guter Justierung Winkel zwischen weit entfernten Objekten bis auf ungefähr 15 Bogenminuten genau gemessen werden können (siehe Abb. 7–15). Dementsprechend kann der eigene Standort bis auf ungefähr 15 Seemeilen, also weniger als 30 km, genau bestimmt werden.

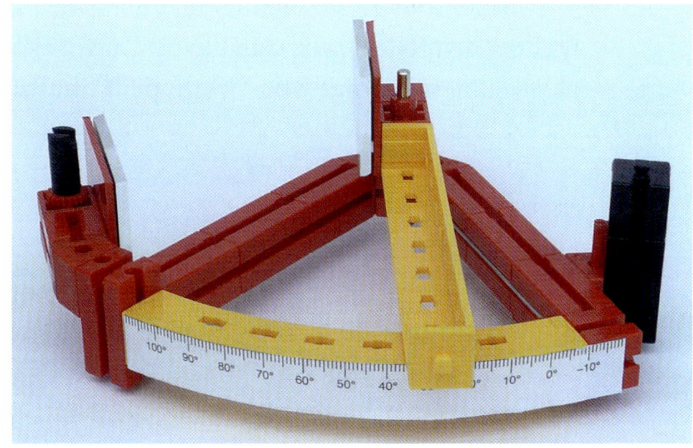

Abb. 7–16 Skala auf der Unterseite

Aufbau

Der Sextant besteht aus einem Diopter (Baustein 15 mit Ansenkung) und einem Ringkorn (Rastadapter). Der Blick durch das Diopter ist zweigeteilt: Links peilt man in gerader Durchsicht durch das Ringkorn den Horizont an, rechts über den festen Horizontspiegel und den beweglichen Indexspiegel das Gestirn. Der Indexspiegel wird mit der *Alhidade* verstellt. Sie wird so weit ausgelenkt, bis das Gestirn exakt neben der Horizontlinie erscheint. Die Gestirnshöhe kann dann auf der Skala mit *Nonius* in Schritten von 10 Bogenminuten abgelesen werden. Die im Modell verwendeten Spiegel entstammen dem fischertechnik-Baukasten *Optics*.

Handhabung und Funktion

In der Ausgangsposition sind beide Spiegel parallel. Die beiden Bildhälften ergänzen sich daher bei weit entfernten Motiven zu einem durchgehenden Gesamtbild.

Schiebt man nun die Alhidade nach vorn, so wird mit ihr der Indexspiegel um einen Winkel δ gedreht und die beiden in Abb. 7–17 eingezeichneten Winkel ändern sich von α auf $\alpha + \delta$. Dass sich beide Winkel gleichermaßen ändern, liegt am Reflektionsgesetz

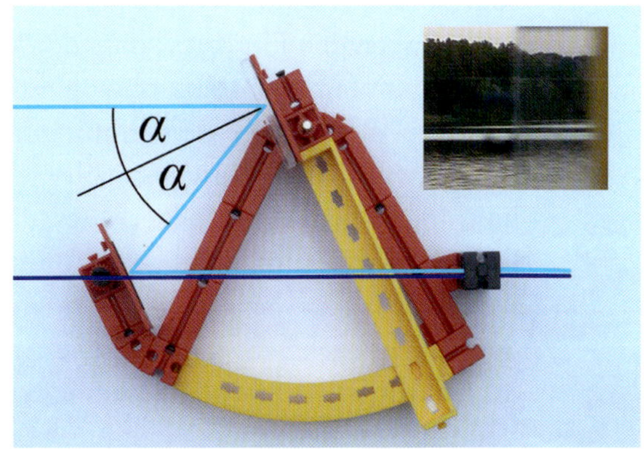

Abb. 7–17 Parallele Spiegel

Einfallswinkel = *Ausfallswinkel*. Dadurch sieht man in der rechten Bildhälfte Objekte der Höhe $h = 2\delta$.

In der Praxis ist es ungünstig, zuerst den Horizont links und dann das Gestirn rechts anzupeilen, weil das kleine Gestirn so schwer aufzufinden ist. Beim Mond geht man wie folgt vor: Man peilt ihn zunächst mit parallelen Spiegeln an. Dann senkt man den Sextanten Richtung Horizont und schiebt gleichzeitig die Alhidade so nach vorne, dass der Mond die ganze Zeit über in der rechten Bildhälfte sichtbar bleibt. Das klingt zunächst kompliziert, ist aber tatsächlich einfach durchzuführen.

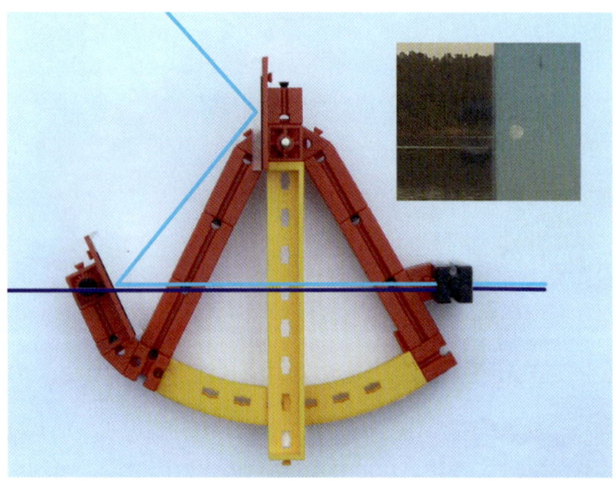

Abb. 7–18 Strahlengang bei ausgelenkter Alhidade

Fixsterne und Planeten sind ohnehin nicht sehr leuchtstark. Wenn man sie über die beiden Spiegel anpeilt, wird ihre Helligkeit noch zweimal merklich abgeschwächt. Dass es sich dabei nicht um Oberflächenspiegel handelt, sondern das Licht noch viermal eine Glasplatte der Stärke 3 mm durchlaufen muss, verschlechtert die Sichtbarkeit noch weiter. Daher wird man bei Fixsternen und Planeten den Sextanten auf den Kopf stellen, sie direkt durch das Ringkorn anpeilen und die Alhidade so weit nach vorne schieben, bis sich die Horizontlinie in der linken Bildhälfte genau auf einer Höhe mit dem Gestirn befindet.

Sehr gut kann man mit dem Sextanten den scheinbaren Durchmesser des Mondes bestimmen, der ungefähr 31’ beträgt, und sich dadurch überzeugen, dass die sogenannte Mondtäuschung nur eine optische Täuschung ist: Nahezu alle Menschen haben den Eindruck, dass der Mond in Horizontnähe größer ist, als wenn er hoch am Himmel steht, obwohl es dafür keine physikalische Ursache gibt.

Bei seetauglichen Sextanten mit einer Auflösung von weniger als einer Bogenminute würde man übrigens auch nicht die Mitte des Mondes mit der Horizontlinie abgleichen. Viel genauer ist es, die Ober- oder Unterkante auf die Horizontlinie zu bringen und dann den Mondradius von ungefähr 15,5’ einzurechnen.

Bei genaueren Sextanten sollte man den *Kimmfehler* berücksichtigen, der dadurch entsteht, dass das eigene Auge nicht in der Horizontebene liegt, sondern darüber. Bei einer Augenhöhe von 2 m beträgt der Kimmfehler ungefähr 2’, kann also bei der Genauigkeit unseres einfachen Sextanten getrost vernachlässigt werden.

Nachbau

Der Rahmen ist sehr einfach aufgebaut. Er muss möglichst starr sein. Daher empfiehlt es sich, das eine Ende des gebogenen Flachträgers 120 am Ende mit einem Federnocken gegen Verdrehen zu sichern. In Abb. 7–15 ist diese Sicherung rechts unten zu sehen. In den Nuten der Bausteine 30 darüber wird zusätzlich eine Metallachse 80 gesteckt. Auch vorne kann man ein oder zwei Metallachsen verwenden, um das Verdrehen der Bausteine 30 gegeneinander zu unterbinden.

Abb. 7–19 Befestigung des Horizontspiegels

Auf der anderen Seite des gebogenen Flachträgers befindet sich ein Baustein 30, der an beiden Seiten 7,5 mm übersteht. Daran wird der Horizontspiegel gemäß Abb. 7–19 befestigt. Es empfiehlt sich, diesen Baustein 30 noch durch zwei Bausteine 15 in beide Richtungen zu verlängern. An diesen Bausteinen kann der Sextant dann komfortabel gehalten werden.

Der Indexspiegel ist mit einer Metallachse 50 am Rahmen befestigt.

Abb. 7–20 Befestigung des Indexspiegels

Anbringen der Skalen

Die Skala findet sich auf der Internetseite zum Buch. Sie wird ausgedruckt, ausgeschnitten und mit doppelseitigem Klebeband auf die Unterseite des Sextanten geklebt (siehe Abb. 7–16). Die -10°-Marke sollte sich genau über der Verbindungsnut zwischen Flachträger und Baustein 15 befinden. Auch die Nonius-Skala wird ausgedruckt, ausgeschnitten und mit einem zweiseitigen Klebestreifen versehen.

Abb. 7–21 Blick auf die Nonius-Skala. Die eingestellte Höhe beträgt 29°20'.

Die Alhidade wird nun so eingestellt, dass sich beim Blick durch das Diopter auf weit entfernte Motive ein durchgehendes Bild ergibt. Horizontale Doppelungen oder Lücken gleicht man durch leichtes Verdrehen des Horizontspiegels aus. Die Alhidade wird nun mit dem linken Zeigefinger festgedrückt und der Sextant mit der linken Hand gekippt, sodass man auf die Skala sieht. Mit der rechten Hand klebt man nun die Nonius-Skala so auf, dass die 0'-Marke mit der 0°-Marke der Hauptskala zusammenfällt.

Messungen

Vor jeder Messung sollte noch einmal der aktuelle sogenannte *Indexfehler* kontrolliert werden. Man blickt dazu auf ein weit entferntes Motiv, lenkt die Alhidade soweit aus, bis ein durchgehendes Bild zu sehen ist, dreht den Sextanten bei festgehaltener Alhidade um und liest ab, wie weit der angezeigte Winkel von 0° abweicht. Diesen Fehler rechnet man dann bei der nachfolgenden Messung heraus.

Als Horizont eignet sich natürlich am besten das Meer, man kann aber auch einen größeren See verwenden, siehe Abbildungen 7–17 und 7–18.

Mit unserem Sextanten kann man nicht nur navigieren, sondern viele Arten von Vermessungsaufgaben lösen, z. B. Turmhöhen bestimmen und Entfernungen messen. Er eignet sich perfekt für den Einsatz im Trigonometrieunterricht.

Literatur und Links

Die Geschichte des Sextanten ist sehr prägnant und übersichtlich von Peter Ifland präsentiert worden [2]. Detaillierte Informationen über historische Navigationsinstrumente kann man auf der Internetseite von Nicolàs de Hilster [9] finden. Speziell die Vorläufer des Sextanten werden auf der Seite *Reflecting Instrument* der englischsprachigen Wikipedia beschrieben [8]. Zum Erlernen der Navigation nach den Sternen sind die Videos von Chris Nolan [4] und das Manuskript von Henning Umland [6] empfehlenswert. Das Längengradproblem wird hervorragend im Bestseller *Längengrad* [5] illustriert. Die Bedeutung der Tafelwerke Regiomontanus' für die Seefahrt wird in *Leben und Werk des Johannes Mül-*

ler [7] erörtert. Das klassische Jahrbuch für Amateurastronomen ist *Das Himmelsjahr* [3]. Wie einst Regiomontanus' *Ephemerides* werden in diesem Buch die wichtigsten Daten zum Lauf von Sonne, Mond und Planeten angeführt und praktische Beobachtungstipps gegeben. Die Daten allein kann man mit einem Planetariumsprogramm wie *Stellarium* [10] erzeugen. Der geometrische Hintergrund zur Navigation und zur Umrechnung zwischen astronomischen Koordinatensystemen ist im Buch *Kugelgeometrie* [1] dargestellt.

[1] Hans-Günther Bigalke: *Kugelgeometrie*. Salle, Frankfurt, 1985.
[2] Peter Ifland: *The History of the Sextant*. Vortrag an der Universität Coimbra am 03.10.2000.
http://www.mat.uc.pt/~helios/Mestre/Novemb00/H61if_2.htm.
[3] Hans-Ulrich Keller: *Das Himmelsjahr 2015*. Kosmos, Stuttgart, 2014.
[4] Christopher D. Nolan: *Getting Started in Celestial Navigation*.
http://www.youtube.com/watch?v=DrAkrgZRb9Y&list=PLah9ocjQNN0YwXXY-w41kunzvsIOP1-bT.
[5] Dava Sobol, William J. H. Andrewes: *Längengrad. Die illustrierte Ausgabe*. Berlin Verlag, Berlin, 1996.
[6] Henning Umland: *A Short Guide to Celestial Navigation*.
http://www.celnav.de.
[7] Ernst Zinner: *Leben und Werk des Johannes Müller*. Beck, München, 1938.
[8] Vorläufer des Sextanten:
http://en.wikipedia.org/wiki/Reflecting_instrument.
[9] Historische Navigationsinstrumente anspruchsvoll nachgebaut:
http://www.dehilster.info.
[10] Planetariumsprogramm *Stellarium*: http://www.stellarium.org.

8 Die Dampfmaschine

Die Entwicklung der Dampfmaschine vor 300 Jahren hat die Welt stärker verändert als jede andere technische Erfindung zuvor. Als Erfinder gilt allgemein James Watt – tatsächlich hat er sie lediglich weiterentwickelt, wenn auch auf bedeutsame Weise. Das Funktionsprinzip einer Dampfmaschine lässt sich unter Verwendung eines Pneumatik-Kolbens mit fischertechnik sehr anschaulich nachbilden.

Geschichte

Bis vor etwa 300 Jahren waren Nutztiere praktisch die einzige bekannte Möglichkeit, ortsunabhängig Arbeitsleistungen zu erbringen, die die menschliche Arbeitskraft übersteigen. So enthalten beispielsweise die Skizzen von *Leonardo da Vinci* (1452–1519) Konstruktionen, die die Kraft eines Pferds oder Rinds auf eine Eimerkette zum Wasserschöpfen oder auf einen primitiven Kran übertragen.

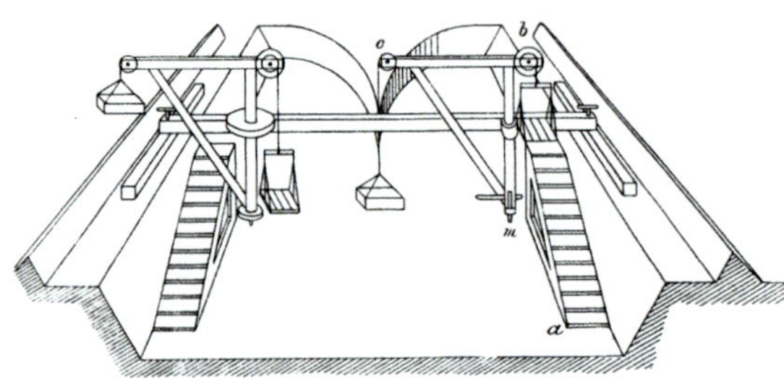

Abb. 8–1 Kanalbaukran, Leonardo da Vinci

Der Nachbau eines Kanalbaukrans aus Leonardos *Codex Atlantico* [1] (Abb. 8–1) findet sich im Modellanhang von Siegfried Mrowkas *Kleine Erfinder – große Ideen* [9] (Abb. 8–2).

Abb. 8–2 fischertechnik-Nachbau des Kanalbaukrans von Leonardo da Vinci

Lediglich für bestimmte Anwendungen wie das Mahlen von Getreide oder das Entwässern von Feldern mittels *Archimedischer Schrauben* wurden damals bereits Wasser- und Windmühlen eingesetzt. Diese Antriebe waren aber an Wasserläufe bzw. windreiche Gegenden gebunden. Damit war der technischen Entwicklung eine natürliche Grenze gesetzt: Die Menschheit verfügte über keine orts- und wetterunabhängig nutzbare Antriebsenergie, die in der Lage gewesen wäre, eine Maschine kontinuierlich und zuverlässig mit großer Kraft zu versorgen. Das änderte sich grundlegend mit der Entwicklung der Dampfmaschine.

Der erste dokumentierte Dampfantrieb wird *Heron von Alexandria* (etwa 1. Jh. n. Chr.) zugeschrieben. Er leitete Wasserdampf in eine an zwei seitlichen Achsen aufgehängte Hohlkugel, auf der zwei kurze, gebogene, offene Röhren auf gegenüberliegenden Seiten angebracht waren. Durch die Röhren entwich der Dampf und versetzte die Kugel in Rotation (Abb. 8–3).

Damit hatte Heron das Prinzip der Dampfturbine erfunden. Jedoch gelang es ihm nicht, aus dieser Idee eine Kraftmaschine zu entwickeln. Vielmehr diente

seine Drehkugel Priestern dazu, Gläubigen »Wunder« vorzutäuschen, und behielt bis ins Mittelalter den Charakter eines Kuriosums.

Der Titel »Erfinder der Dampfmaschine« gebührt daher dem Franzosen *Denis Papin* (1647–1712), der viele Jahre als Assistent von *Christiaan Huygens* (1629–1695) und *Robert Hooke* (1635–1702) gearbeitet hatte.

Die Arbeiten Papins wurden durch die Versuche *Otto von Guerickes* (1602–1686) inspiriert, der 1657 öffentlichkeitswirksam an zwei aufeinandergesetzten kupfernen Halbkugeln, aus denen er die Luft gepumpt hatte, die Kraft des Luftdrucks demonstrierte: Acht Pferde konnten die Halbkugeln nicht trennen.

Diese atmosphärische Kraft wollte Papin nutzen, indem er die Luft in einem Zylinder mit Wasserdampf verdrängte, diesen anschließend abkühlen und kondensieren ließ – und so einen Unterdruck erzeugte, mit dem er einen Kolben bewegen konnte. 1690 publizierte er diese Erfindung eines Dampfantriebs (Abb. 8–4). Später entwickelte er eine Dampfpumpe, mit der er ein Wasserrad antrieb. Von beiden Entwicklungen (wie auch vielen weiteren seiner Erfindungen) konnte er aber wirtschaftlich nicht profitieren. Er starb um 1712 verarmt in London.

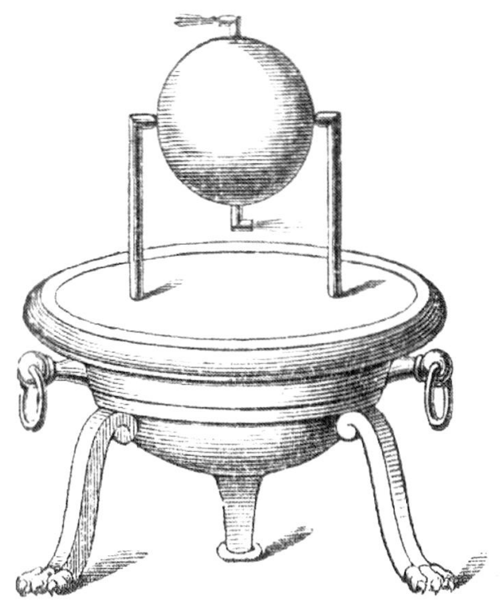

Abb. 8–3 »Drehkugel« des Heron von Alexandria (etwa 1. Jh. n. Chr.)

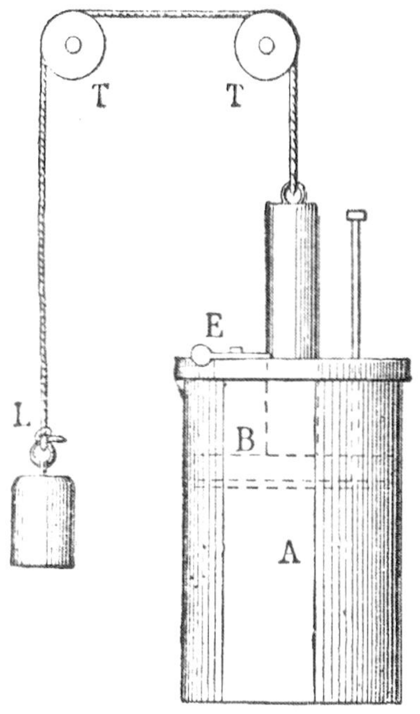

Abb. 8–4 Atmosphärische Dampfmaschine von Denis Papin (1690)

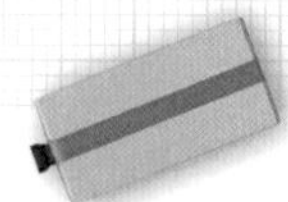

Aufbauend auf den Arbeiten von Papin entwickelte *Thomas Savery* (1650–1715) eine dampfgetriebene Wasserpumpe, die er am 25.07.1698 patentieren ließ (Abb. 8–5). Sie arbeitete ohne Kolben: Der abkühlende Dampf sog aus einem mit Rückschlagventil gesicherten Zuflussrohr (E) Wasser in einen Zylinder (D); anschließend wurde das Wasser durch einströmenden Dampf (B) in ein nach oben führendes Wasserrohr (F) gepresst.

Der Energieverbrauch von Saverys Maschinen war jedoch immens und die Pumpleistung beschränkt. Zwar war sie einfach und damit kostengünstig herzustellen; da es aber keine Druckanzeige im Zylinder gab, kam es immer wieder zu Explosionen. Daher blieb ihre Verbreitung trotz des großen Bedarfs im Bergbau nach Pumpleistung und zahlreichen technischen Verbesserungen in den Folgejahren begrenzt. Dennoch wurde die Gültigkeit von Saverys Patent wegen seines Ansehens bei Hofe bis 1733 verlängert.

Im Jahr 1712 entwickelte *Thomas Newcomen* (1663–1729) die erste funktionsfähige *Kolben-Wärmekraftmaschine* für den Einsatz als Wasserpumpe in Bergwerken, um Stollen von Grundwasser frei zu halten (Abb. 8–6). Er hatte als Maschinenwärter einer Savery-Pumpe die Nachteile dieser Konstruktion selbst erfahren und war von *Robert Hooke* (1635–1702) auf Papins atmosphärische Dampfmaschine aufmerksam gemacht worden.

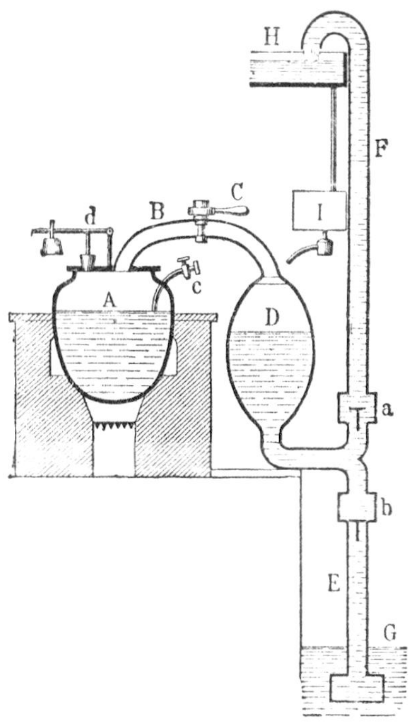

Abb. 8–5 Dampfpumpe von Thomas Savery

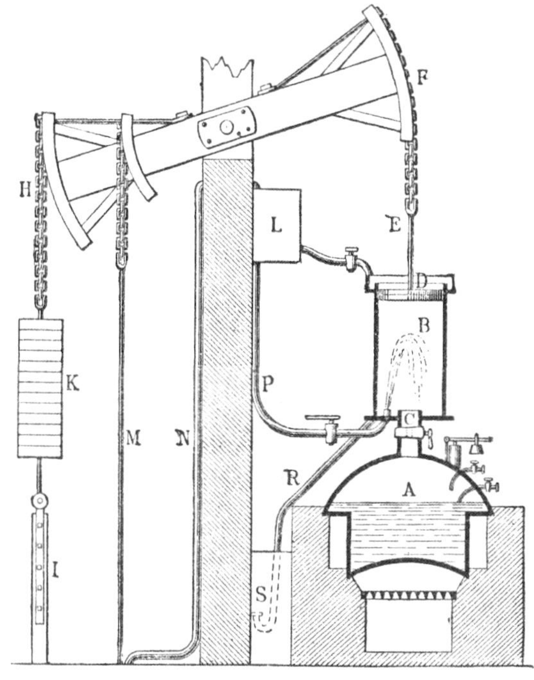

Abb. 8–6 Newcomens »Kolben-Wärmekraftmaschine«

Wie Papins Entwicklung war auch seine Dampfmaschine eine *Unterdruckmaschine*: Ein Zylinder wurde mit Wasserdampf gefüllt und dann durch das Einspritzen von Wasser abgekühlt (B). Der durch die Abkühlung des Dampfes entstehende Unterdruck zog einen Kolben (D) in den Zylinder – und damit die eine Seite des Querbalkens, *Balancier* genannt, nach unten. Dann wurde ein Ventil (C) geöffnet, und die nächste Dampffüllung wurde über ein Gegengewicht (K), den Balancier, die Kette (E) und den sich hebenden Kolben in den unteren Teil des Zylinders gezogen.

Auch die Newcomen-Maschinen wurden zunächst von einem Maschinenwärter bedient, der für das Öffnen und Schließen der Ventile verantwortlich war. 1718 wurde die Handbedienung, die häufig zum Stillstand der Maschine geführt hatte, durch eine mechanische Steuerung ersetzt; dadurch stieg die Hubzahl um 50 %. Dem Ingenieur *John Smeaton* (1724–1792) gelang es um 1775, durch Berechnungen der einzelnen Teile und eine sorgfältige Ausführung den Ressourcenverbrauch der Maschinen auf ein Drittel zu reduzieren.

Dennoch hatte die Newcomen'sche Unterdruckmaschine lediglich einen energetischen Wirkungsgrad von etwa 0,5 %. Wegen der Abkühlung des Zylinders musste man fast die 200fache Energie der Maschinenleistung für die Dampferzeugung aufwenden – eine wenig ressourcenschonende Angelegenheit. Der Brennstoffverbrauch war so groß, dass es sich nur in wenigen Bergwerken lohnte, tiefe Stollen freizupumpen.

Der Schotte *James Watt* (1736–1819), der 1757 an der Universität von Glasgow eine Stelle als Instrumentenmacher angetreten hatte, erhielt 1764 ein Modell einer Maschine des von Newcomen entwickelten Typs zur Reparatur.

Dabei kam ihm der Gedanke, den Kondensationsprozess auszulagern und den Kolben nicht durch Unterdruck, sondern direkt durch den Dampfdruck anzutreiben.

Nachdem er in dem Eisenfabrikanten *John Roebuck* (1718–1794) einen Financier gefunden hatte, ließ er 1769 seine Dampfmaschine patentieren. Die Realisierung der Dampfmaschine erwies sich angesichts der begrenzten handwerklichen Möglichkeiten der damaligen Zeit jedoch als äußerst schwierig; 1774 musste Roebuck Konkurs anmelden, bevor Watts Maschine betriebsbereit war.

Der Unternehmer *Matthew Boulton* (1728–1809) erwarb Roebucks Anteile an Watts Patent aus der Konkursmasse und gründete mit Watt die Firma Boulton & Watt, deren Dampfmaschinen die Industrialisierung der Welt einleiteten. Dieser Erfolg gelang allerdings erst nach einer Verlängerung des Watt'schen Patents bis zum Jahr 1800 und mehreren Weiterentwicklungen.

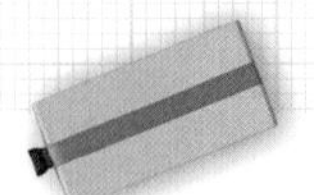

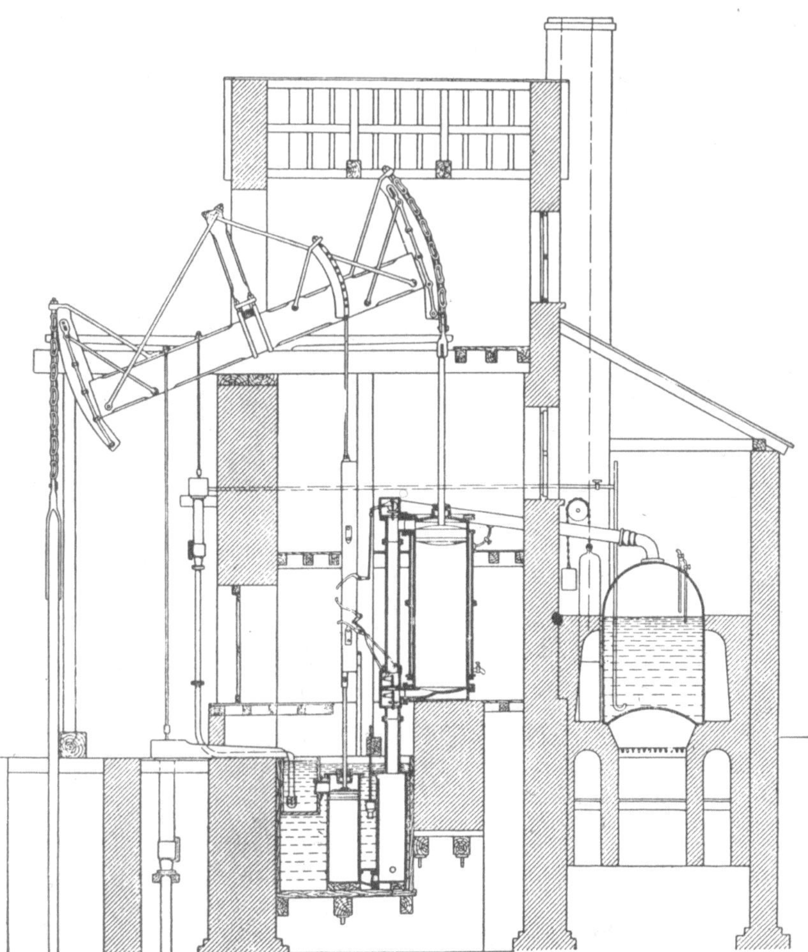

Abb. 8–7 Watt'sche Expansionsdampfmaschine (ca. 1778); Gesamthöhe ca. 12 m

So hatte Watt in seinen Versuchen festgestellt, dass Wasserdampf von 100°C aus einem Liter Wasser weitere sechs Liter Wasser auf 100°C erhitzen konnte. Damit war die *Expansionsdampfmaschine* geboren: Statt den gesamten Zylinder mit Dampf zu füllen, stoppte Watt die Zufuhr und ließ Wasser in den Zylinder, das daraufhin ebenfalls zu Dampf erhitzt wurde (Abb. 8–7).

Zur automatischen Steuerung der Dampfzufuhr führte Watt *Fliehkraftregler* ein, die dafür sorgten, dass bei Veränderungen des Dampfdrucks oder des Widerstands die Geschwindigkeit der Maschine konstant blieb (Abb. 8–8). Zugleich wollte er schlechten Wirkungsgraden und Schäden an seinen Maschinen entgegenwirken, die entstanden, wenn Betreiber versuchten, durch Maximierung der Dampfzufuhr die Leistung zu erhöhen.

Damit die Dampfmaschine auch für andere Zwecke eingesetzt werden konnte, suchte Watt nach einer Möglichkeit, das Auf und Ab des Kolbens in eine Kreisbewegung umzusetzen. Die – naheliegende – Verwendung eines *Schubkurbelgetriebes* bzw. einer *Kurbelwelle* schied dafür allerdings aus: Sie war 1780 von *James Pickard* patentiert worden. So entwickelte Watt ein *Planetengetriebe*, das er zusammen mit der Expansionsdampfmaschine 1781 patentieren ließ.

Um den energetischen Wirkungsgrad weiter zu erhöhen, leitete Watt außerdem den Dampf wechselseitig auf jeweils eine Seite des Zylinders und patentierte diese *doppelwirkende Dampfmaschine* 1782.

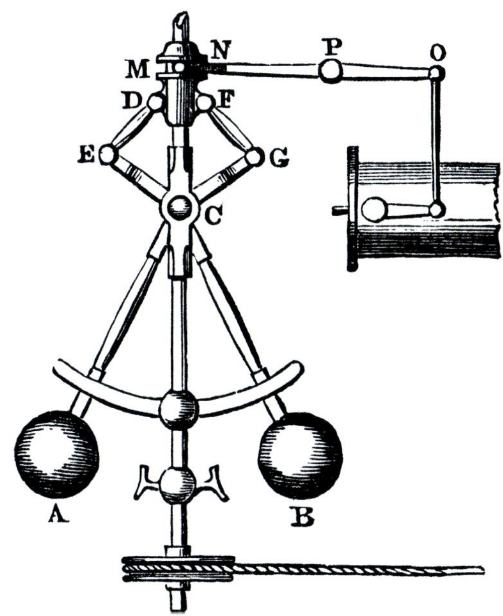

Abb. 8–8 Fliehkraftregler zur automatischen Begrenzung der Dampfzufuhr

Abb. 8–9 Watt'sche Dampfmaschine mit Planetengetriebe (ca. 1784)

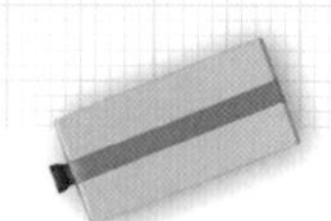

Dafür benötigte er nun eine stabile Verbindung des Kolbens mit dem Balancier, die sowohl Zug als auch Druck standhielt – bis dahin hatten Ketten ausgereicht. Das war nicht einfach zu lösen, denn das Kippen des Querbalkens verhinderte eine exakt gerade Bewegung des Kolbens. Kurzerhand entwickelte Watt ein Gestänge, das für eine weitgehend gerade Führung des Kolbens sorgte – eine Geradführung, für die er 1784 ein Patent erhielt.

Die erste doppelwirkende Dampfmaschine mit Rotationsantrieb und Geradführung ging 1782 in Betrieb (Abb. 8–9).

Mit nur noch 6 m Höhe war diese Maschine deutlich kompakter – und hatte mit etwa 3% den sechsfachen energetischen Wirkungsgrad der Newcomen'schen Maschinen.

Nach Ablauf von Pickards Patent ersetzte Boulten & Watt Ende des 18. Jahrhunderts das Planeten- durch ein Schubkurbelgetriebe, das die Hubbewegung des Kolbens in eine Drehbewegung wandelte (Abb. 8–10).

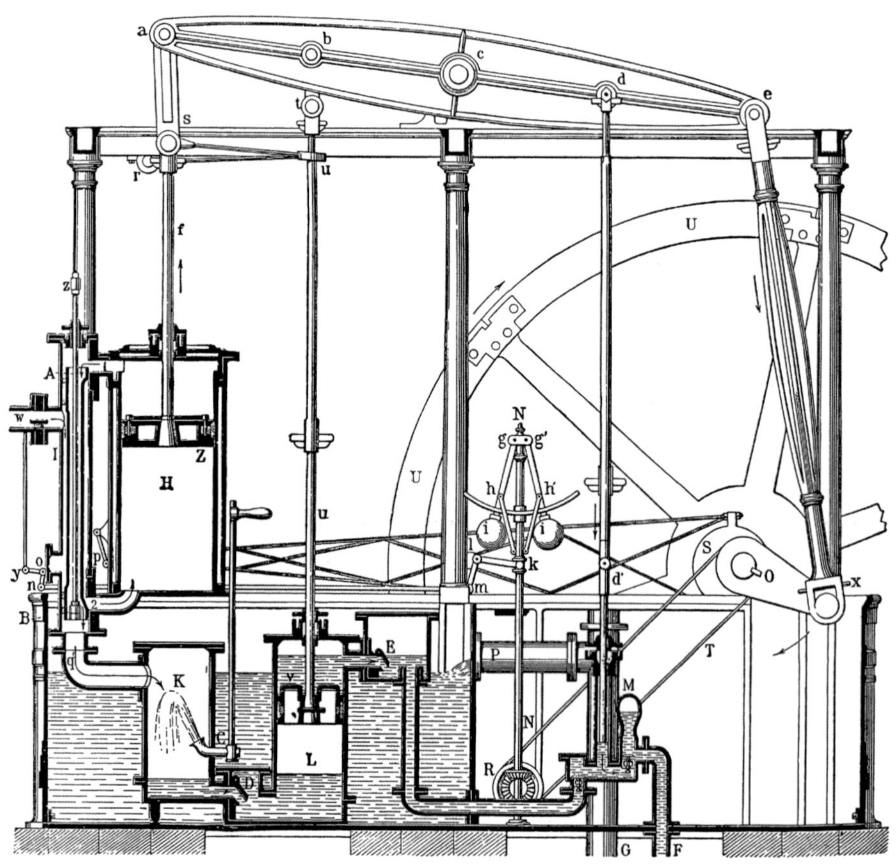

Abb. 8–10 Niederdruck-Dampfmaschine mit Schubkurbelgetriebe

Damit waren Newcomens Hebelarm (*Balancier*) und das Watt'sche Parallelogramm für die Rückführung des Kolbens nicht mehr erforderlich. Ohne Balancier ließen sich nun kompakte liegende Dampfmaschinen konstruieren (Abb. 8–11).

Abb. 8–11 Liegende Dampfmaschine

Dampfmaschinen dieser Bauart wurden später weltweit zur Stromerzeugung in Dampfkraftwerken eingesetzt.

Schon früh wurden Dampfmaschinen auch als Antrieb genutzt. So hatte Papin mit einem von ihm entwickelten Boot mit Dampfantrieb bereits 1707 eine Strecke von 23 km auf der Fulda zurückgelegt. Das erste einsatzfähige Dampfschiff wurde von dem Franzosen *Claude François Jouffroy d'Abbans* (1751–1832) entwickelt: 1783 beförderte sein Raddampfer 16 Monate lang Passagiere auf der Saône.

Schiffsdampfmaschinen waren der Anlass für zahlreiche Verbesserungen des Wirkungsgrads, denn Wasser und Brennstoff waren auf hoher See knapp und vergrößerten die Verdrängung. In Mehrfach-Expansionsdampfmaschinen wurde der Dampf nicht vom Zylinder in die Atmosphäre entlassen, sondern in mehreren nachfolgenden Zylindern mit größeren Kolbendurchmessern genutzt (Abb. 8–12).

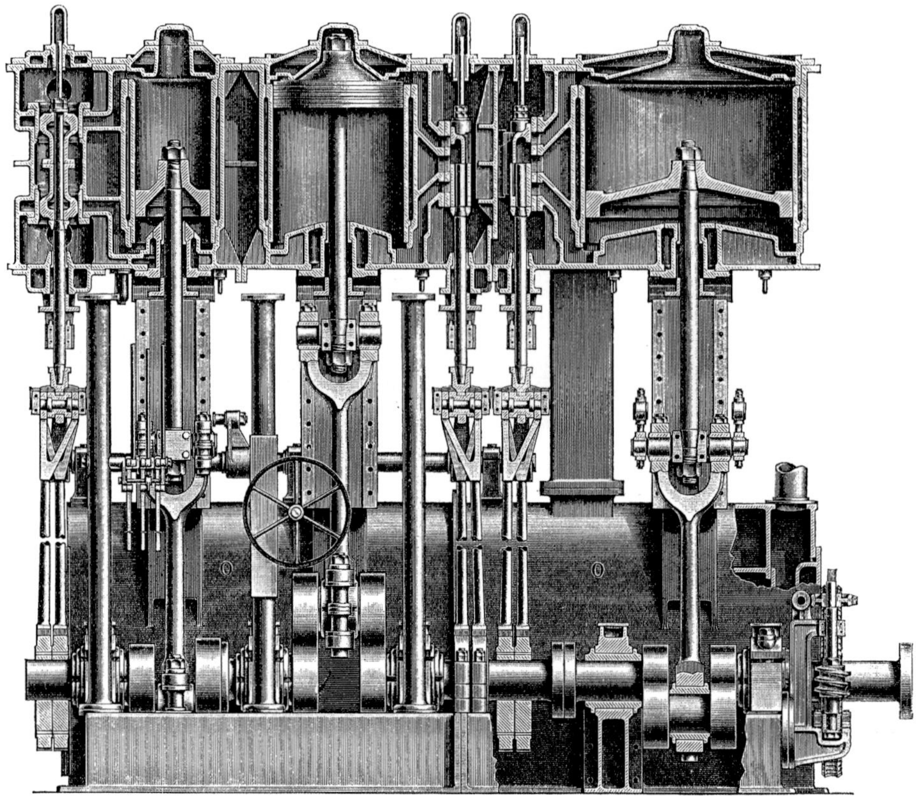

Abb. 8–12 Dreifach-Expansionsdampfmaschine

Hinter dem letzten Zylinder wurde der Dampf in einem Kondensator aufgefangen und wieder dem Dampfkreislauf zugeführt, um die erforderliche Süßwassermenge zu verringern.

Das erste mit einer Dampfmaschine russischer Bauart angetriebene Fahrzeug hatte bereits 1769 der Franzose *Nicholas Cugnot* (1725–1804) vorgestellt. Es war schwer zu lenken und besaß keine Bremsen – daher beendete es die erste Vorführung in einer Kasernenmauer (Abb. 8–13).

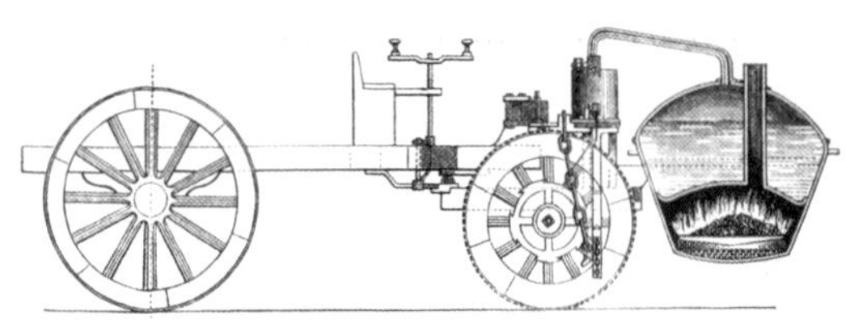

Abb. 8–13 Dampfwagen (Nicolas Cugnot, 1769)

Für den Einsatz als maschineller Antrieb in Fahrzeugen bedurfte es zahlreicher weiterer Verbesserungen der Dampfmaschine. Die von *Richard Trevithick* (1771–1833) im Jahr 1802 entwickelten Hochdruck-Dampfmaschinen erhöhten den Wirkungsgrad noch einmal und verringerten zugleich

das Gewicht erheblich. Watt hatte Hochdruck-Dampfmaschinen Zeit seines Lebens für zu gefährlich gehalten.

Trevithick gelang im Jahr 1804 die Konstruktion der ersten Lokomotive, die ohne Last eine Geschwindigkeit von ca. 25 km/h erreichte und fünf Tonnen Last über eine Strecke von 17,5 km zog (Abb. 8–14). Damit begann das Zeitalter der Eisenbahn.

Schließlich wurden auch mit Dampfmaschinen angetriebene Nutzfahrzeuge gebaut. Wegen des hohen Gewichts kamen sie vor allem in der Landwirtschaft und im Straßenbau zum Einsatz. Ein Modell einer solchen mobilen Dampfmaschine (*Lokomobil*) aus dem Jahr 1915 brachte fischertechnik anlässlich des 30jährigen Jubiläums im Jahr 1995 als Baukasten heraus.

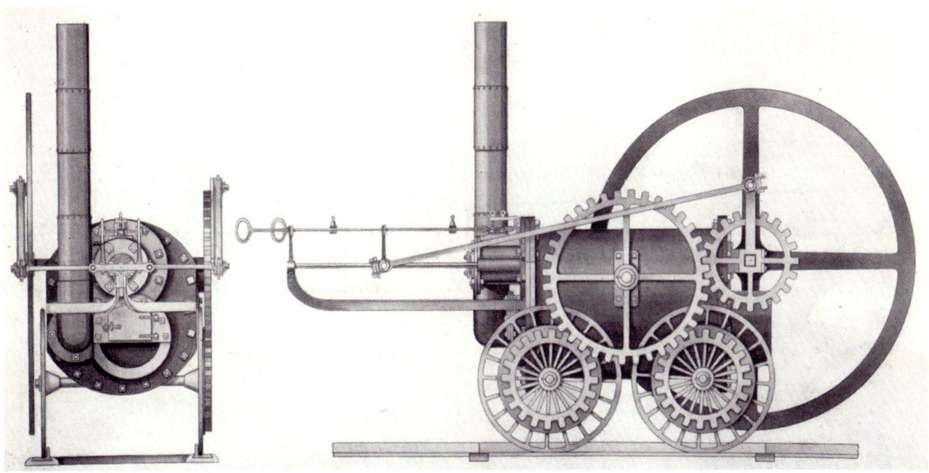

Abb. 8–14 Erste Dampflokomotive von Richard Trevithick (1804)

Das Dampfmaschinenmodell

Zwar lässt sich mit fischertechnik keine echte Dampfmaschine konstruieren – die Kunststoffteile würden eine Erhitzung auf mehr als 100°C nicht verzeihen. Trotzdem gibt es eine Möglichkeit, ein dem Prinzip der Dampfmaschine entsprechendes Funktionsmodell zu konstruieren: mit Druckluft. Der Pneumatik-Zylinder erlaubt eine beidseitige Einleitung von Druckluft; damit lässt sich ein doppelwirkender *Druckluftmotor* ähnlich einer Watt'schen Dampfmaschine konstruieren. Bereits im fischertechnik-*Festo-Pneumatik*-Kasten von 1981 finden sich in der Anleitung mehrere Druckluftmotor-Modelle. Darunter ist auch

Abb. 8–15 Druckluftmotor mit Balancier (1981)

ein Modell mit Balancier, das dem Funktionsprinzip der ersten Watt'schen Dampfmaschinen recht nahe kommt (Abb. 8–15)

In derselben Anleitung ist auch ein »liegender Luftmotor mit festem, doppelt wirkendem Zylinder« beschrieben (Abb. 8–16).

Aus welchen Baugruppen besteht nun ein solches Dampfmaschinenmodell? Neben dem Druckluftkompressor und dem Kolben sind es im Wesentlichen vier Komponenten, die zu entwickeln sind:

- *Getriebe*: Umwandlung der Auf-und-ab-Bewegung des Kolbens (*Oszillation*) in eine Drehbewegung (*Rotation*)
- *Geradführung*: Mechanik, die verhindert, dass der Kolben verkantet
- *Schwungrad*: Energiespeicher zur Überwindung der Totlage des Getriebes
- *Regelung der Luftdruckzufuhr*: Wechselseitige Einleitung der Druckluft zum richtigen Zeitpunkt auf die richtige Seite des Kolbens, abhängig von der Position des Kolbens im Zylinder.

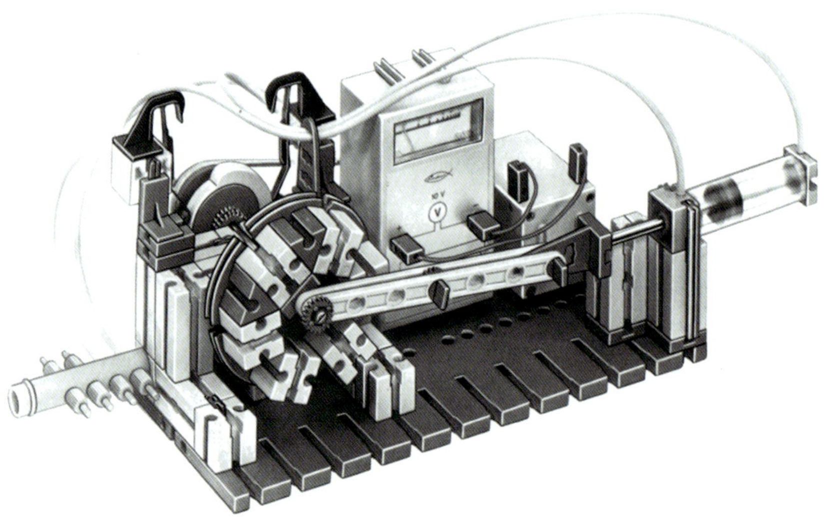

Abb. 8–16 Liegender Druckluftmotor (1981)

Das Getriebe

Zur Umwandlung der oszillierenden Schubbewegung des Kolbens im Zylinder in eine Drehbewegung verwendete James Watt ein *Planetengetriebe* (s.o.), für das er 1781 ein Patent erhielt (Abb. 8–17).

Es bestand aus zwei Zahnrädern, von denen eines (das *Sonnenrad*) auf der Antriebsachse befestigt und das andere (das *Planetenrad*) über eine Strebe fest mit dem Balancier verbunden war. Bei der Auf-und-ab-Bewegung des Balanciers drehte das Planetenrad sich um das Sonnenrad – und trieb so die Welle an.

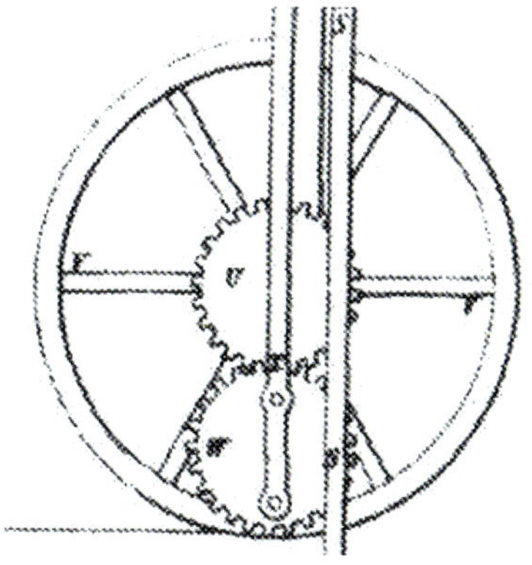

Abb. 8–17 Watts Planetengetriebe (Patent No. GB 1321 von 1781)

Es gibt verschiedene Möglichkeiten, ein fischertechnik-Zahnrad fest mit einer Strebe zu verbinden. Die eleganteste gelingt mit einem Z30 und einem Verbindungsstopfen: Zwar liegt der Abstand der Löcher im Z30 vom Zahnradmittelpunkt mit 16 mm nicht ganz im Raster (15 mm) – mit etwas Kraft lässt sich dennoch eine I-Strebe mit Loch über Achse und Verbindungsstopfen fest mit einem Z30 verbinden.

Für die Führung des solcherart fixierten Z30 um ein zweites Z30 auf der Antriebswelle kann eine I-Strebe 45 verwendet werden – damit liegen wir wieder im Raster (Abb. 8–18).

Abb. 8–18 Watt'sches Planetengetriebe

Dieses Planetengetriebe ist zugleich eine Übersetzung: Bei einer Auf-und-ab-Bewegung des Balanciers wird das Sonnenrad einmal gedreht und zugleich das Planetenrad einmal abgerollt. Haben beide Zahnräder dieselbe Zahl an Zähnen, dreht sich die Antriebsachse also zweimal.

Wir werden später sehen, dass uns zwei gleiche Zahnräder die Steuerung der Druckluftzufuhr erheblich erleichtern.

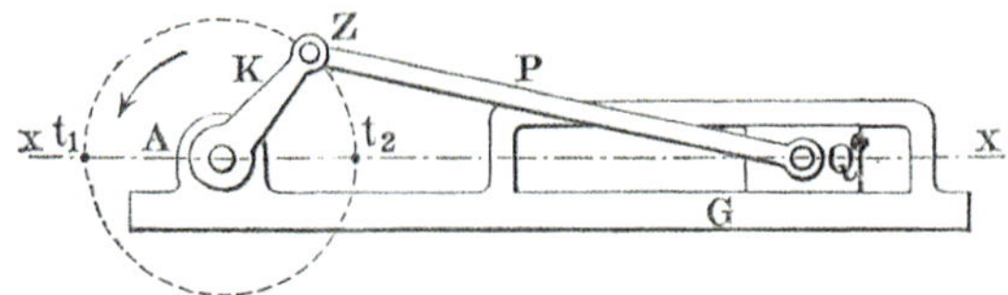

Abb. 8–19 Schubkurbelgetriebe

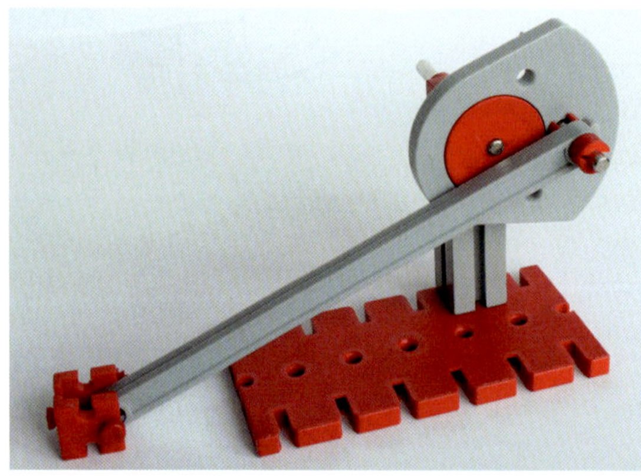

Abb. 8–20 fischertechnik-Schubkurbelgetriebe

Nach Ablauf des Patentschutzes verwendeten auch die Dampfmaschinen von Boulton & Watt ein *Schubkurbelgetriebe*. Dabei wird die Kolbenstange *P* (auch *Pleuel* genannt) mit einer auf der Antriebsachse (*Welle*) montierten Kurbel *K* verbunden (Abb. 8–19).

Dass Watt von Pickards Patent überrascht wurde, verwundert nicht – Schubkurbelgetriebe waren bereits seit Jahrhunderten bekannt. Das älteste bekannte Schubkurbelgetriebe fand man in einer Reliefzeichnung einer römischen Sägemühle auf einem Sarkophag eines Müllers aus Hierapolis. Es datiert aus dem 3. Jahrhundert, war also zu Lebzeiten Watts bereits seit über 1.500 Jahren bekannt (siehe Kapitel 2, *Das Getriebe*, S. 19–20).

Mit fischertechnik gelingt eine ziemlich »naturgetreue« Konstruktion eines solchen Schubkurbelgetriebes mit der Segmentscheibe: Die Kolbenstange wird dazu über ein Rollenlager mit einer Rastachse 20 an einer Pleuelstange aus zwei Statik-Streben X-127,2 befestigt (Abb. 8–20).

Statt der Segmentscheibe kann man auch eine Drehscheibe 60, ein Z30 oder ein Z40 verwenden, denn die Löcher für die Befestigung der Metallachse 30 haben alle dieselbe Position (16 mm vom Achsmittelpunkt).

Beide Getriebe – das Schubkurbel- und das Planetengetriebe – haben jedoch zwei prinzipielle Nachteile:

- Die Umwandlung der Schub- in eine Rotationsbewegung erfolgt nicht gleichmäßig und
- das Getriebe erreicht in zwei Punkten die sogenannte *Totlage*.

Betrachten wir zunächst das erste Problem genauer. Die Schemazeichnung in Abb. 8–21 macht es anschaulich: Sei *p* die Länge der Pleuelstange (rot), *r* der Radius der Segmentscheibe (blau), *M* der Mittelpunkt der Welle, *A* und *B* die äußersten Positionen des Endes *S* der Pleuelstange und *O* deren Mittelpunkt. Dann erkennen wir, dass das Ende der Pleuelstange nach einer 45°-Drehung der

Segmentscheibe weniger als ein Viertel des Wegs zurückgelegt hat – und nach einer 90°-Drehung deutlich mehr als die Hälfte.

Was bedeutet das für unsere Dampfmaschine? Klar: Das Drehmoment eines Kolbenhubs ändert sich während einer Umdrehung; Segmentscheibe und Welle werden daher mal stärker, mal schwächer angetrieben.

Woher kommt das? Die Erklärung ist einfach: Der Abstand zwischen dem einen Ende der Pleuelstange *S* und dem Achsenmittelpunkt *M* ist nicht gleich *p* – sondern (nach dem *Satz des Pythagoras*) gleich

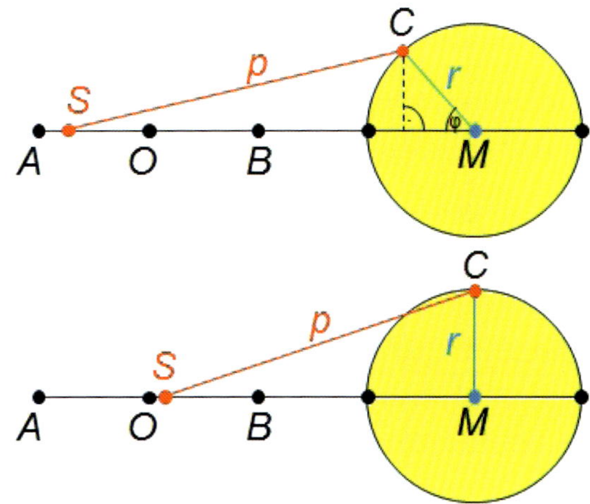

Abb. 8–21 Schubkurbelgetriebe nach 45°- und 90°-Drehung der Segmentscheibe

$$\overline{SM} = r \cdot \cos\varphi + \sqrt{p^2 - r^2 \cdot (\sin\varphi)^2}$$

Gut zu erkennen ist der ungleichmäßige Verlauf, wenn man den Kolbenhub *h*, den Abstand zwischen *A* und *S*, in Abhängigkeit vom Drehwinkel φ, um den sich die Segmentscheibe dreht, ausdrückt. Dabei folgt direkt aus unserer ersten Formel:

$$h = \overline{AS} = p + r - \overline{SM} = p + r - r \cdot \cos\varphi + \sqrt{p^2 - r^2 \cdot (\sin\varphi)^2}\ .$$

Das Ergebnis zeigt die Kurve in Abb. 8–22 für unser Planetengetriebe (r = 4,5 cm) mit einer I-105-Strebe als Pleuelstange (p = 10,5 cm): Erst nach 61% des Kolbenhubs hat sich die Segmentscheibe um 90° gedreht.

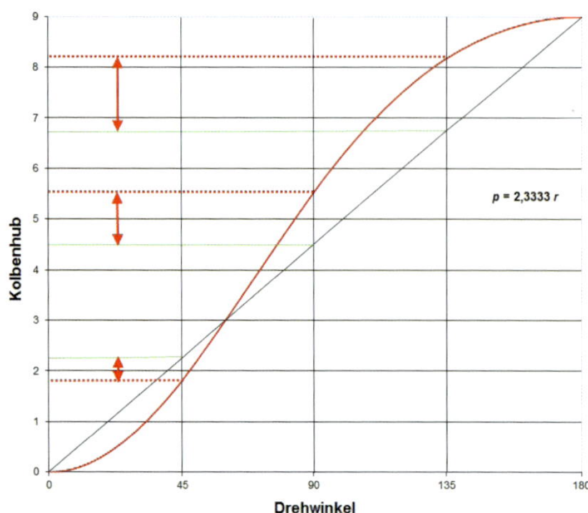

Abb. 8–22 Kolbenhub in Abhängigkeit vom Drehwinkel (für p = 2,3333 r)

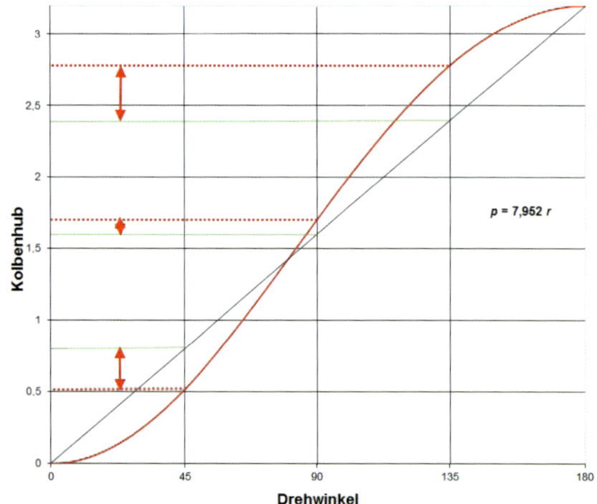

Abb. 8–23 Kolbenhub und Drehwinkel bei unserem Schubkurbelgetriebe

Beim Planetengetriebe verstärkt sich der Effekt durch die Bewegung des Balanciers: Der Punkt *S* in unserer Schemazeichnung in Abb. 8–22 überstreicht während der Drehung des Z30 zweimal dasselbe Kreissegment.

Da sich diese Ungleichmäßigkeit nicht vermeiden lässt, bleibt nur, sie durch eine geeignete Konstruktion zu verringern – den Verlauf des Kolbenhubs also der Diagonalen anzunähern. Das gelingt, indem *p* (die Pleuelstange) deutlich größer gewählt wird als der Radius *r*. In unserem Schubkurbelgetriebe hat die Pleuelstange eine Länge von *p* = 127,2 mm, ist also 7,95-mal so lang wie der Radius der Segmentscheibe. Das Resultat sieht man in Abb. 8–23: Die Verlaufskurve ist deutlich »geglättet«, und die 90° werden bereits nach 53 % des Kolbenhubs erreicht.

Auch bei unserem Planetengetriebe ließe sich die Ungleichmäßigkeit durch kleinere Zahnräder und eine längere Pleuelstange verringern. Allerdings ist die Fixierung der kleineren Zahnräder an einer Strebe nicht so stabil und elegant möglich.

Das Schwungrad

Der zweite Schwachpunkt der beiden vorgestellten Getriebe ist, dass das Getriebe beim Wechsel der Schubrichtung des Kolbens bzw. des Balanciers die *Totlage* erreicht, nämlich genau dann, wenn die Strebe bzw. die Pleuelstange und die Antriebswelle auf einer Linie liegen (Abb. 8–24). Bleibt der Kolben exakt in einer dieser Positionen stehen, kann ihn keine noch so starke Schubkraft mehr bewegen, da der Schub aus dieser Position nicht in eine Drehbewegung umgewandelt werden kann.

Daher benötigt man einen Mechanismus, mit dem man erreicht, dass sich die Antriebswelle bei jeder Umdrehung über die Totlage hinaus dreht.

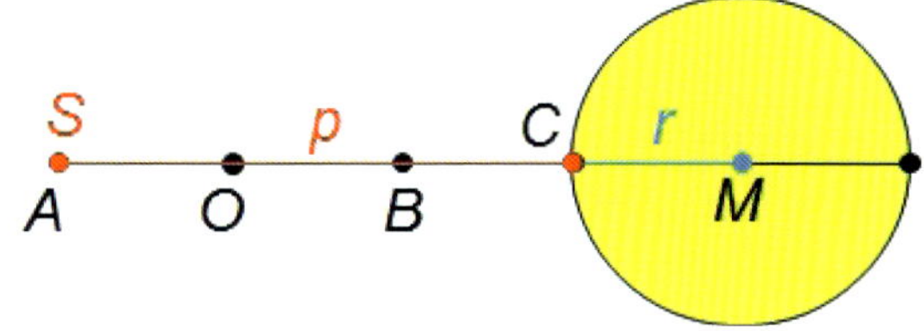

Abb. 8–24 Totlage

Dazu machte James Watt sich ein Phänomen zunutze, das der Mathematiker *Leonhard Euler* (1707–1783) wenige Jahre zuvor – im Jahr 1740 – erstmals systematisch untersucht hatte: die *Massenträgheit*. Darunter versteht man den Widerstand jedes Objekts gegen jede Änderung seines Bewegungszustands.

Das Prinzip kennt man vom Radfahren: Beim Anfahren braucht man viel Kraft, bis das Fahrrad die gewünschte Geschwindigkeit erreicht hat. Umgekehrt bleibt es aber keineswegs stehen, wenn man aufhört zu treten, sondern rollt weiter – zum Anhalten oder Verlangsamen muss man bremsen.

Watt nutzte die Massenträgheit bei seiner Dampfmaschine, indem er auf die Antriebswelle ein *Schwungrad* montierte: Erreicht der Kolben die Totlage, sorgt die Trägheit des Schwungrads dafür, dass die Welle darüber hinwegdreht. Ein Schwungrad ist also ein kleiner Energiespeicher: Beim Starten »schluckt« es Energie (und verlangsamt damit zunächst die Drehbewegung) und gibt diese Energie wieder ab, wenn die Kraftzufuhr abnimmt oder ausbleibt.

Das Schwungrad hat noch einen zweiten positiven Effekt auf den ersten Nachteil unserer Getriebe: Es gleicht Ungleichmäßigkeiten aus. Das ist besonders bei einer niedrigen Frequenz des Kolbens wie bei unserem Dampfmaschinenmodell spürbar.

Abb. 8–25 Schwungrad aus Bausteinen 30

Das Schwungrad muss so konstruiert sein, dass die Kraft eines einzigen Kolbenhubs es so stark beschleunigt, dass es gleich die erste Totlage überwindet. Dazu darf es einerseits nicht zu schwer sein, muss aber andererseits schwer genug sein, damit seine Massenträgheit ausreicht.

Auch ohne zu wissen, wie man die Trägheit berechnet, leuchtet ein, dass es bei der Konstruktion vor allem auf

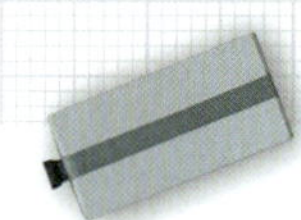

die Masse am äußeren Rand des Schwungrads ankommt, denn sie legt bei einer Umdrehung den längsten Weg zurück und bewegt sich damit am schnellsten. Der Rand des Schwungrads hat daher den größten Anteil an der Massenträgheit; sie wird im Wesentlichen vom Radius und dem Gewicht der Bausteine bestimmt.

Die naheliegende Lösung, das Schwungrad aus sechs Flachträgern 120 mit Bogenstücken 60° zu konstruieren, ist daher ungeeignet – das Schwungrad wäre viel zu leicht. Der äußere Ring sollte aus Bausteinen 30 und Winkelsteinen bestehen und einen ausreichenden Radius aufweisen (Abb. 8–25).

Die Geradführung

Sowohl beim Planetengetriebe als auch beim Schubkurbelgetriebe musste Watt dafür sorgen, dass die Kolbenstange des Dampfzylinders gerade geführt wurde und nicht verkantete – genau das würde passieren, wenn man sie direkt mit dem Balancier oder der Segmentscheibe verbinden würde.

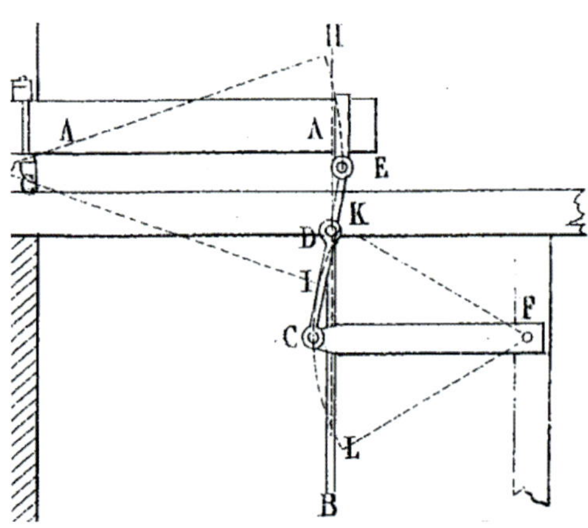

Abb. 8–26 Geradführung von James Watt (Patent No. GB 1432 von 1784)

Für seine erste Dampfmaschine mit Planetengetriebe entwickelte er zu diesem Zweck eine *Geradführung* (Abb. 8–26). Der Punkt *D* bewegt sich auf einer fast geraden Linie, wenn sich der Balancier *A* (und damit das Gelenk *E*) nach oben oder unten bewegt.

Für die Balancier-Dampfmaschine konstruierte Watt eine Variante, bei der er die Geradführung um ein Gelenkparallelogramm erweiterte – das *Watt'sche Parallelogramm*, auf dessen Erfindung er nach eigenem Bekunden besonders stolz war (Abb. 8–27).

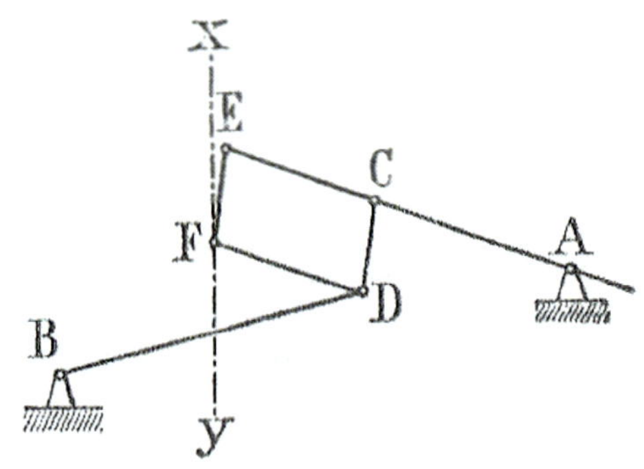

Abb. 8–27 Watt'sches Parallelogramm

Dabei müssen die Streben der Geradführung in den folgenden Verhältnissen zueinander stehen, damit der Punkt *F* sich entlang der Geraden durch *X* und *Y* bewegt: $\overline{AC} = \overline{BD}$, $\overline{EC} = \overline{FD}$ und $\overline{EF} = \overline{CD}$.

Mit fischertechnik gelingt ein Nachbau dieses Parallelogramms mit wenigen I-Streben. Es wird mit Rollenlagern an der Unterseite des Balanciers befestigt (Abb. 8–28).

Tatsächlich ließe sich mit fischertechnik das Problem der Geradführung einfacher lösen: durch einen Gelenkwürfel unter dem Kolben – eine Möglichkeit, die für Watt wegen des Gewichts des Dampfkolbens keine Option darstellte (Abb. 8–29).

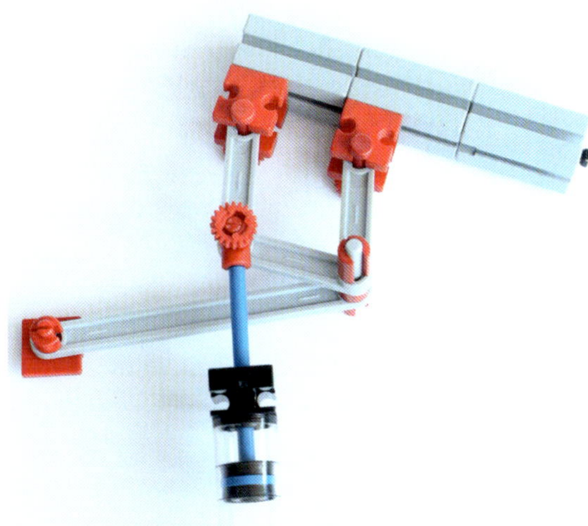

Abb. 8–28 Watt'sches Parallelogramm mit fischertechnik

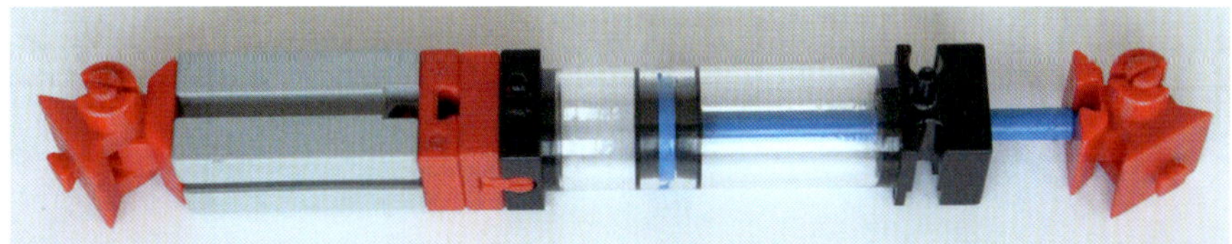

Abb. 8–29 Geradführung durch Gelenkwürfel

Beim Schubkurbelgetriebe wird ein Verkanten der Kolbenstange verhindert, indem zwischen Kolbenstange und Rollenlager ein Baustein 15 montiert wird, der mit zwei Gelenkwürfel-Klauen mit Lagerhülse auf zwei parallelen Metallachsen 110 geradegeführt wird (Abb. 8–30).

Abb. 8–30 Geradführung der Kolbenstange im Schubkurbelgetriebe

Diese müssen exakt ausgerichtet sein, damit die Lagerhülsen darauf reibungsfrei gleiten.

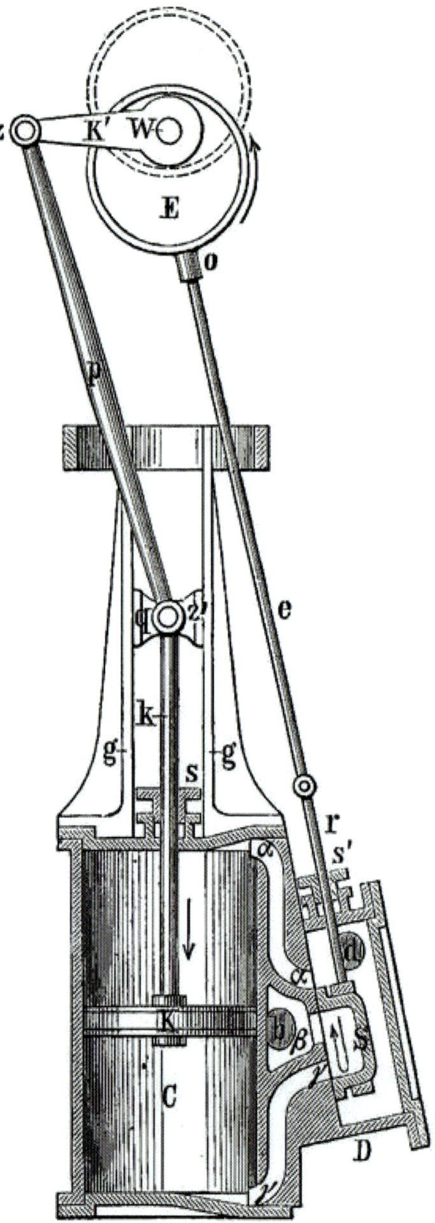

Abb. 8–31 Regelung der Dampfzufuhr

Die Druckluftzufuhr

Die Regulierung der Dampfzufuhr erfolgte bei Watts Dampfmaschinen durch einen mit der Antriebswelle gekoppelten Schieber. Abb. 8–31 zeigt, wie der Schieber von einem mit der Welle (W) verbundenen Gestänge und einer Exzenterscheibe (E) gesteuert den Dampf abwechselnd in die eine oder die andere Kolbenseite einließ.

Mit fischertechnik lässt sich die Regelung der Druckluftzufuhr zu den beiden Kolbenseiten auf dreierlei Art und Weise realisieren.

Wer einen fischertechnik-*Festo-Pneumatik*-Kasten sein Eigen nennt, kann die Regelung von einer Schaltscheibe vornehmen lassen, die über zwei Rollenhebel abwechselnd eines von zwei P-Ventilen betätigt. Das eine versorgt den Kolben von oben, das andere von unten mit Druckluft (Abb. 8–32).

Abb. 8–32 Druckluftzufuhr mit Schaltscheibe, Rollenhebeln und P-Ventilen

Leider sind Rollenhebel und P-Ventile in den aktuellen Pneumatik-Kästen nicht mehr enthalten. Aber auch mit dem Pneumatik-Handventil lässt sich eine automatische Regelung der Druckluftzufuhr realisieren.

Wir benötigen dafür vor allem ein möglichst leichtgängiges Handventil, dazu einen Gelenkstein 45 (ohne Feder), zwei Bausteine 15 × 30 × 3,75 mit Nut, einen Baustein 7,5 und ein Verbindungsstück 15. Mit wenigen Handgriffen setzen wir daraus einen Ventilumschalthebel zusammen, den wir anschließend von einer Pleuelstange betätigen lassen können (Abb. 8–33). Knifflig ist aber die Steuerung dieses Hebels. Er hat einen großen »Schaltweg« – der 1,6-cm-Radius einer Segment- oder Nockenscheibe reicht dafür nicht aus.

Abb. 8–33 Umschalthebel für Druckluftzufuhr

Also benötigen wir eine Kurbelwelle, die geeignet (z.B. mit einer Strebe und einer Radachse) mit dem Hebel gekoppelt wird – ein umgekehrtes Schubkurbelgetriebe (Abb. 8–34).

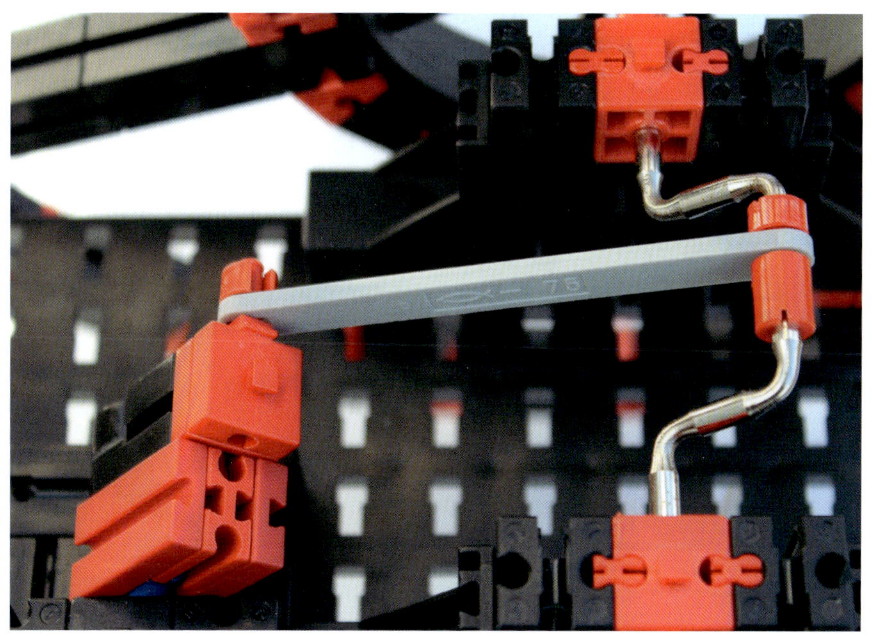

Abb. 8–34 Steuerung der Druckluftzufuhr

Schließlich gibt es noch die Möglichkeit, mit der Schaltscheibe und zwei Tastern die Magnetventile zu steuern (Abb. 8–35).

Abb. 8–35 Schaltscheibe mit Tastern

Abb. 8–36 Modell der Watt'schen Dampfmaschine mit Planetengetriebe

Beim Einbau einer der Steuerungen für die Druckluftzufuhr in die Dampfmaschine mit Planetengetriebe muss man beachten, dass die Antriebswelle sich mit einer höheren Frequenz dreht als die Kolbenbewegung. Sind Planeten- und Sonnenrad gleich groß, muss man die Umdrehung der Antriebswelle nur 2:1 untersetzen, um den Rhythmus der Kolbenbewegung zurück zu erhalten. In unserem Modell lösen wir das durch ein Kettengetriebe (Z10 auf Z20).

Die Abbildungen 8–36 und 8–37 zeigen die fertigen Modelle: Watts ursprüngliche Dampfmaschine mit Planetengetriebe und Watt'schem Parallelogramm aus dem Jahr 1782 und eine liegende Einzylinder-Dampfmaschine vom Anfang des 19. Jahrhunderts.

Abb. 8–37 Modell einer liegenden Dampfmaschine mit Schubkurbelgetriebe

Mehr als 100 Jahre waren Dampfmaschinen die dominierenden Kraftmaschinen. Sie wurden für unterschiedliche ortsfeste und mobile Anwendungen eingesetzt und ständig weiterentwickelt.

Anfang des 20. Jahrhunderts wurden Dampfmaschinen zunehmend von Verbrennungsmotoren (zur Fortbewegung) und Dampfturbinen (zur Stromerzeugung) verdrängt. Lediglich auf Schienen und Schiffen konnten sie sich noch länger halten – bis sich auch hier Diesel- und Elektroantriebe durchsetzten.

Das Prinzip der Dampfmaschine – die Umsetzung von Wärme- in Bewegungsenergie durch Dampferzeugung – lebt jedoch bis heute weiter: in Gestalt der Dampfturbinen in Kohle- und Atomkraftwerken.

Literatur

[1] Theodor Beck: *Leonardo da Vinci (1452–1519). Vierte Abhandlung: Codice atantico*. Zeitschrift des VDI, Sonderdruck, Berlin 1906.

[2] Luis Figuier: *Les Merveilles de la Science*. Paris, 1867.

[3] fischertechnik: *Mobile Dampfmaschine anno 1915*. Fischerwerke, 1995.

[4] fischertechnik: *Pneumatik*. Fischerwerke, 1981.

[5] Artur Fürst: *Das Weltreich der Technik. Band 4: Lastenförderung, Kraftmaschinen, elektrischer Starkstrom*. Verlag Ullstein, 1927.

[6] Klaus Grewe: *Die Reliefdarstellung einer antiken Steinsägemaschine aus Hierapolis in Phrygien und ihre Bedeutung für die Technikgeschichte*. In: Martin Bachmann (Hrsg.): *Bautechnik im antiken und vorantiken Kleinasien*. 2009, S. 429–454.

[7] Werner Kiefer: *James Watt und die Dampfmaschine*. Film (15 min.) aus der Sendereihe »Meilensteine der Naturwissenschaft und Technik« des Schulfernsehens der ARD, 2005.
http://www.youtube.com/watch?v=AqvzJvxmuF8.

[8] Conrad Matschoss: *Geschichte der Dampfmaschine*. Köln, 1901.

[9] Siegfried Mrowka: *Kleine Erfinder – große Ideen*. Modellanhang. Ein fischertechnik-Buch, Fischerwerke Tumlingen, 1972.

[10] Achim Scheunert: *Sieg der Feuermaschine*. Doku-Drama, 2008.
http://www.zdf.de/ZDFmediathek/content/692352?inPopup=true.

[11] Carl Eckoldt: *Kraftmaschinen I*. Beiträge zur Technikgeschichte für die Aus- und Weiterbildung. Deutsches Museum, 2002.

9 Die Achsschenkel-lenkung

Die Lenkung war Ende des 19. Jahrhunderts eine der technischen Herausforderungen bei der Entwicklung des Motorwagens (später »Automobil« genannt). Denn bei den in der Regel von Pferden gezogenen Wagen und Kutschen herrschten einfache Lenksysteme wie die Drehkranzlenkung vor, die bei einem motorgetriebenen Fahrzeug verschiedene gewichtige Nachteile haben. Aus Mangel an Alternativen war eines der ersten Automobile, der patentierte Benz-Motorwagen von 1886, zunächst ein Dreirad mit Gabellenkung, bis Carl Benz die Achsschenkellenkung erfand – zum dritten Mal.

Die Entwicklung der Lenkung

Die ersten Transporthilfen der Menschen waren von Mensch oder Tier gezogene *Schleifen* aus größeren Astgabeln, Vorformen des Schlittens. Für Schleifen und einfache Schlitten wurde keine Lenkung benötigt, da sie einfach um eine Kurve gezogen werden konnten.

Erst mit dem Aufkommen von vierrädrigen Karren, nachgewiesen auf Tontafelzeichnungen aus Uruk (3000–2800 v. Chr.), stellte sich das »Lenkproblem«. Zunächst wurden die mit einer Deichsel versehenen Wagen wahrscheinlich von den Zugtieren in die richtige Spur gedrückt, möglicherweise wurde der Wagen auch vorne angehoben, um die Richtung zu korrigieren.

Schwenkachslenkung

Bei engen Kurven oder schwerer Ladung funktionieren »Drücken« und »Umheben« allerdings nicht mehr. So entstanden die ersten Lenkungen, die für eine Drehung der Vorderachse um den Achsmittelpunkt sorgten. Sie werden auf die Zeit um 500 v. Chr. datiert und verwendeten einen *Reibnagel*, einen senkrechten Bolzen, der die drehbare Achse mit einem Längsholz (*Langbaum*) in der Wagenmitte verband.

Für die Reibnagellenkung mussten sich alle vier Räder unabhängig voneinander drehen können, da das jeweils äußere Rad in einer Kurve eine längere Wegstrecke zurücklegt – eine Anforderung, der man durch die Verwendung von freilaufenden Radnaben nachkam.

Abb. 9–1 Reibnagellenkung

Schon mit den »klassischen« Bauteilen der frühen fischertechnik-Kästen lassen sich Reibnagellenkungen mit relativ wenigen Bauteilen konstruieren. Als Reibnagel dient dabei eine kurze Metall- oder Kunststoffachse 30, auf der wir als Vorderachse einen Lenkbalken montieren. Die Spurbreite ist durch das Maß des Lenkbalkens auf 7,5 cm festgelegt (Abb. 9–1).

Nachteile der Reibnagellenkung waren die großen Zugkräfte, die auf den Reibnagel wirkten (und für hohen Verschleiß sorgten), und die Instabilität des Fahrzeugs (Kippneigung), die bereits bei relativ kleinen Lenkeinschlägen entstand.

Verbessert wurde die Lenkung durch die Einführung des Reibscheits – eines Querholzes, das hinter dem Reibnagel beim Lenken an der Unterseite des Langholzes entlang rieb und den Wagen stabilisierte (Abb. 9–2). In Gräbern der keltischen Hallstattkultur wurden Totenwagen mit Reibscheitlenkung gefunden; sie stammen aus der Zeit um 500 v. Chr.

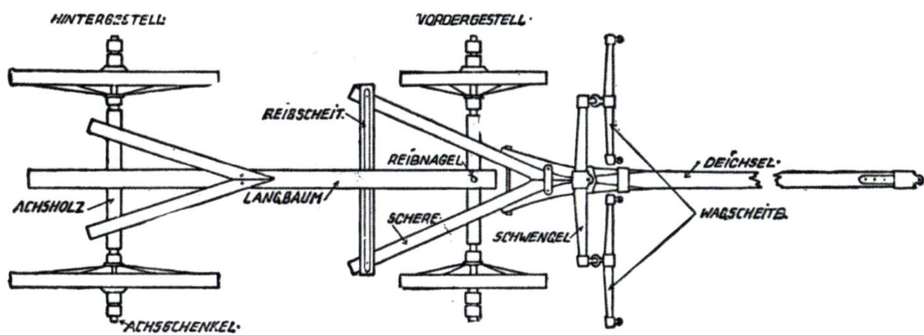

Abb. 9–2 Reibscheitlenkung

Die Konstruktion mit fischertechnik gelingt leicht, indem man die Zugstreben nach hinten verlängert und mit einem geeigneten Reibscheit verbindet (Abb. 9–3).

Abb. 9–3 fischertechnik-Reibscheitlenkung

Eine Vergrößerung des Lenkeinschlags (die kleinere Spurkreise ermöglichte) gelang mit der *Drehschemellenkung*.

Der Langbaum erhielt einen fest montierten Vorderachsträger, unter dem sich die Lenkachse um den Reibnagel hinwegdrehte. Damit ließ sich der Wagenaufbau unabhängig von der Achse konstruieren (Abb. 9–4).

Mit fischertechnik lässt sich eine simple Drehschemellenkung sehr einfach mit einem Gelenkbaustein 45 realisieren (wie im Traktormodell der Bauanleitung zum *mot1*-Kasten) – gut geeignet für einen Anhänger (Abb. 9–5).

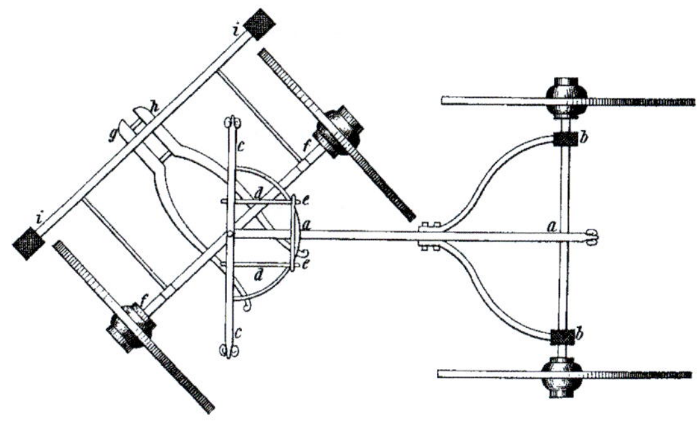

Abb. 9–4 Drehschemellenkung (um 1890)

Abb. 9–5 Drehschemellenkung (Gelenkbaustein)

Bereits die Römer verfügten über Wagen mit Drehschemellenkung. Eine Rekonstruktion eines solchen römischen Reisewagens findet sich im Römisch-Germanischen Museum in Köln (Abb. 9–6). Die »Passagierkabine« hing an Lederriemen über dem Fahrgestell und dämpfte die Stöße bei Fahrbahnunebenheiten – und konnte zudem leicht gegen einen anderen Aufsatz getauscht werden.

Abb. 9–6 Römischer Reisewagen (Foto: Nicolas von Kospoth, Wikipedia)

Mit dem Ende des Weströmischen Reiches (480 n. Chr.) verfielen auch die römischen (Fern-)Straßen – und das Pferd verdrängte den Wagen. Damit verschwand das Wissen um die Lenksysteme und wurde erst in der Renaissance im 15. und 16. Jahrhundert mit der Belebung des Fernhandels wiederentdeckt.

Auf Abbildungen von Reisewagen aus dieser Zeit ist zu erkennen, dass nach wie vor Drehschemellenkungen mit Reibscheit eingesetzt wurden. Erst um 1637 kam es mit der *Drehkranzlenkung* zu einer weiteren Verbesserung des Lenksystems – etwa 1.200 Jahre nach der Entwicklung der

Drehschemellenkung. Dabei wurde das Reibscheit durch einen hölzernen oder (verschleißärmeren) Metall-Drehkranz ersetzt (Abb. 9–7). Damit gewann das Fahrzeug an Stabilität, der maximale Lenkeinschlag vergrößerte sich und der Reibungswiderstand beim Lenken sank deutlich.

Abb. 9–7 Postkutsche mit Drehkranzlenkung (Museum für Kommunikation, Frankfurt)

Drehkranzlenkungen waren bis ins 20. Jahrhundert bei Kutschen und Pferdewagen sehr beliebt und verbreitet.

In den meisten frühen fischertechnik-Bauanleitungen findet man eine sehr einfache Drehkranzlenkung mit einer geteilten Starrachse unter Verwendung einer Drehscheibe 60. Die »Reibnagel«-Achse wird dabei über ein Kardangelenk mit dem Lenkrad verbunden. Originalgetreuer gelingt die Konstruktion mit einer zweiten, an der Grundplatte befestigten Drehscheibe 60 ohne Nabe (Abb. 9–8) oder einem Drehkranz.

Abb. 9–8 fischertechnik-Drehkranzlenkung

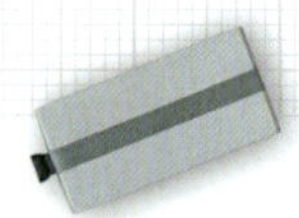

Abb. 9–9 Kutsche der Lohnerwerke (um 1895)

Der größte Nachteil aller Schwenkachslenkungen ist jedoch der Stabilitätsverlust in Kurven, der das Fahrzeug bei starkem Lenkeinschlag zum Kippen bringen kann. Außerdem benötigt die Schwenkachslenkung für den Radeinschlag große Aussparungen im Wagenkasten, wenn der Spurkreis nicht zu groß werden soll.

Häufig wurden daher Vorderräder mit kleineren Durchmessern verwendet, was allerdings den Fahrkomfort auf den damaligen Straßen (Steine, Schlaglöcher) verringerte und den Verschleiß an den Wagenrädern erhöhte (Abb. 9–9).

In einigen Kutschentypen wurde daher alternativ oder zusätzlich das Vordergestell (Kutschersitz) nach vorne verlegt, was aber zu einem höheren Radstand (Abstand zwischen Vorder- und Hinterachse) und damit schlechterer Manövrierbarkeit führte.

Knicklenkung

Mit einer *Knicklenkung*, realisiert z.B. über ein Scharnier in der Mitte des Fahrzeugs, gelingt es, die Forderung nach großen Raddurchmessern (Fahrkomfort) mit einem kleineren Spurkreis zu vereinbaren.

Abb. 9–10 Stephan Farfler (1633–1689)

Der erste Wagen mit Knicklenkung stammt wahrscheinlich von *Stephan Farfler* (1633–1689), einem gehbehinderten Uhrmacher aus Altdorf bei Nürnberg, gefertigt um das Jahr 1685. Der handbetriebene »Einsitzer« wurde durch Körperbewegungen gelenkt.

Die Idee wurde 150 Jahre später vom englischen Wagenbauer *William Bridges Adams* (1797–1872) aufgegriffen und 1835 patentiert. Er baute einige wenige Kutschenkonstruktionen mit Knicklenkung, darunter 1838 den *Equiroyal Phaeton* für den *Duke of Wellington*.

Durchsetzen konnte sich das Prinzip allerdings nicht, da dabei zu viel Platz im Fahrzeug verlorenging – und ein zu starker Lenkeinschlag das Fahrzeug ebenfalls zum Kippen

bringen konnte. Heute werden Knicklenkungen vor allem in Baustellenfahrzeugen wie z.B. Radladern oder Dumpern (Muldenkippern) eingesetzt.

Einzelradlenkung

Große Räder und kleine Spurkreise sind auch mit einer Einzelradlenkung möglich. Verbreitet kommen sie auch heute noch bei zwei- (Fahrrad, Motorrad) und dreirädrigen Fahrzeugen zur Anwendung – allerdings um den Preis einer größeren Kippneigung des Fahrzeugs. Beim Fahrrad (und später dem Motorrad) setzte sich die *Gabellenkung* durch.

Sehr schön erkennt man an der von *Karl Freiherr von Drais* (1785–1851) im Jahr 1817 in Karlsruhe erfundenen »Laufmaschine« (Abb. 9–11) den Einfluss der Lenksysteme seiner Zeit: Die Lenkvorrichtung war im Prinzip eine Reibscheitlenkung mit Reibnagel, wie man in Abb. 9–12 gut erkennen kann.

Wegen des hohen Gewichts und Lenkwiderstands wurde diese Konstruktion sehr bald durch eine Vorderradgabel, ein Steuerrohr und eine Lenkstange ersetzt, so beispielsweise im Hochrad von 1870 (Abb. 9–13).

Abb. 9–11 Laufmaschine (»Draisine«) von Karl Freiherr von Drais (1817)

Abb. 9–12 Draisinenrennen (Karlsruhe, 2002)

Abb. 9–13 Hochrad (ca. 1870)

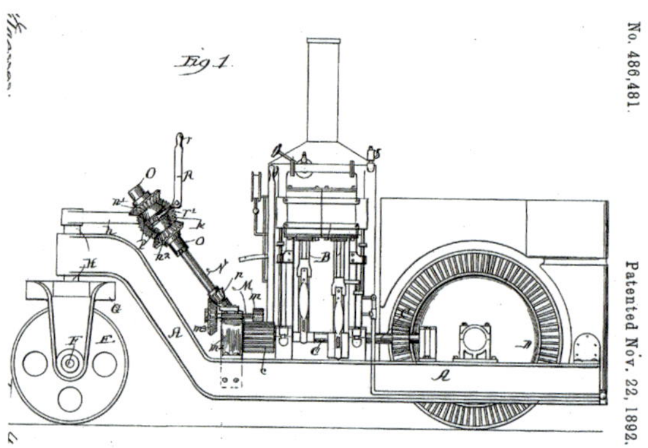

Abb. 9–14 Patentierte Dampfwalze mit Gabellenkung von H. W. Laster (1892)

Auch bei Straßenwalzen wurde die relativ einfache Gabellenkung zum Standard: Die Breite und das hohe Gewicht der Walzen kompensieren bei diesen Fahrzeugen die Kippneigung (Abb. 9–14, 9–15).

Abb. 9–15 Jubiläumsmodell: fischertechnik-Dampfwalze (1995)

Die Lenkung der Vorderachse erfolgte dabei über Ketten, die auf einer Welle auf- bzw. abgewickelt wurden (Abb. 9–16).

Aus Mangel an Alternativen war sogar der erste Motorwagen von *Carl Benz* (1844–1929) aus dem Jahr 1886 ein Dreirad mit Gabellenkung (Abb. 9–17).

Und der erste Daimler/Maybach-Wagen von 1887 besaß ebenfalls eine Gabellenkung – allerdings mit zwei parallel gelenkten, unverbundenen Vorderrädern (Abb. 9–18).

Abb. 9–16 Dampftraktor mit Schwenkachslenkung über Ketten

Abb. 9–17 Patentierter Motorwagen von Carl Benz (1886)

Abb. 9–18 Stahlradwagen von Daimler/Maybach (1887)

Die Achsschenkellenkung

Die Lenkung war eine der größten Herausforderungen bei der Entwicklung motorgetriebener Fahrzeuge. Denn eine Schwenkachslenkung schied wegen der hohen Kippneigung in Kurven und der erforderlichen großen Lenkkräfte aus: Die Lenkachse ist ein großer Hebel, der beim Motorwagen vorne von keinem Zugtier in die gewünschte Richtung gezogen wird, sondern manuell über ein Lenkrad bewegt werden muss. Eine Gabellenkung wiederum ist bei höheren Geschwindigkeiten wegen der Kräfte, die beispielsweise beim Überfahren eines Steins oder Schlaglochs auf die Gabel und das Steuerrohr wirken, zu instabil.

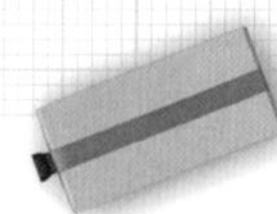

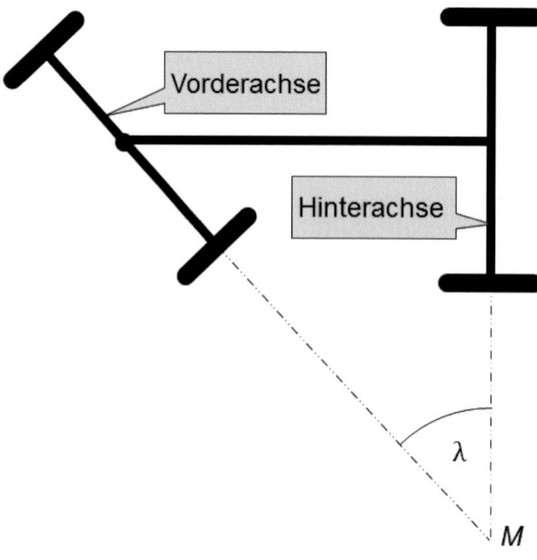

Abb. 9–19 Lenkbedingung (Schwenkachslenkung)

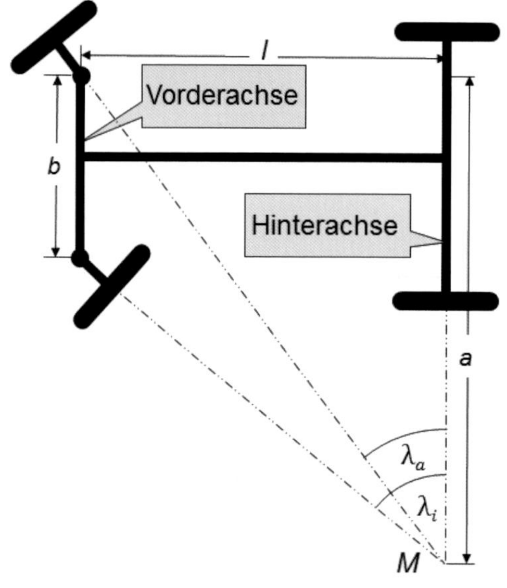

Abb. 9–20 Erfüllung der Lenkbedingung bei spurtreuer Einzelradlenkung

Benötigt wurde eine Einzelradlenkung, die dieselbe Spurtreue erreicht wie eine Schwenkachslenkung. Dabei muss sie die folgende *Lenkbedingung* erfüllen: Die verlängerten Achsen aller vier Räder müssen sich beim Lenken immer in einem Punkt schneiden: dem Mittelpunkt *M* des Spurkreises.

Diese Lenkbedingung erfüllt jede Knick-, Gabel- und Schwenkachslenkung automatisch, wie man an der Skizze in Abb. 9–19 gut erkennen kann.

Anders bei einer Einzelradlenkung: Da liegen bei einem Lenkeinschlag die Achsen der gelenkten Räder nicht auf einer Geraden (Abb. 9–20). Damit alle vier Räder der Lenkbedingung genügen und einem Kreis um denselben Mittelpunkt *M* folgen, muss das innere Rad schärfer einschlagen. Stünden die Achsen der beiden gelenkten Räder parallel, würde das äußere Rad bei der Kurvenfahrt nach innen »drücken«, da es versuchen würde, einen gleich großen Kreisbogen abzurollen wie das innere.

Eine Einzelradlenkung erfordert also unterschiedliche Lenkeinschläge (*Einschlagwinkel*) beim inneren und äußeren Rad.

Zur Erfüllung der Lenkbedingung müssen die Einschlagwinkel so gewählt sein, dass die Verlängerungen der Radachsen sich immer in einem Punkt *M* auf der verlängerten Hinterachse schneiden (Abb. 9–20). Diese Forderung können wir auch mathematisch ausdrücken:

$$\cot \lambda_a = \frac{a}{l}, \ \cot \lambda_i = \frac{a-b}{l}, \text{ also:}$$

$$\cot \lambda_a - \cot \lambda_i = \frac{b}{l}.$$

Auf diese Gleichung werden wir noch zurückkommen.

Wie aber lässt sich eine Lenkung konstruieren, die automatisch links und rechts die Einschlagwinkel so einstellt, dass die Lenkbedingung erfüllt ist?

Entwicklung

Eine solche Lenkung wurde im Jahr 1816 von *Georg Lankensperger* (1779–1847) erfunden, einem Wagenbauer aus München. Er erhielt für seine *Achsschenkellenkung* am 25.05.1816 ein »bayerisches Privileg« und ließ seine Erfindung zwei Jahre später im damals technologisch führenden England über den deutschstämmigen Kunsthändler und ehemaligen Wagenbauer *Rudolph Ackermann* mit dem britischen Patent No. 4212 schützen (Abb. 9–21).

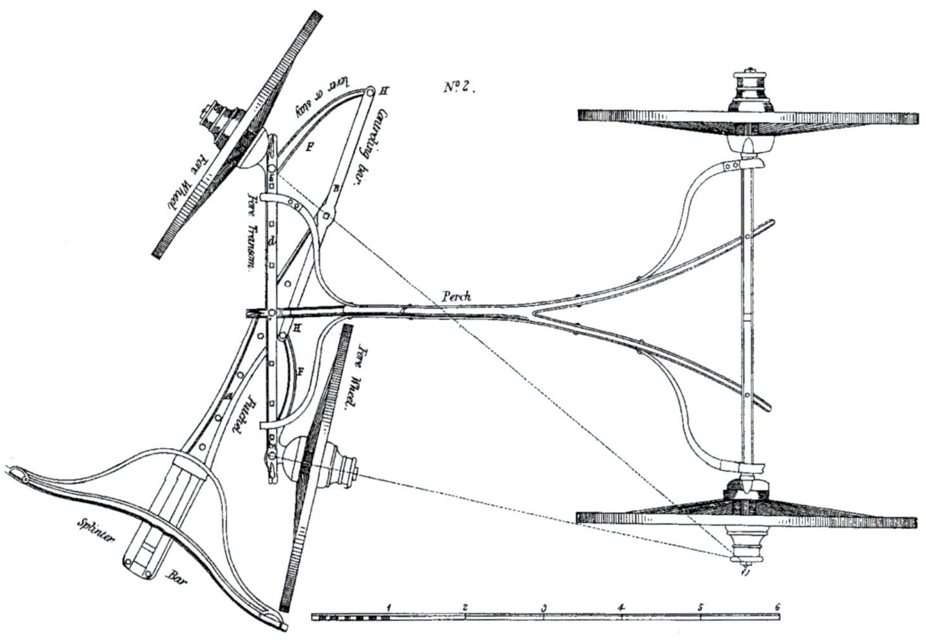

Abb. 9–21 Achsschenkellenkung von Georg Lankensperger (1818)

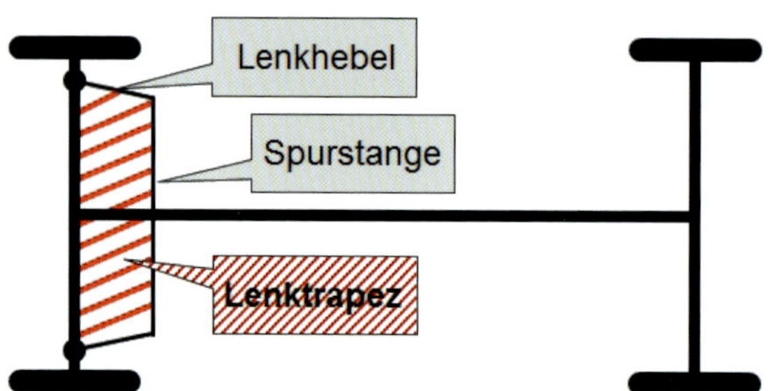

Abb. 9–22 Lenktrapez aus Achse, Lenkhebeln und Spurstange

Die entscheidende Idee Lankenspergers war die Verwendung eines *Lenktrapezes*, das von der Achse, der *Spurstange* und den beiden *Lenkhebeln* gebildet wird (Abb. 9–22).

Wesentliche Vorteile der auch *Ackermann Steering* genannten Achsschenkellenkung sind (bei korrekter Konstruktion)

- die automatische Ausrichtung der Vorderräder auf den Lenkkreis,
- die geringere Kippneigung des Fahrzeugs beim Lenken und
- die Möglichkeit eines sehr kleinen Spurkreises, da der Lenkeinschlag nicht durch den Langbaum begrenzt wird.

Auch der Platzbedarf des Radeinschlags ist deutlich geringer als bei einer Schwenkachslenkung. Allerdings benötigt die Lenkung für einen kleinen Spurkreis einen stärkeren Lenkeinschlag als die Schwenkachslenkung, da nur der Achsstummel und nicht die gesamte Achse dreht.

Durchsetzen konnte sich die technisch ausgereiftere Achsschenkellenkung jedoch zunächst nicht – die Schwenkachslenkung genügte den Anforderungen gezogener Wagen vollkommen. Das Patent von Georg Lankensperger geriet daher schnell wieder in Vergessenheit.

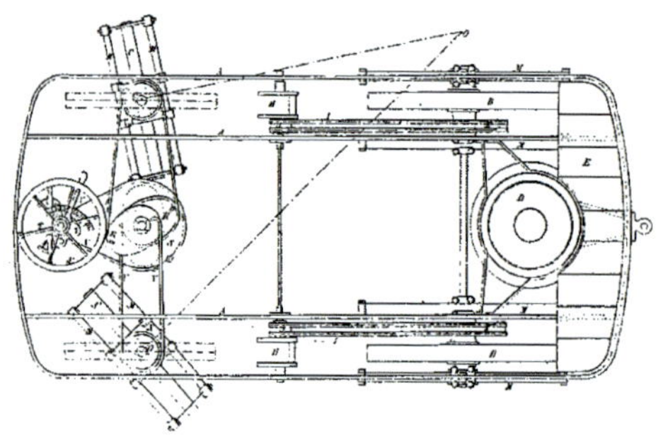

Abb. 9–23 Einzelradlenkung mit »Kurvenscheiben« von Amédée Bollée (1873)

Daher wundert es auch nicht, dass die Achsschenkellenkung in den darauffolgenden 75 Jahren noch zwei weitere Male erfunden und patentiert wurde. Der zweite Erfinder war der Franzose *Amédée Bollée* (1844–1917), der sie 1873 für seinen vierrädrigen Dampfwagen »L'Obéissante« konstruierte (Abb. 9–23).

Bollée entwickelte 1878 eine weitere Version seiner Achsschenkellenkung für seinen Dampfwagen »La Mancelle«, die mit einer geteilten Spurstange arbeitete (Abb. 9–24).

Einige Jahre später suchte der im selben Jahr wie Bollée geborene *Carl Benz* (1844–1929) für seinen Motorwagen nach einer Lösung für dasselbe Problem – und erfand die Achsschenkellenkung ein drittes Mal. In seiner Patentschrift vom 28.02.1893 findet sich eine exakte Beschreibung der Ackermann-Bedingung aus Lankenspergers Patent von 1818 – das Benz womöglich gar nicht kannte (Abb. 9–25).

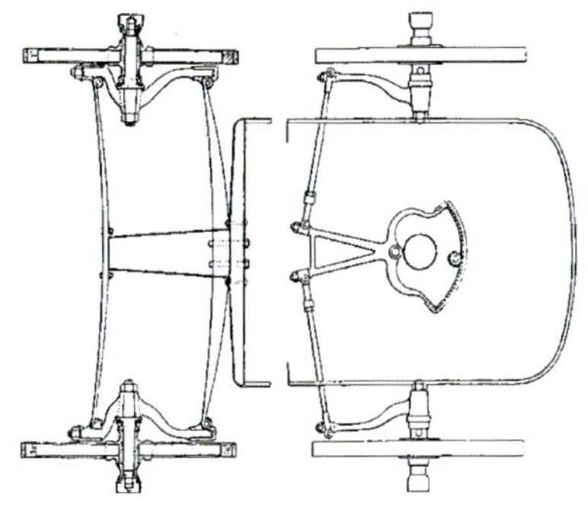

Abb. 9–24 Achsschenkellenkung mit geteilter Spurstange von Amédée Bollée (1878)

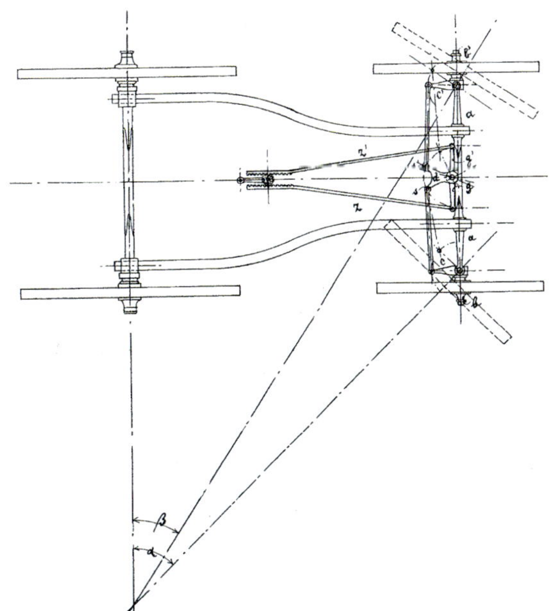

Abb. 9–25 Von Carl Benz patentierte Achsschenkellenkung

Konstruktion

Wie muss man nun aber Lenkhebel und Spurstange dimensionieren, damit die Achsschenkellenkung die Lenkbedingung erfüllt?

Tatsächlich erreicht man die exakten Einschlagwinkel nur mit einer geteilten Spurstange und einer umständlichen Lenkmechanik. Da eine solche Genauigkeit bei Fahrzeugen mit Luftbereifung nicht erforderlich (und konstruktionsbedingt oft sogar nicht erwünscht) ist, bleibt man in der Praxis in der Regel bei Lankenspergers Lenktrapez und toleriert bei größeren Einschlagwinkeln einen gewissen

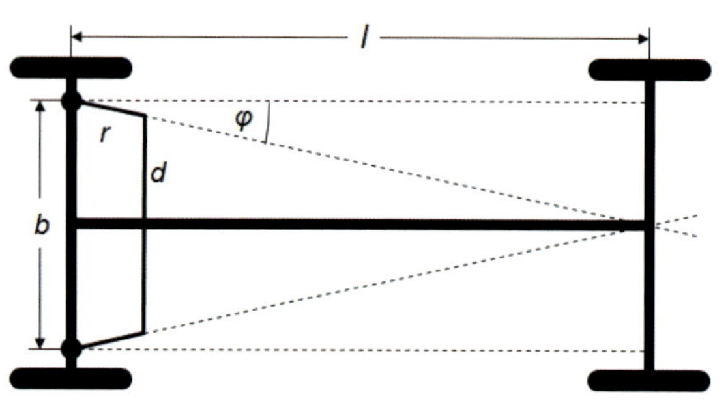

Abb. 9–26 Berechnung des Lenktrapezes

Lenkfehler (Abweichung des tatsächlichen vom theoretischen Lenkeinschlagwinkel) von 1–1,5°. Bei kleinen inneren Einschlagwinkeln von 0–20° sollte der Lenkfehler λ_F jedoch kleiner sein als 0,5° und bei 20° sogar nahe 0°. Als Faustregel für die Gestaltung des Lenktrapezes gilt dabei: Die Verlängerungen der beiden Lenkhebel sollen sich bei Geradeausstellung genau in der Mitte der Hinterachse schneiden (Abb. 9–26).[1]

Den verbleibenden »Achsstummel« e (Abstand Radmitte zum Drehpunkt der Lenkung) wählt man so klein wie möglich, um den Lenkwiderstand zu reduzieren.

Damit sind die Lenkeigenschaften von drei Größen bestimmt: dem Achsabstand l, dem Radabstand b und den Lenkhebeln r. Von der Wahl dieser Größen hängen der Lenkfehler, der maximale Einschlagwinkel und damit der Spurkreisradius ab.

Mit der Wahl von Radabstand b und Achsabstand l legt man den Winkel φ fest:

$$\tan\varphi = \frac{b}{2}\cdot\frac{1}{l}\text{, also: } \varphi = \arctan\left(\frac{b}{2l}\right).$$

Aus dem Lenkhebel r errechnet sich die Länge der Spurstange d zu

$$d = b - 2r\sin\varphi$$

Je länger die Lenkhebel, desto widerstandsärmer die Lenkung – dabei vergrößert sich aber das Lenkgetriebe.

Lenkfehler

Aus den Größen l, b und r können wir nun den Lenkfehler λ_F unserer Konstruktion zu jedem inneren Einschlagwinkel λ_i tabellieren. Dazu bestimmen wir zunächst den zu λ_i gehörigen korrekten äußeren Einschlagwinkel λ_{aLB}, indem wir die Lenkbedingungsgleichung (siehe S. 193) nach λ_{aLB} auflösen:

1 Legt man den Schnittpunkt weiter nach vorne, ist der Lenkfehler bei kleinen Lenkeinschlägen geringer. Legt man den Schnittpunkt hinter die Hinterachse, ist der Lenkfehler bei kleinem Lenkeinschlag größer und nimmt mit zunehmendem Lenkeinschlag ab; der maximal mögliche Einschlagwinkel ist größer und die Lenkung kommt erst spät in Strecklage (s.u.).

$$\cot \lambda_{aLB} - \cot \lambda_i = \frac{b}{l}$$

$$\cot \lambda_{aLB} = \frac{b + l \cdot \cot \lambda_i}{l}$$

$$\lambda_{aLB} = \arctan\left(\frac{l}{b + l \cdot \cot \lambda_i}\right).$$

Den Lenkfehler erhalten wir als Differenz von λ_{aLB} und λ_a. Dazu müssen wir den äußeren Einschlagwinkel λ_a berechnen, den unser durch l, b und r festgelegtes Lenktrapez einstellt.

Den Winkel α am inneren und den Winkel δ am äußeren Lenkhebel können wir leicht durch bekannte Winkel ausdrücken (Abb. 9–27).

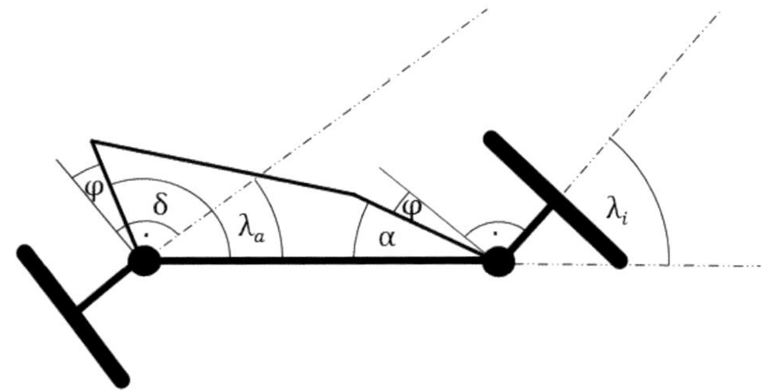

Abb. 9–27 Winkel des Lenktrapezes

Zusammen mit φ und λ_i summiert sich δ zu 90°. Also gilt:

$$\alpha = 90° - \varphi - \lambda_i \,.$$

Haben wir den Winkel δ bestimmt (siehe unten), dann können wir aus δ den eingestellten äußeren Einschlagwinkel λ_a ableiten:

$$\lambda_a = \delta + \varphi - 90° \,.$$

Wie aber erhalten wir den Winkel δ aus l, b, r und α?

Dazu legen wir zunächst unter unser Lenktrapez[2] ein Koordinatensystem (Abb. 9–28). Der Punkt A bezeichnet darin den Drehpunkt des inneren und der Punkt D den Drehpunkt des äußeren Lenkhebels. Nun können wir die Koordinaten des Punkts $B = (x_B, y_B)$ bestimmen:

$$x_B = b - r \cdot \cos\alpha$$

$$y_B = r \cdot \sin\alpha \,.$$

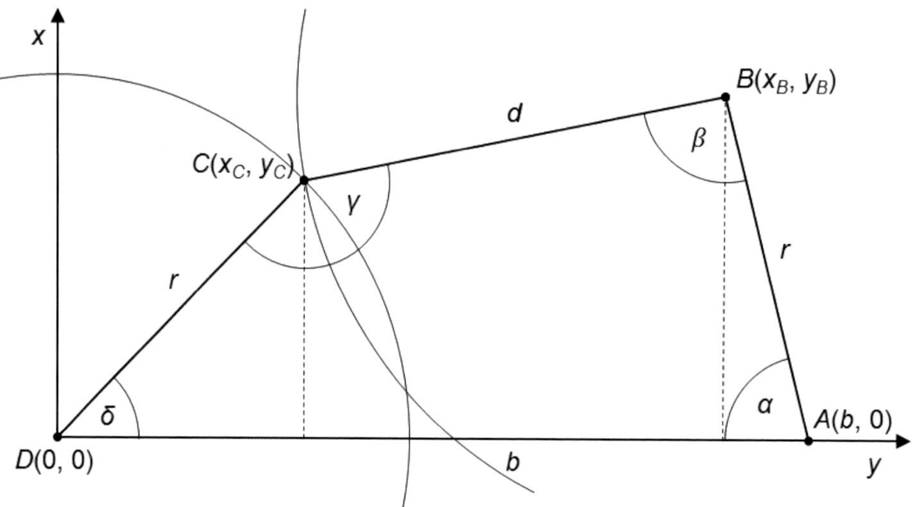

Abb. 9–28 Berechnung des Lenkfehlers

Als Nächstes müssen wir die Koordinaten des Punkts $C = (x_C, y_C)$ berechnen, um den Winkel δ zu erhalten. Wir wissen: C liegt auf einem Schnittpunkt der Kreislinie um B mit Radius d und der Kreislinie um D mit Radius r.

Für die Koordinaten (x_C, y_C) gilt nach der Kreisgleichung:

$$\left(x_C - x_B\right)^2 + \left(y_C - y_B\right)^2 = d^2$$

und

$$x_C^2 + y_c^2 = r^2 \,.$$

2 Das Lenktrapez bildet ein klassisches Viergelenkgetriebe, siehe z. B. [3], S. 473 ff.

Nach einigen Umformungen, Ersetzungen und Zwischenschritten, die wir hier überspringen, erhalten wir eine quadratische Lösungsgleichung für x_C:

$$x_C = -\frac{p}{2} \pm \sqrt{\frac{p^2}{4} - q} \quad \text{mit}$$

$$p = \frac{2\left(b - r \cdot \cos\alpha\right) \cdot H}{\left(b - r \cdot \cos\alpha\right)^2 + r^2 \cdot \left(\sin\alpha\right)^2}$$

$$q = \frac{H^2 - r^4 \cdot \left(\sin\alpha\right)^2}{\left(b - r \cdot \cos\alpha\right)^2 + r^2 \cdot \left(\sin\alpha\right)^2}$$

$$H = \frac{1}{2}\left[\left(b - r \cdot \cos\alpha\right)^2 + r^2 \cdot \left(\sin\alpha\right)^2 - d^2 + r^2\right]$$

Wie man sieht (und in Abb. 9–28 schön erkennen kann), gibt es – in der Regel – zwei mögliche Kreisschnittpunkte C. Aber nur einer passt in unser Lenktrapez, denn die Winkel γ und β dürfen nicht größer als 180° werden. Genau einen Schnittpunkt gibt es, wenn das Lenktrapez in *Strecklage* ist, der Winkel γ also den Wert 180° annimmt.[3]

Aus x_C können wir nun direkt unseren gesuchten Winkel δ bestimmen:

$$x_C = r \cdot \cos\delta \text{, also:}$$

$$\delta = \arccos\left(\frac{x_C}{r}\right).$$

Den richtigen der beiden möglichen Werte für x_C können wir auswählen, indem wir prüfen, ob der Winkel γ kleiner 180° ist:

$$\gamma = 180° - \delta + \arccos\left(\frac{b - r \cdot \left(\cos\alpha - \cos\delta\right)}{d}\right)$$

3 Die Lenkkonstruktion muss verhindern, dass die Lenkung in Strecklage geht, da die Lenkung sonst sperrt. Als Faustregel gilt, dass die Innenwinkel β und γ des Lenktrapezes (Abb. 9–28) nie größer als 160° werden dürfen.

Liegen γ oder β zwischen 160° und 180° nähern wir uns bereits der Strecklage und haben den mit dieser Konstruktion maximal zulässigen Betrag des inneren Einschlagwinkels λ_i überschritten.

Mit δ können wir nun direkt den gesuchten äußeren Einschlagwinkel λ_a berechnen, den unsere Lenkung zu einem bestimmten λ_i einstellt:

$$\lambda_a = \delta + \varphi - 90^\circ \text{, also:}$$

$$\lambda_a = \arccos\left(\frac{x_C}{r}\right) + \arctan\left(\frac{b}{2l}\right) - 90^\circ .$$

Unser Lenkfehler beträgt damit (in Grad)

$$\lambda_F = \lambda_{aLB} - \lambda_a .$$

λ_{aLB} erhalten wir aus unserer Lenkbedingung (siehe S. 193):

$$\lambda_F = \arctan\left(\frac{l}{b + l \cdot \cot \lambda_i}\right) - \lambda_a$$

Spurkreis

Aus diesen Werten können wir nun den Spurkreisradius r_S bestimmen, d. h. den Radius des Kreises, den das äußere Rad bei maximalem Lenkeinschlag abrollt[4] (siehe Abb. 9–20):

$$r_S = e + \sqrt{l^2 + \left(l \cdot \cot \lambda_{imax} + b\right)^2}$$

Dabei bezeichnen e die Länge der Achsstummel bis zur Radmitte und λ_{imax} den maximalen inneren Einschlagwinkel.[5]

Wie man an der Formel gut erkennt, hängt die Größe des Spurkreises in erster Linie vom Achsabstand l ab. Verkürzt man ihn, verkleinert sich der Radius – auf Kosten des Lenkfehlers. Umgekehrt führt eine Verlängerung des Achsabstands zu besseren Lenkeigenschaften, aber zu einem größeren Spurkreis.

---

4 Der *Wendekreis* ist in der Regel größer als der Spurkreis, da die Fahrzeugkarosserie beim Lenkeinschlag meist über die Räder hinausragt.

5 Bei einem Pkw ist der maximale innere Einschlagwinkel meist auf 45° begrenzt.

Varianten und Alternativen

Schon früh wurde mit geteilten Spurstangen experimentiert, mit denen sich eine bessere Annäherung an die Lenkbedingung erreichen lässt. Eine solche Variante ließ *Paul Nitz* (1875–1925) im Jahr 1912 patentieren (Abb. 9–29).

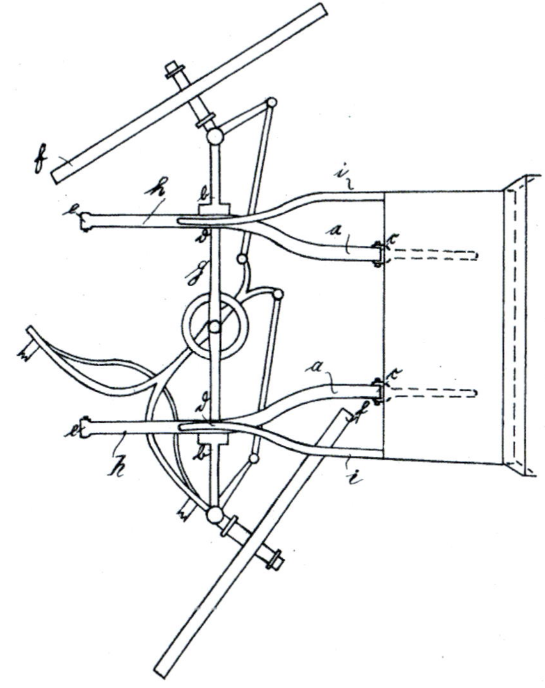

Abb. 9–29 Geteilte Spurstange von Paul Nitz

Konstruktionsbedingt kann es erwünscht sein, Spurstange und Lenktrapez vor der Vorderachse anzubringen. In diesem Fall bildet die Spurstange die längste Seite des Lenktrapezes. Auch hier sollten sich die Verlängerungen der Lenkhebel in der Mitte der Hinterachse kreuzen. Dabei ist die Breite der Spurstange durch die *Spurbreite* (Abstand der Räder) begrenzt – man benötigt also kürzere Lenkhebel oder längere Achsstummel, wodurch der Lenkwiderstand steigt.

Auch mit Hinterrad- und Allradlenkungen wurde experimentiert. Der Nachteil einer Hinterradlenkung ist die indirekte Wirkung des Lenkeinschlags (gut zu beobachten beim Rückwärtseinparken), die eine exakte Steuerung des Fahrzeugs erschwert und ein »Ausscheren« des Hecks aus der Fahrspur bewirkt.

Allradlenkungen haben sich z.B. bei Vielachsfahrzeugen wie Bussen oder großen Baustellenfahrzeugen bewährt: Sie verhindern Schlupf, sorgen für eine präzisere Kurvenfahrt, da alle inneren und alle äußeren Räder in einer Spur abrollen, und haben einen besonders kleinen Spurkreis. Bei einem Pkw kann eine Allradlenkung jedoch hinderlich sein: Lenken alle vier Räder, kann ein Fahrzeug nur durch Überfahren der Bordsteinkante eng am Fahrbahnrand einparken. Außerdem ist die Geradeausfahrt mit einer Allradlenkung schwierig, daher werden Allradlenkungen in der Regel abschaltbar konstruiert.

Funktionsmodelle

Der Bau einer Achsschenkellenkung ist mit den elementaren fischertechnik-Bauteilen (Grundbausteine, Achsen, Streben) gar nicht so einfach. Konstruktionsvorschläge finden sich allerdings schon in sehr frühen fischertechnik-Baukästen,

Abb. 9–30 Achsschenkellenkung mit vorne liegender Spurstange

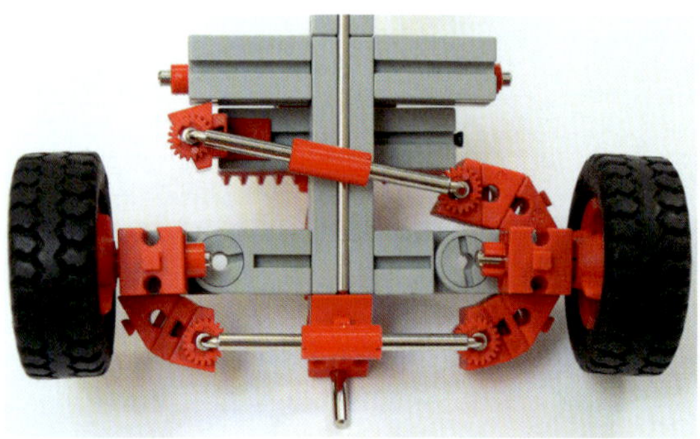

Abb. 9–31 Spurstange von unten

Abb. 9–32 Führung der Zahnstange

so z.B. in der Anleitung zum *Grundkasten 50/3* aus dem Jahr 1975 oder in hobby 2, Band 5 [9].

Die Abbildungen 9–30 bis 9–32 zeigen eine leicht modifizierte Konstruktion aus dem Grundkasten 50/3 mit einer Spur- und einer Gelenkstange aus Metall-Winkelachsen und den Gelenksteinen 45 als Achsschenkel [7], (S. 7). Die Spurstange liegt vor der Vorderachse und wird über eine Zahnstange gelenkt.

Nachteil der Konstruktion sind die 3,5 cm langen Achsstummel, die die Lenkung schwergängig machen. Der Lenkeinschlag ist konstruktionsbedingt auf mickrige 25° beschränkt. Dafür erreicht der Lenkfehler im Lenkintervall maximal 0,85° (Abb. 9–33). Der Spurkreisradius liegt allerdings – bei einem Achsabstand von 19,5 cm – bei stolzen 55,1 cm.

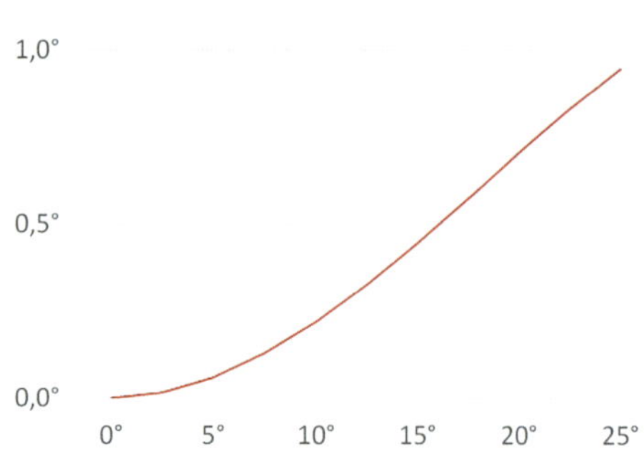

Abb. 9–33 Lenkfehler der Achsschenkellenkung aus Abb. 9–30 bis 9–32

Die Lösung ist technisch pfiffig; mit den klassischen Bauteilen ist sie für ein kleines fischertechnik-Fahrzeug aber zu klobig.

Ein wenig kompakter ist die folgende Achsschenkellenkung, bei der die Spurstange hinter den Vorderrädern liegt (Abb. 9–34).

Die Spurstange wird von einer Winkelachse gesteuert, die in einen Baustein 15 mit Bohrung (*Lochstein*) in der Mitte der Spurstange eingreift. Da der Lochstein beim Lenken keine Kreisbahn beschreibt, sitzt die andere Seite der Winkelachse ebenfalls lose in einem Lochstein in der Lenkachse. Die Lenkbewegung wird über eine Segmentscheibe Z12 auf die Lenkachse übertragen. Dreht man das sehr leichtgängige Lenkrad, kann man schön sehen, wie die Winkelachse sich im Lochstein bewegt.

Abb. 9–34 Achsschenkellenkung von oben

Abb. 9–35 Achsschenkellenkung mit Segmentscheibe Z12

Die Lenkeigenschaften dieser Lenkung sind bei einem Achsabstand von 15 cm nahezu perfekt – der maximale Lenkeinschlag liegt bei 40° und der Lenkfehler unter 0,6°, wie die Grafik in Abb. 9–36 zeigt. Die Achsschenkel sind 0,5 cm kürzer als im ersten Modell und der Spurkreisradius ist mit 31,2 cm akzeptabel klein.

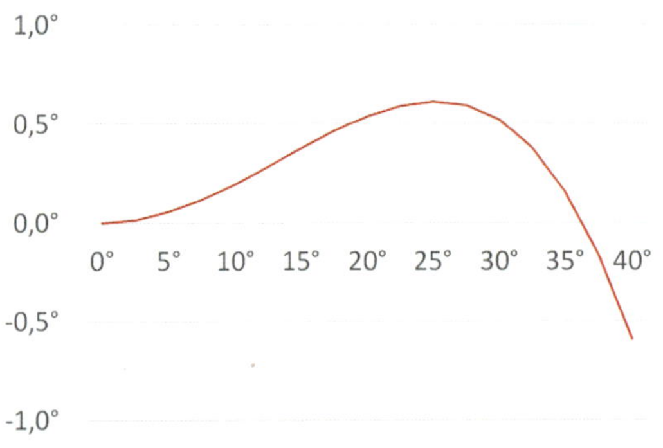

Abb. 9–36 Lenkfehler der Achsschenkellenkung aus Abb. 9–34 und 9–35

Durch Veränderung des Achsabstands lässt sich der Lenkfehler an das gewünschte Lenkverhalten anpassen.

In den Club-Nachrichten 2/1976 [6] findet man eine sehr kompakte Achsschenkellenkung mit vorne liegender Spurstange. Sie arbeitet mit zwei Gelenksteinen und wird von einem Minimotor gesteuert, der zwei Endlagentaster betätigt – eine elegante Lösung, wenn man ohne Lenkservo auskommen will oder muss. Leider sind die Lenkeigenschaften dieser Lenkung mäßig, weil der Lenkhebelwinkel φ zu steil ist.

Abb. 9–37 zeigt eine Modifikation dieser Lenkung mit einem flacheren Lenkwinkel. Die Steuerung erfolgt über eine Nockenscheibe.

Abb. 9–37 Achsschenkellenkung mit Gelenksteinen und Nockenscheibe

Abb. 9–38 Achsschenkellenkung mit Minimotor und Endlagentastern

Die Lenkung hat nicht ganz so gute Lenkeigenschaften wie die Achsschenkellenkung mit Segmentscheibe, wie die folgende Grafik belegt (Abb. 9–39).

Die Achsstummel sind wegen der Gelenksteine mit 4 cm eigentlich zu lang für eine leichtgängige Lenkung. Der Lenkeinschlag ist durch die Endlagentaster auf 30° begrenzt. Der Spurkreisradius liegt (bei einem Achsabstand von 12 cm) bei 32,3 cm.

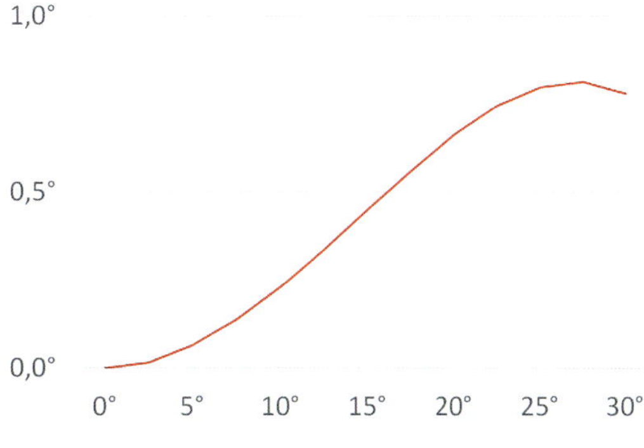

Abb. 9–39 Lenkfehler der Achsschenkellenkung aus Abb. 9–37 und 9–38

Spezialteile für Lenkungen

Um weniger sperrige Konstruktionen von Achsschenkellenkungen bei fischertechnik-Fahrzeugen zu ermöglichen, finden sich seit den 80er-Jahren in fischertechnik-Kästen spezielle Bauteile wie Achsschenkel, Anlenk- und Lenkhebel, Lenkklauen und -würfel, Spur- und Zahnspurstangen, Gelenkstangen, Lenksäulen, Lenkstock und Lenkrad, die die Konstruktion von Lenkungen vereinfachen und wesentlich schlankere Realisierungen erlauben (Abb. 9–40, von links nach rechts).

Abb. 9–40 fischertechnik-Spezialteile für Lenkungen

Abb. 9–41 Achsschenkellenkung mit Lenkhebeln (nach: Club-Nachrichten 1978/1)

Abb. 9–42 Lenkwürfel und Zahnspurstange

Abb. 9–43 Spurstange, Gelenkstange, Lenksäule

Die ersten Spezialteile für Lenkungen wurden mit der Zusatzpackung 034 eingeführt und in den Club-Nachrichten 1978/1 erläutert. Abb. 9–41 zeigt einen Nachbau einer Achsschenkellenkung mit Lenkhebel, Rollenlager und Zahnspurstange.

Die bis heute in den meisten fischertechnik-Modellbaukästen enthaltene Bauteilgruppe für Lenkungen besteht aus Lenkwürfeln, Lenkklauen und einer Spurstange. An den Lenkwürfeln werden die Radachsen (Clipsachsen) eingeschoben und die Räder daran befestigt; die »Flügel« der beiden Lenkwürfel (Lenkhebel) werden mit einer Spur- oder Zahnspurstange verbunden (Abb. 9–42).

Die Spurstange hat in der Mitte ein Loch, in das eine Lenksäule eingesetzt werden kann. Soll das Lenkrad jedoch nicht mittig, sondern auf der Fahrerseite (links) montiert werden, wird zusätzlich eine Gelenkstange benötigt, an deren äußerstem Ende die Lenksäule befestigt wird. Sie kann dann z.B. über einen Lenkstock durch die Bodenplatte geführt werden (siehe Abb. 9–43).

Die Lenkwürfel müssen dabei so ausgerichtet werden, dass die Lenkhebel bei vorne liegender Spurstange nach außen, bei hinten liegender Spurstange nach innen zeigen.

Der maximale Einschlagwinkel erreicht die bei Pkw üblichen 45°; mit 2 cm sind die Achsschenkel schön kurz. Auch der Lenkfehler ist (bei einem Achsabstand von 15 cm) mit maximal 0,77° vergleichsweise klein, wie die folgende Grafik zeigt (Abb. 9–44).

Der Spurkreisradius liegt bei lediglich 26,6 cm, allerdings bei einer durch die Spur- bzw. die Zahnspurstange begrenzten festen Spurweite von (je nach Reifenbreite) 7,5–8,5 cm. Damit ist indirekt auch die gesamte Fahrzeuggeometrie festgelegt. Das passt gut zu den Fahrzeugmodellen und Führerhäuschen der Master-Serie, begrenzt aber die Möglichkeiten eigener Modellentwürfe.

Die Spurweite kann jedoch vergrößert werden, indem die beiden Lenkhebel der Lenkwürfel nicht mit einer Spurstange, sondern mit einer geeigneten Strebe verbunden werden. Dafür benötigt man zwei Spurstangengelenke als Verbindungselement. Die Strebe sollte eine I-Strebe mit Lochraster sein, da hier leicht eine Lenksäule eingepasst werden kann (Abb. 9–45).

Bei dieser Konstruktion kann auch eine Gelenkstange (wie in Abb. 9–43) mit einem der Spurstangengelenke verbunden werden.

Eine äußerst kompakte Lenkung gibt es für Kleinstfahrzeuge mit den Spezialbauteilen Lenkradhalter, Spurstange R 30 und Achsschenkeln, die sich z.B. im Baukasten *Racing* finden (Abb. 9–46).

Die Lenkung ist sehr leichtgängig und kompakt; allerdings ist das Lenktrapez ein »Lenkrechteck« – die Lenkung besitzt daher einen erheblichen Lenkfehler, der sich auch im Modell durch Schlupf bemerkbar macht.

Es fällt auf, dass die meisten fischertechnik-Fahrzeuge mit vorne liegender Spurstange konstruiert werden. Das liegt bei einigen Modellen daran, dass hinter der Vorderachse zu wenig Platz für das

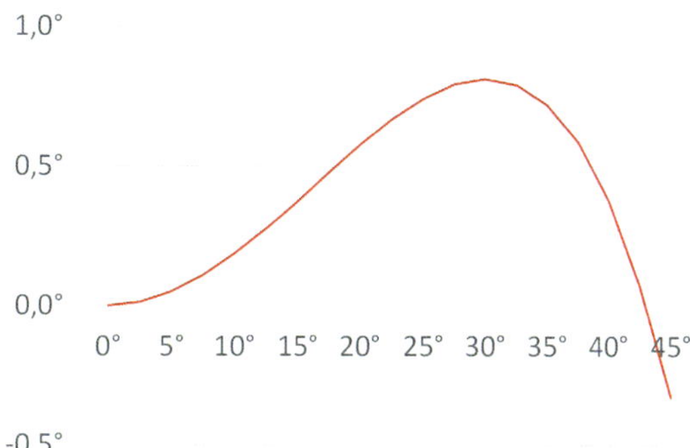

Abb. 9–44 Lenkfehler der Gelenkwürfellenkung

Abb. 9–45 »Breite« Achsschenkellenkung

Abb. 9–46 Kompakte Achsschenkellenkung

Lenktrapez ist, oder dass die Lenksäule sonst weit hinter der Vorderachse platziert werden müsste. Vorteilhaft ist, dass die Spurstange bei Hindernissen und Geradeausfahrt auf Zug und nicht auf Druck beansprucht wird.

Die Lenkgeometrie der fischertechnik-Lenkwürfel ist ziemlich gut gewählt. Wer allerdings Fahrzeuge mit größerer Spurweite bauen will, ist auf eigene Konstruktionen angewiesen.

Ein Excel-Sheet zur Berechnung der Lenkgeometrie und des Lenkfehlers einer Lenkung findet sich auf der Webseite zu diesem Buch.

Literatur

Einen sehr guten (historischen) Überblick über die Entwicklung der Lenksysteme gibt Eckermann [4]. Ebenfalls sehr anschaulich ist Band 2 der Reihe *Weltreich der Technik* von Artur Fürst [8], leider ist das Werk nur noch antiquarisch erhältlich.

[1] Rudolph Ackermann: *Improvements on Axletrees applicable to Four-wheeled Carriages*. GB-Patent-Nr. 4212 vom 27.01.1818.

[2] Carl Benz: *Wagen-Lenkvorrichtung mit tangential zu den Rädern zu stellenden Lenkkreisen*. Patent-Nr. 73515 vom 28.02.1893.

[3] Jürgen und Helga Dankert: *Technische Mechanik*. 7. Auflage, Springer/Vieweg, 2013.

[4] Erik Eckermann: *Die Achsschenkellenkung und andere Fahrzeug-Lenksysteme*. Technikgeschichte, Modelle und Rekonstruktionen. Deutsches Museum München, 1998.

[5] Hans-Gerd Finke: *Betrachtungen zur Lenkgeometrie*. http://www.urlaub-und-hobby.de.

[6] fischertechnik: *Kraftfahrzeuglenkung*. Club-Nachrichten 2/1976, S. 12–13 und *Lenkung*. Club-Nachrichten 1/1978, S. 16.

[7] fischertechnik: *Aufbau-Grundkasten 50/3*. Fischerwerke, 1975.

[8] Artur Fürst: *Das Weltreich der Technik. Band 2: Der Verkehr auf dem Land*. Verlag Ullstein, 1924.

[9] K. H. Hoseus: *Fahrzeuglenkungen*. Vorabdruck aus hobby 2, Band 5 (39525). Fischerwerke 1972.

[10] Paul Nitz: *Wagengestell mit schwenkbaren Vorderschenkeln*. Patent-Nr. 273634 vom 27.09.1912.

[11] Wilhelm Rausch: *Der Stellmacher*. Hannover, 1899.

10 Der Elektromotor

Die – eher zufällige – Entdeckung des Zusammenhangs zwischen Strom und Magnetismus Anfang des 19. Jahrhunderts faszinierte zahlreiche Forscher der westlichen Welt und führte innerhalb weniger Jahre zur Nutzbarmachung der Elektrizität als neuer Antriebsenergie. Heute sind Elektromotoren aus unserer Welt nicht mehr wegzudenken.

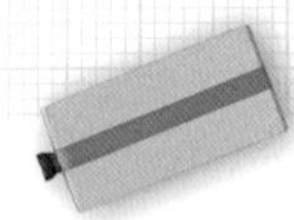

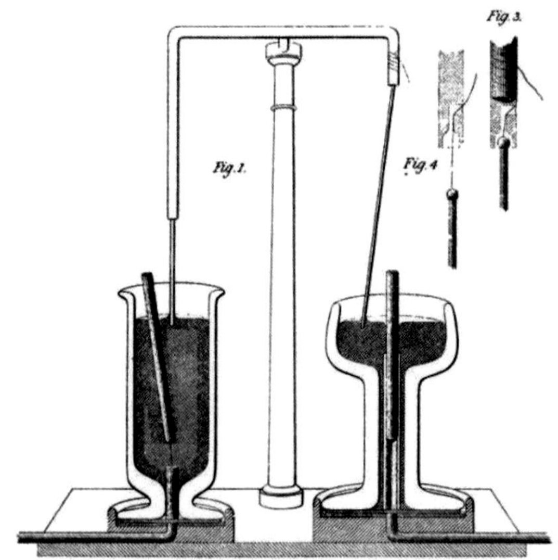

Abb. 10–1 *Rotationsexperiment von Faraday zum Prinzip des Elektromotors (1821)*

Vor nicht einmal 200 Jahren, im Jahr 1819, beobachtet der dänische Physiker und Chemiker *Hans Christian Ørsted* (1777–1851), dass fließender Strom in einem Leiter eine Kompassnadel ablenkt. Diese Entdeckung »elektrisiert« die europäischen Naturwissenschaftler; viele stellen das Experiment nach. Auch der französische Forscher *André-Marie Ampère* (1775–1836) hört von Ørsteds Versuchen und kann mit einer von ihm konstruierten »Stromwaage« zeigen, dass sich elektrische Leiter, die in derselben Richtung von Strom durchflossen werden, anziehen. Er weist nach, dass fließender Strom in einem Leiter ein Magnetfeld erzeugt, dessen Ausrichtung sich mit der »Rechte-Hand-Regel« bestimmen lässt: Hält man den rechten Daumen in Richtung des Stromflusses (vom Plus- zum Minuspol), dann zeigen die gekrümmten anderen Finger der rechten Hand die Richtung der kreisförmigen Magnetfeldlinien (vom Nord- zum Südpol) an.

Das Magnetfeld lässt sich erheblich verstärken, indem man den isolierten elektrischen Leiter um einen Eisenkern wickelt. Der Eisenkern bildet dann einen Stabmagneten mit einem Nordpol am einen und einem Südpol am anderen Ende – dessen magnetische Ausrichtung man *umpolen* kann, indem man die Stromflussrichtung wechselt. Diese Konstruktion nennt Ampère *Elektromagnet*.

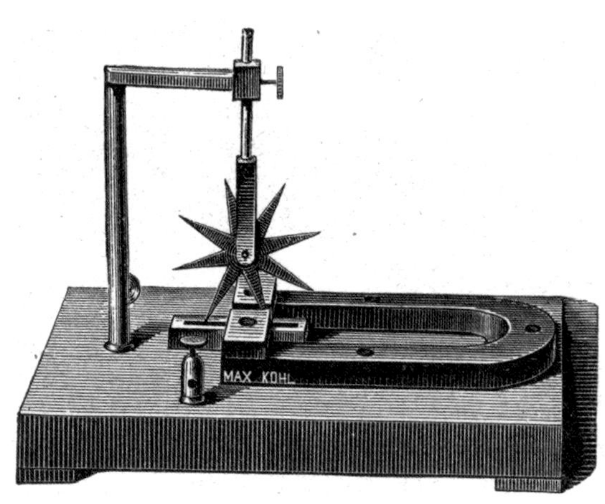

Abb. 10–2 *Das Barlow-Rad von 1822*

Im darauf folgenden Jahr gelingt es dem Engländer *Michael Faraday* (1791–1867), einen von Strom durchflossenen Leiter um einen Dauermagneten kreisen zu lassen – das Prinzip des Elektromotors ist entdeckt (Abb. 10–1).

1822 treibt der britische Physiker *Peter Barlow* (1776–1862) ein Rad an – das nach ihm benannte »Barlow-Rad« – das er innerhalb eines Magnetfelds radial (vom Mittelpunkt zum äußeren Rand) von Strom durchfließen lässt, indem er den Rand in eine leitende Flüssigkeit taucht (Abb. 10–2).

Im Jahr 1824 entwickelt *William Sturgeon* (1783–1850) den ersten Elektromagnet, eine Spule mit Eisenkern zur Verstärkung des magnetischen Felds. Damit gelingt wenig später, im Jahr 1827, dem ungarischen Physiker *Ányos István Jedlik* (1800–1895) die Konstruktion eines »elektromagnetischen Rotors« (Abb. 10–3), der sich zwar noch nicht als Antrieb eignet, aber bereits alle Elemente eines (Gleichstrom-)Elektromotors enthält: einen *Stator*, einen *Rotor* und einen Polwender (*Commutator*).

Im Jahr 1831 entdeckt Faraday, dass sich die Erzeugung eines Magnetfelds durch Strom umkehren lässt: In einer Kupferscheibe, die in einem Magnetfeld gedreht wird, wird Strom induziert (*elektromagnetische Induktion*, Abb. 10–4).

Abb. 10–3 Elektromagnetischer Rotor von Jedlik

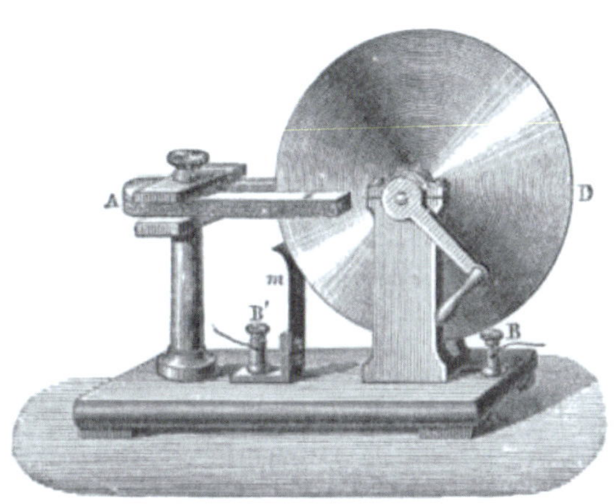

Abb. 10–4 Faraday-Scheibe (1831)

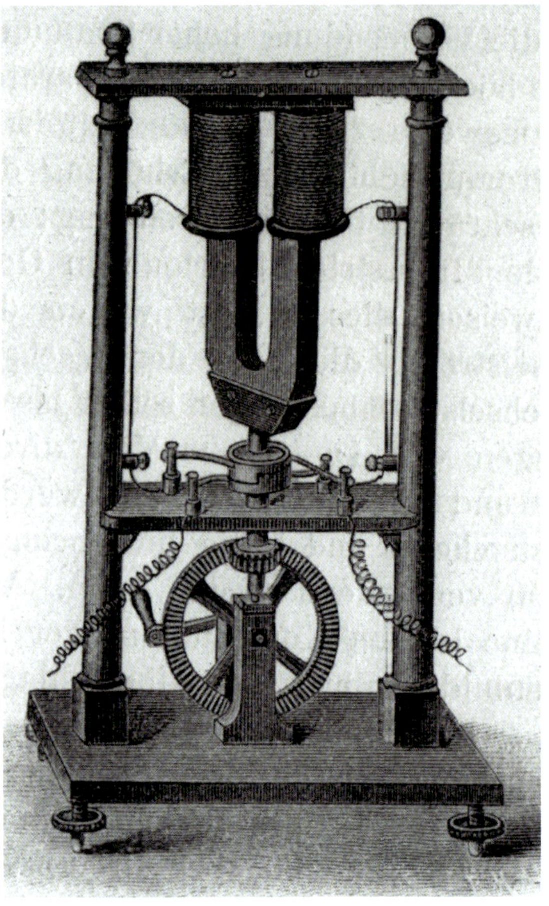

Abb. 10–5 Elektrogenerator von Pixii (1832)

Schon im darauf folgenden Jahr stellt der Instrumentenbauer *Hyppolyte Pixii* (1808–1835) in Paris einen handbetriebenen Elektrogenerator mit einem Hufeisenmagnet vor (Abb. 10–5).

Funktionsweise

Jedliks Rotor kam der Funktionsweise heutiger Elektromotoren schon sehr nahe. Im Kern beruht ein Elektromotor auf der Anziehung und Abstoßung wechselnder (elektro-)magnetischer Felder, die an einem festen *Stator* und einem drehbaren *Rotor* erzeugt werden. Durch eine Änderung der Stromflussrichtung in den verwendeten Elektromagnet wird die Polung des Magnetfelds vertauscht – wenn das jeweils im richtigen Moment geschieht, veranlasst dies den Rotor zu einer gleichmäßigen Drehbewegung.

In dem fischertechnik-Baukasten *Technical Revolutions* findet sich ein einfaches Experiment, das die Funktionsweise des Elektromotors veranschaulicht. Dazu wird eine Spule, genauer eine Wicklung aus lackiertem Draht (*Leiterdraht*), an den Eingängen zweier Lampenfassungen lose »eingehängt« und unter der Spule ein starker (Neodym-) Dauermagnet montiert. Sobald Strom (in der richtigen Richtung) durch die Spule fließt, stößt der Dauermagnet sie ab. Da an den seitlichen Drahtenden der Spule die Isolation nur auf der Unterseite des Drahts weggekratzt ist, wird die Stromzufuhr nach einer halben Drehung unterbrochen. Die Spule (ein einfacher Elektromagnet) dreht sich weiter, bis die Stromzufuhr erneut einsetzt und der Dauermagnet sie wieder abstößt (Abb. 10–6).

Abb. 10–6 Spulenexperiment aus dem fischertechnik-Baukasten Technical Revolutions

Das Ganze ist eine etwas wackelige Angelegenheit, und das Drehmoment ist äußerst gering; daher kann die Spule (wie auch der elektromagnetische Rotor von Jedlik) nicht als Antrieb genutzt werden.

Aber das Prinzip des Elektromotors wird daran sehr schön deutlich, und die Spule erreichte in unserem Nachbau des Experiments immerhin 200–250 U/min.

Jakobi-Motor

Der erste für die Verrichtung mechanischer Arbeit gedachte Elektromotor wurde 1834 von dem gebürtigen deutschen Ingenieur *Moritz Hermann von Jakobi* (1801–1874) in Petersburg konstruiert (Abb. 10–7). Vier Jahre später, im Jahr 1838, gelang Jakobi damit der Antrieb eines Passagierbootes auf der Neva; der von ihm konstruierte Motor erreichte ca. 200–250 W Leistung und das Boot eine Geschwindigkeit von 2,5 km/h.

Abb. 10–7 Jakobi-Motor von 1834

Die Konstruktion litt allerdings unter den schweren, teuren, schwachen und unzuverlässigen Zinkbatterien – verglichen mit den zu jenem Zeitpunkt bereits verbreiteten Dampfmaschinen war der Elektromotor deshalb zum damaligen Zeitpunkt nicht wirtschaftlich.

Abb. 10–8 Funktionsfähiger Nachbau des Jakobi-Motors am KIT: 160 U/min, 15 W

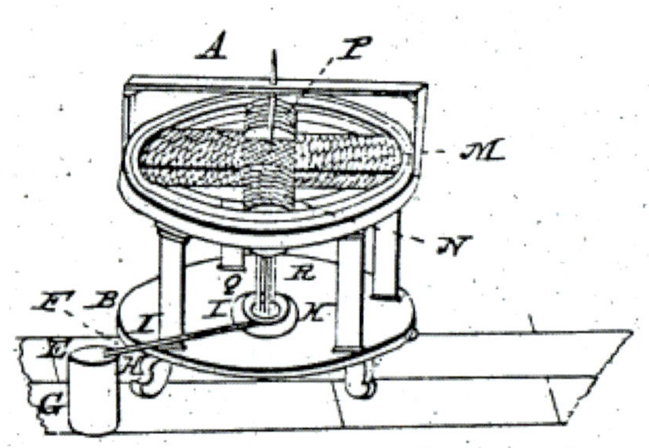

Abb. 10–9 Elektromotor von Thomas Davenport (US-Patent No. 132)

Funktionsfähige Modelle des Jakobi-Motors aus Abb. 10–7 können am Karlsruher Institut für Technologie (KIT, Abb. 10–8) und im Deutschen Museum in München bewundert werden.

In den Folgejahren wurden zahlreiche Prototypen von Elektromotoren konstruiert. Das erste Patent für einen Elektromotor erhielt am 25.02.1837 der amerikanische Hufschmied *Thomas Davenport* (1802–1854) nach vier Jahren intensiver Experimente (Abb. 10–9). Der Motor erreichte bis zu 600 U/min.

Auch Davenport hatte wegen der hohen Batteriekosten mit seinem Motor keinen wirtschaftlichen Erfolg. Durchsetzen konnten sich Elektromotoren erst nach der Entdeckung des *dynamoelektrischen Prinzips* durch *Werner von Siemens* (1816–1892) und, unabhängig von ihm, *Charles Wheatstone* (1802–1875) im Jahr 1867. Mit seiner *Dynamomaschine* ließen sich kostengünstig starke Ströme erzeugen und damit leistungsstarke Elektromotoren betreiben.

fischertechnik-Elektromotor

Abb. 10–10 Elektromotor aus Clubheft 1/1973

Um einen maximalen Wirkungsgrad zu erzielen, wird in einem Elektromotor der Elektromagnet nicht nur ein- und ausgeschaltet (wie in unserem Spulenexperiment), sondern – wie beim Jakobi-Motor – umgepolt. Dazu wird der Stator aus den Polschuhen von Permanentmagneten gebildet und der Rotor aus Elektromagneten, die über Bürsten mit Strom versorgt werden.

Durch die Drehbewegung kann man an den Bürsten die Stromrichtung wechseln. Es kommt daher zwischen Rotor und Stator zu einem ständigen Anziehen und Abstoßen der Magnetfelder. Drehmoment und Umdrehungsgeschwindigkeit des Elektromotors lassen sich über die Positionierung der Bürsten (und damit die Veränderung des Umschaltzeitpunkts) beeinflussen.

Im fischertechnik-Clubheft 1/1973 [7] erschien unter der Rubrik »Aktuelles zum Nachbauen« die erste Anleitung für einen fischertechnik-Elektromotor (Abb. 10–10).

Dabei wurden die Elektromagnete am Stator und die Permanentmagnete am Rotor befestigt – so konnte man auf die Bürsten verzichten, denn der Rotor muss nicht mit Strom versorgt werden. Stattdessen wurde das Magnetfeld der Elektromagnete mit Taster und Relais umgepolt.

Das Modell benötigt vier Dauermagnete, zwei Elektromagnete, einen Taster, einen Schleifring mit Unterbrecherstücken und ein Relais. Die Dauermagnete werden so auf der Achse befestigt, dass sie jeweils die gleiche magnetische Ausrichtung haben. Bei den fischertechnik-Dauermagneten, eingeführt 1968 mit dem Baukasten *e-m1*, erkennt man sie an der Farbe der Halterung (rot oder grün). Sie sorgen für acht entgegengesetzt gepolte Magnetfelder rund um den Rotor.

Damit sich die Stromflussrichtung achtmal je Umdrehung ändert, werden auf dem Schleifring vier Unterbrecherstücke in gleichem Abstand angeordnet. Wird von ihnen der Taster betätigt, schaltet ein Relais die Stromflussrichtung in den beiden Elektromagneten um.

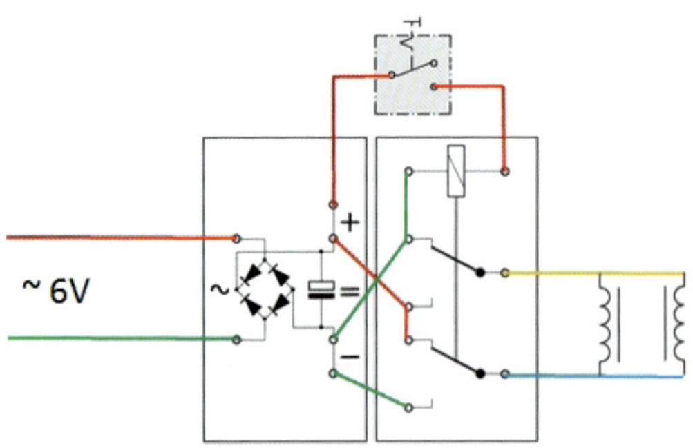

Abb. 10–11 *Schaltplan mit Gleichrichter, Relais und Elektromagnet (rechts)*

Mit einem alten grauen fischertechnik-Netzteil und zwei »Silberlingen« – dem Gleichrichter und einem Relais – ist die Umpolung der beiden Elektromagnete schnell realisiert (Abb. 10–11). Die Geschwindigkeit des Motors lässt sich nun durch Verschieben des Tasters justieren.

Beim Nachbau sollte man darauf achten, dass die »Silberlinge« und die alten Elektromagnete (erkennbar an der grauen Oberseite) nicht mit mehr als 6 V betrieben werden.

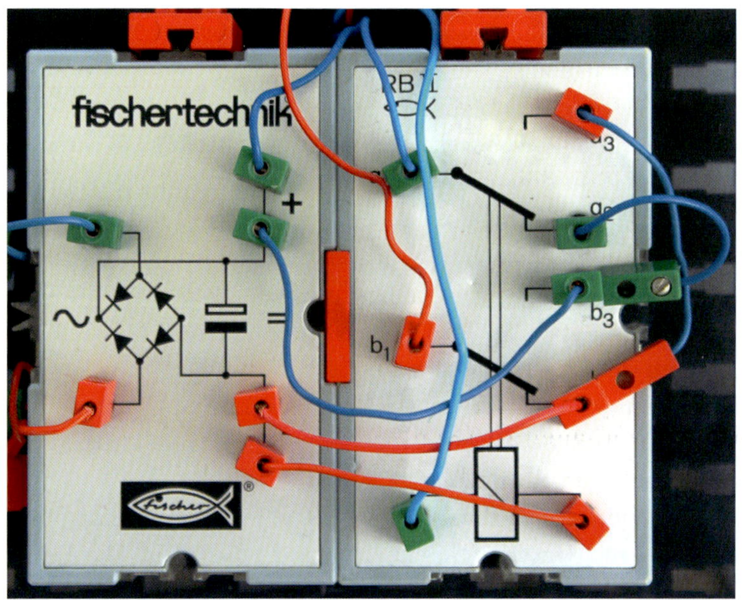

Abb. 10–12 *Anschluss von Gleichrichter (links) und Relais (rechts) am Wechselstromeingang des alten fischertechnik-Netzteils*

Nach demselben Konstruktionsprinzip lässt sich mit den wesentlich stärkeren und leichteren Permanentmagneten (*Neodym*-Magneten) aus dem fischertechnik-Baukasten *Technical Revolutions* ein Elektromotor mit einer Leerlaufdrehzahl von etwa 600 U/min konstruieren (Abb. 10–13).

Hier kann man die Polung der Magnete nicht an der Farbe erkennen – man muss sie ausprobieren. Aber Vorsicht: zwischen zwei sich anziehende Neodym-Magnete sollte man ein Stück Stoff oder starkes Papier legen, da sie sich sonst nur mit viel Kraft wieder trennen lassen. Auch sollte man keine mechanischen Armbanduhren in die Nähe des Modells gelangen lassen, da die Neodym-Magnete ein sehr starkes Magnetfeld erzeugen.

Abb. 10–13 Elektromotor mit Neodym-Magneten

Wer keine Schleifringe mit Unterbrecherstücken besitzt, kann den Taster alternativ von Schaltscheiben betätigen lassen. Da eine Schaltscheibe 180° abdeckt, benötigt man, um viermal je Umdrehung schalten zu können, entweder eine 1:2-Übersetzung. Oder man nimmt vier Schaltscheiben (je zwei auf einer Nabe) und ordnet die beiden Naben so auf der Achse an, dass sie zwei nebeneinander angebrachte Taster um 90° versetzt aktivieren.

Bei dieser Variante müssen die beiden Taster als »Exklusiv-Oder«-Schaltglied (XOR) verdrahtet werden (Abb. 10–14), damit gilt:

- Sind beide Taster oder keiner der Taster gedrückt, wird das Relais nicht aktiviert.
- Ist genau einer der beiden Taster gedrückt, schaltet das Relais (umgekehrte Polung der Elektromagnete).

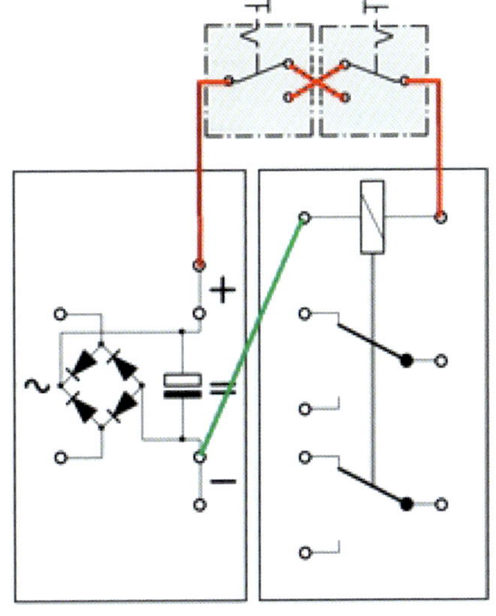

Abb. 10–14 XOR-Schaltglied aus zwei Tastern

Synchronmotor

Anstatt die Stromrichtung durch Bürsten (im fischertechnik-Modell: Schleifring mit Unterbrecherstücken oder Schaltscheiben) umzukehren, kann man den Motor auch gleich mit Wechselstrom betreiben: Schließt man die Elektromotoren an den Wechselstrom-Anschluss des alten grauen 6-V-fischertechnik-Netzteils an, erhält man eine stabile 50-Hz-Frequenz aus der Steckdose (*Netzfrequenz*).

Abb. 10–15 *Synchronmotor mit zwölf Neodym-Magneten und 500 U/min*

Verwendet man die neueren 9-V-Elektromagnete von fischertechnik (schwarze Oberseite), kann man natürlich auch jedes andere Netzteil mit einer 9-V-Wechselspannung verwenden. Den so entstandenen Motor nennt man *Synchronmotor* (Abb. 10–15).

Im Modell aus Abb. 10–15 kommen zwölf Neodym-Magnete von einem Zentimeter Länge und 4 mm Durchmesser zum Einsatz, die – mit abwechselnder Polarität – in die äußeren Bohrungen eines Innenzahnrads Z30 gesteckt werden.[1]

Die beiden Elektromagnete sind parallel geschaltet, und zwar so, dass gegenüberliegende Pole zum gleichen Zeitpunkt entgegengesetzte Polarität haben. Ein Test dafür sieht so aus, dass die E-Magnete sich permanent anziehen, wenn man sie aneinanderlegt, obwohl sie mit Wechselspannung betrieben werden.

Der Motor muss angeworfen werden und beginnt erst dann von selbst zu laufen, wenn ungefähr die konstruktionsbedingte Drehzahl von 500 U/min erzielt wird. Dies erfordert gegebenenfalls mehrere Versuche. Der Lauf stabilisiert sich von selbst.

---

1 Diese Magnete gehören nicht zum Teilerepertoire von fischertechnik. Sie sind z.B. über den Onlineshop supermagnete.de der Firma Webcraft GmbH unter der Produktbezeichnung S-04-10-AN erhältlich.

Die Funktion beruht wie beim Repulsionsmotor darauf, dass die Elektromagnete die Permanentmagnete abwechselnd anziehen und abstoßen. Bei einer Netzfrequenz von 50 Hz ändert sich die Polarität alle 100 ms. In dieser Zeit wird das Rad von einem Permanentmagneten bis zum nächsten weitergedreht. Das entspricht einer zwölftel Umdrehung; 500 Umdrehungen dauern daher genau eine Minute.

Beim Nachbau sollte man nicht auf ein Zahnrad Z30 im Innenzahnrad und die beiden äußeren Drehscheiben 60 verzichten. Alle diese Komponenten erhöhen das Trägheitsmoment des Schwungrads, was die Gleichmäßigkeit des Laufverhaltens des Elektromotors unterstützt.

Synchronuhr

Wenn die Frequenz der Wechselspannung konstant ist, können Synchronmotoren zur exakten Zeitanzeige benutzt werden. Das im Jahr 1918 an den Amerikaner *Henry Ellis Warren* (1872–1957) erteilte Patent nutzte das allgegenwärtige Stromnetz zur »ferngesteuerten« Gleichtaktung von Uhren (Abb. 10–16).

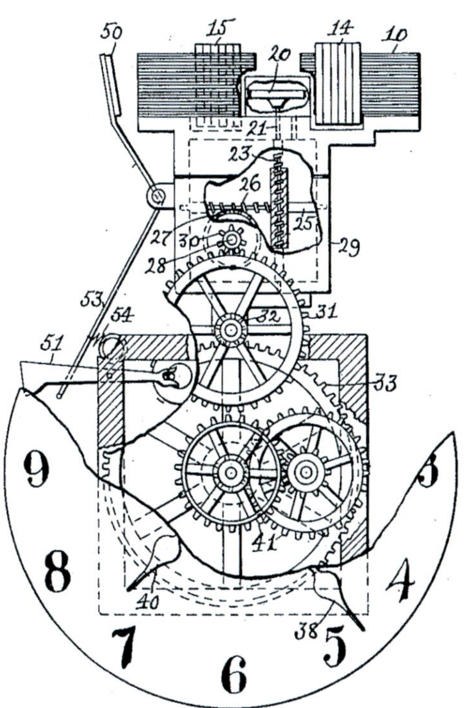

Abb. 10–16 Synchronuhr von Henry Warren (Patent No. US 1283431)

Abb. 10–17 Synchronuhr mit Stunden-, Minuten- und Sekundenzeiger

Die wichtigsten Vorteile dieses Prinzips liegen auf der Hand: Die genaue Zeitinformation wird zentral erzeugt, vor Ort spart man die entsprechende Komponente ein und braucht die Uhr nicht zu stellen. Dadurch erhält man kleine, genaue Uhren, die man an schwer zugänglichen Stellen verbauen kann. Noch heute werden vor allem Heizungen und andere Versorgungsgeräte in Gebäuden durch Synchronuhren geschaltet.

Voraussetzung für die Erfolgsgeschichte der Synchronuhren war, dass kleinere Unregelmäßigkeiten in der Netzfrequenz, die vor allem bei Lastspitzen auftreten, innerhalb längerer Zeitabschnitte wieder ausgeglichen werden. Heutzutage wird im europäischen Verbundsystem durch eine koordinierte Quartierregelung sichergestellt, dass Synchronuhren nach einmal erfolgter genauer Einstellung nie mehr als 20 Sekunden vom Soll abweichen.

Unsere fischertechnik-Synchronuhr in Abb. 10–17 besitzt neben Stunden- und Minutenzeiger auch einen Sekundenzeiger. Sie besteht aus zwei Teilen, die leicht voneinander getrennt werden können: dem Synchronmotor und der Zeitanzeige.

Die Ausgangswelle des Synchronmotors dreht sich genau einmal pro Minute. Um das mit möglichst wenigen Getriebeteilen zu erzielen, besteht der Rotor des Motors aus fünf zu einem Kreis verbundenen Flachträgern. Jeder Flachträger hat acht Bohrungen, sodass der Kreis insgesamt über vierzig Bohrungen verfügt (Abb. 10–18).

Steckt man in diese Bohrungen Magnete mit wechselnder Polarität, so macht der Kreis bei einer Netzfrequenz von 50 Hz in 10 ms eine vierzigstel Umdrehung, d. h. in einer Sekunde 2,5 Umdrehungen oder in einer Minute 150 Umdrehungen. Die Drehbewegung des Rads wird über eine Schnecke und ein Zahnrad Z15 auf eine vertikale Welle übertragen, die sich in einer Minute genau zehnmal dreht. Eine Schnecke auf dieser vertikalen Welle treibt dann über ein Zahnrad Z10 die Ausgangswelle an, die sich wie gewünscht genau einmal pro Minute dreht.

Die lange Eingangswelle der Zeitanzeigeeinheit ist bis vorne durchgeführt und trägt direkt den Sekundenzeiger. Wie die passenden Übersetzungen für den Minuten- und den Stundenzeiger erzielt werden, versteht man am besten anhand der Abbildungen 10–19 und 10–20.

Soll die Uhr länger als einen Tag laufen, empfiehlt sich die Verwendung von Kugellagern, die sich in Schneckenmuttern einsetzen lassen. Sonst kommt es durch das schnelle Drehen der Wellen in den Bausteinen 15 mit Bohrung zu Abrieb.[2]

Abb. 10–18 *Der Synchronmotor der Uhr mit 38 Neodym-Magneten (150 U/min)*

Abb. 10–19 *Getriebekopf des Synchronmotors*

2 Passende Kugellager bietet z. B. der Einzelteile-Vertrieb http://www.fischerfriendsman.de an.

Abb. 10–20 Anzeigeeinheit der Uhr

Auf der Eingangswelle befindet sich eine Schnecke. Mit einem Zahnrad Z10 wird die Drehbewegung der Eingangswelle 10:1 übersetzt abgegriffen, um 90° gedreht und dann in zwei Stufen noch einmal 6:1 übersetzt, sodass sich das vordere schwarze Zahnrad Z40 im Anzeigekopf einmal pro Stunde dreht. Der Minutenzeiger steckt in einer Drehscheibe, die fest mit diesem Z40 verbunden ist.

Die Drehbewegung des vorderen schwarzen Z40 wird durch das rote Z40 darunter gegensinnig übernommen. Die Kombination aus dem roten Zahnrad Z10 und dem schwarzen Zahnrad Z30 im Innern der Anzeigeeinheit liefert eine 3:1-Übersetzung, die über zwei Zahnräder Z20 auf ein Rastritzel Z10 vorne übertragen wird. Dieses Rastritzel Z10 treibt das hintere schwarze Zahnrad Z40 im Anzeigekopf, das sich genau einmal in zwölf Stunden dreht.

Abb. 10–21 Gegenüberliegende Seite der Anzeigeeinheit

Der Stundenzeiger kann nicht direkt an diesem Z40 angebracht werden, da die beiden seitlichen Wellen im Weg sind, die das vordere Z40 treiben bzw. stützen. Das Z40 ist mit einer Drehscheibe und einer Platte 45 × 45 starr verbunden, in der zwei Metallachsen stecken, die frei durch das vordere Z40 und die Drehscheibe hindurch eine weitere Platte 45 × 45 drehen, an der der Stundenzeiger befestigt ist. Auf diese Weise wird ein konzentrisches Hohlachsensystem nachgebildet, das schon im Planetarium in Kapitel 5 zur Erklärung und Simulation der Merkur- und Venusphasen Anwendung fand.

Literatur

Einen sehr guten Überblick über die Geschichte des Elektromagnetismus und des Elektromotors geben die 15-Minuten-Filme aus der Sendereihe »Meilensteine der Naturwissenschaft und Technik« [9, 10, 11].

[1] Johannes Abele, Gerhard Mener: *Der Tesla-Motor*. Deutsches Museum München, 1995.

[2] Émile Alglave, J. Boulard: *The Electric Light*. D. Appleton, New York, 1884.

[3] Martin Doppelbauer: *Die Erfindung des Elektromotors (1800–1854)*. Elektrotechnisches Institut am Karlsruher Institute of Technology (KIT). http://www.eti.kit.edu/1376.php.

[4] Martin Doppelbauer: *Der Jakobi-Motor*. Elektrotechnisches Institut am KIT, 2012.
http://www.eti.kit.edu/1382.php.
Video: http://www.youtube.com/watch?v=8R6CH5e8b78.

[5] Julius Dub: *Die Anwendung des Elektromagnetismus*. 2. Auflage, Verlag Julius Springer, Berlin, 1873.

[6] Michael Faraday: *Experimental Researches in Electricity*. Volume 2. Richard and John Edward Taylor, London, 1844.

[7] Fischerwerke: *Aktuelles zum Nachbauen*. fischertechnik Clubheft 1/1973, S. 20–22.

[8] Ernst Gerlach, Friedrich Traumüller: *Geschichte der Physikalischen Experimentierkunst*. Leipzig, 1899.

[9] Werner Kiefer: *Michael Faraday: Strom aus Magneten*. Sendereihe »Meilensteine der Naturwissenschaft und Technik«, ARD, 2004.
http://www.youtube.com/watch?v=zdoGGHZrv-k.

[10] Susanne Päch, Herbert W. Franke: *Die dynamo-elektrische Maschine von Werner von Siemens*. Sendereihe »Meilensteine der Naturwissenschaft und Technik«, ARD, 1990.
https://www.youtube.com/watch?v=VbWI9FahePI.

[11] Jörg Richter: *André-Marie Ampère und der Elektromagnetismus*. Sendereihe »Meilensteine der Naturwissenschaft und Technik«, ARD, 2006.
https://www.youtube.com/watch?v=gYY4qWUyiUo.

11 Der Telegraf

Heute ist es selbstverständlich, dass Nachrichten ohne Zeitverzug von fast jedem Ort der Welt an jeden anderen übermittelt werden können. Dabei ist es noch gar nicht so lange her, dass Nachrichten mit Boten übermittelt werden mussten – aufwendig und nur so schnell, wie Pferd und Reiter oder die Postkutsche vorankamen.

In einer von Fernsehen, Internet, SMS und Smartphones durchdrungenen Welt ist es kaum vorstellbar, dass noch vor 200 Jahren Boten die einzige Möglichkeit waren, um Nachrichten zu übermitteln – abgesehen von Buschtrommeln und Rauchsignalen.

Optische Telegrafen

1793, drei Jahre nach der französischen Revolution, beschloss die französische Nationalversammlung den Aufbau der ersten Telegrafenlinie unter Verwendung des von *Claude Chappe* (1763–1805) entwickelten und 1792 erfolgreich öffentlich erprobten *Flügeltelegrafen*: Damit konnten einzelne Zeichen optisch zwischen durchschnittlich 11 km voneinander entfernten Türmen übermittelt werden. Der Flügeltelegraf bestand aus einem beweglich montierten Querbalken mit zwei weiteren, an dessen Enden befestigten kürzeren Balken, die über Seilzüge in verschiedene Stellungen gebracht werden konnten. Die Zeichen wurden mit Fernrohren von der nächsten Station abgelesen. Damit gelang es 1794, ein einzelnes Zeichen innerhalb von zwei Minuten zwischen Paris und Lille, also etwa 270 km weit, zu übertragen.

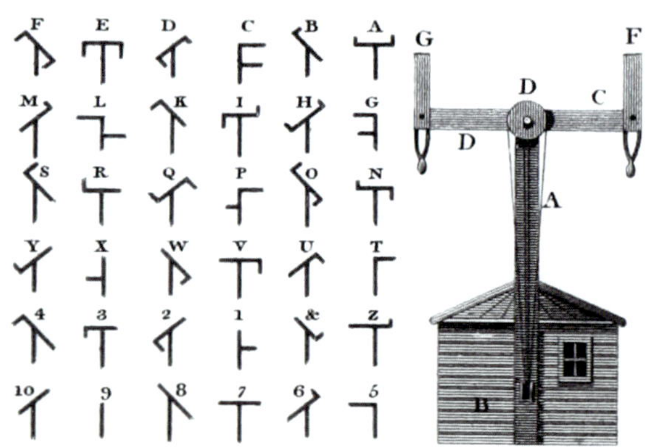

Abb. 11–1 *Winkeralphabet und Flügeltelegraf von Claude Chappe*

In den folgenden Jahren wurden Chappe und seine Brüder beauftragt, weitere Telegrafenlinien in Frankreich zu errichten. Bis 1844 bauten sie ein Netz optischer Telegrafenverbindungen mit einer Gesamtlänge von 5.000 km auf, das aus 534 Telegrafenstationen bestand und 29 Städte direkt mit Paris verband. Die Nutzung war der Übermittlung behördlicher, vor allem militärischer Nachrichten vorbehalten.

Abb. 11–1 zeigt das von Chappe verwendete *Winkeralphabet*. Mit dem Flügeltelegrafen konnten insgesamt 196 verschiedene Zeichen dargestellt werden, von denen Chappe aber nur 92 besonders gut unterscheidbare nutzte. Immerhin drei Zeichen konnten pro Minute übermittelt werden: vier Sekunden dauerte die Einstellung, 16 Sekunden blieb das Zeichen angezeigt.

Später wurden die Nachrichten durch die Verwendung von Codebüchern vor unberechtigtem Mitlesen geschützt. Häufig gebrauchte umfangreiche Nachrichteninhalte konnten so auf zwei Einzelzeichen (Seite und Zeile im Codebuch) reduziert werden.

Ein ähnliches System wurde 1832 in Preußen eingeführt. Die preußischen Telegrafen hatten sechs Flügel (Abb. 11–2), die jeweils vier verschiedene Positionen einnehmen konnten. Damit ließen sich 4.096 unterschiedliche Zeichen darstellen, neben Buchstaben also auch »Wortzeichen«.

Ein fischertechnik-Modell des preußischen optischen Telegrafen findet sich im Anhang des lesenswerten (leider nur noch antiquarisch erhältlichen) fischertechnik-Buchs *Das Ei des Kolumbus* aus dem Jahr 1977 [12].

Die wesentlichen Nachteile der optischen Telegrafen waren die relativ geringe Bandbreite (Anzahl der übermittelten Zeichen pro Zeiteinheit), die noch relativ langsame Übermittlungsgeschwindigkeit und die Beschränkung auf Tageslicht und gute Sicht. Zudem war der Betrieb personalintensiv, denn in jeder Station musste eine Person die nächsten Stationen beobachten und eine zweite den Telegrafen bedienen.

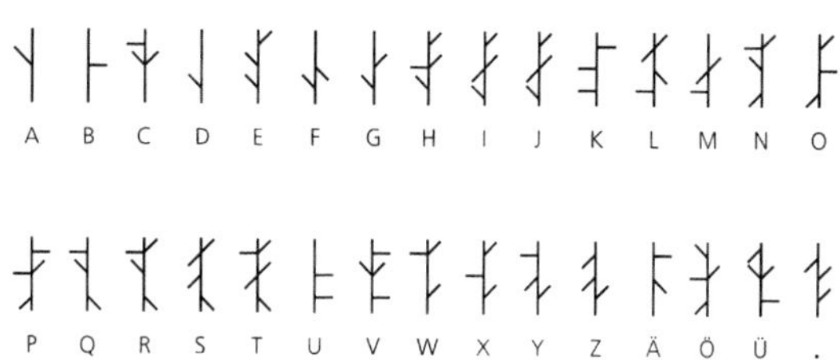

Abb. 11–2 Alphabet des preußischen Telegrafen

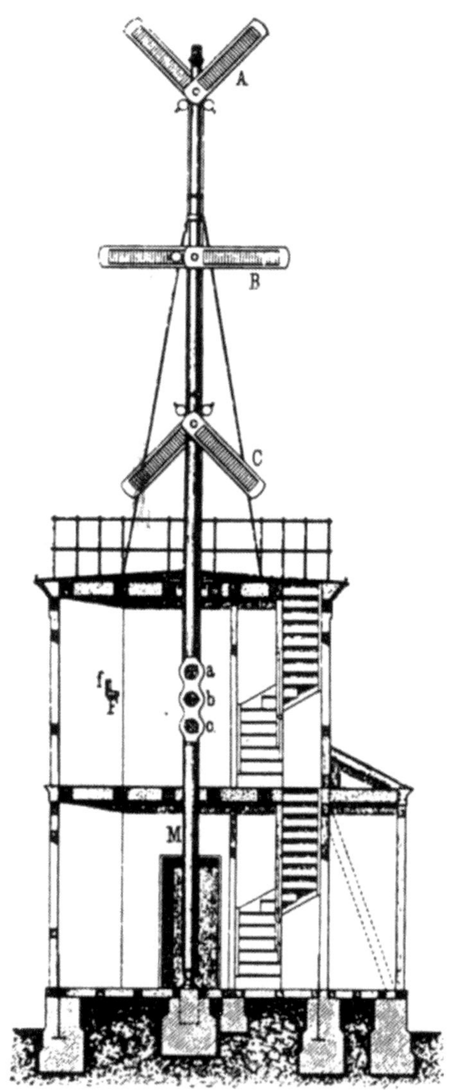

Abb. 11–3 Preußischer Telegraf

Erster elektrischer Telegraf

Daher arbeiteten viele Forscher an der Entwicklung alternativer Techniken zur Nachrichtenübermittlung. Besonders vielversprechend erschien der elektrische Strom, der seit der Entwicklung der Voltaschen Säule durch *Alessandro Graf von Volta* (1745–1827) um das Jahr 1799 zuverlässig erzeugt werden konnte. Denn Strom floss in einem geschlossenen Stromkreis quasi sofort – besaß also eine unübertroffene Übermittlungsgeschwindigkeit.

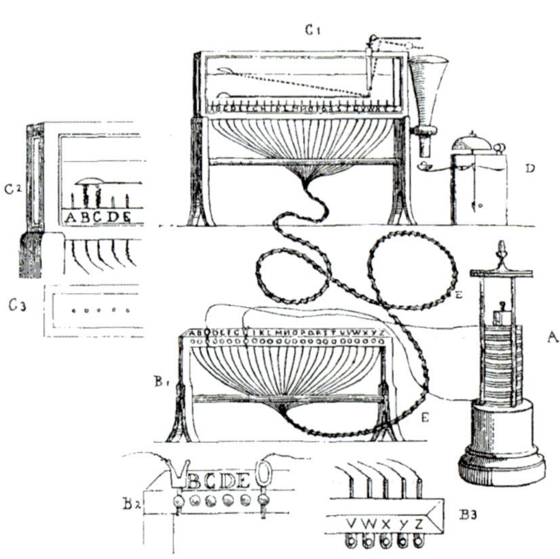

Abb. 11–4 Telegraf von Sömmering

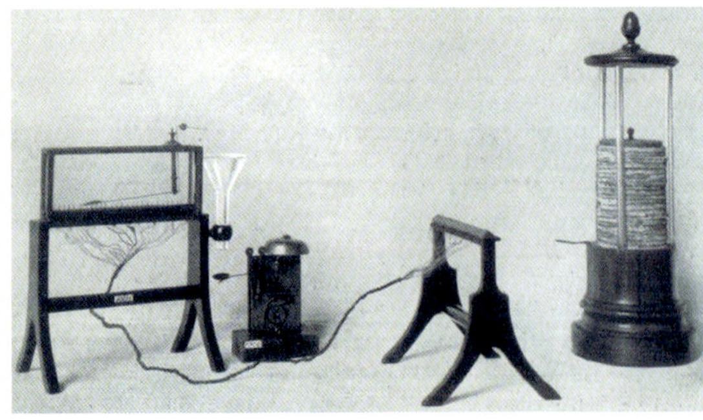

Abb. 11–5 Nachbau des Telegrafen von Sömmering

Das zentrale Problem, das zahlreiche Erfinder und Forscher Anfang des 19. Jahrhunderts zu lösen versuchten, war die Frage, wie man durch das Schließen eines Stromkreises Zeichen übermitteln könnte.

Bereits im Jahr 1809 gab der deutsche Professor für Anatomie *Thomas von Sömmering* (1755–1830) eine Antwort auf diese Frage: Er hatte einen »elektrolytischen Telegrafen« entwickelt, der mit 35 Leitungen arbeitete – je eine für die Buchstaben des Alphabets und für jede Ziffer (Abb. 11–4).

Der Telegraf nutzte die Elektrolyse – die Zerlegung von Wasser durch elektrischen Strom in Wasserstoff und Sauerstoff. Legte der Sender die Spannung einer Volta'schen Säule (A) an zwei Leitungen, stiegen auf der Empfängerseite, an der die Leitungen in einer Salzlösung endeten, von dem mit dem Minuspol verbundenen Kontakt deutlich sichtbar Bläschen auf. Da Anfang und Ende jeder Leitung mit demselben Buchstaben markiert waren, konnte der Empfänger das Zeichen ablesen.

Zur Ankündigung eines Nachrichtenbeginns baute Sömmering einen quer in der Salzlösung liegenden »Löffel« ein, der von den aufsteigenden

Bläschen angehoben wurde und so eine Kugel in einen Trichter fallen ließ. Diese löste ein Läutwerk aus (C, D).

Obwohl Sömmering später die Zahl der Leitungen auf 27 reduzierte (Buchstaben, Punkt und ein Wiederholungszeichen), konnte sich dieser erste elektrische Telegraf nicht durchsetzen, da isolierte Leitungen, die aus einem mit Seide umwickelten Draht bestanden, sehr kostspielig waren.

Einen Nachbau des Sömmering'schen Telegrafen kann man im Deutschen Museum in München bewundern.

Nadeltelegrafen

Vom elektrischen Strom wusste man jedoch nicht nur, dass er elektrochemische Prozesse in Gang setzte, sondern seit der Entdeckung des dänischen Physikers und Chemikers *Hans Christian Ørsted* (1777–1851) im Jahr 1819 auch, dass er magnetische Felder erzeugt. Ein Jahr darauf hatte der Professor für Physik und Chemie *Johann Schweigger* (1779–1857) in Erlangen nachgewiesen, dass sich die Auslenkung einer Kompassnadel durch Wicklungen verstärken ließ (*Multiplikator*), und damit ein Gerät zur Messung des elektrischen Stroms (»Galvanometer«) konstruiert.

So lag die Idee nahe, durch die Ablenkung von Kompassnadeln auch Zeichen zu übermitteln. Erstmalig wurde diese Idee vom französischen Physiker und Mathematiker *André-Marie Ampère* (1775–1836) im Jahr 1820 formuliert: Mit 25 Galvanometern könne man die 25 Zeichen des Alphabets übertragen. Auch diese Idee fand wegen der großen Zahl erforderlicher isolierter Leitungen nicht den Weg in die Praxis.

Der erste Telegraf, der diese Eigenschaft des elektrischen Stroms nutzte, wurde von *Carl Friedrich Gauß* (1777–1855) und *Wilhelm Eduard Weber* (1804–1891) im Jahr 1833 zwischen der Sternwarte und dem physikalischen Laboratorium in Göttingen errichtet. Dabei lenkten Ströme mit wechselnder Flussrichtung beim Empfänger einen magnetischen Stahlstab aus. Die Ablenkung des hängenden Stahlstabs (Abb. 11–6, Mitte) wurde vom Empfänger mit einem Fernrohr (Abb. 11–6, links) abgelesen.

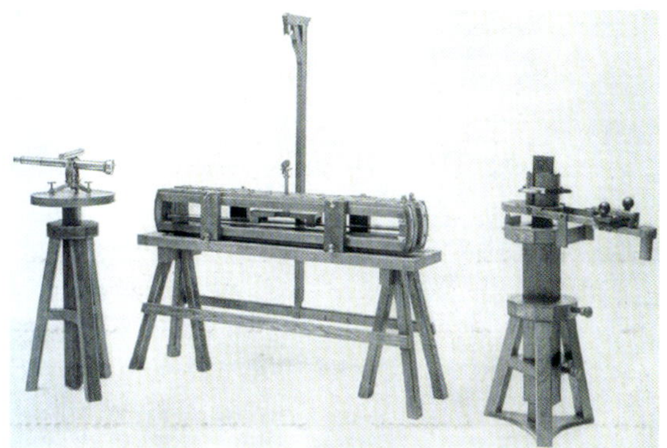

Abb. 11–6 Nadeltelegraf von Gauß und Weber

Die Schwingung des magnetischen Stahlstabs dämpften Gauß und Weber mit einer kurzgeschlossenen Spule und konnten so mit ihrem Telegrafen bis zu neun Zeichen pro Minute übermitteln.

Die wichtigste Idee bei diesem Telegrafen war jedoch nicht die Physik, sondern der Zeichencode: Gauß und Weber übertrugen die Zeichen mit einer seriellen Codierung, die es ihnen ermöglichte, auf der drei Kilometer langen Verbindung mit lediglich zwei Leitungen auszukommen.

Die Bedeutung einer geeigneten Kodierung für die Telegrafie hatte Schweigger bereits 1811 erkannt und eine entsprechende Verbesserung für den elektrolytischen Telegrafen von Sömmering vorgeschlagen, die ebenfalls nur zwei Leitungen benötigte.

Etwa zeitgleich mit Gauß und Weber begann der russische Diplomat *Baron Paul Schilling von Cannstadt* (1786–1837), der mit von Sömmering befreundet war, mit ähnlichen Experimenten. 1835 stellte er in Bonn einen Nadeltelegrafen vor, bei dem er das Problem der Nadelschwingung durch die Verwendung einer zweiten, parallel angeordneten und umgekehrt gepolten Magnetnadel oberhalb des »Multiplikators« gelöst hatte (Abb. 11–7).

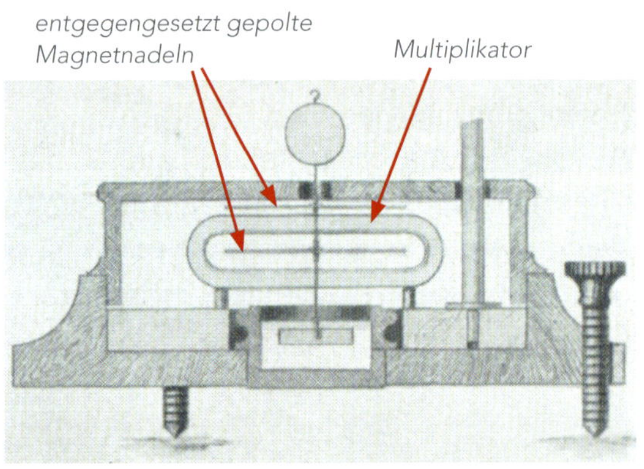

Abb. 11–7 Empfänger des Nadeltelegrafen von Baron Schilling von Cannstadt

Dieses »astatische« Nadelpaar, eine Entdeckung des italienischen Physikers *Leopoldo Nobili* (1784–1835) aus dem Jahr 1825, glich die Wirkung des Erdmagnetfelds aus und musste daher auch nicht an diesem ausgerichtet werden: Es blieb in jeder gewünschten Position stabil stehen.

Den Bau einer von Zar Nikolaus I. 1836 beschlossenen Telegrafenverbindung mit Cannstadts Nadeltelegrafen zwischen Sankt Petersburg und Kronstadt verhinderte der frühe Tod des Diplomaten. Aber seine Idee lebte weiter: Der Engländer *William Fothergill Cooke* (1806–1879) erfuhr 1836 in Heidelberg vom Telegrafen Cannstadts und patentierte im Jahr 1837 in England eine gemeinsam mit dem Physiker *Charles Wheatstone* (1802–1875) weiter entwickelte Version eines Fünf-Nadel-Telegrafen (Patent-Nr. GB 7390).

Vorteil dieses Telegrafen war die kompaktere und robustere Konstruktion der Nadelaufhängung und die direkte Anzeige der übermittelten Zeichen. In Abb. 11–8 ist die Empfängereinheit aus der Patentschrift dargestellt: Jeweils zwei Nadelspitzen zeigten darauf den übermittelten Buchstaben an (im Bild: B). Die

Buchstaben C, J, Q, U, X und Z fehlten und wurden vom Sender durch ähnlich lautende ersetzt.

Später wurde die Anzeige um Ziffern ergänzt, die an den äußeren Rand geschrieben und durch die Auslenkung von nur einer Nadel angezeigt wurden. Im US-Patent vom Juni 1840 (No. US1622) sind die Ziffern in der Empfängereinheit bereits enthalten (Abb. 11–9).

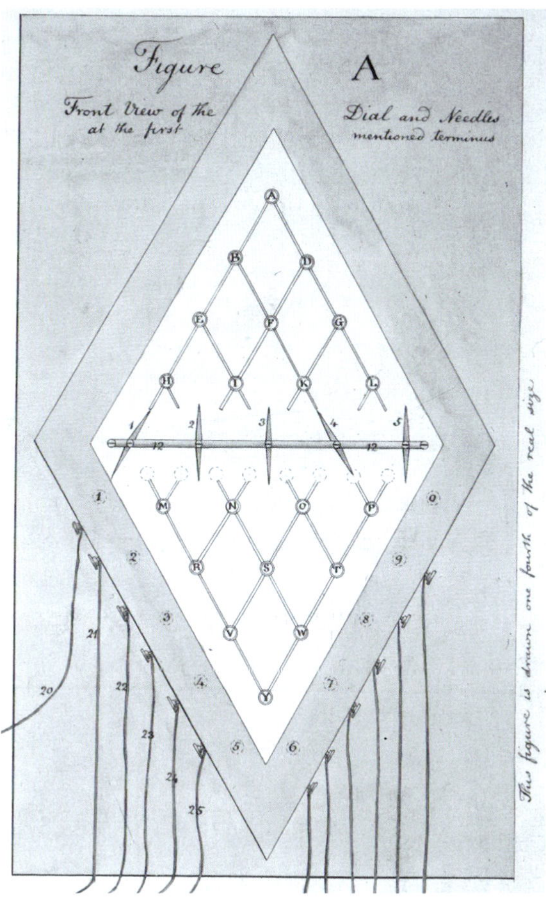

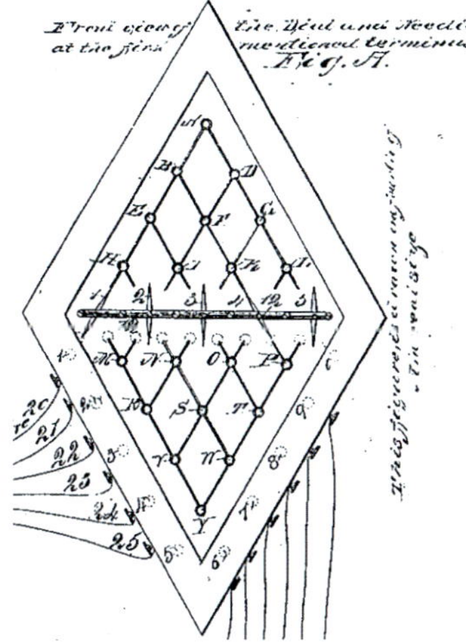

Abb. 11–9
Empfängereinheit im US-Patent vom 10.06.1840 (US 1622)

Abb. 11–8 Fünf-Nadel-Telegraf von Charles Wheatstone und William Cooke (1837)

Dieser Telegraf wurde erstmals 1838 erfolgreich entlang der 21 km langen Bahnverbindung zwischen Paddington und West Drayton eingesetzt.

Zeigertelegrafen

Durchsetzen konnten sich die Nadeltelegrafen allerdings nicht: Wheatstones und Cookes Telegraf war teuer in der Einrichtung, da er sechs Leitungen benötigte; zudem konnte er die übermittelten Zeichen nur flüchtig anzeigen, aber nicht aufzeichnen.

Gauß hatte 1835 den Physiker *Carl August von Steinheil* (1801–1870) ermutigt, den Telegrafen zu einem praxistauglichen Gerät weiterzuentwickeln.

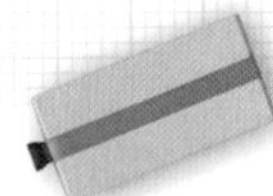

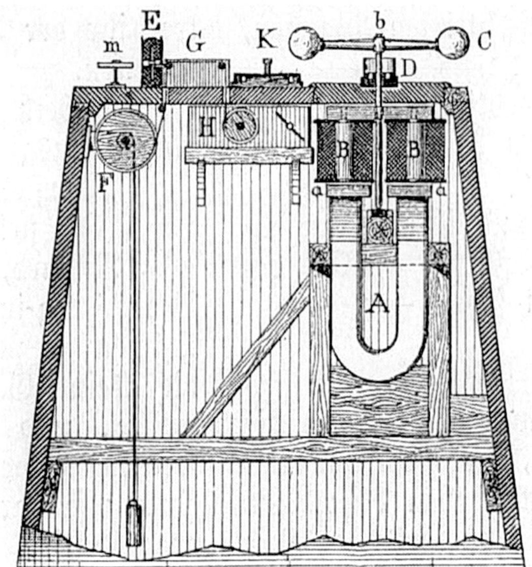

Abb. 11–10 *Nadeltelegraf von Steinheil*

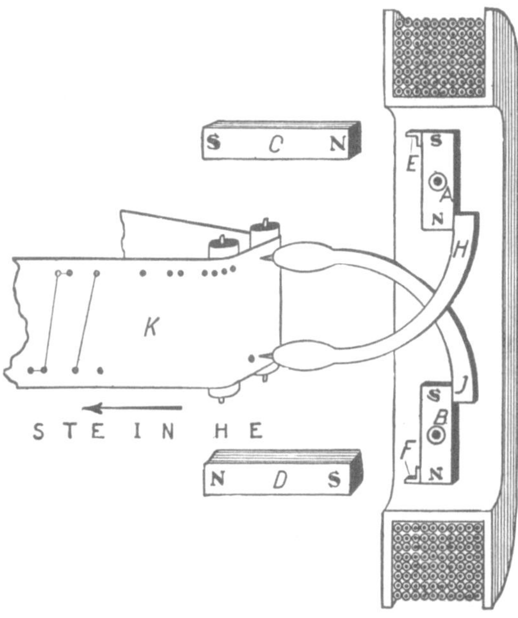

Abb. 11–11 *Empfangseinheit von Steinheils Telegrafen*

1837 konnte dieser seinen Telegrafen auf einer etwa 6 km langen Verbindung zwischen Münchens Akademiegebäude und der königlichen Sternwarte in Bogenhausen erfolgreich demonstrieren. Die Signale wurden von zwei Induktionsspulen erzeugt (B), die über einem hufeisenförmigen Dauermagneten (A) gedreht wurden (Abb. 11–10).

Kurz darauf stattete Steinheil seinen Telegrafen mit einer Schreibeinheit aus – und ersetzte dafür als Erster die Magnetnadel durch einen Elektromagneten. Die Empfangseinheit bestand aus zwei drehbar gelagerten Permanentmagneten (A, B), an denen gebogene Stifte (H, J) befestigt waren. Wurden die Permanentmagneten von den Elektromagneten C, D abgelenkt, zeichneten diese einen Punkt auf einem vorbeilaufenden Papierstreifen (Abb. 11–11).

Steinheil entwickelte für seinen Telegrafen eine Zwei-Punkt-Schrift, die bereits die Zeichenhäufigkeiten berücksichtigte: Je häufiger das Zeichen, desto kürzer dessen Code. Abb. 11–12 zeigt die Steinheil'sche Codierung (Spalte 5) im Vergleich zu der von Gauß und Weber verwendeten Codierung (4) und dem Morse-Alphabet (6). Die zweite Spalte gibt die Buchstabenhäufigkeit in einer Auswertung von 15.000 Telegrafenzeichen von Werner von Siemens aus dem Jahr 1864 wieder.

Bei seinen Experimenten entdeckte Steinheil, dass ein Telegrafendraht ausreichte, wenn man Sende- und Empfangseinheit über das Grundwasser »erdete«. Dennoch schaffte es Steinheils Telegraf nicht in den praktischen Einsatz, denn er stieß, trotz königlicher Unterstützung, bei den bayerischen Ministerialbeamten auf heftigen Widerstand.

Derweil entwickelte Wheatstone einen Zeigertelegrafen, der die übermittelten Zeichen mit einem Zeiger auf einem Zifferblatt anzeigte. Der Empfänger war im Kern ein von einem Gewicht angetriebenes (vereinfachtes) »Uhrwerk«, auf dessen Zifferblatt die Zeichen des Nachrichtenalphabets aufgedruckt waren und dessen Hemmung statt von einem Pendel von zwei Elektromagnete betätigt wurde (Abb. 11–13).

Der Telegraf war leicht zu bedienen und abzulesen und benötigte lediglich drei Leitungen. Später ersetzte Wheatstone einen der beiden Elektromagneten durch eine Rückstellfeder und sparte so eine Leitung ein. Erdete man den Telegrafen, genügte sogar eine einzelne Leitung für die Signalübertragung.

1	2	3	4	5	6
1	970	E	\	•	•
2	730	N	/\\	••	—•
3	610	R	///\	••	• ••
4	550	I	//	•	••
5	430	S	//\/	••••	•••
6	430	T	/\//	••	—
7	400	A	/	•••	•—
8	310	G	\//	•••	——•
9	310	L	\\/	•••	———
10	310	O	/\	•••	• •
11	300	U	\/	×	••—
12	250	B	\\	••••	—•••
13	250	D	\//	••	— ••
14	250	H	\\\	••••	••••
15	250	M	\/\	•••	— —
16	190	C	///	×	•• •
17	190	K	///	•••	—•—
18	190	P	////	••••	•••••
19	190	V	×	•••	•••—
20	160	W	\///	••••	•——
21	130	F	/\/	•••	• —•
22	130	Z	\\//	••••	••• •
23	80	Q	×	×	••—•
24	80	Y	×	×	•• ••
25	60	X	×	×	•—••

Abb. 11–12 *Zeichencodierung von Gauß/Weber (4), Steinheil (5) und Morse (6)*

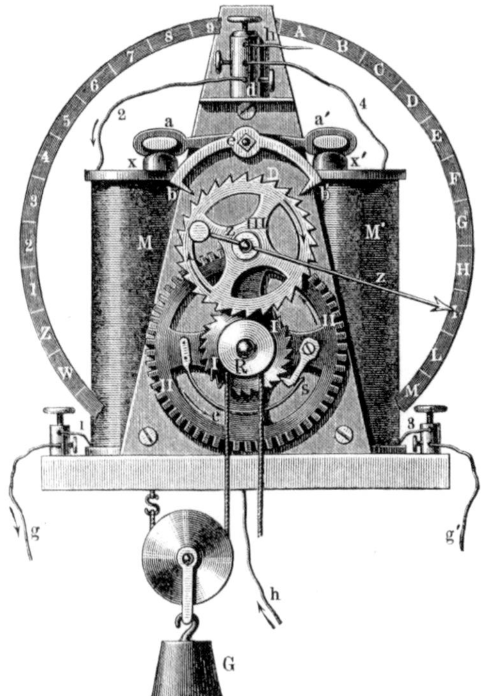

Abb. 11–13 *Empfänger des Zeigertelegrafen von Charles Wheatstone (1839)*

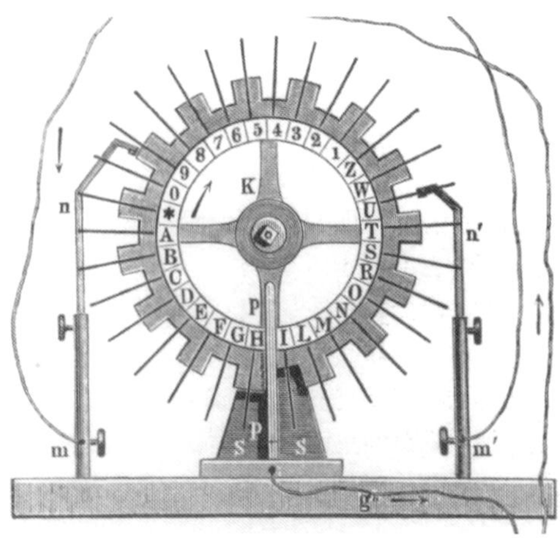

Abb. 11–14 *Sendeeinheit des Zeigertelegrafen*

Als Zeichengeber fungierte eine Drehscheibe, mit der das gewünschte Zeichen eingestellt werden konnte. Ein gezackter Kontaktkranz sorgte dafür, dass beim Einstellen des Zeichens abwechselnd einer der beiden Elektromagnete beim Empfänger Strom erhielt (Abb. 11–14).

Die Bedienung war einfach: Vor Beginn der Übertragung wurden Sender und Empfänger auf den »Stern« eingestellt. Der Sender drehte nun das Rad langsam bis zu dem gewünschten Zeichen, verharrte dort kurz, damit der Empfänger das Zeichen notieren konnte, und drehte das Rad weiter bis zum nächsten Zeichen.

Der Wheatstone'sche Zeigertelegraf war allerdings fehleranfällig. So kam es wegen der meist schlechten Isolierung der drei Verbindungsdrähte oft zu Kurzschlüssen oder Spannungsabfällen, die verhinderten, dass der Magnet die Hemmung beim Empfänger betätigte. Oder aber das Rad wurde vom Sender so schnell gedreht, dass die Impulsdauer nicht ausreichte, um die Hemmung so weit zu bewegen, dass das Empfangsrad weiterschaltete. Daher kam der Telegraf leicht aus dem »Tritt« und musste dann bei Sender und Empfänger erneut zurückgesetzt werden.

Die praktischen Schwierigkeiten werden deutlich, wenn man einen solchen Zeigertelegrafen mit fischertechnik konstruiert.
Als Antriebsrad verwenden wir ein Innenzahnrad Z30, bei dem wir Kunststoffachsen 30 in die 12 äußeren Löcher schieben und mit je zwei Klemmbuchsen 5 so befestigen, dass der größere Teil der Achse auf einer Seite herausragt.

Eine simple Hemmung aus Baustein 15, Winkelsteinen 15° bzw. 7,5° und Winkelsteinen 60° mit drei Nuten, die wir auf einer Achse befestigen, schaltet das Innenzahnrad in 24 Schritten pro Umdrehung weiter. Dabei schließen wir die Nuten der Winkelsteine 60° in Drehrichtung mit Bauplatten 15×15. Dic exakte Justierung erfordert ein wenig Fingerspitzengefühl (Abb. 11–15).

Für die Bewegung der Hemmung verwenden wir einen Elektromagneten und eine Rückstellfeder; die Antriebsenergie liefert ein 130 g schwerer, mit Gewindestangen gefüllter Batteriekasten.

Der Wheatstone'sche Zeigertelegraf arbeitete mit 30 Zeichen. Wir übersetzen die 24 Schritte in unserem Modell nicht 4:5, sondern verzichten stattdessen auf die Ziffern zugunsten eines (fast) vollständigen Alphabets, das wir auf einen Kranz mit einem Durchmesser von 14 cm auftragen und hinter einer Drehscheibe 60 mit aufgestecktem Zeiger montieren (Abb. 11–16).

Abb. 11–15 Hemmung des fischertechnik-Zeigertelegrafen

Abb. 11–16 Zifferblatt mit 24-Zeichen-Alphabet

Abb. 11–17 *Zeigertelegraf nach Wheatstone, verbesserte Version*

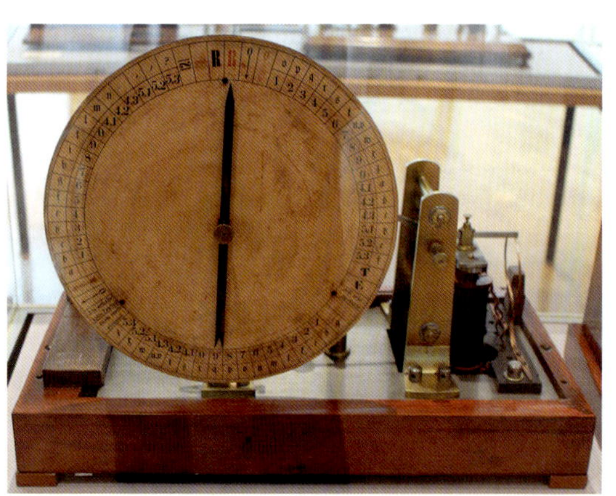

Abb. 11–18 *Zeigertelegraf von Leonhard (1845)*

Schaltet man unseren Zeigertelegrafen mit einem Taster weiter, erkennt man gut, wie leicht er aus dem Tritt gerät, wenn die Impulsfolge zu schnell wird.

Diese Mängel führten zur Entwicklung von Varianten des Wheatstone'schen Telegrafen, z.B. durch den Berliner Uhrmacher *Ferdinand Leonhard* (Abb. 11–18).

Werner von Siemens erkannte die Mängel bei einer Vorführung des Wheatstone'schen Zeigertelegrafen, die er in seinen Lebenserinnerungen anschaulich schildert, und entwickelte daraufhin einen in mehrfacher Hinsicht verbesserten Zeigertelegrafen, den er 1847 patentieren ließ (Abb. 11–19).

Abb. 11–19 *Zeigertelegraf von Siemens (1847)*

So koppelte er Sender und Empfänger so, dass die beiden Zeiger ständig synchron weitergeschaltet wurden: Wurde der Stromkreis geschlossen, sorgte ein Elektromagnet – ein sogenannter »Wagner'scher Hammer«, 1837 vom Ingenieur *Johann Philipp Wagner* (1799–1879) entwickelt (Abb. 11–20) – dafür, dass er wieder unterbrochen wurde.

Drückte man die Taste neben einem der Zeichen des Zifferblatts, blieb der Zeiger, sobald er das Zeichen erreichte, so lange stehen, bis die Taste losgelassen wurde. Zur Beschleunigung der Zeichenübermittlung wiederholten sich häufige Zeichen wie E, N und S mehrmals im Zifferblatt.

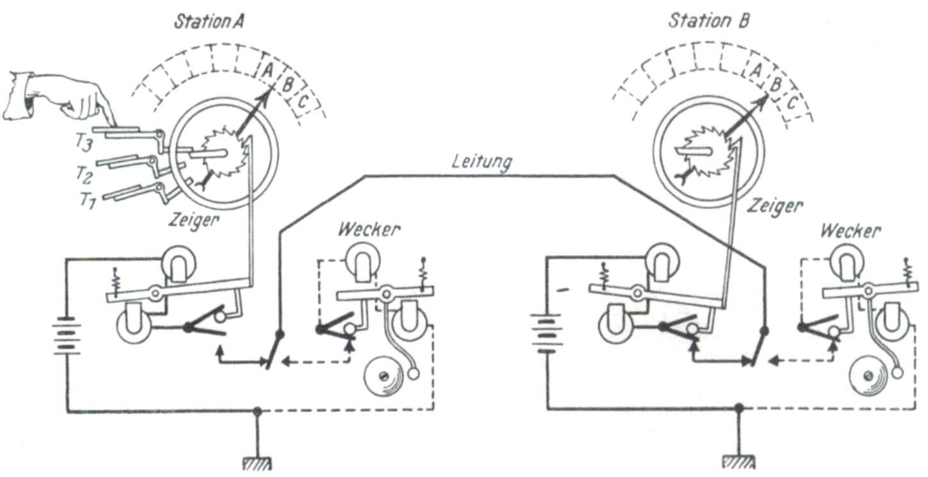

Abb. 11–20 *Stromfluss des Zeigertelegrafen von Werner von Siemens (1847)*

Siemens gründete mit dem Mechaniker *Johann Georg Halske* (1814–1890) im Jahr 1847 das Vorläuferunternehmen der heutigen Siemens AG, die Telegraphen-Bauanstalt Siemens & Halske, die für den Zeigertelegrafen die ersten Telegrafenverbindungen in Deutschland aufbaute.

Morsetelegraf

Die entscheidende Erfindung und die Einführung der Telegrafie blieben jedoch einem Außenseiter vorbehalten: dem amerikanischen Kunstmaler *Samuel Finley Breese Morse* (1791–1872). 1825 hatte er die *National Academy of Design* mitbegründet und wurde anschließend ihr Präsident. 1835 erhielt er einen Ruf als Professor für Zeichenkunst an die Universität New York.

Abb. 11–21 Samuel Finley Breese Morse (1791–1872)

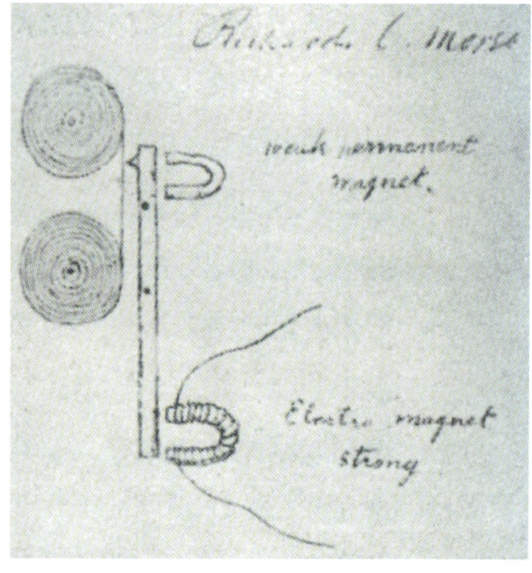

Abb. 11–22 Skizzen Morses (1832)

Während der Rückfahrt von einer Europareise im Jahr 1832 entwickelte er die Idee einer Nachrichtenübertragung mit elektrischem Strom und einem Elektromagneten. Für das »Abheben« des Schreibstifts beim Empfänger sollte ein Permanentmagnet sorgen (Abb. 11–22). Seine auf der Überfahrt angefertigten Skizzen umfassten auch schon die Idee eines Alphabets aus Punkten und Strichen.

Nach seiner Rückkehr begann er sofort, mit einem elektrischen Telegrafen zu experimentieren. Unter Verwendung eines alten Spannrahmens für seine Leinwände, eines Elektromagnets und des Federantriebs einer alten Uhr entwickelte Morse, unterstützt von *Alfred Levis Vail* (1807–1859), ein Gerät, das Zeichen als eine Folge von kurzzeitigen Stromimpulsen übermitteln und empfangen konnte.

Dieser am 04.09.1837 erstmals erfolgreich getestete *Morseapparat* versandte als Ziffernfolge codierte Nachrichten, indem auf eine Schiene gesteckte schmale und breite Kupferplättchen über einen Kurbelantrieb gleichmäßig an einem Hebel entlang geführt wurden. Das Kippen des Hebels schloss oder unterbrach einen Stromkreis zum Empfänger (Abb. 11–23).

Wurde der Stromkreis geschlossen, lenkte beim Empfänger ein angeschlossener Elektromagnet ein »Schreibpendel« mit daran befestigtem Stift aus, der auf einem darunter entlang gezogenen Papierstreifen einen V-förmigen »Zacken« malte. Anschließend wurde er von einer Feder wieder in Ruhestellung gezogen. Eine Rekonstruktion des Apparats kann man im Deutschen Museum in München bewundern.

Nachdem Morse am 28.09.1837 für das verbesserte Modell des Telegrafen, das sich an seiner ursprünglichen Konstruktion von 1832 orientierte und statt einer Zackenlinie die bekannten Punkte und Striche zeichnete, einen Patentantrag gestellt hatte, führte er den Morsetelegrafen zusammen mit Vail am 06.01.1838 erstmals öffentlich vor.

Am 20.06.1840 wurde Morse für seinen Telegrafen das US-Patent Nr. 1647 erteilt. Die Abbildungen 11–24 und 11–25 zeigen den patentierten Zeichengeber und das Schreibgerät beim Empfänger.

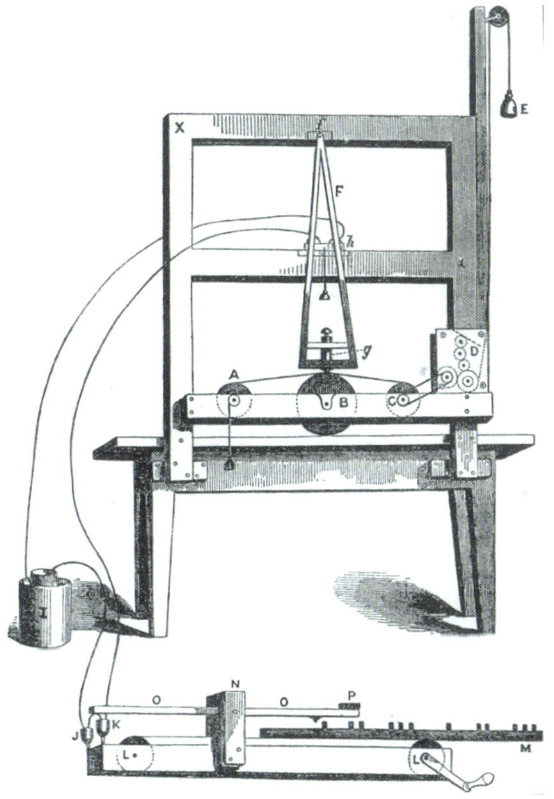

Abb. 11–23 *Erster Morseapparat*

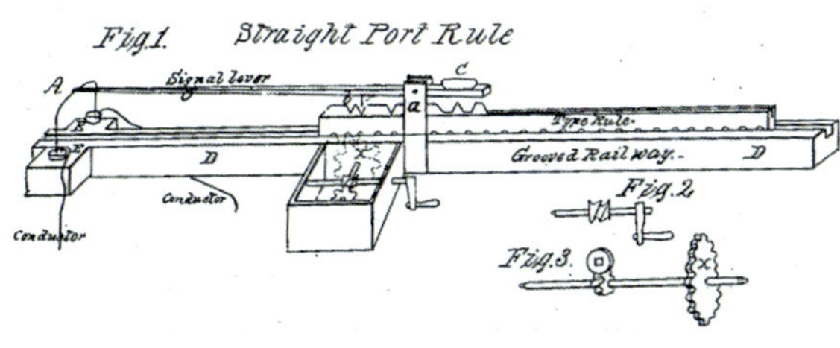

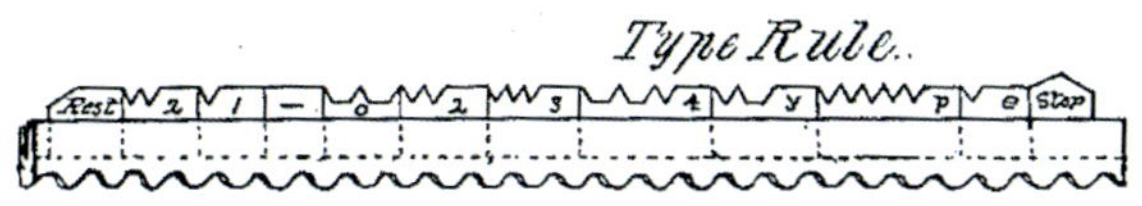

Abb. 11–24 *Zeichengeber-Schiene mit Code-Plättchen und Kurbelantrieb*

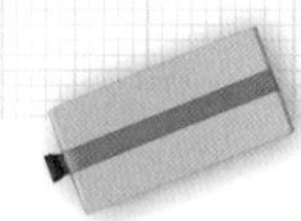

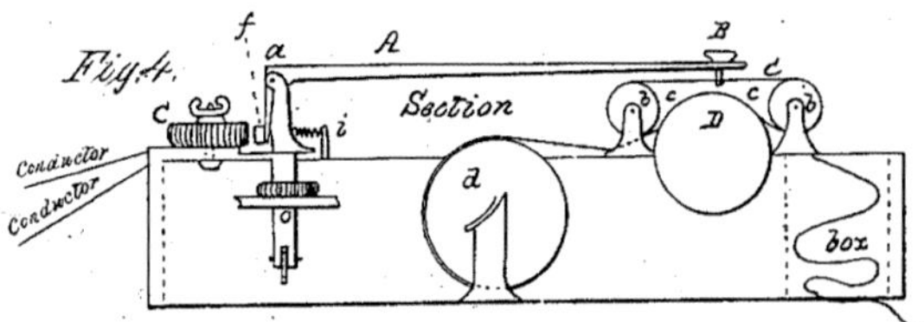

Abb. 11–25 Morsezeichen-Schreiber

Abb. 11–26 Morse-Code im Patent No. 1647

Seinen ursprünglichen simplen Zifferncode hatten Vail und er durch einen Zeichencode ersetzt, der auch Buchstaben umfasste und heute als *American Morse Code* bekannt ist – den Vorläufer des 1865 standardisierten *Internationalen Morsecodes.*

Die Codierung der Buchstaben erfolgt in Punkten und Strichen – ein binärer Code. Der Aufbau des Zeichencodes orientierte sich an der Häufigkeit eines Buchstabens in der englischen Sprache und war Bestandteil seines 1840 erteilten Patents (Abb. 11–26).

Abb. 11–27 zeigt den Aufbau des Internationalen Morsecodes:

Jeder »Zweig« des »Codebaums« steht für einen Punkt (.) oder einen Strich (–): So wird der Buchstabe »e« durch einen einzelnen Punkt codiert; der Code für den Buchstaben »f« lautet: Punkt-Punkt-Strich-Punkt.

Es dauerte allerdings noch einige Jahre, bis Morses Erfindung der Durchbruch gelang – während sich in Europa die komplizierteren Zeigertelegrafen zu verbreiten begannen.

Derweil entwickelte Morse seinen Telegrafen weiter. So ersetzte er die Zeichengeber-Schiene schon bald durch eine Morsetaste (Abb. 11–28).

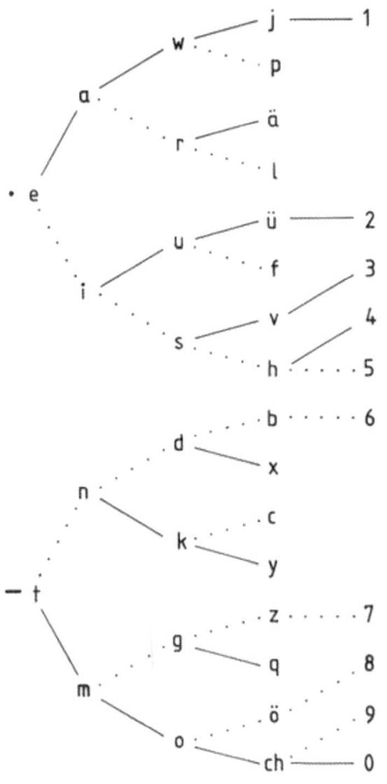

Abb. 11–27 Internationaler Morsecode

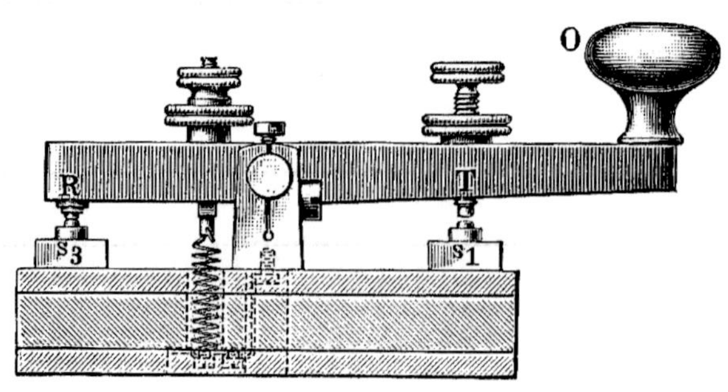

Abb. 11–28 Morsetaste

Die erste telegrafische Nachricht über eine Entfernung von 41 Meilen (ca. 60 km) mit dem Text »What hath God wrought« (Was hat Gott geschaffen?) sandte Morse am 24.05.1844 über eine vom amerikanischen Kongress finanzierte Leitung vom Capitol in Washington zur Bahnstation in Baltimore – und löste damit eine Erfolgsgeschichte aus. Innerhalb von wenigen Jahren wurden zahllose amerikanische Städte mit Telegrafenleitungen verbunden und am 17.08.1858 überquerte die erste Morsenachricht in einem Seekabel den Atlantik – das Kabel hielt allerdings nur wenige Wochen.

Abb. 11–29 Morseempfänger der Teststrecke Washington – Baltimore (1844)

Acht Jahre später, am 04.08.1866, wurden Amerika und Europa mit einem stabileren, 4.200 km langen und 5.000 Tonnen schweren Kabel verbunden, das die *Great Eastern*, der damals größte Dampfer der Welt, verlegt hatte. Zwischengeschaltete Verstärker reduzierten die Dämpfung.

Abb. 11–30 Morseempfänger um 1865

Abb. 11–31 Morsetelegraf von Siemens & Halske (um 1865)

Abb. 11–32 »Klopfer« mit Schallkammer

Derweil wurden auf der Empfängerseite die Schreiber zunehmend von Lautsprechern (*Klopfer*, Abb. 11–32) oder Kopfhörern verdrängt, die das simultane Decodieren der Morsezeichen ermöglichten. Geschulte Telegrafisten konnten auf diese Weise bis zu 80 Zeichen pro Minute übermitteln – fast das 30fache von Chappes Flügeltelegrafen.

Abb. 11–33 Briefmarke zum 200sten Geburtstag Samuel Morses (Burkina Faso, 1991)

Mit der Entdeckung der elektromagnetischen Wellen durch *Heinrich Hertz* (1857–1894) 1886, der Nachrichtenübertragung per Funk durch *Karl Ferdinand Braun* (1850–1918) 1898 und *Guglielmo Marconi* (1874–1937) 1899 erreichte die Verbreitung von Morses Erfindung schließlich Anfang des 20. Jahrhunderts ihren Höhepunkt, denn nun konnten Telegrafen auch in der Schifffahrt genutzt werden. Das erlebte Morse allerdings nicht mehr.

Modelle von Morsetelegrafen finden sich in Anleitungen verschiedener fischertechnik-Kästen.

Das jüngste Modell enthält der Kasten *Technical Revolutions* von 2010. Ausgefeilter und dem Morsetelegrafen aus Abb. 11–29 ähnlicher war das Modell aus dem Kasten *em2* von 1975: Die empfangenen Morsezeichen wurden vom Empfänger auf einen Papierstreifen geschrieben (Abb. 11–34).

Im selben Jahr erschien die Bauanleitung eines um eine akustische Zeichengabe erweiterten Morsegeräts als Club-Modell 1975-1 [7], elektronisch gesteuert von »Silberlingen«: Gleichrichter, zwei Relais, Grundbaustein und zwei Lautsprecher (Abb. 11–35).

Ein ähnliches Telegrafenmodell wie in der *em2*-Anleitung findet sich im *Experimentierbuch Elektromechanik* des Kastens *Elektromechanik* von 1981 [9], abgebildet auf der Titelseite (Abb. 11–36).

Der Geber (Morsetaste) wurde in den verschiedenen Modellen eher lieblos umgesetzt, z.B. durch eine Bauplatte mit Gelenk auf einem Taster. Dabei erlaubt fischertechnik die Konstruktion praxistauglicher Geber (Abb. 11–37). Die Stromführung kann dabei durch die alten Klemmkontakte oder, ganz simpel, durch Befestigung der abisolierten Kabelenden mit Klemmbuchsen 5 realisiert werden.

Abb. 11–34 Morseapparat aus em2

Abb. 11–35 Club-Modell Morsegerät

Abb. 11–36 Morsetelegraf

Abb. 11–37 *fischertechnik-Morsetaste*

Auch die Schreibeinheit lässt sich sehr kompakt realisieren. Statt auf die nicht mehr erhältliche Rückschlussplatte (Abb. 11–36) kann man den Elektromagneten auf eine Metallstange wirken lassen, den man in die Nut des Bausteins 30 einschiebt. Als Stifthalter dient uns der kleine Seilhaken (wie im Modell in Abb. 11–36); alternativ tut es auch ein Seilwindengestell 30 (Abb. 11–38).

Abb. 11–38 *fischertechnik-Morsetelegraf*

Beim Nachbau sollte man beachten, dass nur die neueren fischertechnik-Elektromagnete (Teile-Nr. 32363) an 9 V betrieben werden; die älteren (31324) sollte man nur mit den alten 6-V-Netzgeräten von fischertechnik nutzen.

Für den Antrieb überspringen wir einige Jahrzehnte Technikgeschichte – und verzichten zugunsten eines kleinen fischertechnik-Elektromotors (XS Motor) auf den Gewichtsantrieb (Abb. 11–39).

Wenn man die Schreibeinheit durch einen Summer oder eine Lampe bzw. LED ergänzt oder austauscht, so lassen sich die Morsezeichen auch akustisch oder visuell übertragen.

Abb. 11–39 fischertechnik-Morsetelegraf (Empfänger)

Zwar sind heute schon lange keine Morseverbindungen mehr im Einsatz. Sie wurden ersetzt durch moderne Datenübertragungsprotokolle, die dank der Weiterentwicklung der Kommunikationstechnik weit größere Bandbreiten zur Verfügung haben und daher – trotz zeichenintensiverer Codierung – statt lediglich einer Handvoll viele Megabyte Zeichen pro Minute übertragen können. Dennoch: Die Pioniere der Telegrafie in der ersten Hälfte des 19. Jahrhunderts haben die Grundlagen für die heutige Internetkommunikation gelegt.

Literatur

Sehr lesenswerte und reich bebilderte Übersichten über die Entwicklung der Telegrafie im 19. Jahrhundert bieten Volker Aschoff [2], Ernst Feyerabend [6] und Band 1 von Artur Fürsts *Weltreich der Technik* [10]. Der viel zitierte und sehr ansprechend gestaltete Ausstellungsband *So weit das Auge reicht* von Klaus Beyrer und Birgit-Susann Mathis [4] erzählt die Geschichte der optischen Telegrafie aus sehr unterschiedlichen Blickwinkeln.

[1] Volker Aschoff: *Telegraphie vor 150 Jahren*. Kultur & Technik, 4/1987, S. 260–264.

[2] Volker Aschoff: *Geschichte der Nachrichtentechnik*. 2. Auflage, Springer-Verlag, 1995.

[3] Wolfgang Back, Erich H. Heimann: *Das Ei des Kolumbus*. Engelbert-Verlag, Tumlingen, 1977.

[4] Klaus Beyrer, Birgit-Susann Mathis (Hrsg.): *So weit das Auge reicht*. Die Geschichte der optischen Telegrafie. G. Braun Verlag, 1995.

[5] Julius Dub: *Die Anwendung des Elektromagnetismus*. 2. Auflage, Verlag Julius Springer, Berlin, 1873.

[6] Ernst Feyerabend: *Der Telegraph von Gauss und Weber im Werden der elektrischen Telegraphie*. Reichspostministerium, Berlin, 1933.

[7] fischertechnik: *Bauanleitung Morsegerät*. Club-Modell 1975-1, 1975.

[8] fischertechnik: *Ein Schreibgerät für Morsezeichen*. In: Anleitungsbuch Elektromechanik (em2), Fischerwerke, Tumlingen, 1975, S. 29–31.

[9] fischertechnik: *Experimentierbuch Elektromechanik*. Fischerwerke, Tumlingen, 1981.

[10] Artur Fürst: *Das Weltreich der Technik*. Band 1: Telegraphie und Telephonie. Verlag Ullstein, Berlin, 1923.

[11] Ernst Gerland, Friedrich Traumüller: *Geschichte der physikalischen Experimentierkunst*. Leipzig, 1899.

[12] Erich H. Heimann: *Das Ei des Kolumbus*. Anhang mit fischertechnik-Modellen. Fischerwerke, Tumlingen, 1977.

[13] Dennis Karwatka: *Samuel Finley Breese Morse*. In: Technology's Past, Prakken Pub., Ann Arbor 1996, S. 25–27.

[14] Margit Knapp: *Die Überwindung der Langsamkeit*. Samuel Finley Morse – der Begründer der modernen Kommunikation. Mare, 2012.

[15] Samuel F. B. Morse: *Telegraph Signs*. US-Patent Nr. 1647, 20.06.1840.

[16] Susanne Päch, Herbert W. Franke: *Samuel Morse und die Telegraphie*. Sendereihe »Meilensteine der Naturwissenschaft und Technik«, ARD, 1991.

[17] Hans Pieper: *Carl August von Steinheil, der vergessene Begründer der wissenschaftlichen Nachrichtentechnik*. Technikgeschichte, Nr. 4/1970 (Bd. 37), S. 323–352.

[18] Werner von Siemens: *Lebenserinnerungen*. 1892. http://www.siemens.com/lebenserinnerungen/pdf/Siemens-Lebenserinnerungen.pdf.

[19] Oskar Blumtritt: *Nachrichtentechnik*. Beiträge zur Technikgeschichte für die Aus- und Weiterbildung. Deutsches Museum, 2005.

12 Die Normalzeit

Heute gilt eine Uhr als ungenau, die eine Minute »falsch« geht – aber welche Zeit ist eigentlich »richtig«? Und warum? Das Fehlen einer Referenzzeit wurde erst im 19. Jahrhundert als Mangel empfunden, als Taschenuhren selbstverständlich wurden, Nachrichten ohne Zeitverzug übermittelt werden konnten und die Eisenbahn Städte nach Fahrplänen miteinander verband. Wenig überraschend, dass zuerst die Bahnhöfe mit synchronen Uhren ausgestattet wurden.

Abb. 12–1 Normaluhr in Berlin (1909)

Abb. 12–2 Synchronuhr von Wheatstone auf der Basis des Zeigertelegrafen

Am 01.08.1978 trat in Deutschland ein merkwürdiges Gesetz in Kraft: Das »Gesetz über die Zeitbestimmung« (Zeitgesetz), das das »Gesetz betreffend die Einführung einer einheitlichen Zeitbestimmung« aus dem Jahr 1893 ablöste. Es erklärte nicht nur die Mitteleuropäische Zeit (MEZ) zur »gesetzlichen Zeit« in Deutschland und ermächtigte die Bundesregierung, durch Rechtsverordnung die Sommerzeit einzuführen, sondern verpflichtete die Physikalisch-Technische Bundesanstalt (PTB) in Braunschweig, diese Zeit zu definieren, darzustellen und zu verbreiten. Am 12.07.2008 ging das Zeitgesetz in einem neuen »Einheiten und Zeitgesetz« auf. Was hatte es damit auf sich?

Die gesetzliche Zeit

Dem Astronomen und Mitbegründer der Physikalisch-Technischen Reichsanstalt (Vorgängerinstitution der PTB) *Wilhelm Julius Foerster* (1832–1921) verdanken wir die gesetzliche Zeit in Deutschland. Er setzte sich in der zweiten Hälfte des 19. Jahrhunderts als Direktor der Königlichen Sternwarte zu Berlin intensiv für die Einführung eines einheitlichen Zeitsignals ein. Am 20.07.1869 wurde auf seine Initiative die erste »Normaluhr« in Berlin aufgestellt, die ihren Sekundentakt von der Sternwarte erhielt (Abb. 12–1). Damals wurde die genaue Zeit astronomisch bestimmt. Die Synchronisation erfolgte über eine direkte Stromverbindung zur Sternwarte, die alle zwei Sekunden einen elektrischen Impuls erhielt, über den das Zeigerwerk der Berliner Normaluhren reguliert wurde.

Die der Synchronisation zugrunde liegende Technik wurde bereits 1839 von den Telegrafiepionieren *Carl August von Steinheil* (1801–1870) und *Charles Wheatstone* (1802–1875) vorgeschlagen (Abb. 12–2).

In späteren Konstruktionen übernahm der Elektromagnet die Weiterschaltung des Zeigerwerks komplett (Abb. 12–3).

Der Erfinder *Matthäus Hipp* (1813–1893), ein deutscher Uhrmacher, der 1852 nach der Niederschlagung der Badischen Revolution in die Schweiz übergesiedelt war, entwickelte 1840 eine Pendeluhr, bei der die Synchronisation der Pendelbewegung über Elektromagnete erfolgte (Abb. 12–4).

Abb. 12–3 Elektrisches Zeigerwerk

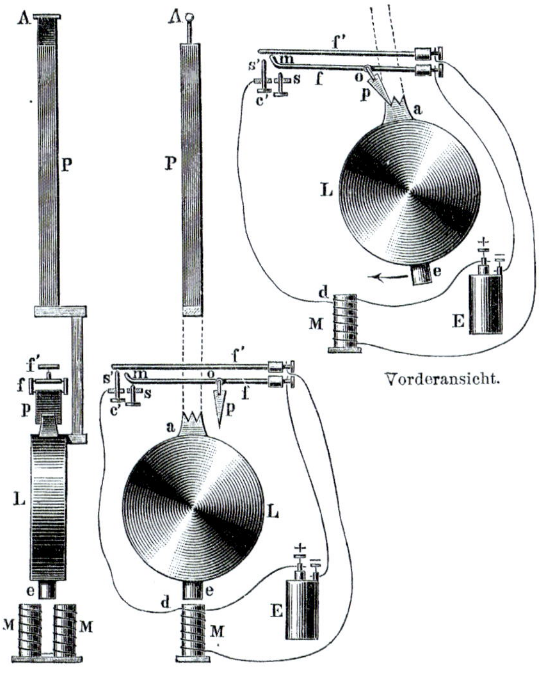

Abb. 12–4 Elektrische Pendeluhr von Matthäus Hipp (1840)

Das Zeitsignal

1895 wurde die Aussendung des Zeitsignals einer privaten Gesellschaft, der Normal-Zeit GmbH (später »Telefonbau und Normalzeit« T&N, dann Telenorma), übertragen, nachdem 1893 mit dem erwähnten »Gesetz betreffend die Einführung einer einheitlichen Zeitbestimmung« die mittlere Sonnenzeit am 15. Längengrad Ost als einheitliche deutsche Zeit festgelegt worden war. Die Normal-Zeit GmbH realisierte die Normaluhren-Synchronisation in ganz Deutschland über Telefonverbindungen und die Telegrafenleitungen der Deutschen Reichsbahn. Letztere erhielt im Gegenzug die Zeitinformation von der Sternwarte – damit zeigten Bahnhofsuhren in ganz Deutschland die Normalzeit an (Abb. 12–5).

Abb. 12–5 Normaluhr von Telenorma

Funksignal

Dank der Arbeiten von *Guglielmo Marconi* (1874–1937), dem am 27.03.1899 die erste Funkverbindung über den Ärmelkanal gelang, entstanden Anfang des 20. Jahrhunderts erste drahtlose Zeitdienste, zunächst in den USA, dann in Europa. Funkzeitdienste ermöglichten eine höchst präzise Bestimmung der geografischen Länge – nicht zuletzt für die Seeschifffahrt ein bedeutender Fortschritt.

Die Nutzung als Funkmast für ein Zeitsignal rettete 1904 übrigens den Eiffelturm – denn ursprünglich sollte das zur Weltausstellung 1889 errichtete, lange Zeit vor allem bei Intellektuellen ungeliebte Bauwerk 1909 abgerissen werden. Es wurde sogar beschlossen, dass der Eiffelturm am 01.07.1913 als »Leuchtturm der Zeit« die Ausstrahlung einer koordinierten Weltzeit übernehmen sollte. Der Ausbruch des Ersten Weltkriegs verhinderte allerdings die Umsetzung.

Seit dem 01.01.1959 wird das Zeitsignal in Deutschland von einer Langwellen-Sendeanlage in Mainflingen (25 km südöstlich von Frankfurt) mit einer Trägerfrequenz von 77,5 kHz verbreitet.

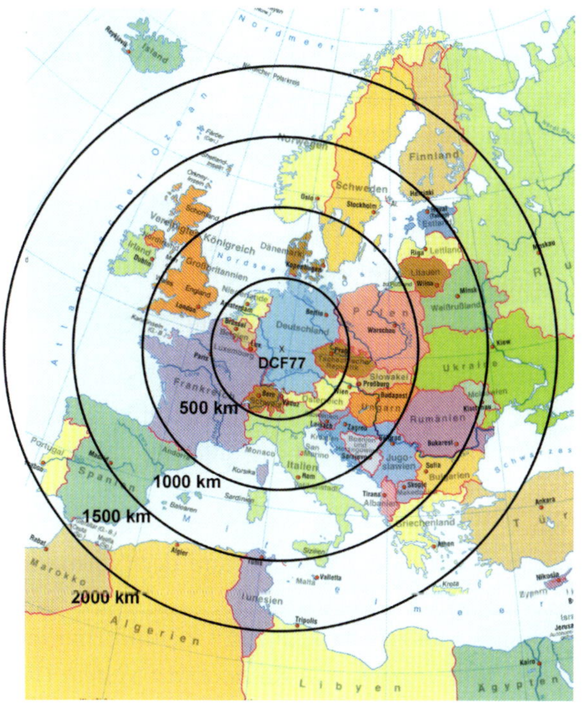

Abb. 12–6 Reichweite des DCF77[1]-Signals

Die Verbreitung des Zeitsignals und der Normalfrequenz über eine Langwelle hat den Vorteil, dass ihr Empfang durch Vegetation oder Bebauung nicht signifikant beeinträchtigt wird. Die Reichweite des 50-kW-Senders mit dem Rufzeichen DCF77 liegt bei etwa 2.000 km; er versorgt also ganz Europa mit dem Zeitsignal (Abb. 12–6). Bis etwa 600 km Entfernung (also innerhalb von Deutschland) ist das Signal sehr stabil; zwischen 600 und 1.100 km können sich Boden- und Raumwelle überlagern und Schwankungen in der Amplitude des Signals verursachen.

Empfangsstörungen können insbesondere durch Fernsehgeräte, Pulsstörungen von Schaltnetzteilen oder durch Gewitter verursacht werden. Senderseitige Störungen können bei starken Auslenkungen der Antenne (Sturm oder Eisregen) auftreten.

Seit dem 01.09.1970 wird das Zeitsignal im Dauerbetrieb ausgestrahlt. Die Verfügbarkeit des Funkzeitsignals lag in den vergangenen Jahren bei über 99,85 %. Der Betreiber Media Broadcast garantiert vertraglich eine Verfügbarkeit von jährlich 99,7 %. Beim Umschalten auf den Ersatzsender kann es allerdings zu Ausfällen von mehreren Minuten Dauer kommen.

---

1 D: Deutschland, C: Langwellensender, F: Lage bei Frankfurt, 77: Trägerfrequenz

Referenzzeit

Heute wird die gesetzliche Zeit nicht mehr astronomisch, sondern atomphysikalisch bestimmt: Seit 1991 liefert die Cäsium-Uhr CS2, eine von vier sogenannten »Atomuhren«, die in der PTB betrieben werden, die Referenzzeit für Deutschland. Sie weicht eine Stunde von der 1972 eingeführten »koordinierten Weltzeit« (*Coordinated Universal Time*, UTC) ab, während der Mitteleuropäischen Sommerzeit zwei Stunden (MESZ = UTC+2). Die Standardabweichung – also die Genauigkeit der Zeitangabe – liegt für die CS2 bei $1{,}2 \cdot 10^{-14}$, d. h. einer Sekunde alle 2,64 Mio. Jahre.

Vollständige Zeitinformation

Die Verbreitung des Zeitsignals über Funk erlaubte die Synchronisation von Uhren, nicht aber die Einstellung der Uhrzeit. Einer der Pioniere der Funkuhr, Professor *Wolfgang Hilberg* (1932–2015), patentierte 1967 als Mitarbeiter von Telefunken ein Verfahren, das die Verbreitung und den Empfang codierter Zeitangaben zusammen mit dem Zeitsignal und der Normalfrequenz z. B. über Rundfunksender ermöglichen sollte (Abb. 12–7).

Die von Hilberg angestrebte Aussendung der Zeitinformation über Rundfunk wurde erst mit dem 1988 eingeführten *Radio Data System* (RDS) verwirklicht, das die optionale Übermittlung eines *Clock-Time*-Signals vorsieht. Seine Ideen zur Codierung der Zeitinformation fanden Eingang in den DCF77-Zeitcode, den die PTB seit dem 05.06.1973 zusammen mit dem Zeitsignal jede Minute übermittelt.

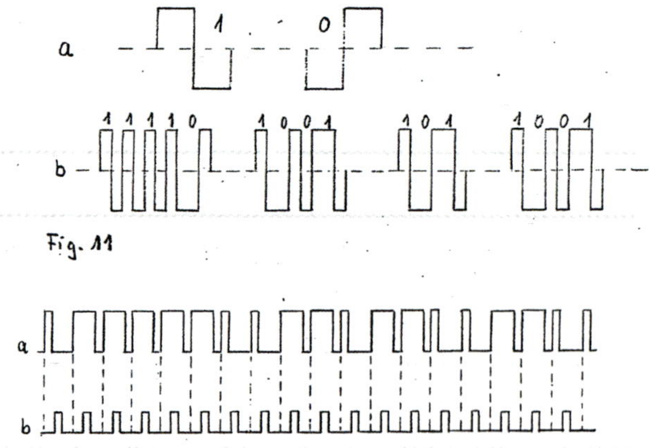

Abb. 12–7 Zeitcode von Wolfgang Hilberg (Patent-Nr. 1673793)

Die Zeitinformation umfasst das Datum und die Uhrzeit der auf das Signal folgenden Minute. Sie wird von der PTB – neben dem DCF77-Signal – auf zwei weiteren Wegen verbreitet:

- über das öffentliche Telefonnetz: Europäischer Telefonzeitcode aus 80 ASCII-Zeichen, abrufbar unter der Nummer +49 (0)531 512038 mit einem archaischen 1200 Baud-Modem (vollduplex, keine Parität, acht Daten- und ein Stoppbit, kein Autolinefeed) und, etwas zeitgemäßer,
- über das Internet mit dem *Network Time Protocol* (NTP) mit drei Servern (ptbtime1.ptb.de, ptbtime2.ptb.de und ptbtime3.ptb.de).

DCF77-Zeitcode

Der Zeitcode der PTB umfasst das Datum und die Uhrzeit der auf das Signal folgenden Minute, einige Paritätsbits (zur Feststellung von Empfangsfehlern), Statusbits für spezielle Betriebsinformationen (Sommer-/Winterzeit, Rufbit, Einfügung einer Schaltsekunde) und 14 Bits, in denen die Firma HKW-Elektronik GmbH unter der Marke Meteo Time regionale Wetterinformationen inklusive einer viertägigen Vorhersage übermittelt. Für die Entschlüsselung der Wetterinformationen ist eine Lizenz erforderlich.

Die insgesamt 59 Informationsbits eines DCF77-Datagramms werden als digitales Signal auf die Trägerfrequenz aufmoduliert (*Amplitudenmodulation*). Der Wert »0« wird mit einer Amplitudenabsenkung auf 15% für 100 ms, gefolgt von 900 ms ohne Absenkung codiert, der Wert »1« durch eine Absenkung für 200 ms, gefolgt von 800 ms ohne Absenkung. In der 60. Sekunde erfolgt keine Amplitudenabsenkung; daran kann ein Empfänger den Anfang der nächsten Minute erkennen (Abb. 12–8).

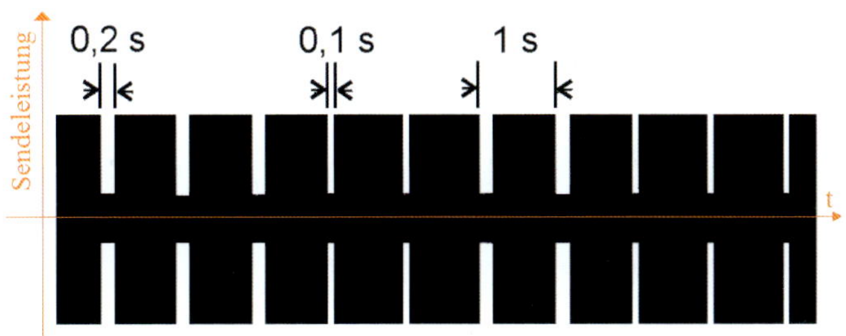

Abb. 12–8 Moduliertes DCF77-Signal

Damit werden jede Minute Datum (Tag, Wochentag, Monat und Jahr) und Uhrzeit (Minute, Stunde) der folgenden Minute BCD-codiert[2] übertragen (Abb. 12–9):

---

2 BCD: *Binary Coded Decimal.*

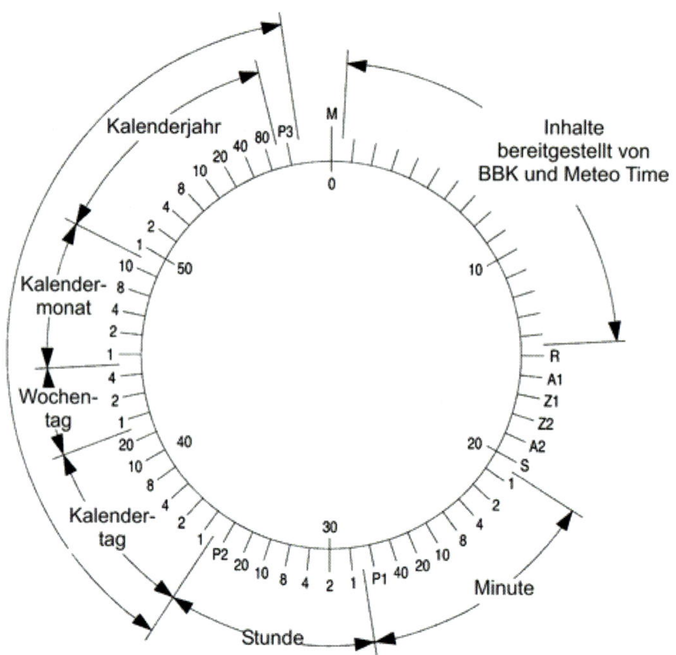

Abb. 12–9 DCF77-Zeitcode (PTB)

- Zeitzone (Bits 17 und 18): MEZ, wenn Bit 17 = 1, und MESZ, wenn Bit 18 = 1.
- Minute (Bits 21–27): Die ersten vier Bits liefern die Einerstelle, die folgenden drei die Zehnerstelle – Bit 25 für 10, Bit 26 für 20 und Bit 27 für 40.
- Stunde (Bits 29–34): Die ersten vier Bits liefern die Einerstelle, die folgenden beiden die Zehnerstelle – Bit 33 für 10, Bit 34 für 20.
- Kalendertag (Bits 36–41): Die ersten vier Bits ergeben die Einerstelle, die folgenden beiden die Zehnerstelle – Bit 40 für 10, Bit 41 für 20.
- Wochentag (Bits 42–44): Montag = »1«
- Monat (Bits 45–49): Die ersten vier Bits bilden die Einerstelle, Bit 49 die Zehnerstelle.
- Kalenderjahr (Bits 50–57): Nur die Zehner- und Einerstelle werden übermittelt; die ersten vier Bits ergeben die Einer, die folgenden vier die Zehner – Bit 54 für 10, Bit 55 für 20, Bit 56 für 40 und Bit 57 für 80.

Bit 28, Bit 35 und Bit 58 sind Paritätsbits – Prüfbits zur Erkennung von Übertragungsfehlern. Sie müssen den Wert »1« haben, wenn die Zahl der »1«-Bits im Block davor ungerade ist, sonst muss ihr Wert »0« sein.

Bei einem korrekten Datagramm müssen außerdem Bit 0 = 0 und Bit 20 = 1 sein; Bit 17 und 18 dürfen nicht denselben Wert haben. Nicht korrekte Datagramme dürfen nicht zum Stellen einer Funkuhr verwendet werden und müssen daher erkannt und verworfen werden.

DCF77-Empfänger

Die ersten Prototypen von DCF77-Funkuhrempfängern wurden von der PTB entwickelt und 1974 vorgestellt. Professor Hilberg präsentierte 1980 einen an der TU Darmstadt entwickelten Funkuhrempfänger in der Größe eines kleinen Weckers mit Digitalanzeige; 1987 folgte der Prototyp einer Funkarmbanduhr. 1990 brachte die Firma Junghans die erste Funkarmbanduhr auf den Markt.

Die Entwicklung integrierter Schaltungen (ICs) Mitte der 80er-Jahre erlaubte die Produktion günstiger Empfänger. Heute sind viele Wanduhren mit einem DCF77-Empfänger und -Decoder ausgestattet. Im Elektronikhandel gibt es Empfänger für wenige Euro als Bausatz – genau das, was wir für eine fischertechnik-Funkuhr benötigen.

Im Internet finden sich zahlreiche Anleitungen, darunter eine von Wolfgang Back (einem der beiden Macher hinter dem WDR Computerclub) aus dem Jahr 2003 und eine Beschreibung eines Unterrichtsprojekts aus dem Jahr 2008 mit der auch hier verwendeten Empfängerplatine.

Die Hardware

Im Elektronik-Versandhandel sind zahlreiche einfache DCF-Empfängerplatinen mit Ferritantenne zum Preis von 10–15 € erhältlich (Abb. 12–10).

Empfehlenswert ist das Modul von Conrad Electronic, das eine Betriebsspannung zwischen 2,5 und 15 V benötigt. Es lässt sich direkt am 9-V-Ausgang des TX(T) Controllers betreiben. Zudem ist es solide konstruiert, hat kräftige Ausgangstransistoren (BC547) mit offenem Kollektor und kommt mit 3 mA aus.

Abb. 12–10 *DCF-Empfängerplatine mit Ferritantenne auf einer Grundplatte 45×45*

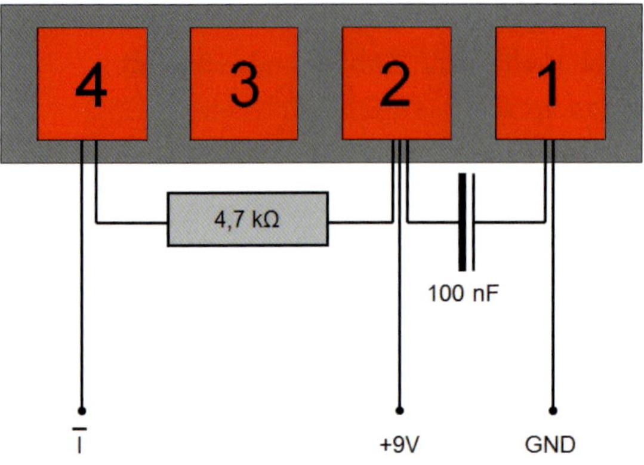

Abb. 12–11 Schaltbild DCF77-Empfängermodul

Das DCF77-Modul hat vier Anschlüsse, von denen zwei mit der Stromversorgung zu verbinden sind (1: GND, 2: +9V). Die beiden anderen sind Ausgänge, an denen das demodulierte DCF-Signal (3: normal, 4: invertiert) anliegt.

Zum Anschluss an den TX benötigen wir noch einen 4,7-kΩ-Widerstand (Conrad-Best.-Nr. 403334) und einen 100-nF-Kondensator (Conrad-Best.-Nr. 500812). Mit dem Widerstand verbinden wir die Anschlussklemmen 2 und 4, der Kondensator wird an den Klemmen 1 und 2 befestigt (siehe das Schaltbild in Abb. 12–11).

Damit das Bitsignal eine positive Flanke liefert, verbinden wir den Ausgang 4 mit dem Eingang I1 des TX, den wir auf 5 kΩ digital (z.B. als »Taster«) konfigurieren. Ist der Empfänger korrekt angeschlossen, sollte der Interface-Test jetzt an dem Eingang I1 im Sekundenrhythmus eine anliegende »1« anzeigen.

Wer von der Ästhetik der Platine und des Ferritstabs nicht überzeugt ist, kann das Modul im Batteriefach mit Deckel verbergen.

Bei der Aufstellung des Empfängers sollte man darauf achten, dass die Platine nicht zu dicht an einem PC, einem eingeschalteten Smartphone (mind. 50 cm Abstand) oder dem TX (mind. 20 cm Abstand) platziert wird, da sonst Störstrahlung den Empfang behindern kann. Die drei Anschlusskabel für Stromzufuhr und Datenausgang sollten dafür lang genug gewählt werden (mind. 25 cm). Die Ferritantenne sollte horizontal (quer) Richtung Frankfurt/Mainflingen ausgerichtet und so aufgestellt werden, dass möglichst keine Hindernisse dazwischen liegen (z.B. auf einer Fensterbank).

Die Software

Die Decodierung des DCF77-Signals lässt sich komplett in ROBO Pro implementieren. Das geht dank der Möglichkeit, parallele Prozesse ablaufen zu lassen, sehr elegant. So besteht das Programm aus zwei Hauptprozessen:

- einer Uhr, die am Montag, dem 01.01.1990 um 00:00:00 Uhr startet und bei jeder ansteigenden Flanke des Input-Signals die Zeit um eine Sekunde weiterzählt, und
- einem DCF-Decoder, der direkt nach dem Einschalten und dann stündlich zu Beginn der 29. Minute gestartet wird und nach Decodierung eines DCF-Datagramms die Zeit- und Datumsanzeige der Uhr aktualisiert.

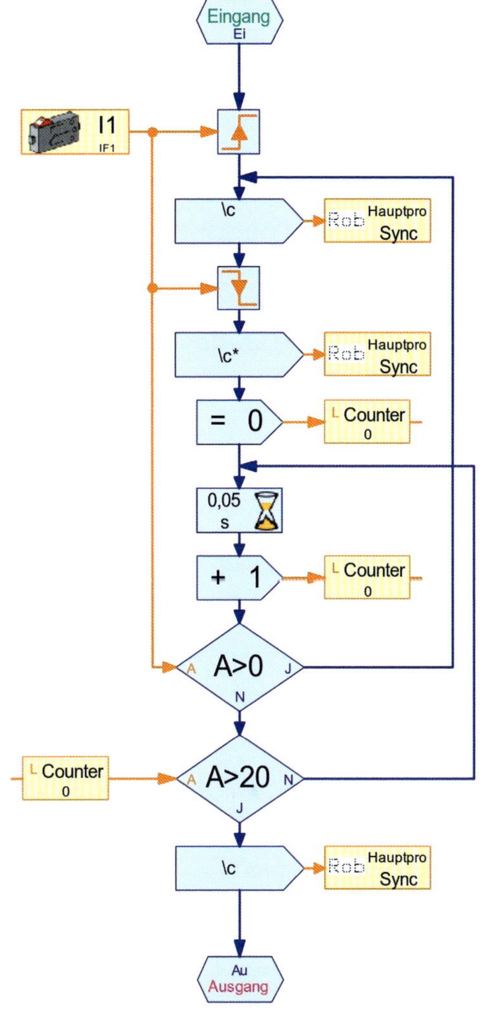

Abb. 12–12 Synchronisation (SyncDCF77)

Der DCF-Decoder synchronisiert sich zunächst auf den Beginn des nächsten Datagramms. Dazu wartet das Unterprogramm `SyncDCF77` auf den nächsten Flankenwechsel (erst ansteigend, dann fallend) und misst anschließend, wie lange kein Signal am Eingang anliegt (Abb. 12–12). Bleibt der Eingang länger als eine Sekunde auf »Low« ist die 59. Sekunde des Datagramms erreicht – mit der nächsten ansteigenden Flanke beginnt das nächste Datagramm.

Das Unterprogramm `GetDCF77Time` wertet den ersten Teil des Datagramms, die Zeitangaben (Minute, Stunde), aus. Es beginnt immer mit einer »0«, gefolgt von 16 Bits, die übersprungen werden können. Bit 17 gibt die Zeitzone an (»0« = MESZ, »1« = MEZ); das nachfolgende Bit wird für die Prüfung der Korrektheit ausgewertet (muss ungleich Bit 17 sein). Bit 20 zeigt den Beginn der Zeitangabe an und hat immer den Wert »1«.

Die folgenden sieben Bits bilden – beginnend mit dem jeweils niederstwertigen Bit – die Einer- und die Zehnerstelle der Variablen `DCF_Minuten` (BCD-codiert). Sie werden über Shift-Operatoren an die richtige Stelle »geschoben«. Es folgt ein Paritätsbit, das mit den sieben vorausgegangenen Bits XOR-verknüpft wird. Da es die Zahl der Einsen auf eine gerade Anzahl ergänzt, muss das Ergebnis der Wert »0« sein.

Mit den nächsten sechs Bits wird verfahren wie oben: Sie bilden die Einer- und die Zehnerstelle der Variablen `DCF_Stunden` (BCD-codiert), gefolgt von einem weiteren Paritätsbit. Die XOR-Verknüpfung der Stundenbits mit dem Paritätsbit muss wieder den Wert »0« ergeben. Die invertierten Ergebnisse der Paritätsprüfungen werden mit dem Ergebnis der Prüfung der Intaktheit AND-verknüpft; das Ergebnis wird als »OK«-Wert zurückgeliefert. Ist eine Parität fehlerhaft oder war eine Intaktheitsprüfung nicht erfolgreich, liefert `GetDCF77Time` den Wert »0«.

Anschließend werden vom Unterprogramm `GetDCF77Date` analog die Datumsangaben (Tag, Wochentag, Monat, Jahr) in den Bits 36–57 des Datagramms ausgewertet; der Paritätstest erfolgt hier über alle 22 Datenbits und das Paritätsbit in Bit 58. Das Ergebnis wird invertiert als »OK«-Wert zurückgegeben.

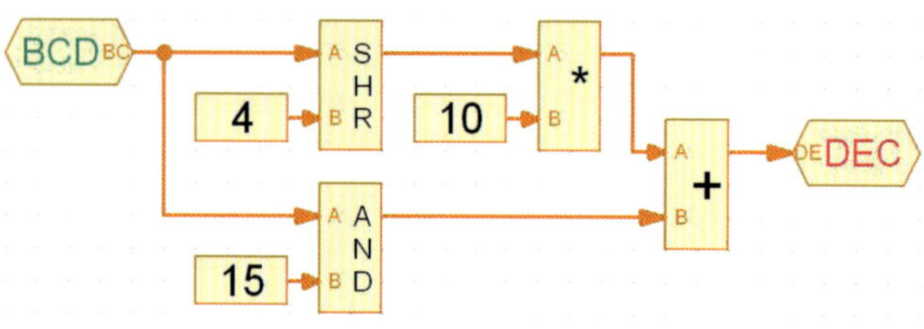

Abb. 12–13 *Wandlung einer 8-Bit-BCD-Zahl in einen zweistelligen Dezimalwert*

Schließlich sind Minuten-, Stunden- und Datumsangaben noch aus dem BCD-Format in eine Dezimalzahl zu konvertieren. Jeweils vier BCD-Bits bilden dabei den Wert einer Dezimalstelle. Besonders schnell gelingt die Konvertierung mit Bit-Operationen: Die Zehnerstelle erhält man, indem man den Variablenwert zunächst um vier Bits nach rechts schiebt und die so erhaltenen Bits 5 bis 8 mit 10 multipliziert. Die Einerstelle erhält man aus den unteren vier Bits – dazu wird die Variable mit dem binären Wert 1111 (15) bitweise AND-verknüpft (Unterprogramm `BCD2DEC`, siehe Abb. 12–13).

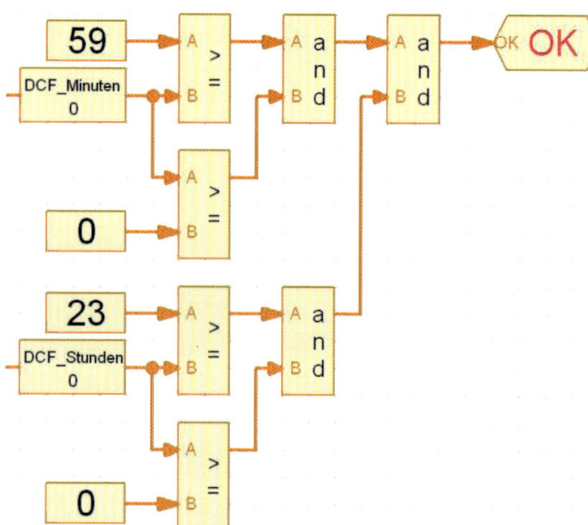

Abb. 12–14 *Prüfung der Plausibilität der empfangenen Zeitangabe*

Schließlich wird noch die Plausibilität der Uhrzeit und der Datumsangabe überprüft: Nur, wenn die Angaben im jeweiligen Wertebereich liegen, darf das Datagramm zum Stellen der Uhr genutzt werden, anderenfalls ist es zu verwerfen. Das übernehmen die Unterprogramme `TimePlausibilityCheck` (Abb. 12–14) und `DatePlausibilityCheck`.

Derweil schaltet die parallel laufende Uhr sekündlich die Uhrzeit (inklusive Minuten und Stunden) fort. Zu Beginn des nächsten Datagramms werden das aktuelle Datum und die Uhrzeit an die Anzeigeeinheit, in unserem Programm das TX-Display, übermittelt (Abb. 12–15).

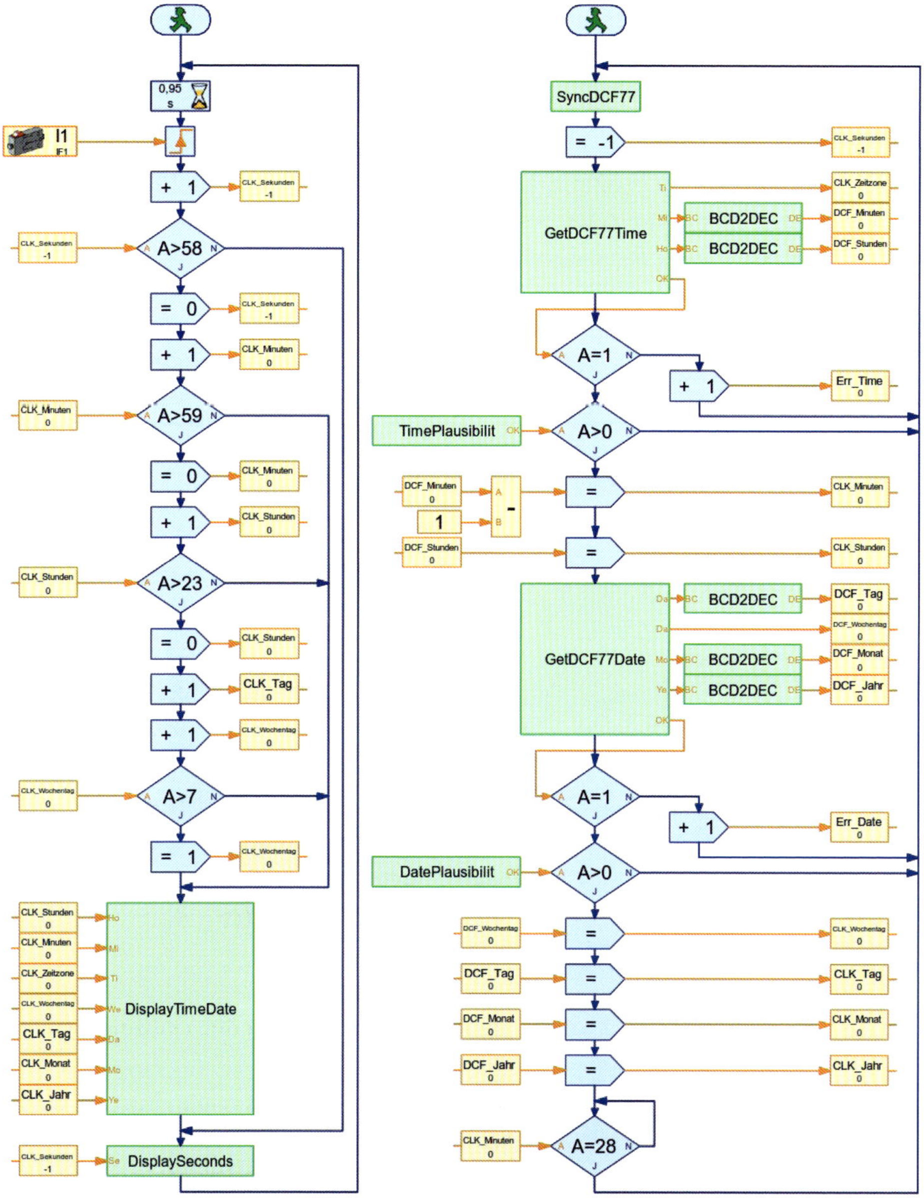

Abb. 12–15 DCF77-Decoder in ROBO Pro (Hauptprogramm)

Das »Nachstellen« unserer fischertechnik-Funkuhr erfolgt in unserem Beispielprogramm alle 60 Minuten jeweils zur halben Stunde. Eine mögliche Ergänzung wäre ein »Knopf«, der es erlaubt, die Synchronisation der Uhr zu jedem beliebigen Zeitpunkt zu starten. Fehlerhafte, also entweder inkorrekte oder unplausible Datagramme, werden verworfen, inkorrekte gezählt (Variablen Err_Time und Err_Date). Diese Werte kann man sich – zum Beispiel zur Messung der Empfangsqualität – auch anzeigen lassen.

Weitere Funktionen

Eine so exakte Uhr kann man nun um allerhand praktische Funktionen ergänzen. Sehr einfach ist die Programmierung eines Kurzzeitweckers für das perfekte Frühstücksei mit Summer oder einer Stoppuhr zur automatischen Zeitmessung mit Fototransistor oder Reed-Kontakt.

Über die I^2C-Schnittstelle kann man auch ein mehrzeiliges I^2C-LCD-Display für die Ausgabe ansteuern oder eine Echtzeituhr (*Real Time Clock*) stellen – und sich dabei sogar die Umrechnung vom BCD ins Dezimalformat sparen. Oder man stellt eine mechanische Uhr nach der gesetzlichen Zeit.

Abb. 12–16 fischertechnik-Funkuhr

Literatur

Als weiterführende Lektüre sind besonders die PTB-Mitteilungen zu empfehlen, die auch elektronisch als pdf-Dokumente verfügbar sind [2, 6].

[1] Wolfgang Back: *DCF77 – Unser Zeitnormalsignal*. 2003. http://www.wolfgang-back.com/PDF/DCF77.pdf.

[2] Andreas Bauch, Peter Hetzel, Dirk Piester: *Zeit- und Frequenzverbreitung mit DCF77: 1959–2009 und darüber hinaus*. In: PTB-Mitteilungen, 119. Jahrgang, Heft 3/2009, S. 217–240; Vorfassung erschienen in PTB-Mitteilungen, 114. Jahrgang, Heft 4/2004, S. 345–368. http://www.ptb.de/cms/fileadmin/internet/publikationen/ptb_mitteilungen/mitt2009/Heft3/PTB-Mitteilungen_2009_Heft_3.pdf.

[3] Julius Dub: *Die Anwendung des Elektromagnetismus*. 2. Auflage, Verlag Julius Springer, Berlin, 1873.

[4] Conrad Electronic, *C Control DCF Empfängerplatine*, Best.-Nr. 641138-62.

[5] Elektronikschule Tettnang: *Unterrichtsprojekt: DCF77-Funkuhr*. 2008.

[6] Johannes Graf: *Wilhelm Foerster, Vater der Zeitverteilung im Deutschen Kaiserreich*. In: PTB-Mitteilungen, 119. Jahrgang, Heft 3/2009, S. 209–215. http://www.ptb.de/cms/fileadmin/internet/publikationen/ptb_mitteilungen/mitt2009/Heft3/PTB-Mitteilungen_2009_Heft_3.pdf.

[7] Wolfgang Hilberg: *Verfahren und Anordnung zur laufenden Übermittlung der Uhrzeit*. Deutsches Patentamt, Patent Nr. 1673793, 23.12.1970.

[8] Dirk Ottensmeyer: *DCF77-Decoder als Bascom-Library*, RoboterNetz, 12.12.2006.

[9] Physikalisch-Technische Bundesanstalt (PTB), Fachbereich 4.4 »Zeit und Frequenz«.

13 Der Film

Wer mit Fernsehen, Youtube und Smartphone aufgewachsen ist, kann sich wahrscheinlich kaum vorstellen, dass es eine Zeit gab, in der Geschichten erzählt werden mussten – es gab keine Filme. Dabei ist das gar nicht so lange her: Die ersten Filme entstanden vor gerade einmal 120 Jahren. Der Wunsch, Bildern Bewegung einzuhauchen, ist hingegen um einiges älter.

Lichtbilder

Gaukler und Moritatensänger verwendeten wahrscheinlich bereits seit der Renaissance (ca. 1420–1520) Guckkästen, in denen sie Bilder, gelegentlich erweitert um mechanisch bewegte Objekte, zur Schau boten. Die erste bekannte Beschreibung stammt von *Johann Christoph Kohlhans* (1604–1677). Später wurden Kulissenbilder eingesetzt, um in Guckkästen räumliche Effekte zu erzielen.

Die verwendeten Bilder wurden entweder gemalt oder mithilfe einer *Camera Obscura* (lat., »dunkle Kammer«) gezeichnet. Das ist die älteste bekannte Methode, um Lichtbilder zu erzeugen und abzuzeichnen. Sie soll schon *Aristoteles* (384–322 v. Chr.) bekannt gewesen sein; Hinweise finden sich auch in den Schriften von *Roger Bacon* (1214–1294). Die älteste detaillierte Erläuterung einer Camera Obscura stammt von *Leonardo da Vinci* (1452–1519), der sie bereits als Hilfsmittel in der Malerei einsetzte. Ausführlich beschrieben und allgemein bekannt wurde die Camera Obscura durch *Giovan Baptista Porta* (1535–1615), der sie in seinem zwischen 1558 und 1589 veröffentlichten mehrbändigen Werk *Magiae naturalis sive de miraculis rerum naturalium* beschrieb.

Das Prinzip ist einfach: Fällt Licht durch ein kleines Loch in einen abgedunkelten Raum, erscheint auf der dem Loch gegenüber liegenden Wand ein punktgespiegeltes Abbild der Außenwelt jenseits des Lochs (also seitenverkehrt und auf dem Kopf stehend). Die Bildschärfe hängt von der Größe des Lochs ab (je kleiner, desto schärfer); auch die Helligkeit des Abbilds wird durch den Lochdurchmesser bestimmt (je größer, desto heller). Befindet sich ein Objekt in der Nähe des Lochs, beeinflusst auch der Abstand der Projektionsfläche vom Loch die Schärfe des Bildes. Begrenzt wird sie durch Beugungseffekte am Loch.

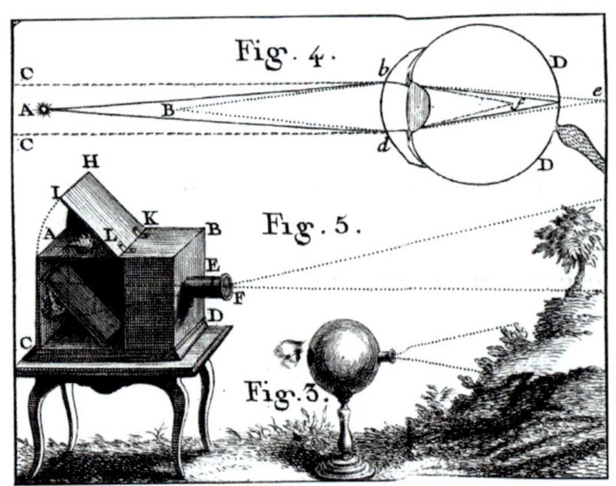

Abb. 13–1 Lochkamera (1770)

Verwendet man statt eines Raums einen Kasten, spricht man auch von einer *Lochkamera*. Der Durchmesser des linsenlosen »Objektivs« sollte bei 0,1 bis 0,5 mm liegen. Um 1568 wurden Lochkameras um Linsen ergänzt und das Bild mittels eines Ablenkspiegels auf transparentes Papier projiziert (Abb. 13–1).

Zeitgleich wurden in Umkehrung des Lochkamera-Prinzips Projektionsapparate entwickelt, mit denen Bilder auf handbemalten Glasplatten an eine Wand projiziert werden konnten. Diese als

Laterna Magica (lat., »Zauberlaterne«) bezeichneten Projektoren bestanden aus einem geschlossenen Gehäuse mit einer Lichtquelle (Kerze oder Öllampe), deren Lichtstrahlen mithilfe eines Hohlspiegels verstärkt durch ein Objektiv an der Vorderseite geworfen wurden.

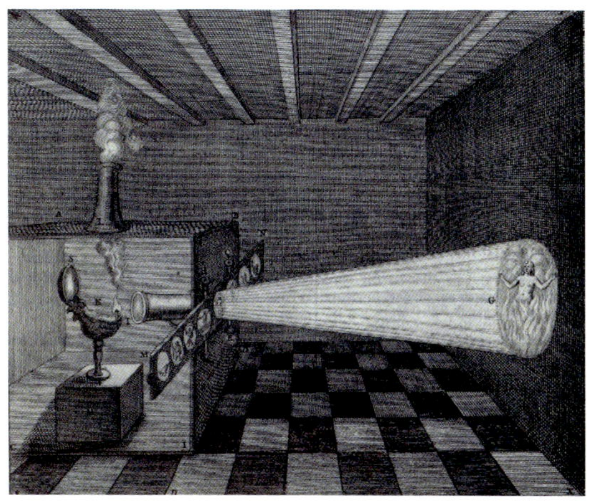

Abb. 13–2 Laterna Magica von Kircher (1646)

Darin bündelten zwei konvexe Linsen den Lichtstrahl und richteten ihn auf eine Glasplatte mit einem seitenverkehrt und auf dem Kopf stehend eingeschobenen Bild – ein früher Diaprojektor. Erstmals ausführlich beschrieben wurde die Laterna Magica vom Jesuitenpater *Athanasius Kircher* (1602–1680) in *Ars magna lucis et umbrae* im Jahr 1646 (Abb. 13–2).

Auch der holländische Physiker *Christiaan Huygens* (1629–1695) konstruierte 1659 eine Laterna Magica. Im Jahr 1665 dokumentierte der Würzburger Mathematikprofessor *Johann Zahn* (1641–1707) zahlreiche Bauformen in *Oculus artificialis teledioptricus*.

Durch Überblendtechniken mit einer zweiten Laterna Magica oder einen Schieber für weitere Bildscheiben wurde durch das Ein- und Ausblenden eines zweiten Bilds bei Vorführungen der Eindruck von Bewegung erweckt. Später wurden mit solchen Mehrfachprojektionsgeräten durch Projektionen auf Rauch Theaterillusionen erzeugt.

Bewegte Bilder

Im Jahr 1821 veröffentlichte der englische Arzt *Peter Marc Roget* (1779–1869) seine Entdeckung des *stroboskopischen Effekts*: Beobachtet man schnell drehende Speichenräder durch Gitterstäbe oder einen Zaun, so scheinen sich die Speichen zu krümmen. Der Physiker *Michael Faraday* (1791–1867) untersuchte dieses Phänomen experimentell weiter. 1831 stellte er fest, dass eine drehende Scheibe, in die er am äußeren Rand Schlitze hineingeschnitten hatte, beim Blick durch die Schlitze in einen Spiegel stillzustehen schienen. Er versah die Scheibe auf der dem Spiegel zugewandten Seite mit dem Newton'schen Farbkreis, und die Farben mischten sich nicht additiv zu einem (grau)weißen Farbton, sondern blieben als einzelne Farben erkennbar. Ursache für dieses Phänomen ist die Träg-

Abb. 13–3 Phenakistiskop

heit des Auges: Schon ab ca. fünf bis sechs Bildern pro Sekunde werden Einzelbilder nicht mehr getrennt, sondern als (flackernde) Bewegung wahrgenommen.

Aufbauend auf diesem Effekt entwickelten unabhängig voneinander der belgische Physiker *Joseph Antoine Ferdinand Plateau* (1801–1883) und der österreichische Mathematiker *Simon Stampfer* (1790–1864) um das Jahr 1832 das *Phenakistiskop* (griech., »Augentäuscher«), auch Wunderrad oder Lebensrad genannt. Es bestand aus 12 Bildern eines Bewegungsablaufs, die auf den äußeren Rand einer (Papier-)Scheibe gedruckt wurden (Abb. 13–3).

Zwischen je zwei Bildern wurde ein schmaler Sehschlitz geschnitten, dann wurde die Scheibe auf eine Achse gesteckt. Versetzte man nun die Scheibe in Drehung, stellte sich mit ihr vor einen Spiegel und blickte von hinten durch die Sehschlitze, so schienen sich die Bilder im Spiegel zu bewegen. Am 07.05.1833 erhielt Stampfer dafür das Kaiserliche Patent Nr. 1920.

Auf diesem Effekt basiert auch eine Weiterentwicklung des Phenakistiskops von 1834: das *Zoetrop*. Dieses von dem englischen Mathematiker *William George Horner* (1786–1837) konstruierte und ursprünglich *Daedaleum* getaufte Gerät wurde auch als Wundertrommel oder Schlitztrommel bezeichnet. Im Unterschied zum Phenakistiskop wurden die Bilder beim Zoetrop als Bildstreifen auf der Innenseite einer Trommel angebracht, die über jedem der üblicherweise 12 Bilder einen Schlitz besaß. Blickte man von der Seite auf die sich drehende Trommel, so entstand auch hier der Eindruck, dass sich die auf den Bildern dargestellten Figuren bewegen (Abb. 13–4).

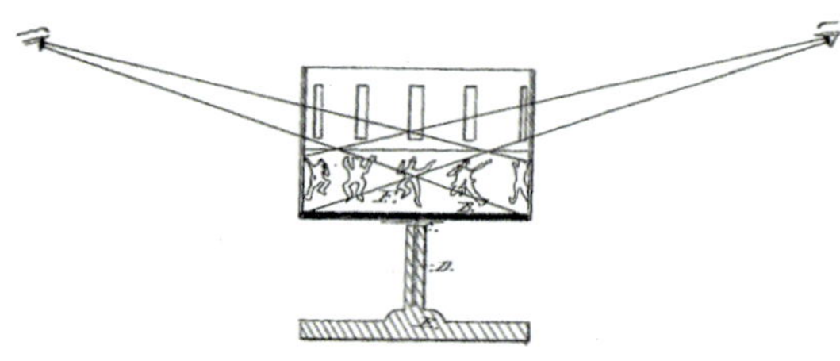

Abb. 13–4 Zoetrop aus der Patentschrift von William E. Lincoln (1867)

Émile Reynaud (1844–1918) entwickelte 1876 aus dem Zoetrop einen Projektor, das *Praxinoskop* (»Zaubertrommel«) – einen Vorläufer des Filmprojektors. Dazu brachte er in der Mitte des Zoetrops einen Zylinder an, an dem er seitlich 12 Spiegel befestigte (Abb. 13–5). Den Durchmesser des Zylinders wählte er so, dass die Spiegel sich mittig

zwischen Trommelrand und Achse befanden. Dadurch schienen die Bilder des Bildstreifens am Trommelrand beim Blick in die Spiegel in der Mitte des Praxinoskops zu liegen. In Drehung versetzt, sorgten die Spiegel für die Bewegungsillusion – ohne die langen Dunkelphasen zwischen den Schlitzen wie beim Zoetrop, denn die drehenden Spiegel »schluckten« die Bildwechsel.

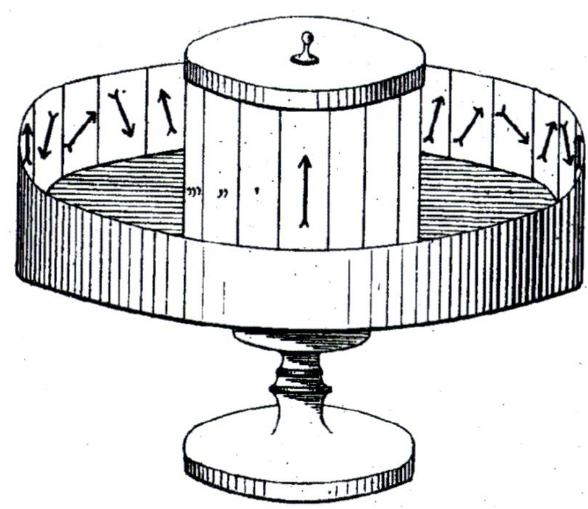

Abb. 13–5 Praxinoskop aus der Patentschrift Reynauds, 03.05.1878 (GB-Patent No. 4244)

Ein solches Praxinoskop können wir mit den Spiegeln aus dem fischertechnik-Baukasten *Optics* konstruieren. Da die Spiegel 3 cm breit sind, muss der Zylinder für 12 Spiegel einen Umfang von 36 cm und somit einen Durchmesser von 36 cm/π ≈ 11,5 cm besitzen. Die nebeneinander liegenden Spiegel müssen zueinander in einem Winkel von 360°/12 = 30° stehen. Das erreichen wir mit 12 Winkelsteinen 30°, deren »Rücken« etwa 11 mm lang ist. Mit ebenso vielen Bausteinen 15 können wir einen Bausteinkreis mit einem Umfang von 12·26 mm = 312 mm bilden.

Vergrößern wir den Radius durch einen Winkelstein 7,5°, einen zusätzlichen Baustein 5 und eine Bauplatte 30×45 als Träger für die Spiegel (Dicke: 3 mm), nähern wir uns unserem Zielumfang von 36 cm. Abb. 13–6 zeigt die untere Hälfte des Zylinders, auf dessen Außenseite die Spiegel aufgeklebt werden.

Die Trommel unseres Praxinoskops muss einen Durchmesser von 2·11,5 cm = 23 cm besitzen – das ist, als wäre es genau dafür gedacht, exakt der Durchmesser eines Rings aus sechs Flachträgern 120 mit Bogenstücken 60°. Wir verbinden den Ring über sechs X-Streben 63,6 an der Unterseite mit dem Spiegelzylinder.

Den Bildstreifen befestigen wir mit S-Riegeln und Riegelscheiben als Trommelaußenwand an diesem Ring. Der

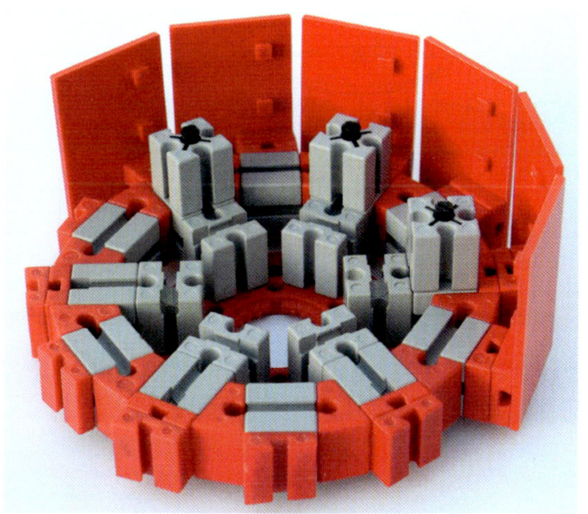

Abb. 13–6 fischertechnik-Praxinoskop: untere Hälfte des Zylinders

Bildstreifen sollte eine Höhe von 3,5 cm zuzüglich eines Befestigungsrands von 1,5 cm = 5 cm und eine Breite von 73,2 cm aufweisen. Die 12 Bilder auf dem Streifen sollten eine Abmessung von jeweils 3 cm Höhe und maximal 6 cm Breite besitzen und so angeordnet sein, dass je eines direkt gegenüber einem Spiegel liegt.

Abb. 13–7 zeigt das fertige fischertechnik-Praxinoskop. Auf der Webseite zum Buch ist ein Video verlinkt, das das Praxinoskop in Betrieb demonstriert; dort finden sich auch passende Bildstreifen zum Ausdrucken.

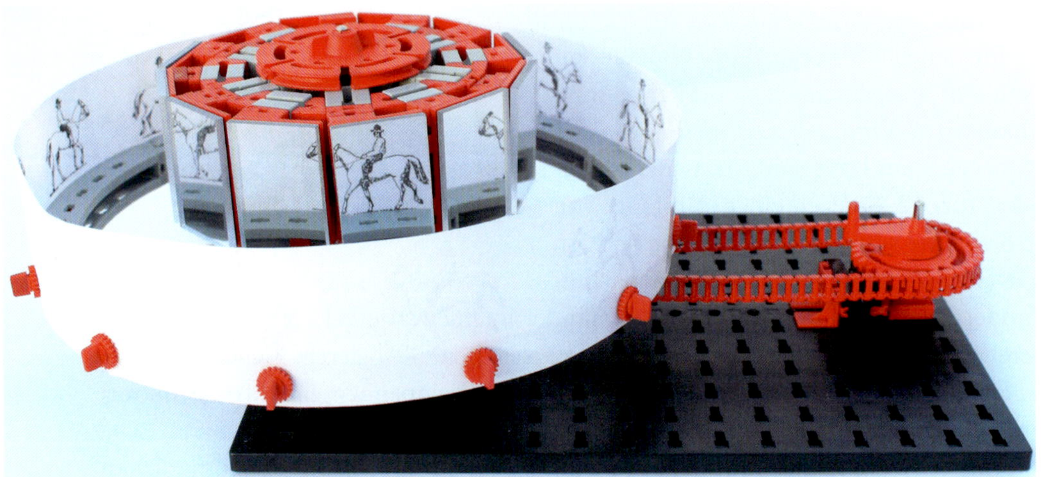

Abb. 13–7 fischertechnik-Praxinoskop

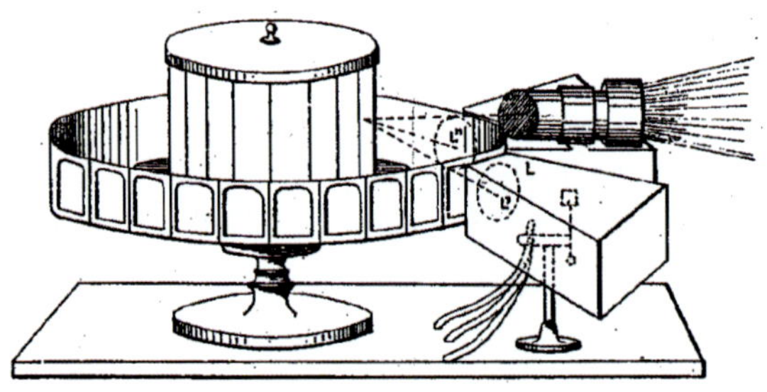

Abb. 13–8 Praxinoskop mit Projektion (1877)

Um 1882 erweitere Reynaud sein Praxinoskop zu einem Projektor, indem er den Bildstreifen durch transparente Bilder ersetzte, eine Lichtquelle ergänzte und das im Spiegel reflektierte Bild mit einem Objektiv projizierte. Die Idee findet sich bereits in seiner Patentschrift von 1877 (Abb. 13–8).

Fotografie

Die Verwendung von gezeichneten Bildern für die Projektionen beschränkte jedoch aufgrund der starken Vergrößerung die Qualität der projizierten Zeichnungen. Daher waren die Fortschritte in der Fotografie Anfang des 19. Jahrhunderts von großer Bedeutung für die Entwicklung bewegter Bilder.

Als erste Fotografie gilt die von *Joseph Nicéphore Niépce* (1765–1833) erzeugte Aufnahme aus dem Fenster seines Arbeitszimmers mit einer Camera Obscura im Jahr 1826 (Abb. 13–9). Belichtet hatte er eine lichtempfindliche Bitumenschicht auf einer Zinnplatte. Die Belichtungszeit lag allerdings bei mehreren Stunden.

Abb. 13–9 Erste erhaltene Fotografie (1826)

1829 nahm Niépce Kontakt mit *Louis Jacques Mandé Daguerre* (1787–1851) auf, der ebenfalls mit lichtempfindlichen Beschichtungen experimentierte. Nach dem Tod von Niépce 1833 setzte Daguerre seine Experimente mit Niépces Sohn fort. 1837 gelang ihm die Belichtung einer mit Silberiodid beschichteten Silberplatte; er entwickelte das Foto in Quecksilberdämpfen und fixierte es in einer Kochsalzlösung.

Dieses Verfahren, mit dem er die Belichtungszeit auf 4–15 Minuten reduzieren konnte, nannte er *Daguerrotypie*; es lieferte ein seitenverkehrtes Foto-Unikat. Die Rechte an seiner Erfindung verkaufte er für eine lebenslange Rente an die französische Regierung, die sie 1839 zur allgemeinen Nutzung freigab und damit erheblich zur Verbreitung der Daguerrotypie beitrug.

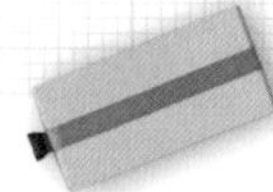

Abb. 13–10 Eine der ersten Daguerrotypien: Blick aus Daguerres Arbeitszimmer (1838)

In den folgenden Jahren wurden zahlreiche Verbesserungen des Verfahrens entwickelt. Besonders bedeutsam waren die Fortschritte, die *William Henry Fox Talbot* (1800–1877) erzielte. 1840 gelang ihm eine Fotografie auf belichtetem Chlorsilberpapier, die er mit Gallussäure und Silbernitrat entwickelte und in Natriumthiosulfat fixierte. Mit flüssigem Wachs machte er das Papier durchsichtig und erhielt so ein Negativ, von dem sich Bildabzüge erzeugen ließen. Lichtstarke Objektive und Verbesserungen der lichtempfindlichen Beschichtung des Filmmaterials reduzierten die Belichtungszeit auf unter 30 Sekunden.

Eine Schlüsselrolle in der Geschichte des Films nimmt die Entwicklung der *Serien- oder Chronofotografie* durch *Eadweard Muybridge* (1830–1904) im Jahr 1872 ein. Im Auftrag von *Leland Stanford*, dem Präsidenten von Central Pacific Railroad, fertigte er ab 1873 Serienfotografien eines galoppierenden Pferdes vor einer weißen Wand mithilfe von 12 Fotoapparaten an, die durch feine Drähte ausgelöst wurden. Damit erbrachte er den Nachweis, dass Pferde im Galopp tatsächlich zeitweise mit keinem Huf den Boden berühren.

Seine 1878 öffentlich vorgestellten Bilderfolgen lösten ein weltweites Echo aus. Wegen der kurzen Belichtungszeit waren die Bilder allerdings eher Schattenrisse als Fotografien: Scharfe Bilder mit Graustufen waren mit Belichtungszeiten von 1/1000 Sekunde noch nicht möglich (Abb. 13–11).

Abb. 13–11 Chronofotografie eines galoppierenden Pferdes von Muybridge (1878)

Auch *Ottomar Anschütz* (1846–1907) experimentierte mit der Reihenfotografie von Bewegungsabläufen. Dafür konstruierte er 1883 einen *Schlitzverschluss*, mit dem er Belichtungszeiten von 1/1000 Sekunde realisieren konnte. Damit erhielt er dank der zwischenzeitlichen Verbesserungen der lichtempfindlichen Beschichtung detailreiche Bilder mit Graustufen.

Der Verschluss wurde nicht vor dem Objektiv, sondern unmittelbar vor der zu belichtenden Platte montiert und bestand aus einer Stoffbahn mit einem waagerechten Schlitz, die in einer festen Geschwindigkeit wie eine Jalousie aufgerollt wurde. Der (größenverstellbare) Schlitz belichtete dabei die fotografische Platte gleichmäßig. Am 27.11. 1888 erhielt er für seinen Schlitzverschluss das Reichspatent Nr. 49919 (Abb. 13–12).

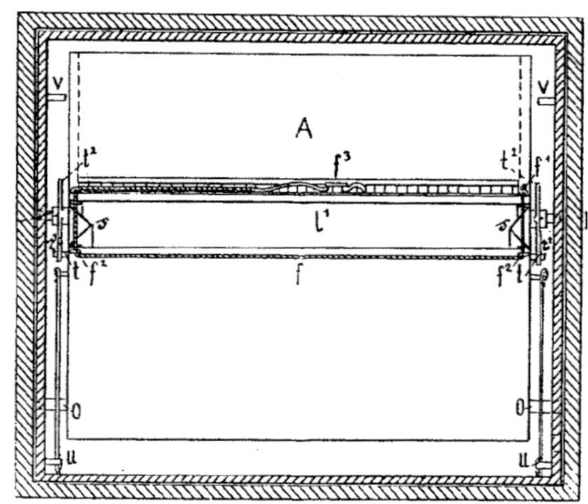

Abb. 13–12 Schlitzverschluss von Anschütz (1883)

Zur Erzeugung von Reihenaufnahmen koppelte Anschütz 1885 bis zu 24 Kameras in einem lichtdichten, begehbaren Gehäuse und synchronisierte die Verschlüsse über einen Waagbalken, der von zwei abwechselnd aktivierten Elektromagneten angeregt wurde (»Metro-

Abb. 13–13 Chronofotografie eines Speerwerfers von Anschütz (1890)

Abb. 13–14 Zoopraxiskope von Muybridge (1878)

nom«). Die damit angefertigten Reihenaufnahmen besaßen eine große Tiefenschärfe (Abb. 13–13).

Projektoren

Zur Vorführung seiner Serienfotografien entwickelte Muybridge 1878 das *Zoopraxiskop*. Dazu befestigte er eine Scheibe mit 12 Schlitzen wie beim Phenakistiskop auf einer Achse, dahinter eine Scheibe mit 12 transparenten Bewegungsbildern. Hinter dem obersten Bild brachte er eine Laterna Magica als Lichtquelle an. Drehte man nun Schlitzscheibe und Bilderscheibe in einander entgegengesetzter Richtung, so entstand der Eindruck einer Bewegung (Abb. 13–14). Durch die gegenläufige Drehrichtung der beiden Scheiben wurde das im Auge entstehende Bild jedoch um ca. 27 % gestaucht; daher mussten die transparenten Bewegungsbilder zuvor auf ca. 137 % der Ursprungsgröße gestreckt werden, wollte man natürliche Dimensionen erhalten. So konnte Muybridge keine originalen Fotografien, sondern lediglich Zeichnungen seiner Fotos projizieren.

Ein Jahr zuvor hatte Anschütz sein *Tachyskop* vorgeführt. Damit konnten 24 Reihenfotografien auf Glasplatten, die auf einer großen, von einer Kurbel angetriebenen Scheibe angebracht wurden, mittels einer Geißlerschen Röhre projiziert werden. Die Firma Siemens & Halske entwickelte daraus einen elektrisch angetriebenen *Schnellseher*, der auf Münzeinwurf die Bilder als Kurzfilm ablaufen ließ und der ab 1891 vertrieben wurde (Abb. 13–15).

Eine von Anschütz weiterentwickelte Version aus dem Jahr 1894, das *Elektrotachyskop*, projizierte abwechselnd 24 transparente Fotografien, die auf zwei Scheiben verteilt wurden, auf eine 6×8 m große Leinwand. Die Bildscheiben wurden über ein *Malteserkreuzgetriebe* weitergeschaltet (Deutsches Reichspatent Nr. 85791 vom 06.11.1894; Abb. 13–16).

Durch die schweren Scheiben und Glasbilder war der Apparat jedoch kompliziert und aufwendig – und wurde um 1895 von den ersten Filmprojektoren verdrängt.

Im Jahr 1887 gelang *Hannibal Williston Goodwin* (1822–1900) die Nutzung von Zelluloid als »Rollfilm«: Damit wurde das Filmen mit einer einzelnen Kamera möglich. Erst am 13.09.1898 wurde Goodwin das US-Patent No. 610861 zuerkannt. Mit diesem Rollfilm, der in den USA von *George Eastmans* (1854–1932) Eastman-Kodak-Company produziert wurde, waren neuartige Projektionstechniken möglich, da sich die Einzelbilder hintereinander auf einem Filmstreifen befanden.

Abb. 13–15 Elektrischer Schnellseher (Anschütz/Siemens & Halske)

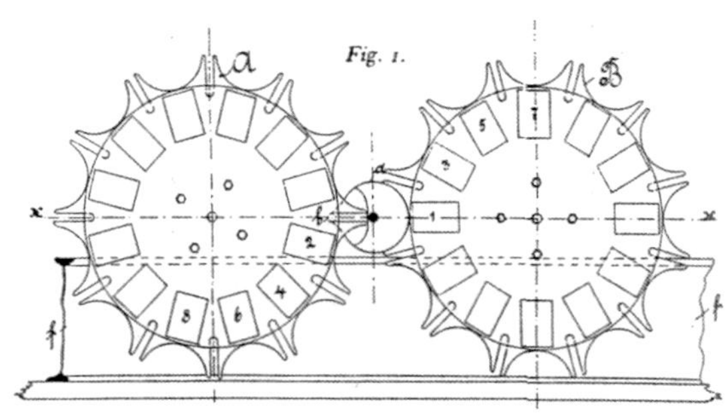

Abb. 13–16 Elektrotachyskop mit Malteserkreuzgetriebe von Ottomar Anschütz (1894)

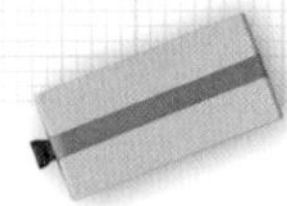

Abb. 13–17 Kinetoskop von Dickson (1891)

Abb. 13–18 Cinématographe von Lumière (1895)

William Kennedy Laurie Dickson (1860–1935), ein Mitarbeiter von *Thomas Alva Edison* (1847–1931), der sich zunächst erfolglos an der Belichtung einer lichtempfindlich beschichteten Rolle (ähnlich Edisons Phonographen) versucht hatte, perforierte den Rand der Eastman-Filmstreifen. Damit gelang ihm ein zuverlässiger und präziser Filmtransport für das *Kinetoskop*, eine Art Filmschaukasten, den er 1891 zusammen mit Edison zum Patent anmeldete (Abb. 13–17).

Im Kinetoskop konnten ca. 20 Sekunden lange Filme mit 40 Einzelbildern pro Sekunde betrachtet werden. Ähnlich dem Zoopraxiskop sorgte eine in Gegenrichtung rotierende Schlitzblende für den stroboskopischen Effekt. Nach der Vorstellung des Kinetoskops auf der Weltausstellung in Chicago 1893 eröffnete Edison zahlreiche Kinetoskop-Salons, in denen Besucher nach Geldeinwurf kurze Filme aus Edisons Filmstudio betrachten konnten. Von der Konstruktion eines Projektors für öffentliche Filmvorführungen ließ er sich jedoch nicht überzeugen, da er dahinter kein wirtschaftliches Potenzial sah.

Wenig später führten die Brüder *Auguste Marie Louis Nicolas Lumière* (1862–1954) und *Louis Jean Lumière* (1864–1948) am 22.03.1895 den von ihnen selbst gedrehten 35-mm-Film *Arbeiter verlassen die Lumière-Werke* vor. Dafür hatte ihr Chefmechaniker *Charles Moisson* (1863–1943) den *Cinématographe* konstruiert, der Kamera, Kopiergerät und Projektor in einem war und am 13.02.1895 patentiert wurde (Abb. 13–18).

Er enthielt einen Transportmechanismus aus Stiften (*b*), der der Nähmaschine entlehnt war: Die Stifte wurden von einer *Steuerscheibe* (*g*) in die Perforation gedrückt und schoben den Film (*R*) genau eine Bildlänge weiter (Abb. 13–19).

Während dieser Bewegung wurde bei der Projektion der Lichtstrahl im Objektiv von einem Umlaufverschluss (*J*) mit einem Öffnungswinkel von 170° abgedeckt. Sobald die Stifte des Transportmechanismus die Perforation freigegeben hatten, wurden sie von einem Exzenter wieder nach unten bewegt (Abb. 13–20).

Zur Projektion wurde hinter dem Gerät bei geöffneter Tür ein Lampengehäuse mit Brenner platziert.

Bis zu 20 Bilder pro Sekunde konnte der Mechanismus transportieren. Er war so verlässlich, dass er in den Folgejahren von zahlreichen Herstellern übernommen wurde.

Abb. 13–19 *Steuerscheibe (g), Stifte (b) und Umlaufverschluss (J) des Transportmechanismus (Patent No. 10034, 06.04.1895)*

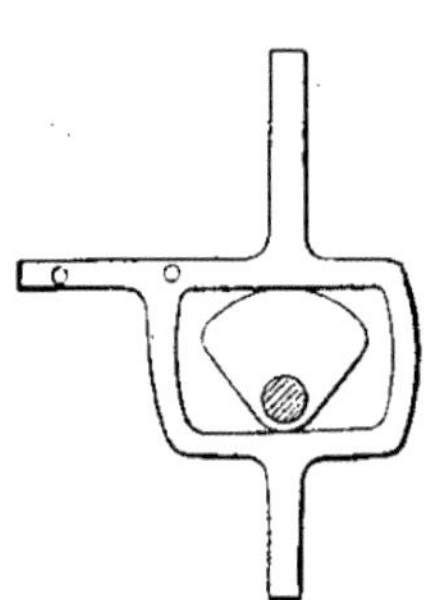

Abb. 13–20 *Exzenter des Cinématographen*

Der Umlaufverschluss bestand aus zwei gegeneinander verstellbaren Scheiben, sodass bei der Filmaufnahme mit variablen Belichtungszeiten gearbeitet werden konnte. In Lumières Auftrag wurde der Cinématographe von *Jules Carpentier* (1851–1921) weiterentwickelt, der ihn in großen Stückzahlen herstellte. Um die große Nachfrage nach Filmen zu befriedigen, stiegen die Brüder Lumière in die Filmproduktion ein; so entstanden zwischen 1895 und 1907 über 1.400 Filme.

Etwa zeitgleich kamen weitere Filmprojektoren auf den Markt, darunter das *Bioskop* der Brüder *Max* (1863–1939) und *Emil Skladanowsky* (1866–1945) von 1895, das allerdings lediglich 24 Bilder lange Frequenzen zeigen konnte, die in einer Dauerschleife wiederholt wurden. Die Filme wurden manuell aus Einzelbildern auf einen Zelluloidstreifen genietet.

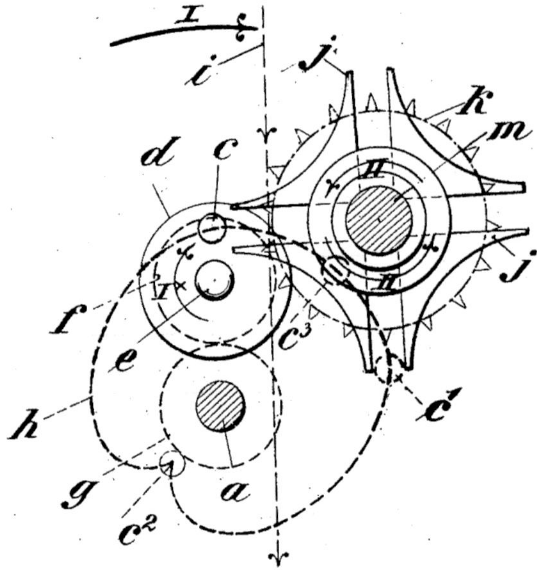

Abb. 13–21 *Filmtransport mit Malteserkreuzgetriebe von Messter (Patent 1909)*

Im Folgejahr konstruierte der Berliner *Oskar Messter* (1866–1943), der optische und medizinische Geräte entwickelte und fertigte, motiviert durch Anschütz' Schnellseher, Edisons Kinetoskop und Lumières Cinématographe einen eigenen Kinoprojektor, der Edisons Filme abspielen konnte. Die hohe Qualität seiner Projektoren bescherte ihm hohe Absatzzahlen. Er verbesserte den Filmtransport durch ein vierflügeliges Malteserkreuzgetriebe (Abb. 13–21) und beseitigte das Flimmern durch die Einführung eines Umlaufverschlusses mit drei Unterbrechungen: Damit stieg die vom Zuschauer wahrgenommene Bildfrequenz auf 48 Bilder pro Sekunde (statt der Aufnahmefrequenz von 16 Bildern).

Bis 1913 entwickelte Messter 17 verschiedene Filmprojektoren, dazu zahlreiche Kameras (wie die Reisekamera »Kine-Messter«), Entwicklungs- und Kopiereinrichtungen, für die er etwa 70 Patente erhielt. Viele dieser Mechanismen werden noch heute in mechanischen Projektoren eingesetzt. Für die musikalische Begleitung seiner Filme konstruierte er das »Biophon«, mit dem sich bis zu fünf von Edisons Phonographen mit dem Projektor synchronisieren ließen.

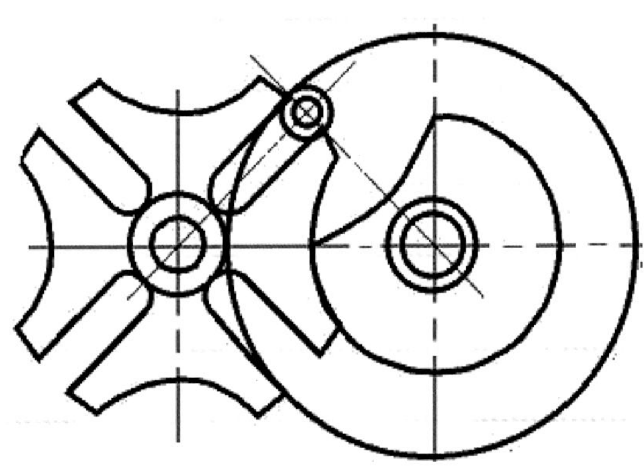

Abb. 13–22 *Malteserkreuzgetriebe*

Messters Filmtransportmechanismus mit einem Malteserkreuzgetriebe lässt sich mit einer Drehscheibe 60 und einer Segmentscheibe Z12 in fischertechnik nachbilden: Bei einem Achsabstand von drei Baulängen (4,5 cm) greift der rückseitig auf der Segmentscheibe angebrachte Stift in den Schlitz der Drehscheibe 60 und dreht die Scheibe um 60° (Abb. 13–23).

Um ein unkontrolliertes Weiterdrehen der Segmentscheibe zu verhindern, benötigen wir zusätzlich eine »Bremse«, die in einen weiteren Schlitz greift. Das leistet ein Gelenkstein 45 mit einem Winkelstein 30° (rechtwinklig), der von einer Kunststoff-Feder 26 sanft in einen der Schlitze der Drehscheibe gedrückt wird (Abb. 13–24).

Den Film führen zwei weitere Drehscheiben 60 mit in die Nuten gesteckten Metallachsen 30, die in die Perforation unseres Films greifen. Aufgesetzte Klemmbuchsen 10 verhindern, dass die Achsen zu tief in die Perforation rutschen.

Der Perforationsabstand liegt damit bei 4,5 cm; die Filmbreite lässt sich durch die Länge der Achse und die Platzierung der Drehscheiben 60 festlegen. Den Film erhalten wir, indem wir die Bildsequenzen passend vergrößern – bei unserem Malteserkreuzgetriebe muss die Bildhöhe dem Perforationsabstand von 4,5 cm entsprechen –, auf transparente Folie kopieren, ausschneiden und mit einem Locher im richtigen Abstand perforieren.

Mit einer Linsenlampe beleuchten wir den Film von hinten. Vor dem Sehschlitz kreist ein Umlaufverschluss mit einem Radius von 8 cm, den wir aus Karton ausschneiden und auf eine Flachnabe montieren. Wegen des Sechsfach-Malteserkreuzgetriebes können wir bei einer 1:1-Übertragung der Kurbelgeschwindigkeit auf den Umlaufverschluss den Öffnungswinkel auf 290° vergrößern.

Abb. 13–23 fischertechnik-Malteserkreuzgetriebe aus Segmentscheibe und Drehscheibe

Abb. 13–24 Filmtransport mit Drehscheiben und Transportstiften aus Metallachsen

Eine Bildwechselgeschwindigkeit von 15 Bildern pro Sekunde erreichen wir mit unserer einfachen Mechanik zwar nicht; dennoch lässt sich das Funktionsprinzip sehr schön erkennen.

Abb. 13–25 Gesamtansicht des Projektors

Literatur

Das Phenakistiskop aus Abb. 13–3 gibt es auf der Webseite zum Buch zum Download. Eine reichhaltige Sammlung von Vorlagen für Zoetrope, Praxinoskope und andere, hier nicht behandelte historische optische Spielzeuge hält die Webseite von Dick Balzer bereit [1]; sehenswert ist auch das Video von Bernhard Welt [7]. Eine sehr ausführliche und reich bebilderte Darstellung der Technikgeschichte des Films bietet der Museumsband von Kemner und Eisert [4]. Der Transportmechanismus des Cinématographe der Brüder Lumière ist sehr anschaulich im Youtube-Video des Instituts Lumière dargestellt [5].

[1] Dick Balzer: *The Richard Balzer Collection*. http://www.dickbalzer.com.

[2] Filmmuseum Potsdam: *Unsichtbare Schätze der Kinotechnik. Kinematographische Apparate aus 100 Jahren*. Pathas Verlag, Berlin, 2001.

[3] Stephen Herbert, Luke McKernan (Hrsg.): *Who's Who of Victorian Cinema*. http://www.victorian-cinema.net.

[4] Gerhard Kemner, Gelia Eisert (Hrsg.): *Bewegte Bilder – eine Technikgeschichte des Films*. Ausstellungsband, Deutsches Technikmuseum, Berlin, 2000.

[5] Institut Lumière: *Cinematographe*. Youtube 2013, https://youtu.be/OXMHceVxq_c.

[6] Museu del Cinema (Girona): *Cinematographe Lumière*. Youtube 2009, https://youtu.be/7Q_SgMvTO-o.

[7] Bernhard Welt: *Phenakistoscope, Zootrope, Praxinoscope*. Youtube 2012, https://youtu.be/r4B3FHHt_k8.

14 Das Raupenfahrzeug

Fahrzeuge hatten bis Ende des 19. Jahrhunderts üblicherweise vier Räder, gelegentlich auch einmal zwei oder drei. Räder eignen sich perfekt für gezogene Fahrzeuge – bei einem motorisierten Fahrzeug haben sie jedoch zahlreiche Nachteile: Die Auflagefläche der Antriebsräder ist klein, daher drehen sie leicht durch und benötigen deshalb glatte Straßen und haftende Reifen. Außerdem ist der Wendekreis groß, und kommen sie einmal von der Straße ab, bleiben sie schnell stecken. Raupenfahrzeuge besitzen alle diese Nachteile nicht, stellen den Konstrukteur aber vor andere Herausforderungen.

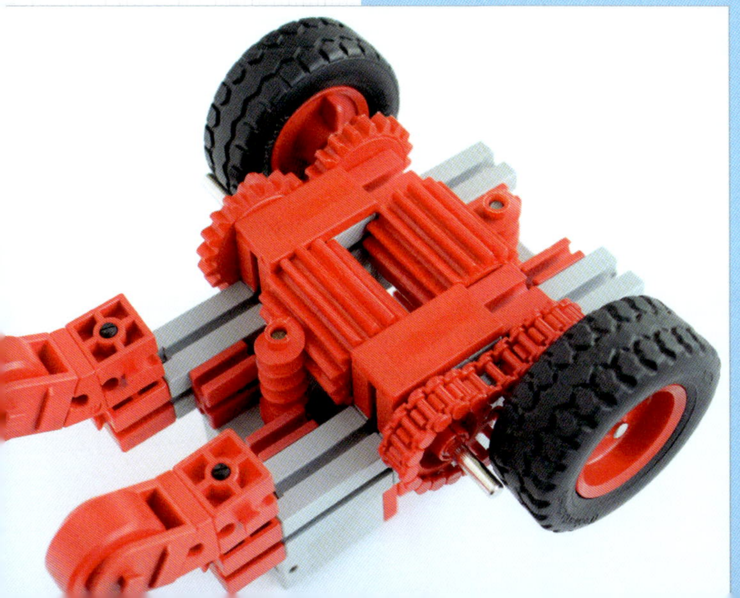

Pistenwalzen, Panzer und Planierraupen haben eine zentrale Gemeinsamkeit: Sie sind Raupen- oder Kettenfahrzeuge, d. h., bei ihnen sind jeweils paarweise Vorder- und Hinterräder über eine Raupenkette miteinander verbunden.

Raupenfahrzeuge besitzen zahlreiche Vorteile gegenüber Radfahrzeugen. So ist die Haftung (*Traktion*) einer Raupenkette wegen der großen Auflagefläche deutlich größer als bei einem Reifen – es entsteht daher durch den hohen Reibungswiderstand selten *Schlupf*, d. h., die Kette dreht auch auf rutschigem Untergrund (Schnee, Eis, Matsch) nicht so leicht durch. In unwegsamem Gelände kann die Kette zudem Unebenheiten ausgleichen und sorgt daher für eine größere Fahrtruhe.

Außerdem verteilt sich das Fahrzeuggewicht auf eine größere Auflagefläche und verhindert so ein Einsinken in unbefestigtem Untergrund. Schließlich erlaubt die Konstruktion ein Wenden des Fahrzeugs auf der Stelle, indem die linke und die rechte Kette mit gleicher Geschwindigkeit in einander entgegengesetzte Richtungen angetrieben werden.

Dies alles sind Eigenschaften, durch die ein Raupenfahrzeug außerhalb befestigter Wege und Straßen einem Radfahrzeug deutlich überlegen ist.

Geschichte

In der zweiten Hälfte des 18. Jahrhunderts erfand *Richard Lovell Edgeworth* (1744–1817) die Raupenkette. Im 19. Jahrhundert wurden verschiedene Raupenfahrzeuge patentiert, aber keines wurde zu einem funktionierenden Prototyp weiterentwickelt. 1901 erhielt der Amerikaner *Alvin Orlando Lombard* (1856–1937) ein Patent auf die erste Raupenkette im heutigen Sinn und konstruierte ein Dampffahrzeug für Waldarbeiten, das auch kommerziell erfolgreich war (US-Patent No. 674737, Abb. 14–1).

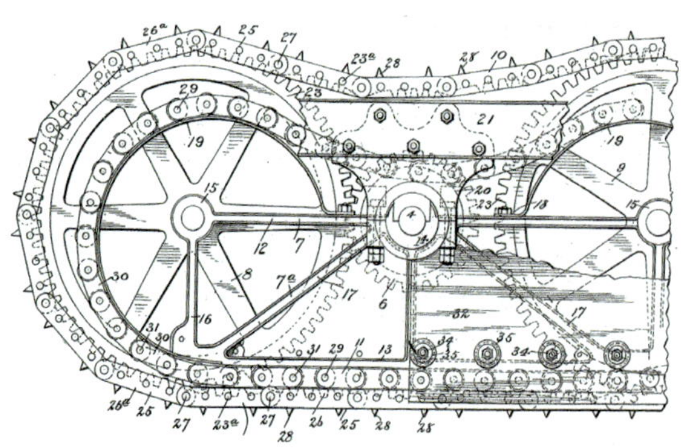

Abb. 14–1 Kette von Alvin Lombard (1901)

Als Erfinder des ersten serienmäßigen Raupenfahrzeugs gilt der Ingenieur *Benjamin Holt* (1849–1920). Seit 1890 entwickelte er in der von seinen Brüdern in San Francisco gegründeten Holt & Co., einer Manufaktur für landwirtschaftliche Maschinen, von Dampfmaschinen angetriebene Traktoren, die bis zu 50 Tonnen Nutzlast mit einer Geschwindigkeit von bis zu 6 km/h durch unwegsames Gelände ziehen konnten. Um das Einsinken der

über 20 Tonnen schweren Fahrzeuge im Boden zu verhindern, kam er auf die Idee, zunächst aus Holz gefertigte Raupenketten zu verwenden. Im Jahr 1904 gelang ihm die Konstruktion des ersten von einem Raupenfahrwerk angetriebenen Traktors.

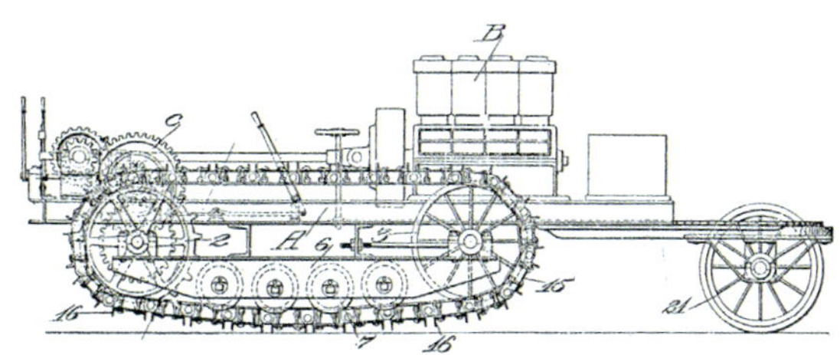

Abb. 14–2 Holt Paddle Wheel Improved Traction Engine, Patent von Benjamin Holt (1907)

Drei Jahre später patentierte Holt die Konstruktion des siebten Prototyps, der *Holt Paddle Wheel Improved Traction Engine* (Abb. 14–2), der bereits von einem leichteren Benzinmotor angetrieben wurde.

1908 begann die Serienproduktion und ab 1910 wurde das Fahrzeug unter der Marke *Caterpillar* (engl., Raupe) vertrieben. 1915 verzichtete Holt auf das führende Vorderrad, mit dem er seine Raupenfahrzeuge gelenkt hatte, und steuerte den Caterpillar über die Raupenketten (Abb. 14–3).

Abb. 14–3 Raupenschlepper von Holt ohne Lenk-Vorderrad von 1915

Nach Holts Tod im Jahr 1920 fusionierte Holts Firma 1925 mit dem Unternehmen des Mitbewerbers *Daniel Best* (1838–1923) zur Caterpillar Tractor Company. Bis heute ist Caterpillar einer der weltweit führenden Hersteller von Raupenfahrzeugen.

Abb. 14–4 Holt-Traktor im Kriegseinsatz (Frankreich 1915)

Abb. 14–5 Erster deutscher Panzer A7V, eingesetzt im Ersten Weltkrieg

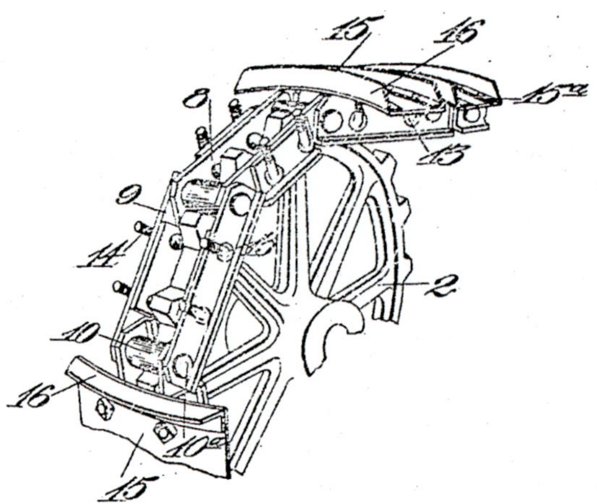

Abb. 14–6 Raupenkette am Antriebszahnrad, Patent von Benjamin Holt (1907)

Auch das Militär erkannte den Nutzen von Raupenantrieben. So wurden Holts Traktoren bereits im Ersten Weltkrieg als Zugmaschinen eingesetzt (Abb. 14–4).

Holts Raupenketten standen bei den ersten Panzern der Briten Pate, die testweise im Ersten Weltkrieg eingesetzt wurden. Die Deutschen experimentierten derweil mit dem Panzer A7V, von dem allerdings nur 20 Exemplare gebaut wurden (Abb. 14–5).

Im Zweiten Weltkrieg spielten Panzer bei allen beteiligten Armeen bereits eine wichtige Rolle. Heute sind Raupenfahrzeuge bei Erdarbeiten (Planierraupe, Braunkohlebagger) und auf Skipisten (Pistenraupe) unverzichtbar geworden.

Raupenkette

Anfang des 20. Jahrhunderts gab es weltweit bereits mehr als 100 Patente zur Konstruktion einer Raupenkette, aber außer der Kette von Lombard funktionierte keine der Lösungen in der Praxis. Holt gelang es, eine haltbare und einsatzfähige Metallkette mit Raupenbelägen herzustellen. Seine Konstruktion ist bereits in seinem Patent von 1907 beschrieben (Abb. 14–6).

Das Funktionsprinzip hat sich bis heute gehalten. Man erkennt es auch im Patent des fischertechnik-Förderkettenglieds wieder (Abb. 14–7).

Abb. 14–8 zeigt die fischertechnik-Förderkettenglieder aus dem Jahr 1974 mit 14,5 mm breiten Raupenbelägen, die 1983 von 11,5 mm breiten roten Rastkettengliedern mit passenden 29,5 mm breiten Rastraupenbelägen abgelöst wurden (von links nach rechts).

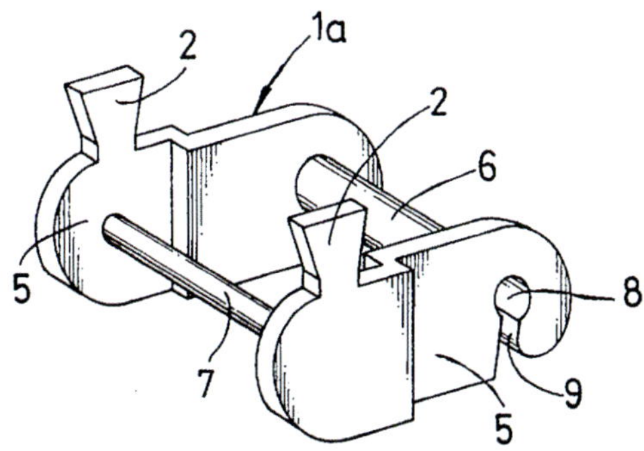

Abb. 14–7 *fischertechnik-Förderkettenglied (US-Patent No. 3879935, 1975)*

Abb. 14–8 *fischertechnik-Raupenkettenglieder und Raupenbeläge (1974/1983)*

Für die Rastraupenbeläge (rechts im Bild) eignen sich die schwarzen Rastkettenglieder, die es seit 2007 gibt, deutlich besser als die roten: Sie sind 2 mm breiter, daher sitzen die Beläge wesentlich fester.

fischertechnik bietet zwei Typen von Rastraupenbelägen. Die weichen Beläge haften besser und sollten auf glattem oder geneigtem Untergrund eingesetzt werden. Die harten Beläge benötigen weniger Motorkraft beim Drehen des Raupenfahrzeugs und bieten sich bei weichem oder rauem Untergrund an.

Die Kette eines Raupenfahrzeugs darf nicht zu stramm sitzen, damit die Antriebsachse nicht im Lager schleift; zugleich soll sie aber die Fläche vergrößern, über die die Antriebskraft auf den Untergrund übertragen wird. Daher wird die Kette üblicherweise von zusätzlichen, meist gefedert aufgehängten Führungsrädern (*Laufrollen*) zwischen der Vorder- und der Hinterachse auf den Boden gedrückt. Diese Räder rollen auf der Innenseite der Kette wie auf einem Gleis; aus diesem Grund spricht man auch von *Gleisketten*.

Abb. 14–9 Kette mit Felge 43 oder Rollenlager/ Rollenbock mit Seilrolle als Laufrolle

Die fischertechnik-Raupenketten bilden eine perfekte Gleisführung für die Felge 43 oder die Rollenlager bzw. Rollenböcke mit Seilrollen 12 (Abb. 14–9).

Manche Raupenketten verhindern zusätzlich konstruktionsbedingt das Eindrücken der Kette nach innen und behalten so Bodenkontakt. Eingeschränkt gilt das auch für die fischertechnik-Raupenketten: Die Raupenbeläge begrenzen das Abwinkeln der Kettenglieder nach innen.

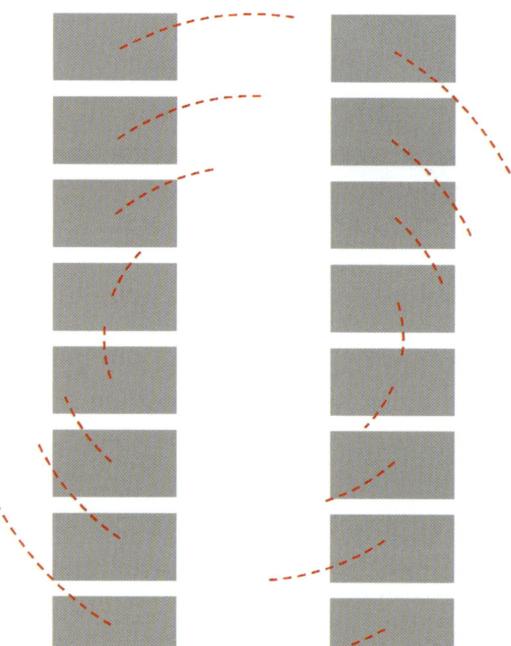

Abb. 14–10 Schlupf bei Linksdrehung

Lenkung

Anders als auf den ersten Blick zu erwarten ist die Konstruktion eines lenkbaren Raupenfahrzeugs durchaus nicht so einfach wie die eines Automobils, die wir in Kapitel 9 über die Achsschenkellenkung kennengelernt haben. Das hängt vor allem damit zusammen, dass die Lenkung eines Raupenfahrzeugs nicht über eine Achs- oder Einzelradlenkung erfolgen kann, da die gesamte Raupenkette mitgelenkt werden müsste.

Ein Raupenfahrzeug lässt sich daher nur über den Antrieb lenken: Drehen sich die Raupenketten mit unterschiedlicher Geschwindigkeit, ändert das Raupenfahrzeug die Fahrtrichtung. Auf einem Untergrund mit hoher Haftreibung (wie z.B. einer geteerten Straße) funktioniert das allerdings nicht gut, denn die große Auflagefläche der Raupenbeläge wird beim Drehen unvermeidlich über den Untergrund gezogen – es kommt zu *Schlupf*, den der Raupenantrieb ja eigentlich gerade verhindern soll

(Abb. 14–10). Daher benötigt man zum Lenken eines Raupenfahrzeugs besonders starke Motoren.

Im Folgenden werden verschiedene konstruktive Ansätze für die Lenkung eines Raupenfahrzeugs mit ihren Vor- und Nachteilen gegenübergestellt.

Getrennter Antrieb

Die intuitive Lösung, um eine getrennte Ansteuerung der beiden Raupenketten eines Raupenfahrzeugs zu ermöglichen, ist der Antrieb mit jeweils einem eigenen Motor: Verlangsamen oder Umkehren der Drehrichtung eines der Motoren dreht das Raupenfahrzeug. Bei entgegengesetztem Antrieb der Ketten mit gleicher Geschwindigkeit kann das Raupenfahrzeug sogar auf der Stelle drehen – der Wendekreis ist minimal und entspricht der Länge des Fahrzeugs.

Das ist die verbreitete Lösung im Modellbau. So werden z.B. die Explorer-Modelle des fischertechnik-Baukastens *ROBO TX Explorer* oder der fischertechnik *XL Bulldozer* motorisiert (Abb. 14–11).

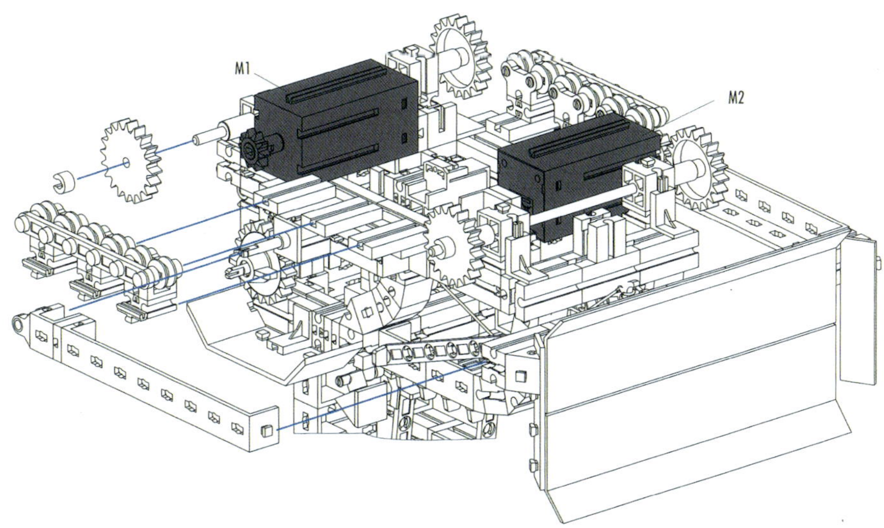

Abb. 14–11 *Raupenantrieb mit zwei Motoren (fischertechnik XL Bulldozer)*

Unterstützt wird dieser einfache Antrieb von der fischertechnik-Infrarot-Fernsteuerung mit einer »Raupenfunktion«: Stellt man den DIP-Schalter 3 am IR-Empfänger auf »ON« (Abb. 14–12), werden die Motoren an M1 und M2 bei Links- und Rechtsfahrt in Gegenrichtung angetrieben.

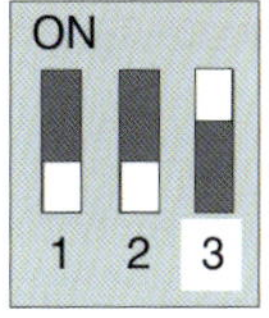

Abb. 14–12
Aktivierung der Raupenfunktion an der fischertechnik-IR-Fernbedienung

Dennoch ist eine genaue Geradeaussteuerung schwierig, da beide Motoren für einen einwandfreien Geradeauslauf exakt synchron arbeiten müssen, was nur mit den fischertechnik-Encoder- oder Schrittmotoren und einer Synchronsteuerung einigermaßen zuverlässig funktioniert. Und selbst damit kann es misslingen, wenn eine der Raupenketten auf ein Hindernis stößt oder der Untergrund auf einer Seite rutschiger ist als auf der anderen: Dann beginnt das Raupenfahrzeug zu drehen.

Die auf den ersten Blick einfache Lösung mit getrennten Motoren verursacht weitere praktische Probleme: Fällt einer der Motoren aus, kann das Raupenfahrzeug sich nur noch im Kreis drehen. Zudem ist die Ausfallwahrscheinlichkeit doppelt so hoch wie bei einem Antrieb mit nur einem Motor, und schließlich verdoppelt sich das Gewicht des Antriebs.

Nun sind Gewicht und Ausfallrate für den Antrieb eines fischertechnik-Modells meist weniger relevant – dafür macht sich eine fehlende Motorensynchronisation deutlich bemerkbar. Ist der eine Motor etwas stärker als der andere oder sind Achse und Lager leichtgängiger, fährt das Kettenfahrzeug aus der Spur. Beim Wenden verstärkt sich dieser Effekt: Anstatt auf der Stelle zu drehen, dreht das Raupenfahrzeug um die langsamere Kette.

Zwar bewirken zwei Motoren auch bei einem fischertechnik-Modell einen größeren Vortrieb (in der Regel also eine höhere Geschwindigkeit), aber der Effekt relativiert sich bei einem mobilen Fahrzeugmodell, da der Akku beide Motoren zugleich »füttern« muss und so schneller erschöpft ist. Im Ergebnis kann die Reichweite des Fahrzeugs sogar sinken.

Kupplungen

Eine ebenfalls einfach zu konstruierende Alternative zu getrennten Antrieben besteht darin, die beiden Raupen über einen Motor an einer gemeinsamen Achse mit Kupplungen anzutreiben – und bei Kurvenfahrten eine der beiden Ketten auszukuppeln. Die Konstruktion ist simpel, benötigt nur einen Motor und eine Antriebsachse mit zwei Kupplungen (Abb. 14–13).

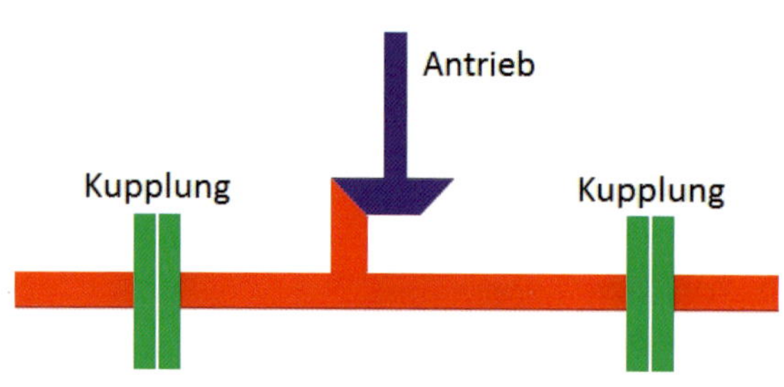

Abb. 14–13 Raupenantrieb mit Kupplung

Kritisch ist das nur begrenzt steuerbare Lenkverhalten des Fahrzeugs. So ist z.B. bei Bergabfahrt und für enge Kurven zusätzlich eine Bremse für die auskuppelbare Raupenkette erforderlich, damit die Richtungsänderung nicht mit zu großem Radius oder sogar in die falsche Richtung erfolgt. Bei Bergauffahrt führt die Auskupplung automatisch zu einem sehr engen Wendekreis. Ein Drehen auf der Stelle ist mit diesem Antrieb nicht möglich.

Diese Lenkung wurde im Ersten Weltkrieg von den meisten Panzern verwendet, im Zweiten Weltkrieg nur noch vom sowjetischen T-34.

Schaltung

Eine etwas kontrolliertere Steuerung ist möglich, wenn der Antrieb über zwei Schaltgetriebe auf die Achsen übertragen wird. Wird eine Raupenkette im zweiten, die andere im ersten Gang »gefahren«, lenkt das Fahrzeug.

Dieser Antrieb löst einige der oben genannten Probleme, erlaubt allerdings kein stufenloses Lenkverhalten, sondern nur im Verhältnis der Gänge zueinander. Eine Kurvenfahrt im ersten Gang ist zudem nicht möglich. Ein Wenden auf der Stelle hingegen lässt sich realisieren, wenn in wenigstens eine der Schaltungen ein Rückwärtsgang integriert wird.

Lenkantriebe mit Schaltgetriebe blieben jedoch im Experimentierstadium und wurden nicht in der Praxis eingesetzt: Sie waren zu schwer und benötigten zu viel Platz; zudem ließ sich mit anderen Getrieben eine stufenlose und damit flexiblere Lenkung realisieren.

Differenzial mit Bremse

Eine weitere einmotorige Antriebslösung ist die Verwendung eines Differenzials mit Bremsen (Abb. 14–14): Wird einer der Differenzialausgänge gebremst, erhöht sich die Umlaufgeschwindigkeit des anderen entsprechend und das Fahrzeug schwenkt nach links respektive rechts. Dieser Antrieb wurde erstmalig 1905 von *David Roberts* (1859–1928) bei Richard Hornsby & Sons in einem Traktor mit Raupenantrieb eingesetzt.

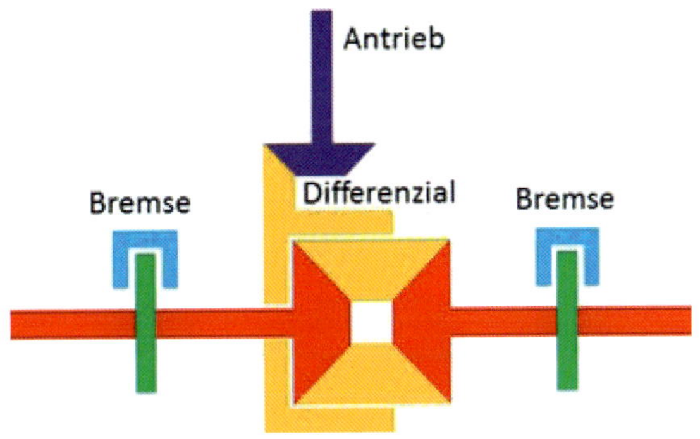

Abb. 14–14 Raupenlenkung über Differenzial und Bremsen

Die Lösung hat zwar ein stufenloses Lenkverhalten, erlaubt jedoch kein Wenden auf der Stelle. Vor allem aber setzt sie durch die Bremse viel Energie in Wärme um – bei einem schweren Raupenfahrzeug eine erhebliche Energieverschwendung, zumal die Wärme aus dem Fahrzeug ausgeleitet werden muss.

Schließlich ist auch bei diesem Antrieb eine saubere Geradeaussteuerung schwierig: Die Lenkung kann durch ein Hindernis oder rutschigen Untergrund unter einer Raupenkette ausgelöst werden. Immerhin konnte man bei der Konstruktion auf den Hinterradantrieb von Radfahrzeugen mit getrennt ansteuerbaren Hinterradbremsen zurückgreifen.

Kontrollierte Differenzialsteuerung

Die auch als »Cletrac« bekannt gewordene kontrollierte (regenerative) Differenzialsteuerung geht auf *Rollin Henry White* (1872–1962) zurück, den Gründer der später in Cletrac umbenannten Cleveland Tractor Company. Sie findet sich in einem 1918 erteilten US-Patent (No. 1253319, Abb. 14–15).

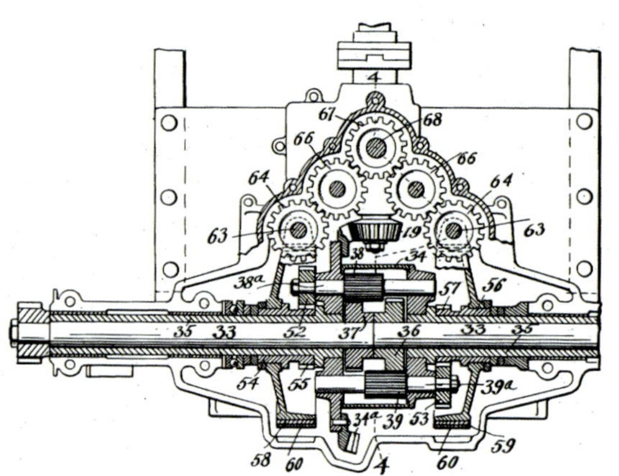

Abb. 14–15 Cletrac-Differenzialsteuerung von R. H. White (Patent 1918)

Bei dieser Steuerung werden zwei Planetengetriebe gekoppelt angetrieben. Die Planetenräder können gebremst werden, um die Drehgeschwindigkeit einer Antriebsachse zu verringern. Das Bremsen verursacht keinen Energieverlust, solange die Bremse nicht »schleift«; daher wird das Getriebe auch *regenerativ* genannt.

Nachteil der Konstruktion ist, dass der Lenkradius durch die Übersetzung des Planetengetriebes festgelegt ist, daher ist auch kein Wenden auf der Stelle möglich. Lässt man die Bremse »schleifen«, kann man zwar unterschiedliche (größere) Lenkradien einstellen, aber der Antrieb verliert dadurch seine Effizienz und setzt an der Bremse wieder Antriebsenergie in Wärme um.

Abb. 14–16 zeigt eine Variante des Getriebes, die statt eines doppelten Planetengetriebes zwei Differenziale verwendet. Jeweils ein Differenzialausgang bildet eine Antriebsachse; gebremst wird jeweils der entgegengesetzte Ausgang.

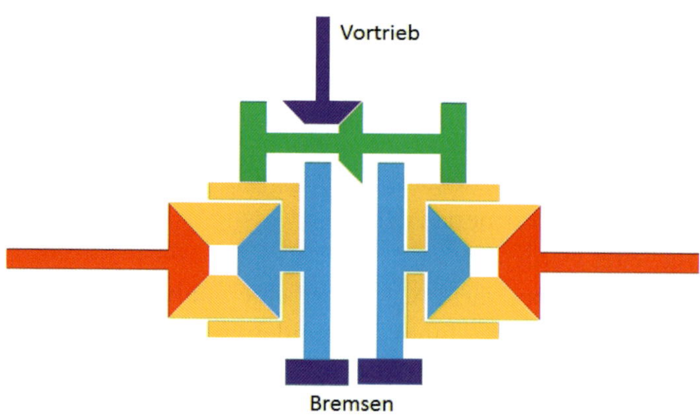

Abb. 14–16 Cletrac-Getriebe

Zwar reagiert auch diese Steuerung auf Hindernisse oder rutschigen Untergrund, aber sie ist einfacher zu kontrollieren.

Der Cletrac-Antrieb kam in den meisten Panzern des Zweiten Weltkriegs zum Einsatz.

Überlagerungsgetriebe

Eine Weiterentwicklung der Cletrac-Steuerung ist das Überlagerungsgetriebe mit zwei Differenzialen. Mit diesem Getriebe wird der gleichmäßige Vortrieb durch einen Antriebsmotor erreicht. Lenken kann der Antrieb, indem er einen zweiten Motor »hinzuaddiert«. Diese Überlagerung des Lenkantriebs sorgt für eine Beschleunigung der einen und eine Verlangsamung der anderen Raupenkette – damit ist eine Kurvenfahrt ohne Energieverlust durch Bremsen und auch mit unterschiedlichen Lenkradien möglich.

Das in Abb. 14–17 dargestellte Getriebe wurde 1928 von dem britischen Major *Walter Gordon Wilson* (1874–1957) entwickelt.

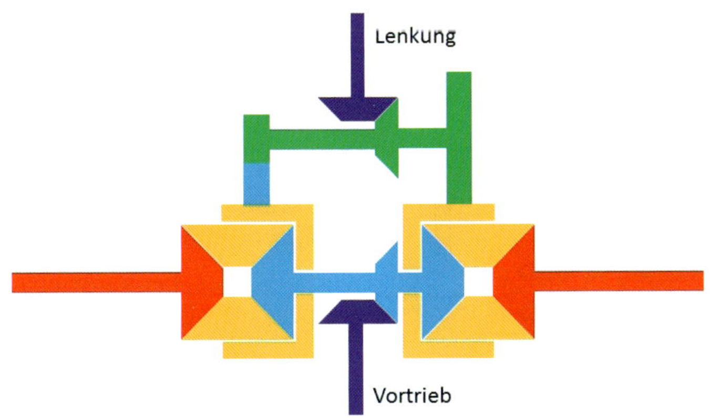

Abb. 14–17 Überlagerungslenkgetriebe von Wilson (1928)

Dieses Getriebe wurde u. a. im 1942 von der Firma Henschel hergestellten deutschen Panzer »Tiger« eingesetzt (Abb. 14–18).

Eine Variante dieses Getriebes verwendet kein zusätzliches Zahnrad, um die Drehrichtung des Lenkantriebs umzukehren, sondern arbeitet mit einem gegenläufigen Antrieb am Lenkmotor (Abb. 14–19).

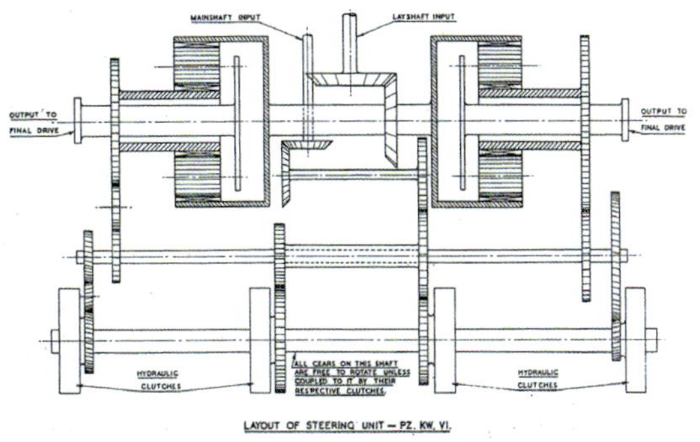

Abb. 14–18 Lenkgetriebe des deutschen Kampfpanzers »Tiger« (1942)

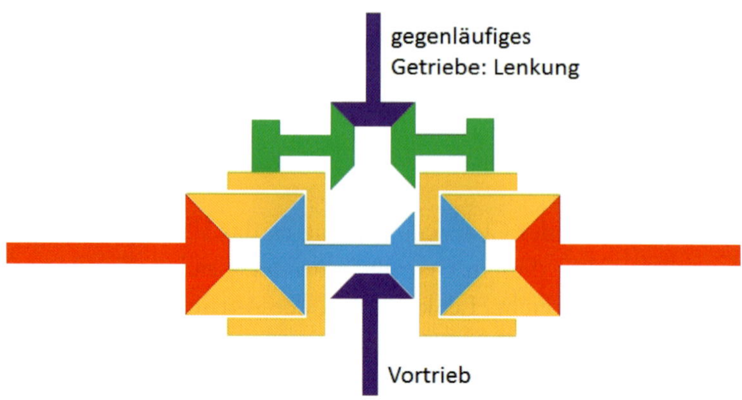

Abb. 14–19 Überlagerungsgetriebe

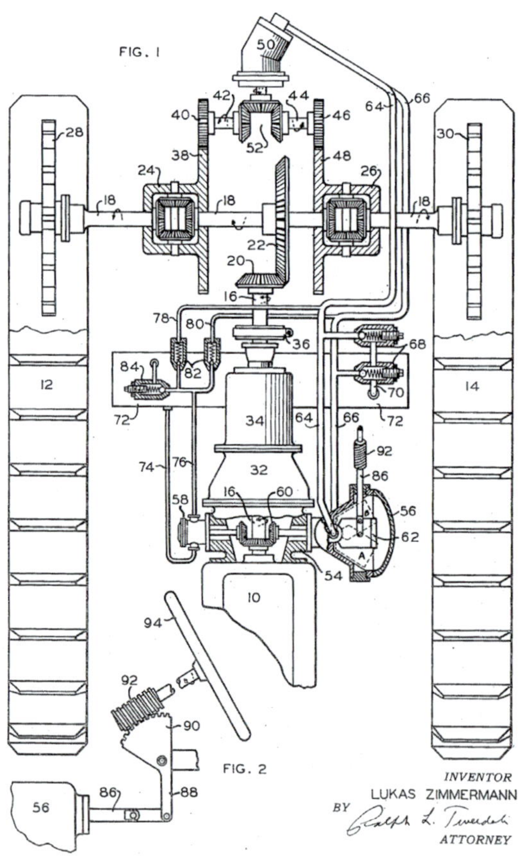

Abb. 14–20 Überlagerungsgetriebe mit gegenläufigem Antrieb (Patent Zimmermann, 1943)

Für dieses Überlagerungsgetriebe erhielt 1943 *Lukas Zimmermann* das US-Patent No. 2336912 (Abb. 14–20).

Das Überlagerungsgetriebe vermeidet die Nachteile der anderen einmotorigen Antriebe: Die Raupenketten drehen sich auch bei Hindernissen oder rutschigem Untergrund synchron, und wenn man den Antriebsmotor stoppt, erlaubt der Lenkantrieb ein Wenden des Raupenfahrzeugs auf der Stelle. Abb. 14–21 zeigt eine fischertechnik-Konstruktion dieses Getriebes.

Abb. 14–21 Lenkung durch Überlagerung mit zwei Differenzialgetrieben

Gleichlaufgetriebe

Eine deutliche Vereinfachung des Überlagerungsgetriebes ist möglich, wenn die beiden Differenziale parallel angeordnet und über die Achsen gekoppelt werden. Das Getriebe wird dabei zugleich schmaler und kompakter (Abb. 14–22).

Exakt ein solches Getriebe findet sich im US-Patent No. 7824289 B2 von *Keith Glaesman* und Kollegen aus dem Jahr 2010 (Abb. 14–23).

Abb. 14–22 Lenkung durch überlagerte Differenziale

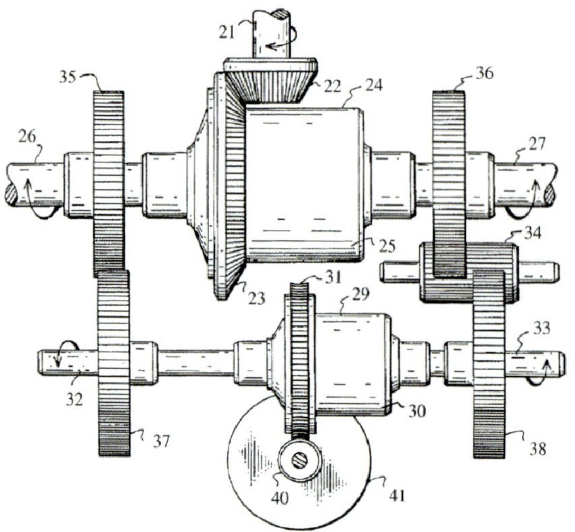

Abb. 14–23 Gleichlaufgetriebe von Glaesmann (Patent von 2010)

Dieses Getriebe lässt sich mit zwei »klassischen« fischertechnik-Differenzialen, die erstmals 1968 dem *mot-6*-Kasten beigefügt waren, sehr kompakt nachbauen (Abb. 14–24): Links ändern zwei Z30 die Drehrichtung, rechts verwenden wir zwei über eine Kette verbundene Z20 statt des Zahnrads 34 aus obenstehender Patentschrift (und sparen so ein Zahnrad).

Abb. 14–24 Kompaktes fischertechnik-Gleichlaufgetriebe mit alten Differenzialen

Bei diesem Getriebe gelingt ein stabiler Antrieb nur mit den historischen grauen 6V-Motoren von fischertechnik.

Mit den Rast-Differenzialen ist jedoch eine ähnlich kompakte Konstruktion möglich. Die Z30 ersetzen wir durch zwei Z20, und statt der beiden Z20 mit Kette verwenden wir zwei Rastritzel Z10, die wir über eine Kette verbinden. Für den Lenkantrieb kommt ein Power-Motor mit 50:1-Getriebe zum Einsatz, da bei der Drehung des Raupenfahrzeugs auf der Stelle ein erheblicher Reibungswiderstand zu überwinden ist (Abb. 14–25).

Abb. 14–25 fischertechnik-Gleichlaufgetriebe mit Rast-Differenzialen und Power-Motoren

Einsatz von Raupenantrieben

Einbau in Raupenfahrzeuge

Die Verwendung eines Raupenantriebs in Panzern, Baufahrzeugen (Bagger, Planierraupen) oder Pistenraupen liegt auf der Hand. Bei der Konstruktion des Getriebes kommt es vor allem darauf an, die Motoren möglichst flach anzuordnen, um ausreichend Bodenfreiheit zu erhalten.

Eine sehr kompakte und vor allem schmale Variante des Gleichlaufgetriebes gelingt, wenn man die Differenziale parallel anordnet und die beiden Ketten-Antriebszahnräder über ein Kronrad antreibt (Abb. 14–26).

Abb. 14–26 Kompaktes Gleichlaufgetriebe mit paralleler Anordnung der Differenziale

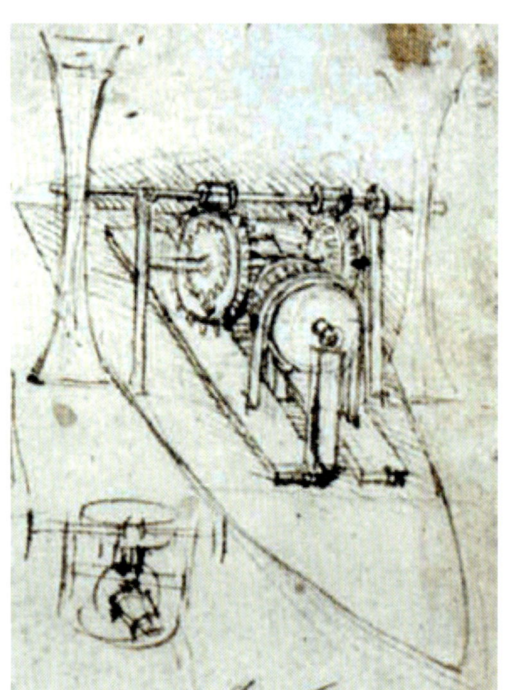

Abb. 14–27 Konstruktion eines Schaufelradantriebs von Leonardo da Vinci (Codice Atlantico, Blatt 344)

Einbau in Wasserfahrzeuge

Ein anderer, heute eher nostalgischer Einsatzbereich für einen Raupenantrieb ist ein *Seitenraddampfer* – ein Schaufelraddampfer mit zwei seitlichen Schaufelrädern.

Die ersten Schaufelradschiffe wurden im 5. Jahrhundert in China gebaut. Ähnliche Konstruktionen finden sich in den Aufzeichnungen *Leonardo da Vincis* (1452–1519) aus dem 15. Jahrhundert (Abb. 14–27). Den ersten Schaufelraddampfer realisierte der Amerikaner *Robert Fulton* (1765–1815) mit einer Watt'schen Dampfmaschine im Jahr 1807 (Abb. 14–28). Er querte den Hudson River zwischen New York City und Albany.

Zum Manövrieren eines solchen Dampfers benötigt man dieselben Steuerungsmöglichkeiten wie bei einem Raupenfahrzeug – auch hier eignet sich daher ein Raupenantrieb (Abb. 14–29).

Abb. 14–28 Nachbau des Raddampfers von Robert Fulton

Aber nicht nur bei Schaufelrädern ist ein Gleichlaufgetriebe eine gute Wahl für den Antrieb: Auch zwei parallele Schiffsschrauben lassen sich auf diese Weise steuern.

Abb. 14–29 fischertechnik-Schiffsrumpf mit Schaufelrädern und Gleichlaufgetriebe

Einbau in autonome Fahrzeuge

Und es gibt einen dritten interessanten Anwendungsfall für Raupenantriebe: autonome Fahrzeuge wie Spurfolger, Labyrinthroboter oder Segways, die mit zwei Antriebsrädern (und ggf. einem Stützrad) auskommen. Sie benötigen eine hohe Wendigkeit (Drehen auf der Stelle) und einen exakten Geradeauslauf, der häufig durch eine Synchronisation von Schritt- oder Encodermotoren erreicht wird. Mechanisch gelingt das ebenso gut mit einem Raupenantrieb. Das Getriebe muss dafür höchst kompakt konstruiert werden und möglichst widerstandsfrei laufen, da die Steuerung sehr schnell reagieren muss (um bspw. bei einem Segway das Gleichgewicht zu halten).

Abb. 14–30 Gleichlaufgetriebe für Spurfolger (Ansicht von unten)

Das gelingt besonders gut mit den älteren fischertechnik-Differenzialen und einer Modifikation unserer Konstruktion aus Abb. 14–24 (Abb. 14–30).

Literatur

Es existieren nur wenige über Bibliotheken zugängliche Publikationen über die Entwicklung der Raupenantriebe. Eine gute Quelle sind die zahlreichen Patentschriften zu Raupenfahrzeugen, die allerdings nicht immer leicht zu lesen (und umständlich zu recherchieren) sind. [1] und [4] geben eine gute Übersicht. Einen Eindruck von der Leistungsfähigkeit der ersten Raupenfahrzeuge vermitteln die Videos [2], [3] und [6].

[1] Phillip Edwards: *Differentials, the Theory and Practice. Part 3: Tank Steering Systems*. Constructor Quarterly, Sept. 1988, S. 46–48.

[2] Forest History Society: *Timber on the Move: A History of Log Moving Technology*, 1981. Auszug: Entwicklung des Lombard Log Hauler und des Caterpillar Traktors. Youtube (2:26 min), https://youtu.be/U1ZlnE200ms.

[3] Richard Hornsby & Sons: *Das Ketten-Lokomobil*, 1908. Youtube (6:17 min), https://youtu.be/7TGgLrS9Sfs.

[4] W. E. Johns: *Tracked Vehicle Steering*, 2003. http://www.gizmology.net/tracked.htm.

[5] Dennis Karwatka: *Benjamin Holt*, in: Technology's Past Vol. 1, 1996, S. 103–105.

[6] Caterpillar: *Benjamin Holt and the Caterpillar Tractor*, 2004. Youtube (3:15 min), https://youtu.be/WJlObDGrFww.

[7] *Das Raupenfahrwerk: Geburtsstunde einer epochalen Erfindung*. Deutsches Baublatt, Nr. 305, März/April 2004, S. 21.

15 Das Radar

Zu den bedeutendsten Innovationen im Verkehr zu Land, zu Wasser und in der Luft zählt die Erfindung und Entwicklung von Geräten, die Gegenstände und andere Verkehrsteilnehmer auch bei schlechter Sicht (Nebel, tiefes Wasser, Dunkelheit) zuverlässig und frühzeitig erkennen. Mit ihrer Hilfe entdecken Schiffe heute Untiefen (und U-Boote), werden Flugräume überwacht, können Autos ohne Fahrer navigieren und einparken – und Geschwindigkeitsübertretungen festgestellt werden.

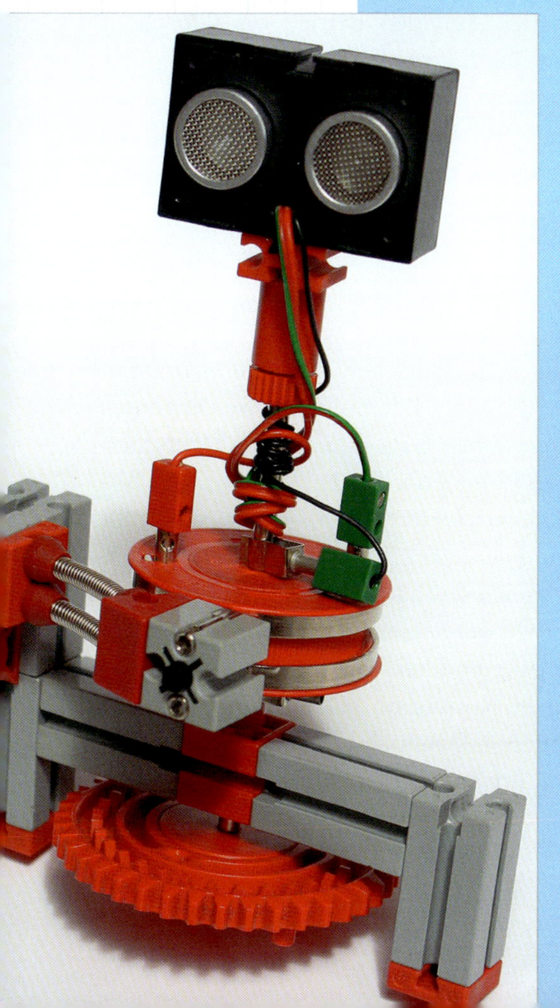

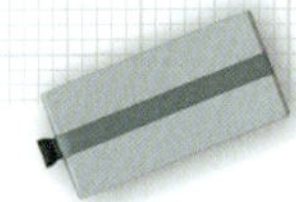

Der Begriff Radar ist ein Akronym aus den Anfangsbuchstaben von ***Radio (Aircraft) Detection and Ranging***, auf Deutsch: der Ortung und Abstandsmessung mithilfe elektromagnetischer Wellen im Radiofrequenzbereich (***Very High Frequency***, VHF ≈ 30–300 MHz). Dabei wird die Eigenschaft elektromagnetischer Wellen genutzt, von metallischen Gegenständen reflektiert zu werden. Aus der Zeitdifferenz zwischen Aussendung und Empfang eines reflektierten Radarsignals kann die Entfernung bis zu einem Gegenstand oder Hindernis bestimmt werden, denn elektromagnetische Wellen breiten sich konstant mit Lichtgeschwindigkeit ($c_0 \approx 300.000$ km/s) aus.

Die Berechnung ist sehr einfach: Kennt man die Laufzeit t des (reflektierten) Signals, dann lässt sich daraus die Distanz d als die Hälfte der vom reflektierten Signal insgesamt zurückgelegten Strecke (zum Objekt und wieder zurück) bestimmen:

$$d = c_0 \cdot \frac{t}{2}$$

Heute sind Radargeräte sowohl in der Flugüberwachung als auch beim Schiffsverkehr unverzichtbar geworden. Sie verhindern Kollisionen und machen die hohe Verkehrsdichte heutiger Großflughäfen und den Betrieb bei schlechten Wetterverhältnissen und in der Dunkelheit überhaupt erst möglich.

Radartechnik wird heute zu vielen weiteren Zwecken und vor allem auch in höheren Frequenzbereichen von 3 bis 300 GHz eingesetzt, wie z.B. zur Geschwindigkeitskontrolle von Kraftfahrzeugen oder für die Abstandsmessung in autonomen Fahrzeugen.

Geschichte

Die Erfindung des Radars verdanken wir dem deutschen Ingenieur *Christian Hülsmeyer* (1881–1957), der am 30.04.1904 sein »Telemobiloskop« genanntes *System zur Erkennung von entfernten beweglichen Gegenständen* im Deutschen Reich zum Patent anmeldete (Patent-Nr. 165546, Abb. 15–1).

Hülsmeyer nutzte die Erkenntnisse von *Heinrich Hertz* (1857–1894), der 1888 die Existenz elektromagnetischer Wellen und deren Eigenschaft, von metallischen Gegenständen reflektiert zu werden, nachgewiesen hatte. Mit seiner Erfindung wollte Hülsmeyer in erster Linie die Sicherheit der See- und Binnenschifffahrt bei schlechter Sicht erhöhen, indem er die Ortung anderer Wasserfahrzeuge ermöglichte. Beim *Technical Nautical Meeting* in Rotterdam gelang ihm 1904, ein Schiff auf eine Distanz von 3 km zu detektieren. Dennoch blieb seiner Erfindung der wirtschaftliche Erfolg versagt. Einige Jahre später beschäftigte sich auch der

schottische Physiker *Robert Watson-Watt* (1892–1973) mit der Ortung von Objekten mittels elektromagnetischer Wellen. 1919 ließ er sein Verfahren patentieren (Patent No. GB 129336, Abb. 15–2).

Aber erst mit dem drohenden Zweiten Weltkrieg und der Furcht Großbritanniens vor der deutschen Luftwaffe erwachte das Interesse an Verfahren zur Früherkennung feindlicher Flugzeuge. Am 26.02.1935 gelang Watson-Watt nahe Daventry die Ortung eines anfliegenden Bombers mit einer improvisierten Antenne (Abb. 15–3).

In den folgenden Jahren wurden Radargeräte zügig weiterentwickelt. Die Anzeige der Messergebnisse erfolgte dabei zunehmend auf PPI-Sichtgeräten (***Plan Position** Indicator*, Abb. 15–4). Ausgehend vom eigenen Standort werden dabei geortete Objekte auf einem kreisrunden Bildschirm angezeigt und mit jeder Drehung der Radarantenne aktualisiert.

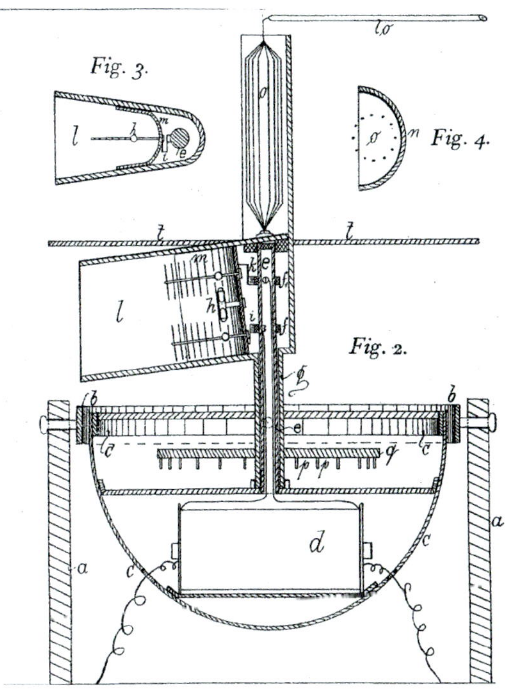

Abb. 15–1 *Radar von Christian Hülsmeyer (1904)*

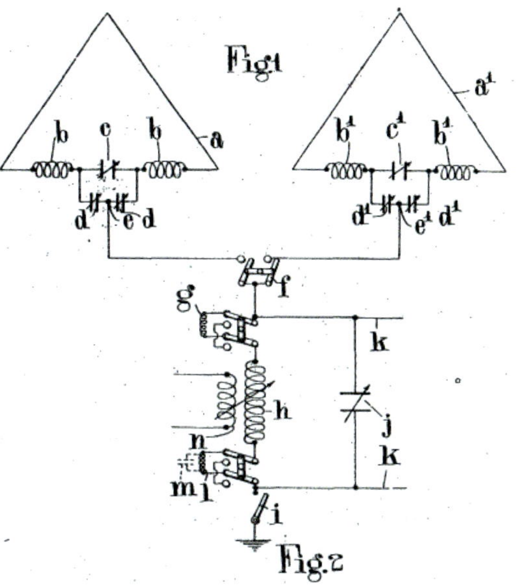

Abb. 15–2 *Sender und Empfänger des Ortungsgeräts von Watson-Watt (1919)*

Abb. 15–3 *Skizze des »Daventry-Experiments« von Watson-Watts Assistenten Arnold Wilkins (1907–1985)*

Abb. 15–4 Radarschirm eines Flugzeugträgers

Heute sind Radargeräte aus der Flugüberwachung (*Air Traffic Control*) nicht mehr wegzudenken; mit Langstreckenradargeräten können bis zu 370 km entfernte Flugzeuge noch erfasst werden. Und auch in der Binnenschifffahrt sind Radargeräte inzwischen Standard.

Echoortung

Neben dem Radar setzte sich ein weiteres Verfahren zur Ortung und Abstandsbestimmung von Gegenständen durch, das auch bei nichtmetallischen Objekten funktioniert: die Echoortung. Dabei kommen statt elektromagnetischer Wellen Schallwellen zum Einsatz, meist Frequenzen jenseits des für menschliche Ohren hörbaren Bereichs von ca. 20 kHz (Ultraschall) – eine Technik, die Fledermäuse bereits seit Jahrtausenden erfolgreich zur Orientierung verwenden.

Am 22.07.1913 ließ der deutsche Physiker *Alexander Behm* (1880–1952) das Echolot patentieren, ein Gerät zur Messung von Meerestiefen und Entfernungen von Schiffen und Hindernissen durch Schallwellen (Patent-Nr. 282009, Abb. 15–5). Motiviert war diese Entwicklung vor allem durch den Untergang des damals größten Schiffs der Welt am 15.04.1912 nach der Kollision mit einem Eisberg – der Titanic.

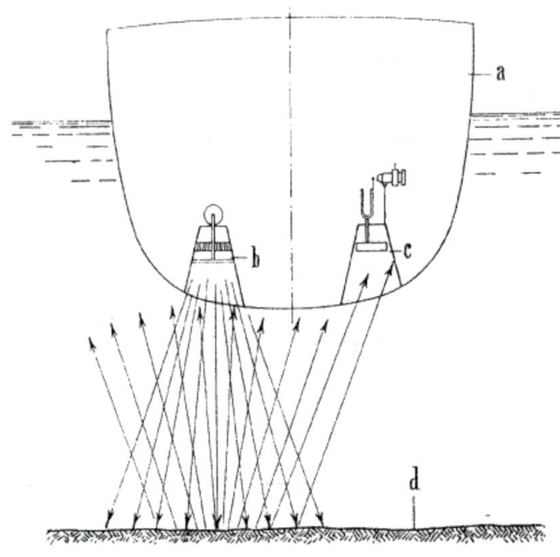

Abb. 15–5 Echolot von Alexander Behm (1913)

Der französische Physiker *Paul Langevin* (1872–1946) entwickelte 1915 das Echolot zum Sonar (***S****ound* ***N****avigation and* ***R****anging*) weiter, mit dem U-Boote unter Wasser in 1.500 m Entfernung geortet werden konnten. Weiterentwicklungen des Sonars kamen vor allem während des Zweiten Weltkriegs im Kampf gegen die deutsche U-Boot-Flotte zum Einsatz. Sie erlaubten ab 1943 die Ortung und Bekämpfung deutscher U-Boote bei Angriffen auf Handelsschiffe, die England mit überlebenswichtigen Gütern versorgten. Zusammen mit der Entschlüsselung deutscher Funksprüche durch die briti-

schen *Codebreakers* um *Alan Turing* (1912–1954) brachten sie die entscheidende Wende im U-Boot-Krieg – und leiteten das Ende des Zweiten Weltkriegs ein.

Einen Nachteil hat die Verwendung von Ultraschallsensoren jedoch: Anders als bei elektromagnetischen Wellen ist die Ausbreitungsgeschwindigkeit von Schallwellen nicht konstant. Denn physikalisch sind Schallwellen Druckwellen, die die Dichte des Mediums verändern – die Moleküle werden in Richtung der Wellenausbreitung in Schwingung versetzt (*Longitudinalwelle*).

Die Geschwindigkeit einer Schallwelle hängt somit von den physikalischen Eigenschaften des Mediums ab. Daher funktioniert die Entfernungsberechnung auch nur innerhalb eines Mediums verlässlich – so muss ein Sonar seine Schallwellen im Wasser aussenden.

In der Luft breitet sich Schall mit einer Geschwindigkeit von etwa 330 m/s (0° C) bis 350 m/s (30° C) aus – der Unterschied rührt daher, dass die Dichte der Luft bei zunehmender Temperatur sinkt und die Luftmoleküle dadurch leichter »schwingen«. Umgerechnet erreicht der Schall in 20° warmer Luft eine Geschwindigkeit von etwa 0,3 km/s. Das ist vergleichsweise langsam – nur ein Millionstel der Lichtgeschwindigkeit (und der elektromagnetischer Wellen). Ein entgegenkommendes schnelles Fahrzeug hat bei der Ankunft einer reflektierten Schallwelle den Abstand bereits um ein gutes Stück verringert. Unbewegte Gegenstände lassen sich mit einem Ultraschallsensor jedoch mit geringem technischem Aufwand zuverlässig orten.

Im Wasser hingegen ist die Ausbreitungsgeschwindigkeit des Schalls deutlich höher. Sie hängt allerdings von der Temperatur, dem Salzgehalt und dem Druck des Wassers ab. Die Geschwindigkeit liegt zwischen ca. 1.450 m/s in Süßwasser und 1.900 m/s in tiefem, kaltem und stark salzhaltigem Wasser, erreicht also bis zu 6.800 km/h. Das reduziert die Komplexität der zur Messung erforderlichen technischen Komponenten, wenn auch die genaue Abstandsmessung über unterschiedliche Tiefen etwas komplizierter ist, da sich Temperatur, Salzgehalt und Druck mit der Wassertiefe ändern.

Ultraschallsensor

Schon für das ROBO-Interface gab es einen Ultraschall-Abstandssensor, und auch für den ROBO TX und den ROBOTICS TXT Controller ist ein Ultraschallsensor von fischertechnik erhältlich (Abb. 15–6).

Der Ultraschallsensor wird am TX(T) Controller an die Stromversorgung (rotes Kabel: +9V; grünes Kabel: Masse) und das schwarze Kabel an einen der Eingänge I1 bis I8 angeschlossen (Abb. 15–6).

Abb. 15–6 *Anschluss des Ultraschallsensors am ROBO TX Controller*

Zur Abstandsmessung verwendet man in ROBO Pro den Universaleingang mit der Eingangsart »Ultraschall« und dem Sensortyp »Abstandssensor«. Er liefert den Abstand im Messbereich des Sensors (ca. 2 cm bis 4 m) als ganzzahligen Wert in cm. Wird kein Objekt in der Reichweite des Sensors detektiert, gibt der Sensor den Wert 1023 zurück. Abhängig von der Umgebungstemperatur können die Messwerte des Sensors geringfügig vom tatsächlichen Abstand abweichen.[1]

Funktionsmodelle

Fahrzeugradar

Wir möchten nun ein Fahrzeug (Schiff, Pkw) mit einem »Ultraschallradar« (also eigentlich einem Sonar) ausstatten, mit dem der Abstand zu allen umliegenden Hindernissen oder Objekten bestimmt werden kann. Dabei geht es uns zunächst nur um die Abstandsbestimmung – unabhängig davon, ob die Messwerte anschließend für einen Alarm, die Steuerung des Fahrzeugs oder andere Zwecke genutzt werden.

Um den Sensor rotieren zu lassen, müssen wir ihn mittig auf einer von einem Motor angetriebenen Achse montieren. Mit den Rastachsen ist das einfach: Der Sensor kann direkt auf einen Rastadapter (36227) gesteckt werden. Eine Radarantenne dreht sich ununterbrochen um die eigene Achse, was bei dieser Lösung aber nicht möglich ist: Das Radar stoppt nach wenigen Umdrehungen, da das Kabel sich um die Achse wickelt. Wir können aber nach jeder Drehung die Richtung wechseln, sobald die Rastachse 20 (31690) den Taster betätigt (Abb. 15–7).

Wer einen der Elektromechanik-Kästen aus den 70er-Jahren besitzt, kann sich glücklich schätzen. Damit können wir die Rastachse durch eine Metallachse mit Achsenverschraubung oder Seiltrommel ersetzen und den Datenausgang des Sensors mithilfe zweier Klemmkontakte über die Stange übertragen. Für die Stromversorgung des Ultraschallsensors nehmen wir einen Schleifring und zwei

1 Die Ausbreitungsgeschwindigkeit des Schalls ist bei 30°C Lufttemperatur etwa 20 m/s höher als bei 0° C – ein Unterschied von 3,6 %.

Kontaktstifte, die mit zwei Federfüßen an den Schleifring gedrückt werden (Abb. 15–8, 15–9).

Abb. 15–7 Radar mit Rastachse und Taster

Abb. 15–8 Radar mit Metallachse und Schleifring

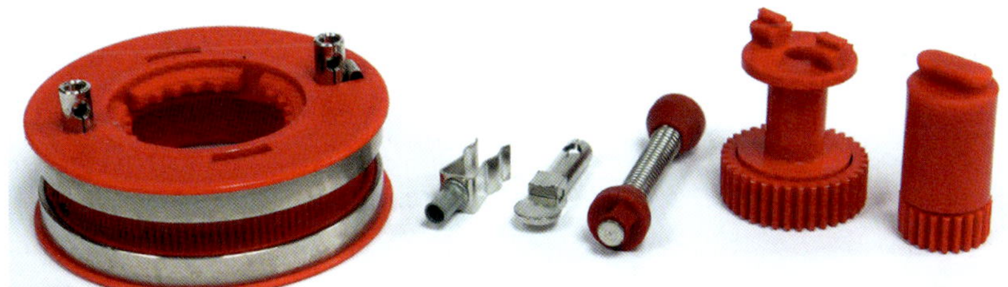

Abb. 15–9 Schleifring, Klemmkontakt, Kontaktstift, Federfuß, Seiltrommel und Achsenverschraubung (v.l.n.r.)

Abb. 15–10 Antrieb der »Radarantenne«

Damit die vom Ultraschallsensor gemessenen Werte später auch ausgewertet werden können, muss die jeweilige Position, also der Drehwinkel des Sensors, bekannt sein.

Das gelingt am einfachsten, wenn die Rotation des Sensors durch einen Impulszähler oder, besser noch, mit einem Encodermotor gesteuert wird. Damit lässt sich der Sensor Schritt für Schritt um einen exakten Winkel drehen.

Unser kleines Radar treiben wir dazu mit einem Schneckengetriebe an einem Z40 an (Abb. 15–10): Eine 360°-Drehung des Sensors erfordert damit 40 Umdrehungen des Encodermotors. Um eine hohe Genauigkeit zu erreichen, lesen wir den Ultraschallsensor alle fünf Impulse aus. Bei 75 Impulsen pro Motorumdrehung erhalten wir damit alle 0,6° eine einzelne Messung.

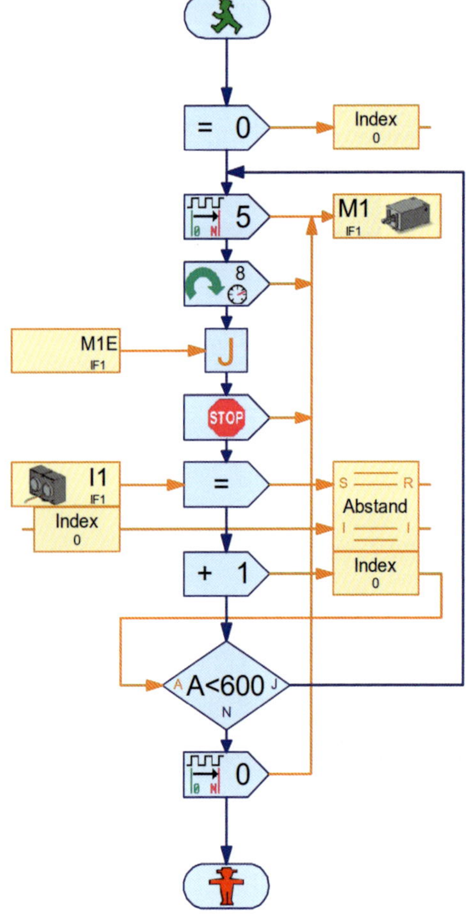

Abb. 15–11 ROBO Pro-Programm zur Steuerung des »Radars«

Die Stromversorgung des Encodermotors wird an einen Motorausgang (M1), der Impulsausgang (schwarzes Kabel) an den zugehörigen Zählereingang (C1) und die Stromzufuhr des Encoders an Masse (grün) und +9 V out (rot) angeschlossen.

Das kleine ROBO Pro-Programm in Abb. 15–11 lässt unsere Radarantenne einmal um 360° rotieren und trägt die 600 Messwerte in die Liste »Abstand« ein.

Der Datenausgang des Ultraschallsensors wird mit einem Klemmkontakt an der Metallachse unterhalb des Schleifrings abgegriffen und mit I1 verbunden. Der Encodermotor wird über das Befehlselement »Abstand« auf eine Fünf-Impulse-Strecke eingestellt (Abb. 15–12).

Nach dem Durchlauf des Programms (im Onlinemodus) kann man die Messwerte in einer CSV-Datei (*Comma Separated Values*) speichern, sofern in den Eigenschaften der Liste (rechte Maustaste) zuvor die Option »In CSV-Speicher schreiben« gewählt wurde. Der Datenspalte kann man einen Titel zuweisen (Eintrag in rechtem Feld über der CSV-Speicher-Option), der vor den Werten in die CSV-Datei geschrieben wird. Die Speicherung wird über den Menü-Eintrag »Datei«/»CSV-Speicher für Listen speichern« eingeleitet.

Die CSV-Datei kann anschließend von einem Tabellenkalkulationsprogramm eingelesen und dort weiter verarbeitet werden. So lassen sich die Daten z.B. mit Excel ähnlich einem PPI-Bild darstellen (Abb. 15–13).

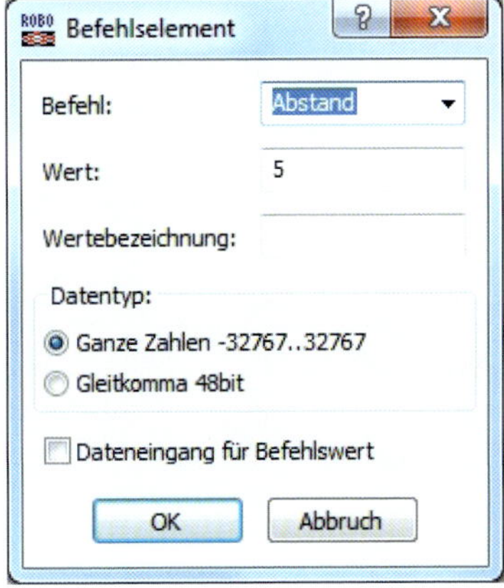

Abb. 15–12 Konfiguration des Abstand-Befehls für den Encodermotor

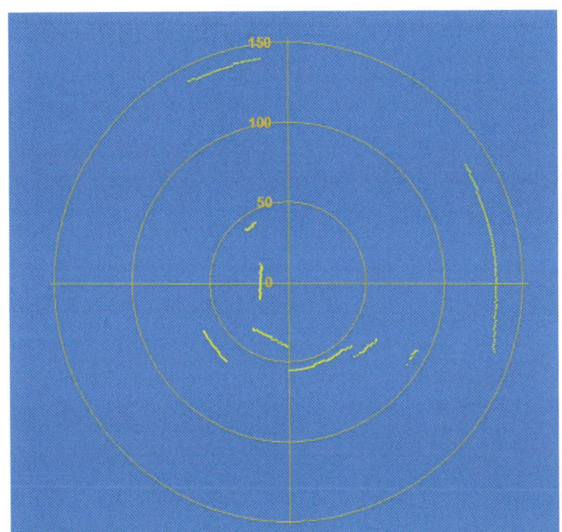

Abb. 15–13 Radarbild (in Excel)

Aus jedem Abstandswert d zu einem Drehwinkel α (= Listenindex · 0,6°) – gemessen in Drehrichtung (Uhrzeigersinn) ab 0° – lassen sich leicht die zugehörigen x- und y-Koordinaten für eine Onlinedarstellung auf einem »Radarschirm« bestimmen (Abb. 15–14):

$$x = d \cdot \sin \alpha$$

$$y = d \cdot \cos \alpha$$

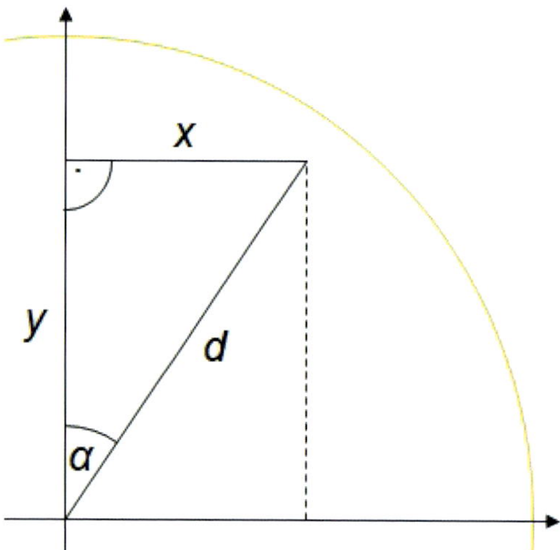

Abb. 15–14 Berechnung der x-/y-Koordinaten

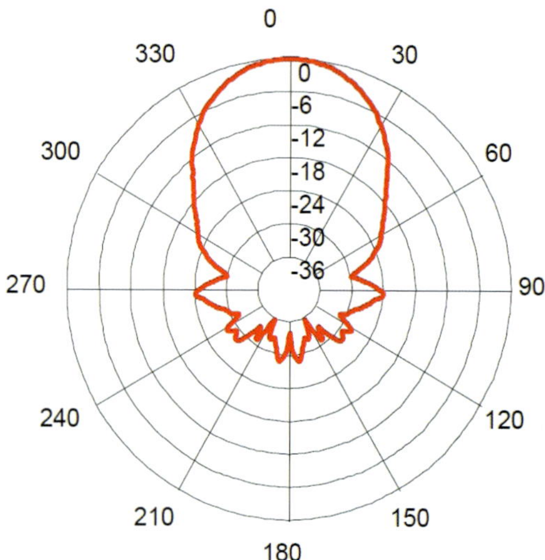

Abb. 15–15 Abstrahlcharakteristik des fischertechnik-Ultraschallsensors

Zwar erlaubt ROBO Pro die Berechnung von Sinus und Cosinus, lässt aber leider keine Ansteuerung einzelner Punkte im Display über Koordinatenangaben zu.[2]

Bei der Auswertung des »Radarbilds« muss man berücksichtigen, dass die Ultraschallsignale mit einer trichterförmigen Abstrahlcharakteristik ausgesendet und empfangen werden. Die Signale werden daher nicht nur von senkrecht vor dem Sensor befindlichen Objekten, sondern von allen Objekten im Abstrahlbereich reflektiert. Echos von Objekten im Randbereich lassen Objekte daher im Radarbild breiter erscheinen als sie tatsächlich sind.

Auch kann es vorkommen, dass einzelne Objekte im »Radarbild« komplett fehlen: Trifft das Ultraschallsignal in einem spitzen Winkel von weniger als 45° auf eine Fläche, erreicht das reflektierte Echo den Sensor nicht.

Die Excel-Datei zur Darstellung der erfassten Abstandswerte als Radarbild und das ROBO Pro-Programm stehen auf der Webseite zu diesem Buch zum Herunterladen bereit.

2 Mit einem geeigneten I²C-Display ist auch mit dem TX/TXT Controller eine Online-Sonar-Darstellung möglich.

Radarfalle

Mit dem Ultraschallsensor lässt sich auch die Geschwindigkeit eines vorbeifahrenden Fahrzeugs bestimmen. Dazu bauen wir eine kleine Radarfalle (Abb. 15–16). In der Praxis erfolgt die Geschwindigkeitsmessung von Pkw wegen der höheren Präzision heute mit Lasermessgeräten.

Unsere Radarfalle soll ein herannahendes Fahrzeug erkennen, sobald es in den Messbereich des Sensors (4 m) eintritt, dann über einen definierten Zeitraum die Abstandswerte in einem Listenelement speichern und daraus die Geschwindigkeit des Fahrzeugs berechnen.

Wie lang wählen wir unser Messintervall? Der TX(T) Controller wertet die Universaleingänge I1 bis I8 mindestens alle 10 ms aus. Damit können wir pro Sekunde etwa 100 Messwerte speichern. Ein Fahrzeug, das mit 50 km/h auf unsere kleine Radarfalle zufährt, legt in einer Sekunde knapp 14 Meter zurück, hat in 0,29 Sekunden unseren Messbereich passiert – und 29 Messwerte hinterlassen. Ein fischertechnik-Fahrzeug hingegen wird in einer Sekunde selten mehr als einen Meter zurücklegen (ca. 3,6 km/h) – und mindestens vier Sekunden benötigen, um den Messbereich zu passieren.

Abb. 15–16 fischertechik-»Radarfalle«

Damit unsere Radarfalle sowohl fischertechnik-Modelle als auch Radfahrer oder Autos erfassen kann, machen wir die Liste groß genug, um fünf Sekunden lang Messwerte zu speichern (500). Und damit sich die Werte nicht mit denen eines nachfolgenden Fahrzeugs vermischen, stoppen wir die Messung automatisch, wenn sich kein Objekt mehr im Messbereich befindet.

Anschließend wird die Liste nach dem größten und dem kleinsten Abstandswert durchsucht und daraus die Geschwindigkeit des Fahrzeugs bestimmt. Das Ergebnis wird im Display des Controllers sowohl in cm/s als auch in km/h angezeigt (Abb. 15–17).

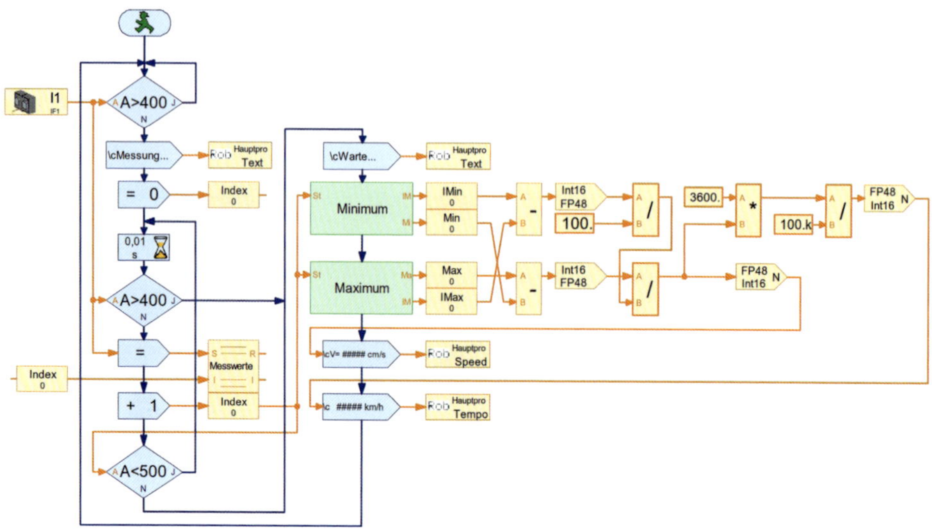

Abb. 15–17 ROBO Pro-Programm »Radarfalle«

Das komplette ROBO Pro-Programm gibt es zum Download auf der Webseite zum Buch.

Literatur

[1] Alexander Behm: *Einrichtung zur Messung von Meerestiefen und Entfernungen und Richtungen von Schiffen oder Hindernissen mit Hilfe reflektierter Schallwellen.* Kaiserliches Patentamt, Patent-Nr. 282009, 22.07.1913.

[2] Wolfgang Holpp: *Das Jahrhundert des Radars.* Veröffentlichung anlässlich der 100-Jahr-Feier der Erfindung des Radars 2004. http://www.100jahreradar.de/vortraege/Holpp_Das_Jahrhundert_des_Radars.pdf.

[3] Christian Hülsmeyer: *Verfahren, um entfernte metallische Gegenstände mittels elektrischer Wellen einem Beobachter zu melden.* Kaiserliches Patentamt, Patent-Nr. 165546, 30.04.1904.

[4] Uwe von Schumann, Jürgen A. Knoll: *Robert Watson-Watt und das Radar.* Sendereihe »Meilensteine der Naturwissenschaft und Technik«, ARD, 1992. http://www.youtube.com/watch?v=uwP3LcDdU7w.

[5] Armin Strohmeyr: *Christian Hülsmeyer: Das Radarprinzip.* In: Verkannte Pioniere. Styria Premium, 2013, S. 262–271.

[6] Robert Alexander Watson-Watt: *Improvements in and relating to Aerial Circuits for Wireless Telegraphy and other Purposes.* Patent No. GB 129336, 17.07.1919.

16 Der Hubschrauber

Hubschrauber gehören zu den faszinierendsten Fluggeräten: Sie können wie Kolibris in der Luft stehen, ohne Startbahn abheben, punktgenau landen und extrem wendige Manöver fliegen. Zwar ist die Idee des Hubschraubers bereits Jahrhunderte alt, realisiert wurden die ersten funktionsfähigen Hubschrauber aber erst vor ca. 80 Jahren – denn so einfach, wie es aussieht, ist das Fliegen mit Rotoren nicht.

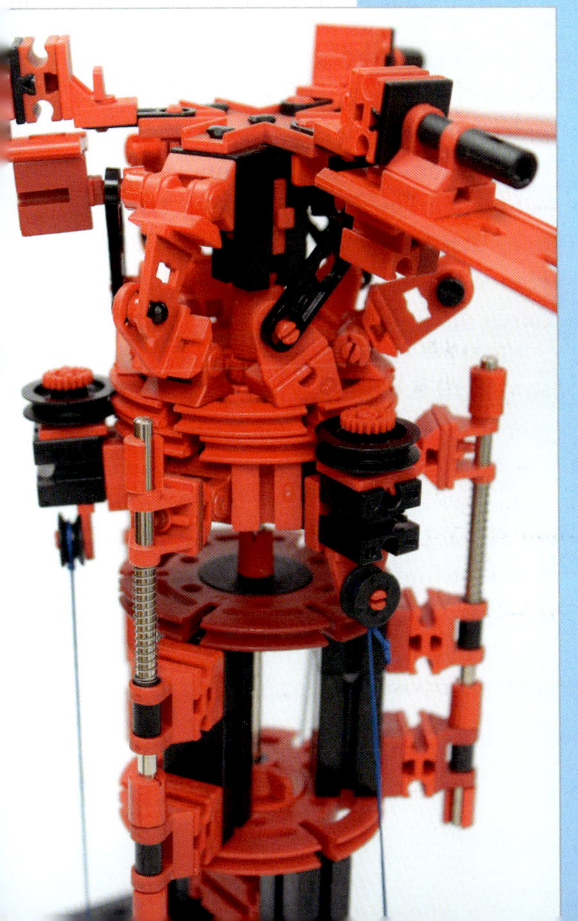

Abb. 16–1 »Luftschrauber« von Leonardo da Vinci (ca. 1483)

Die Idee des Hubschraubers wird gemeinhin *Leonardo da Vinci* (1452–1519) zugeschrieben. So fand man in den Skizzen dieses genialen Florentiner Universalgelehrten – dem wir nicht nur Kunstwerke wie die *Mona Lisa* oder *Das letzte Abendmahl* verdanken, sondern auch zahlreiche technische Erfindungen (wie im fischertechnik-Baukasten *Da Vinci Machines*) – die Konstruktionszeichnung eines »Luftschraubers«.

Tatsächlich konnte dieser Luftschrauber (Abb. 16–1) nicht funktionieren. Die Idee von Leonardo da Vinci war, den »Luftschrauber« wie eine archimedische Schraube in die Luft hineinzudrehen und auf diese Weise abzuheben.

Das Konstruktionsprinzip heutiger Hubschrauberrotoren ist zudem erheblich älter: Dokumente belegen, dass es schon mehr als 1000 Jahre früher, im vierten Jahrhundert unserer Zeitrechnung, in China Kinderspielzeuge gab, die der Gestalt des Ahornsamens nachempfunden waren und die Funktionsweise eines Hubschrauberrotors modellieren. Ähnliche Spielzeuge sind in Europa seit dem 14. Jahrhundert bekannt. Mit etwas Geschick kann man sie mit Vogelfedern, einem Korkenstück und einem Schaschlik-Spieß nachbauen: Dreht man den Spieß schnell zwischen den Händen an, fliegt der kleine Rotor durch die Luft.

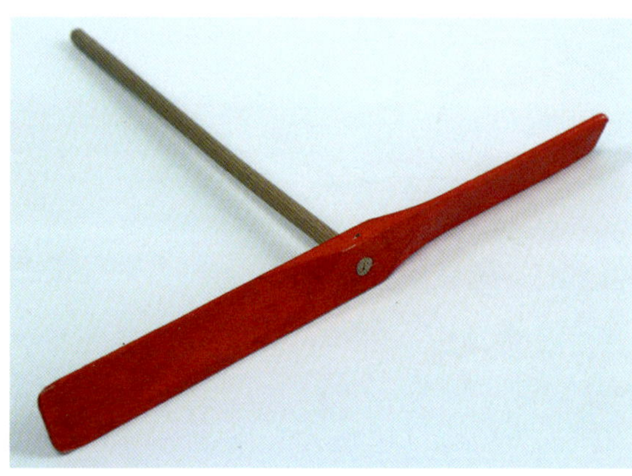

Abb. 16–2 Holzrotor-Spielzeug

Aus Holz kann man einen solchen Rotor auch kaufen (Abb. 16–2); es gibt ihn sogar mit Halterung und »Startschnur«, die um den Stab gewickelt wird. Zieht man am Schnurende, wickelt sich die Schnur ab und versetzt den Stab in eine schnelle Rotation – und der *Drehflügler* hebt ab.

Dynamischer Auftrieb

Warum aber fliegt ein solcher Rotor? Das ist keineswegs selbstverständlich. Denn der Rotor ist schwerer als Luft – anders als ein Luftschiff (Heißluftballon, Gasballon oder Zeppelin) sorgt also nicht eine geringere Dichte für Auftrieb.

Neben einem solchen *statischen Auftrieb*, auch als *archimedisches Prinzip* bekannt (die verdrängte Luft ist schwerer als das verdrängende Objekt), gibt es noch einen *dynamischen Auftrieb*. Dieser ist das wesentliche Funktionsprinzip des Fliegens. Dynamischer Auftrieb entsteht, wenn ein flügelförmiges Objekt sich durch ein Medium (z.B. Wasser oder Luft) bewegt. Die Form ist dabei entscheidend – vor allem der spitze Zulauf des Flügelquerschnitts am hinteren Ende (Abb. 16–3).

Vereinfacht lässt sich der Effekt wie folgt erklären: Bewegt sich das flügelförmige Objekt schräg (also in einem Anstellwinkel) zur Bewegungsrichtung, strömt das Medium mit unterschiedlichen Geschwindigkeiten an der Oberfläche entlang: Unterhalb der Neigung entsteht ein Überdruck, da das Medium langsam strömt; oberhalb des geneigten Objekts strömt das Medium schneller, dort entsteht ein Unterdruck. Die Differenz zwischen Unter- und Überdruck erzeugt eine Auftriebskraft, die das Objekt, sofern es nicht zu schwer ist, nach oben drückt.

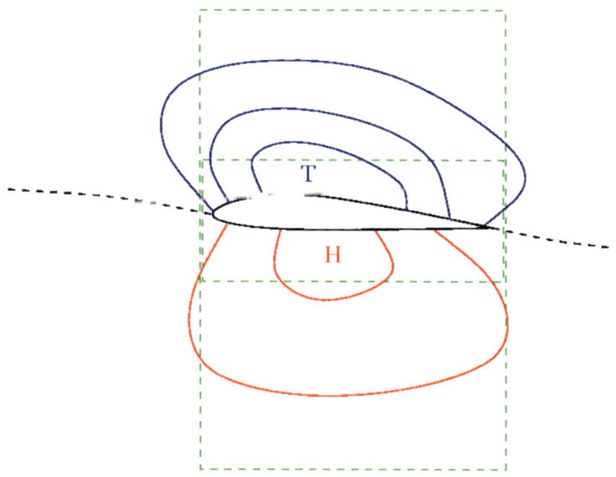

Abb. 16–3 Umströmtes Flügelprofil mit Über- und Unterdruck

Je schneller sich das Objekt im Medium bewegt, desto größer ist der Druckunterschied – und desto stärker der Auftrieb. Aus diesem Grund benötigt ein Flugzeug eine lange Startbahn, da die Flügel erst ab einer Mindestgeschwindigkeit genügend Auftrieb erhalten, um das Flugzeug zu tragen. Und aus demselben Grund benötigt ein Rennwagen einen Spoiler (gewissermaßen eine umgedrehte Tragfläche) – dieser »drückt« das Fahrzeug nach unten, damit der Auftrieb es nicht vom Boden abheben lässt. Damit kann ein Formel-1-Rennwagen theoretisch sogar an der Decke fahren – solange seine Geschwindigkeit nicht unter ca. 200 km/h sinkt.

Die Mindestgeschwindigkeit muss ein Flugzeug auch während des Fluges halten, damit es nicht zum *Strömungsabriss* kommt und das Flugzeug absackt oder gar ins Trudeln gerät. Aber auch zu schnell darf es nicht fliegen – erreicht es die Schallgeschwindigkeit, reißt die Strömung ebenfalls ab.

Und nicht nur die Geschwindigkeit kann Ursache für einen Strömungsabriss sein – auch der Anstellwinkel des Flügels ist kritisch, wenn er über einem von Flügelform, Größe und Material abhängigen *Grenzwinkel* liegt (deutlich unter 45°).

Drehflügler

Bei einem Hubschrauber (*Drehflügler*) wird – im Unterschied zum Flugzeug – nicht das gesamte Flugobjekt bewegt, sondern nur die Flügel im Kreis – sie werden daher Rotoren genannt. Auch beim Rotor hängt die Stärke des Auftriebs von der Geschwindigkeit und der Neigung des Rotorblatts ab.

Da sich ein Rotorblatt an der äußersten Spitze sehr schnell durch die Luft bewegt – bei üblichen Rotordurchmessern von ca. 10 m und 400 Umdrehungen pro Minute mehr als 720 km/h – und es sich daher schon bei verhältnismäßig niedriger Fluggeschwindigkeit (ca. 350 km/h) der Schallgeschwindigkeit und damit der Gefahr eines Strömungsabrisses nähert, wird die Umdrehungsgeschwindigkeit des Rotors konstant gehalten. Damit ist die Höchstgeschwindigkeit eines Hubschraubers konstruktionsbedingt beschränkt.

Der Auftrieb wird allein über die Neigung des Rotorblatts gesteuert, auch Blattverstellung oder *Pitch* genannt.

Entwicklung

Eine zentrale Herausforderung bei der Konstruktion eines Hubschraubers ist der Drehmomentausgleich, der verhindert, dass sich der Hubschrauber unter dem Rotor um die Rotorachse dreht. Eine der ersten Konstruktionen, die das Drehmoment mit koaxialen Rotoren (zwei übereinander angeordneten Rotoren mit entgegengesetzter Drehrichtung) ausglichen, stammt von dem russischen Universalgelehrten *Michail Lomonissow* (1711–1765). Die Idee der Blattverstellung geht angeblich auf den Amerikaner *Robert Taylor* zurück, der diese Erfindung 1842 dem Luftfahrtpionier Sir *George Cayley* (1773–1857) angeboten haben soll.

Im Jahr 1861 ließ *Gustave de Ponton d'Amecourt* (1825–1888) einen koaxialen Rotor (Abb. 16–4) patentieren. Dieses Prinzip wird heute noch bei kleinen ferngesteuerten Modellhubschraubern verwendet. *Gustav Wilhelm von Achenbach* (1847–1911) entwarf 1874 den ersten einrotorigen Hubschrauber mit einem Heckrotor zum Ausgleich des Drehmoments.

Der Bau funktionsfähiger Hubschrauber scheiterte jedoch daran, dass ausreichend leistungsfähige Dampfmaschinen zu schwer waren. Erst mit der Entwicklung des Verbrennungsmotors durch *Nicolaus August Otto* (1832–1891) um

das Jahr 1876 waren hinreichend starke und zugleich leichtere Motoren verfügbar.

Am 13.11.1907 gelang *Paul Cornu* (1881–1944) mit seiner Konstruktion eines »fliegenden Fahrrads« der erste anerkannte Drehflügler-Flug über 20 Sekunden mit zwei Tandemrotoren, die an Auslegern befestigt waren und gegenläufig angetrieben wurden. Weitere Fortschritte erzielte der Spanier *Raúl Pateras Pescara* (1890–1966), der 1924 einen steuerbaren Hubschrauber mit vier koaxialen Rotoren und zyklischer Blattverstellung konstruierte.

Sein Landsmann *Juan de la Cierva* (1895–1936) entwickelte einen *Tragschrauber*, ein einmotoriges Flugzeug mit einem zusätzlichen Rotor für den Auftrieb, der Anfang 1923 einen erfolgreichen Jungfernflug absolvierte. Da der Rotor vom Fahrtwind angetrieben wurde, benötigte er keinen Drehmomentausgleich.

Abb. 16–4 Modellhubschrauber von Gustave de Ponton d'Amecourt (1863)

Abb. 16–5 Hubschrauber FW 61 von Heinrich Focke (1937)

Der erste einsetzbare Hubschrauber, das Modell FW 61 des deutschen Ingenieurs und Gründers der Focke-Wulf-Werke *Heinrich Focke* (1890–1979), verwendete wie Cornus Konstruktion zwei getrennte Hauptrotoren zum Ausgleich des Dreh-

moments (Abb. 16–5). Focke präsentierte seinen Hubschrauber 1937 in der Berliner Deutschlandhalle und stellte einen Flugrekord von einer Stunde und 20 Minuten auf, der erst von Sikorsky im Jahr 1941 gebrochenen werden konnte.

Igor Sikorsky

Das Konstruktionsprinzip von Hubschraubern der heute verbreitetsten Bauart mit einem Haupt- und einem Heckrotor wurde erstmals erfolgreich von dem gebürtigen Ukrainer *Igor Sikorsky* (1889–1972) umgesetzt, der nach der Oktoberrevolution 1919 in die USA emigriert war. Dort gründete er 1923 die Sikorsky Aircraft Corp., einen bis heute führenden Hersteller von Hubschraubern.

Am 14.09.1939 gelang Sikorsky der Erstflug mit seinem Heckrotor-Hubschrauber. Mit dem weiterentwickelten Modell VS-300 stellte er am 06.05.1941 einen neuen Flugrekord von über 1,5 Stunden auf (Abb. 16–6).

Abb. 16–6 Rekordflug von Igor Sikorsky im VS-300 (06.05.1941)

Die Endversion des VS-300 erhielt einen 55-kW-Motor, eine einfache Blechverkleidung und Kufen. Ein Foto dieses ersten Erfolgsmodells zierte am 21.06.1943 die Titelseite des traditionsreichen *LIFE Magazine* für Fotojournalismus (Abb. 16–7).

Igor Sikorskys Heckrotor-Konstruktion setzte sich erfolgreich gegen andere Konzepte wie die Verwendung von Doppelrotoren durch. Nach Ende des Zweiten Weltkriegs entwickelte er zahlreiche nicht nur in den USA sehr erfolgreiche Hubschraubermodelle vor allem für die zivile Nutzung als Transport- und Rettungshubschrauber. Das *TIME Magazine* widmete Igor Sikorsky in der Ausgabe vom 16.11.1956 die Titelgeschichte (Abb. 16–8).

Abb. 16–7 Titelseite von LIFE von 21.06.1943

Abb. 16–8 Titelseite des TIME Magazine vom 16.11.1953

Für sein Lebenswerk als Pionier der Hubschraubertechnik wurde Igor Sikorsky im Jahr 1988 in den USA mit einer 36-ct-Luftpost-Briefmarke geehrt (Abb. 16–9).

So viel zur Geschichte des Hubschraubers. Wie aber funktioniert Sikorskys Hubschrauberkonstruktion in der Praxis? Das wird in den folgenden Abschnitten anhand eines fischertechnik-Funktionsmodells erläutert.

Abb. 16–9 36-ct-Briefmarke »Igor Sikorsky«

Funktionsmodell

Der Heckrotor

Zentrale Aufgabe des von Sikorsky entwickelten Heckrotors ist es, das Drehmoment des Hauptrotors auszugleichen, das sonst den Hubschrauber in entgegengesetzter Richtung um die Rotorachse rotieren lassen würde. Dazu wird der Heckrotor vertikal montiert. Auch dieser Rotor dreht sich mit fester Geschwindigkeit; die Neigung (der *Anstellwinkel*) der Rotorblätter sorgt für die richtige Gegenkraft. Durch Veränderung des Winkels richtet man den Hubschrauber in einer gewünschten Richtung aus.

Abb. 16–10 Steuerung des Anstellwinkels der Heckrotorblätter (Pitch)

Ein Funktionsmodell für einen Heckrotor findet sich in der Anleitung des fischertechnik-Baukastens *Technical Revolutions*. Abb. 16–10 zeigt eine für den Heckrotor optimierte Konstruktion, die stabiler und kompakter ist (und daher auch mit weniger Bauteilen auskommt).

Mit dem Zugseil werden zwei Bausteine 15 mit Bohrung (Lochsteine) auf der Rastachse verschoben. Der obere Lochstein ist über zwei I-Streben mit den Rotorblättern verbunden und dreht sich mit dem Rotor; wird er von dem unteren Lochstein angehoben, verändert sich der Neigungswinkel der Rotorblätter. Die Rückstellung des oberen Lochsteins übernimmt eine Druckfeder 30.

Die Steuerung des Pitches wird dabei im Modell – wie in einem echten Hubschrauber-Cockpit – durch zwei Fußpedale vorgenommen, die mit einem Seilzug über Umlenkrollen mit dem Stellhebel verbunden sind (Abb. 16–11).

Hauptrotor mit Taumelscheibe

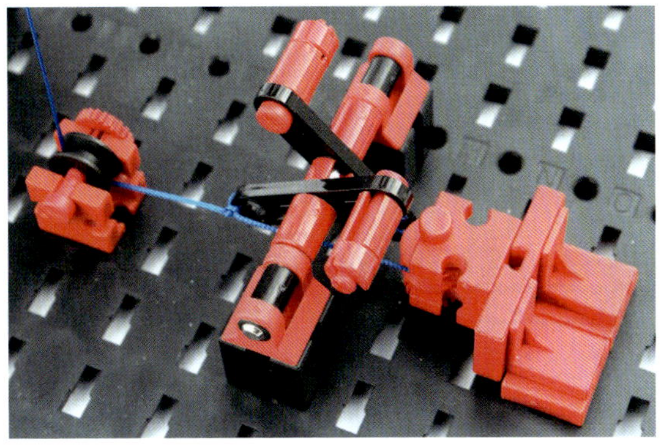

Abb. 16–11 Fußpedale zur Steuerung des Heckrotor-Pitches

Wie beim Heckrotor kann man auch beim Hauptrotor durch die gleichzeitige Änderung des Anstellwinkels der Rotorblätter (*kollektive Blattneigung*) den Auftrieb und damit das Steigen bzw. Sinken des Hubschraubers steuern. Wie aber lässt sich ein Richtungsflug erreichen?

Das gelingt mit dem vom dänischen Uhrmacher *Jakob Christian Ellehammer* (1871–1946) 1912 entwickelten Prinzip der *zyklischen Blattverstellung*. Dabei wird die Neigung der Rotorblätter während der Drehung des Rotors in einem zyklischen Ablauf verändert. Das führt dazu, dass an der Stelle mit dem steilsten Anstellwinkel der Rotorblätter der Auftrieb am größten ist. Dadurch neigt sich die Rotorebene und der Hubschrauber fliegt in die Richtung des kleinsten Anstellwinkels. Leider wurde der Hubschrauber-Prototyp, mit dem Ellehammer diesen Rotor am 18.09.1912 präsentierte, noch im gleichen Jahr bei einem Absturz vollständig zerstört und ist daher nicht erhalten.

Mit derselben zyklischen und kollektiven Blattneigung arbeitete auch der Hubschrauber-Prototyp des gebürtigen Argentiniers *Raúl Pateras Pescera* (1890–1966), der mit zwei koaxialen Doppelrotoren und einem 180 PS starken Motor am 18.04.1924 einen Flugrekord über 4 Minuten und 11 Sekunden aufstellte.

Bis heute verwenden Hubschrauber die zyklische Blattneigung für den Richtungsflug. Wie aber kann man die Blattneigung eines Rotorblatts während der Umdrehung des Rotors in einem festen Verlauf ändern?

Die verbreitetste Lösung ist die so genannte *Taumelscheibe*. Sie ist beim Hauptrotor das, was die Lochsteine in unserem Funktionsmodell des Heckrotors sind: die Komponente, die über eine Verbindung mit den Rotorblättern deren Neigung verändert. Der wesentliche Unterschied zu den Lochsteinen besteht darin, dass die Taumelscheibe in alle Richtungen beweglich sein muss – auf immer derselben Höhe. Dazu darf sie nicht mit der Achse verbunden sein, sondern muss lose um sie herum »taumeln«. Dennoch muss sie so stabil mit den Rotorblättern verbunden sein, dass sie auch bei hoher Umdrehungszahl nicht nachläuft und dadurch die Neigungswinkel der Rotorblätter verändert. Abb. 16–12 zeigt die Taumelscheibe in Sikorskys Patent US 1.994.488 vom 19.03.1935.

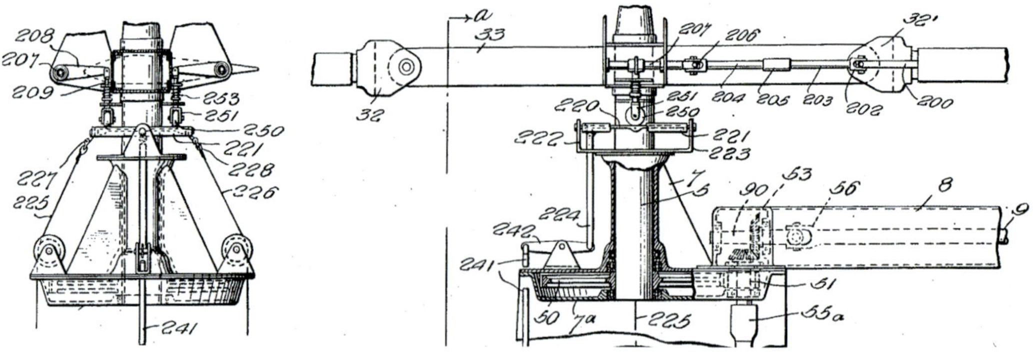

Abb. 16–12 Taumelscheibe im Patent von Igor Sikorsky vom 19.03.1935 (Patent No. US 1.994.488)

Abb. 16–13 Modell einer Taumelscheibe (Deutsches Museum, München)

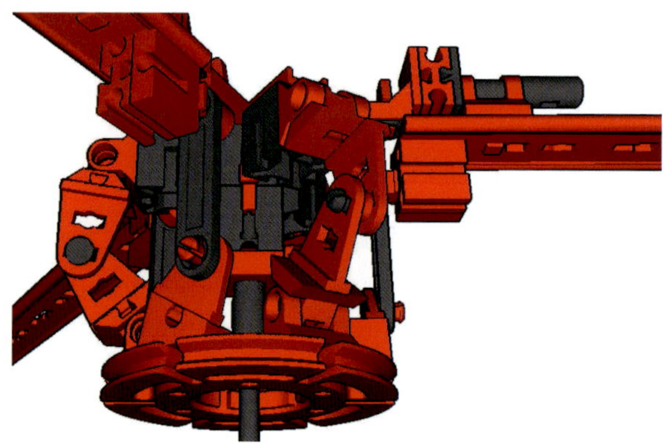

Abb. 16–14 Taumelscheibe mit Rotorverbindung und Kupplungsstücken

Im Deutschen Museum in München kann man die Arbeitsweise einer Taumelscheibe sehr schön an einem Funktionsmodell ausprobieren (Abb. 16–13).

Mit fischertechnik gelingt die Konstruktion eines Hauptrotors mit Taumelscheibe, indem man eine Drehscheibe 60 ohne Nabe um die Rotorachse legt – und diese über I-Streben mit den Rotorblättern verbindet. Die Verwindungssteifigkeit erreicht man durch zwei – mit einem Verbindungsstopfen und einem Abstandsring stabil verbundene – auf Gelenkwürfeln gelagerte Kupplungsstücke (Abb. 16–14).

Tatsächlich würde sogar eine einzige Verbindung über Kupplungsstücke die gewünschte Steifigkeit liefern; das führt aber zu einer Unwucht im Rotorkopf. Das oben erwähnte Funktionsmodell des fischertechnik-Baukastens *Technical Revolutions* verwendet eine ähnliche Konstruktion.

Zur Steuerung der Taumelscheibe benötigen wir einen nicht rotierenden zweiten Teil, über den – analog zum unteren Lochstein beim Heckrotor – die Neigung eingestellt wird. Bei einem Hubschrauberrotor sind diese beiden Teile über ein Lager drehbar miteinander verbunden. Wie gelingt das mit fischertechnik?

Abb. 16–15 Konstruktion von Harald Steinhaus

Von Harald Steinhaus stammt die erste bekannte fischertechnik-Konstruktion einer funktionierenden Taumelscheibe vom April 2003. In einer deutlich stabileren Konstruktion vom Januar 2007 (Abb. 16–15) verwendet er zur Verbindung von Ober- und Unterseite der Taumelscheibe außen angebrachte Führungsplatten. Diese Teile sind leider sehr selten; daher eignet sich die Lösung nicht für jede fischertechnik-Materialsammlung.

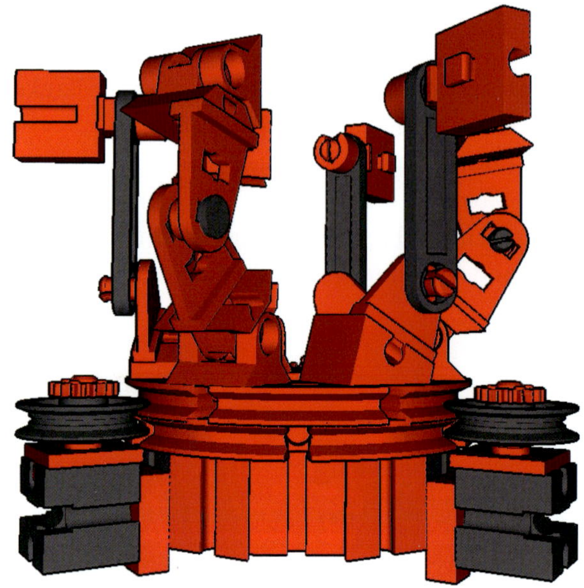

Abb. 16–16 Verbindung der Taumelscheibe von außen durch Seilrollen auf Aufnahmeachsen

Aber die lose Verbindung der beiden Drehscheiben 60 gelingt auch mit verbreiteteren Standardbausteinen: den Seilrollen.

Sie greifen von außen in die umlaufenden Nuten der beiden Drehscheiben 60. Bei dieser Lösung fällt der Reibungswiderstand besonders gering aus. Dreht sich der Rotor, »gleiten« die beiden Drehscheiben aufeinander (Abb. 16–16).

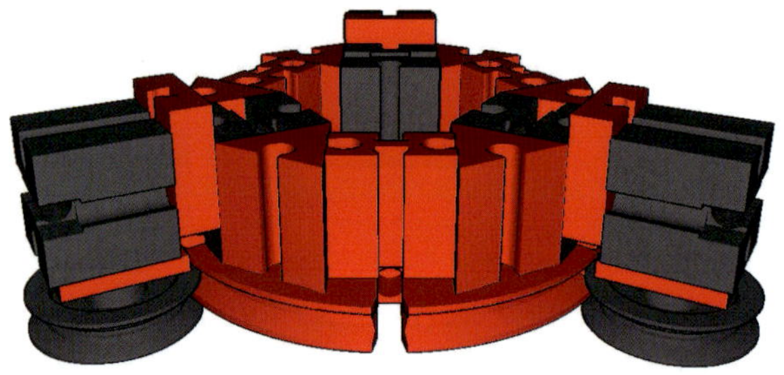

Abb. 16–17 Befestigung der Seilrollen

Damit die Seilrollen nicht bei der Rotation nach außen weggedrückt werden, müssen sie stabil mit der Drehscheibe 60 verbunden werden (Abb. 16–17).

Statt Rastachsen und Schnecken, die im Modell von Harald Steinhaus zur Verstellung des Neigungswinkels mit einem Motor angetrieben werden müssen, befestigen wir die untere Drehscheibe 60 mit Lagerstücken und Gelenkwürfeln beweglich an drei Führungsstangen und montieren unter den drei Seilrollen jeweils einen Radhalter mit kleiner Seilrolle. Damit lässt sich die Neigung der Taumelscheibe stufenlos und rein mechanisch in alle Richtungen über drei an den Seilrollen befestigte Seilzüge steuern (Abb. 16–18).

Abb. 16–18 Mechanische Neigungsverstellung

Die drei Rotorblätter des Hauptrotors – wie beim ursprünglichen Sikorsky VS-300 – werden über eine Sternlasche miteinander verbunden; als Rotorblätter bieten sich die 240 mm langen Laufschienen an. Damit erreicht der Modellrotor eine Spannweite von knapp 56 cm (Abb. 16–19).

Abb. 16–19 *Rotorblätter mit Sternlasche*

Die Antriebsachse des Rotors wird über einen Rastadapter an einem Baustein 15 befestigt, der über vier Federnocken mit den Nuten eines in der Mitte der Sternlasche eingesetzten Riegelsteins verbunden ist. Die Achse wird in der Mitte der beiden unteren, fest mit dem Hubschrauber verbundenen Drehscheiben 60 durch zwei schwarze Freilaufnaben geführt und von einem Power-Motor (1:20) angetrieben.

Damit die Gelenkwürfel halten, sollten sie mit einer Rastachse 20, die von der Seite bis zum Anschlag in das Lager geschoben wird, und einer Klemmbuchse 5 verriegelt werden. Abb. 16–20 zeigt den gesamten Rotor mit Taumelscheibe und Seilrollenführung.

Abb. 16–20 Rotorkopf mit Taumelscheibe

Wie in einem echten Hubschrauber kann nun die Steuerung über einen in *x*- und *y*-Richtung beweglichen Steuerknüppel (*Cyclic*) erfolgen. Durch Verkürzung aller drei Zugseile mit einem zweiten Hebel (*Collective*) zur gleichzeitigen Verstellung der Blattneigung aller drei Rotorblätter lassen sich Steig- und Sinkflug steuern.

Schließlich kann man Heckrotor und Hauptrotor noch um eine Hubschrauberkarosserie ergänzen – und so z.B. einen zwar nicht flugfähigen, aber sehr realitätsnahen Sikorsky VS-300 nachbauen.

Abb. 16–21 Gesamtansicht des Rotors

Literatur

Eine sehr anschauliche Einführung in die Technik und Geschichte des Hubschraubers bietet der 15minütige Film von Jörg Richter aus dem Jahr 2005 [2].

[1] Walter Bittner: *Flugmechanik der Hubschrauber*. 4. Auflage, Springer-Verlag, 2014.

[2] Jörg Richter: *Igor Sikorsky und der Hubschrauber*. Sendereihe »Meilensteine der Naturwissenschaft und Technik«, ARD, 2005. https://www.youtube.com/watch?v=vpgMUJ6ZFcY.

[3] Dirk Sandhop: *Geschichte des Hubschraubers*. http://www.heliport.de/lexika/geschichte-des-hubschraubers/.

Zeitleiste Meilensteine der Technik

um 3500 v. Chr. Das hölzerne **Rad** verbreitet sich

um 1500 v. Chr. Der Ägypter *Amenemhet* konstruiert eine **Wasseruhr**

408 v. Chr. Erste schriftliche Erwähnung einer Schubkarre in der Nähe von Athen

um 250 v. Chr. Dokumentation des **Flaschenzugs** und der archimedischen Schraube durch *Archimedes von Syrakus* (ca. 287–212 v. Chr.)

205 v. Chr. Bau eines **astronomischen Rechners** mit Zahnradgetriebe (Antikythera-Mechanismus), wird *Archimedes von Syrakus* (ca. 287–212 v. Chr.) zugeschrieben

um 100 *Heron von Alexandria* baut die **dampfgetriebene »Drehkugel«**

um 150 *Claudius Ptolemäus* (ca. 90–168) stellt den Almagest zusammen

um 255 **Differenzialgetriebe** im Kompasswagen von *Ma Jun* (ca. 200–265)

800 Krönung Karls des Großen (ca. 742–814) in Rom

980 *Abu al-Haitham* (965–1039) beschreibt das Prinzip der Lochkamera

Um 1180 **Windmühlen** (mit horizontaler Drehachse) verbreiten sich in Europa

1269 *Petrus Peregrinus de Maricourt* erfindet den **Nadelkompass**

um 1280 Erfindung der Brille

1287/88 Bau eines **Tretrad-Hafenkrans** in Brügge

14. Jahrhundert

um 1300 Erfindung der **mechanischen Uhr**

1346–1351 *Über die Hälfte der europäischen Bevölkerung stirbt an der Beulenpest*

1364 **Astrarium** von *Giovanni de Dondi* (1318–1389), eine für lange Zeit unübertroffene astronomische Uhr

15. Jahrhundert

um 1430 Verbreitung von **Uhren mit Zugfederantrieb**

1445 *Johannes Gensfleisch zur Laden zum Gutenberg* (1398–1468) erfindet den Buchdruck mit beweglichen Lettern

1492 *Christoph Columbus (1451–1506) entdeckt Amerika*

16. Jahrhundert

1511 *Peter Henlein* (ca. 1479–1542) baut **tragbare Uhren**

1517 Thesenanschlag von *Martin Luther* (1483–1546)

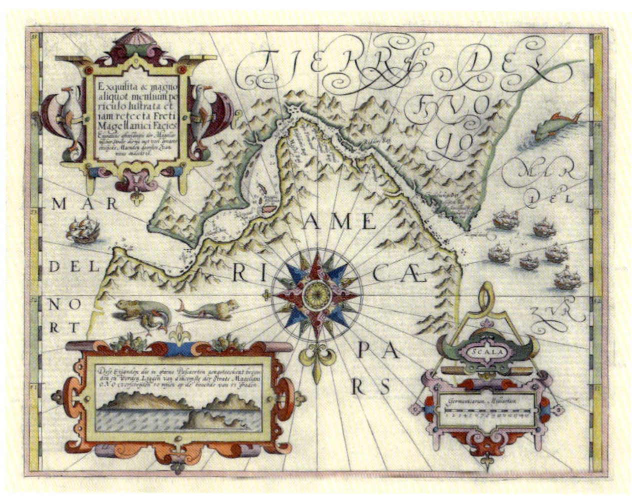

1519–1521 Weltumseglung durch Ferdinand Magellan (1480–1521)

1543 *Nikolaus Kopernikus* (1473–1543) veröffentlicht »De revolutionibus orbium coelestium«

um 1590 *Galileo Galilei* (1564–1642) untersucht den freien Fall und die **Pendelbewegung**

um 1595 Bau eines Mikroskops durch *Hans* und *Zacharias Janssen* (ca. 1580–1640)

17. Jahrhundert

1608 *Johannes Lippershey* (1570–1619) stellt das Fernrohr vor

1609 *Johannes Kepler* (1571–1630) veröffentlicht »Astronomia nova« (1. und 2. Kepler'sches Gesetz)

1611 Entwicklung des Linsenfernrohrs mit Okular durch *Johannes Kepler* (1571–1630)

1615 *Fausto Veranzio* (1551–1617) führt den **Tretradkran mit Sprossenrad** ein

um 1617 *John Napier* (1550–1617) erfindet die **Rechenstäbe**

1618	*Beginn des 30jährigen Kriegs (»Prager Fenstersturz«)*
1620	*Cornelis Drebbel* (1572–1633) konstruiert ein Unterseeboot
1623	Mechanische **Rechenmaschine** von *Wilhelm Schickard* (1592–1635)
um 1635	Erfindung der **Drehkranzlenkung**
1645	*Blaise Pascal* (1623–1662) stellt seine mechanische **Rechenmaschine** öffentlich vor
1656	*Christiaan Huygens* (1629–1695) konstruiert eine **Pendeluhr**
1657	*Otto von Guericke* (1602–1686) weist den Luftdruck nach
1665	Mit der »Micrographia« begründet *Robert Hooke* (1635–1703) die Mikroskopie
um 1670	*Christiaan Huygens* (1629–1695) erfindet die **Unruh**
um 1670	*Robert Hooke* (1635–1703) erfindet die **Ankerhemmung**
1672	Spiegelteleskop von *Isaac Newton* (1642–1726)
1673	**Staffelwalze** für mechanische Rechenmaschinen von *Gottfried Wilhelm Leibniz* (1646–1716)
um 1685	Konstruktion einer **Knicklenkung** durch *Stephan Farfler* (1633–1689)

1689	*Verabschiedung der Declaration of Rights – Beginn des britischen Parlamentarismus*
1690	*Denis Papin* (1647–1712) meldet seine **atmosphärische Kolbenmaschine** zum Patent an
1698	*Thomas Savery* (1650–1715) patentiert die **kolbenlose Dampfpumpe**

18. Jahrhundert

1712	entwickelt *Thomas Newcomen* (1663–1729) die erste funktionsfähige **Kolben-Wärmekraftmaschine**
1714	*Henry Mill* (ca. 1683–1771) erhält ein Patent für eine Schreibmaschine
1720	In einer Äquationsuhr verwendet *Joseph Williamson* (16??–1725) ein **Differenzialgetriebe**
1730	*John Hadley* (1682–1744) und *Thomas Godfrey* (1704–1749) entwickeln unabhängig voneinander den **Sextanten**
1740	*Leonhard Euler* (1707–1783) untersucht die **Massenträgheit**
1759	*John Harrison* (1693–1776) revolutioniert die Navigation mit seinem **Schiffschronometer** (Gangfehler unter 0,03 Sekunden)
Um 1765	Erfindung der Neigungswaage durch *Philipp Matthäus Hahn* (1739–1790)
1769	*James Watt* (1736–1819) erhält ein Patent auf seine erheblich verbesserte **Dampfmaschine**
1774	**Rechenmaschine** von *Philipp Matthäus Hahn* (1739–1790)
1781	Patentierung des von *William Murdoch* (1754-1839) erfundenen Umlaufgetriebes (**Wattsches Stirnrad-Planetengetriebe**)

1776	*Unterzeichnung der amerikanischen Unabhängigkeitserklärung*
1783	Den Gebrüdern *Joseph* (1740–1810) und *Jacques Montgolfier* (1745–1799) gelingt der erste Flug eines Heißluftballons
1783	*Claude François Jouffroy d'Abbans* (1751–1832) baut ein funktionsfähiges Dampfschiff
1785	*Edmond Cartwright* (1743–1823) patentiert den mechanischen Webstuhl

1789	*Beginn der französischen Revolution (Sturm auf die Bastille)*
1792	*Claude Chappe* (1763–1805) entwickelt den **Flügeltelegrafen**
um 1799	Batterie (Volta'sche Säule) von *Alessandro von Volta* (1745–1827)

19. Jahrhundert

1804 *Richard Trevithick* (1771–1833) konstruiert die Dampflokomotive

1804 *Krönung von Napoleon Bonaparte (1769–1821) zum Kaiser Frankreichs*

1805 *Joseph-Marie Jacquard* (1752–1834) entwickelt den automatischen Webstuhl

1807 *Robert Fulton* (1765–1815) baut den **Schaufelraddampfer**

1809 *Thomas von Sömmering* (1755–1830) konstruiert einen **elektrolytischen Telegrafen**

1814 *Joseph von Fraunhofer* (1787–1826) entwickelt das Spektroskop

1816 *Georg Lankensperger* (1779–1847) erhält ein bayerisches Privileg für seine **Achsschenkellenkung**

1816 *Robert Stirling* (1790–1878) entwickelt den Stirling-Motor

1817 Erfindung des **Laufrads** (Draisine) durch *Karl Freiherr von Drais* (1785–1851)

1818 *Rudolf Ackermann* (1764–1834) patentiert im Auftrag von Lankensperger die **Achsschenkellenkung** in England

1819 Entdeckung des **Elektromagnetismus** durch *Hans Christian Ørsted* (1777–1851)

1820 Entwicklung des **Galvanometers** zur Messung des elektrischen Stroms durch *Johann Schweigger* (1779–1857)

1820 *Michael Faraday* (1791–1867) erfindet das **Prinzip des Elektromotors**

1822	Vorstellung des **Barlow-Rads**, des ersten elektromagnetischen Antriebs, durch *Peter Barlow* (1766–1862)
1824	Entwicklung des **Elektromagneten** mit Eisenkern von *William Sturgeon* (1783–1850)
1826	*Joseph Nicéphore Niépce* (1765–1833) gelingt die erste **Fotografie** mit einer Camera Obscura
1826	*Georg Simon Ohm* (1789–1854) entdeckt das Ohm'sche Gesetz
1830	*Barthelemy Thimonnier* (1793–1857) baut eine funktionsfähige Nähmaschine
1831	*Michael Faraday* (1791–1867) gelingt der Nachweis der **elektromagnetischen Induktion**
um 1833	**Nadeltelegraf** von *Baron Paul Schilling von Cannstadt* (1786–1837)
1833	**Nadeltelegraf** von *Carl Friedrich Gauß* (1777–1855) und *Wilhelm Eduard Weber* (1804–1891)
1834	*Moritz Hermann von Jakobi* (1801–1874) baut den ersten funktionsfähigen **Elektromotor**
1835	*William Bridges Adams* (1797–1872) erhält ein Patent auf die **Knicklenkung**
1835	*James Bowman Lindsay* (1799–1862) erfindet die Glühlampe
1837	Erfolgreicher Einsatz des **Nadeltelegrafen** von *Carl August von Steinheil* (1801–1870) in München
1837	*Charles Wheatstone* (1802–1875) und *William Fothergill Cooke* (1806–1879) patentieren einen **Fünf-Nadel-Telegrafen**
1837	*Thomas Davenport* (1802–1851) erhält ein Patent für seinen **Elektromotor**
1837	*Samuel Finley Breese Morse* (1791–1872) gelingt die **elektronische Nachrichtenübermittlung** und entwickelt das **Morsealphabet**
1838	*Christian Friedrich Schönbein* (1799–1868) entdeckt das Prinzip der Brennstoffzelle
1840	*Samuel Finley Breese Morse* (1791–1872) erhält ein Patent für seinen **Morsetelegrafen**
1841	Patent für die **elektrische Uhr** von *Alexander Bain* (1811–1877)
1843	*Alexander Bain* (1811–1877) erhält ein Patent auf einen Vorläufer des Bildfax-Geräts
1843	*Friedrich Gottlob Keller* (1816-1895) erfindet das Holzschliff-Papier

1844 **Erste Telegrafenlinie** von *Samuel Finley Breese Morse* (1791–1872) zwischen Baltimore und Washington

1847 *Werner von Siemens* (1816–1892) erhält ein Patent für seinen verbesserten **Zeigertelegrafen**

1848 Karl Marx (1818–1883) und Friedrich Engels (1820–1895) veröffentlichen das Kommunistische Manifest

1850 *Jean Bernard Léon Foucault* (1819–1868) misst die Lichtgeschwindigkeit

1852 *Johann Georg Halske* (1814–1890) entwickelt das **Schrittschaltwerk**

1861 *Philipp Reis* (1834–1874) erfindet das Telefon

1863 *Niklaus Riggenbach* (1817–1899) baut eine Zahnradbahn

1865 Der **Internationale Morsecode** wird standardisiert

1866 Inbetriebnahme des ersten **Transatlantik-Telegrafenkabels**

1867 Entdeckung des **dynamoelektrischen Prinzips** durch *Werner von Siemens* (1816–1892) und *Charles Wheatstone* (1802–1875).

1868 Erstes Dampf-Motorrad von *Sylvester Howard Roper* (1823–1896)

1869 *Philipp Moritz Fischer* (1812–1890) erfindet ein Fahrrad mit Tretkurbel

1869 *Wilhelm Julius Foerster* (1832–1921) initiiert die Aufstellung der ersten **Normaluhr** mit genormter Uhrzeit in Berlin

1873 Entwicklung präzise berechneter optischer Mikroskope durch *Ernst Abbe* (1840–1905) für *Carl Zeiss* (1816–1888)

1874 *Gustav Wilhelm von Achenbach* (1847–1911) entwirft den ersten **Hubschrauber mit Heckrotor**

1876 Erster einsetzbarer Viertakt-Verbrennungsmotor von *Nicolaus August Otto* (1832–1891)

1877	*Thomas Alva Edison* (1847–1931) patentiert den Phonographen
1878	*Amédée Bollée* (1844–1917) patentiert die **Achsschenkellenkung** zum zweiten Mal (für seinen Dampfwagen)
1878	*Pafnuti Lwowitsch Tschebyscheff* (1821–1894) konstruiert eine **Rechenmaschine mit kontinuierlichem Übertrag**
1879	*Eadweard Muybridge* (1830–1904) erfindet das **Zoopraxiskop,** einen Vorläufer des Filmprojektors
1883	*Paul Nipkow* (1860–1940) entwickelt eine spiralförmig gelochte Scheibe (Nipkow-Scheibe) zur Bildabtastung
1885	*Gottlieb Daimler* (1834–1900) entwickelt das erste von einem Verbrennungsmotor angetriebene Motorrad
1886	Dreirädriger **Motorwagen** von *Carl Benz* (1844–1929)
1887	*Emil Berliner* (1851–1929) erfindet die Schallplatte und das Grammophon
1887	*Paul Winand* patentiert die Zündkerze
1888	*Heinrich Hertz* (1857–1894) entdeckt die **elektromagnetischen Wellen**
1889	*Gustave Eiffel* (1832–1923) stellt den Pariser Eiffelturm fertig
1891	*Jesse Reno* (1861–1947) erfindet die Rolltreppe
1891	Rekord-Gleitflug von *Otto Lilienthal* (1848–1896)
1893	*Carl Benz* (1844–1929) patentiert die **Achsschenkellenkung** zum dritten Mal (für seinen Motorwagen)
1893	*Rudolf Diesel* (1858–1913) erfindet den Dieselmotor
1895	Erfindung der Nabenschaltung durch *Seard Thomas Johnson*
1895	*Guglielmo Marconi* (1974–1937) gelingt die drahtlose Telegrafie
1895	Für die Brüder Lumière entwickelt *Jules Carpentier* (1851–1921) den **Kinematografen**
1895	*Wilhelm Conrad Röntgen* (1845–1923) entdeckt die Röntgenstrahlen
1896	**Filmprojektor** mit **Maltesergetriebe** von *Oskar Messter* (1866–1943)

20. Jahrhundert

1901 Erster motorisierter Flug von *Gustav Weisskopf* (1874–1927) in Bridgeport

1901 Patent für die erste **Gleiskette** von *Alvin Orlando Lombard* (1856–1937)

1902 Entwicklung einer Dreigang-Nabenschaltung durch *William Reilly* (1866–1950)

1903 Die Brüder *Orville* (1871–1948) und *Wilbur Wright* (1867–1912) bauen ein motorisiertes Flugzeug

1904 *Benjamin Holt* (1849–1920) konstruiert ein funktionierendes **Raupenfahrwerk**

1904 *Christian Hülsmeyer* (1881–1957) erfindet das **Radar**

1907 Erster anerkannter **Hubschrauberflug** von *Paul Cornu* (1881–1944)

1911 *Friedrich Wilhelm Gustav Bruhn* (1853–1927) erhält ein Patent auf das erste Taxameter

1912 Zyklische Blattverstellung für Hubschrauberrotoren (**Taumelscheibe**) von *Jakob Christian Ellehammer* (1871–1946)

1913 *Alexander Brehm* (1880–1952) patentiert das **Echolot**

1913 *Henry Ford* (1863–1947) führt die Fließbandfertigung ein

1914 *Wilhelm Oskar Barnack* (1879–1936) entwickelt die erste **Kleinbildkamera**

1914 Beginn des Ersten Weltkriegs

1915 U-Boot-Ortung mit dem von *Paul Langevin* (1872–1946) entwickelten **Sonar**

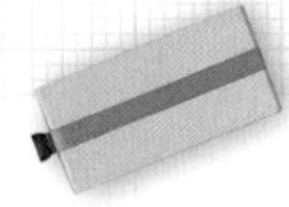

1915	*Dagobert Müller von Thomamühl* (1880–1956) baut ein funktionsfähiges Luftkissenboot

1917	*Oktoberrevolution in Russland*
1918	Patent für die erste **Synchronuhr** von *Henry Ellis Warren* (1872–1957)
1927	*Warren Alvin Marrison* (1896–1980) entwickelt die erste **Quarzuhr**
1928	*Fritz Pfleumer* (1881–1945) erhält ein Patent für das Tonband
1930	*Manfred von Ardenne* (1907-1997) erfindet das Fernsehen
1931	Entwicklung des Elektronenmikroskops durch *Ernst Ruska* (1906–1988)
1933	*Machtergreifung Adolf Hitlers (1889–1945)*
1934	*Hermann Kemper* (1892–1977) patentiert die Magnetschwebebahn
1936	Erster steuerbarer **Hubschrauber** von *Henrich Focke* (1890–1979)
1938	*Walter Hans Schottky* (1886–1976) entwickelt die Halbleiterdiode
1938	*Otto Hahn* (1879–1968) und *Fritz Straßmann* (1902–1980) gelingt die Kernspaltung
1939	Erstes funktionierendes Strahltriebwerk von *Hans Joachim Pabst von Ohain* (1911–1998)
1939	*Igor Ivanowitsch Sikorsky* (1889–1972) baut den ersten flugfähigen **Heckrotor-Hubschrauber**
1939	*Beginn des Zweiten Weltkriegs*
1941	Universell programmierbarer Computer von *Konrad Zuse* (1910–1995)

1942 *Enrico Fermi* (1901–1954) konstruiert den ersten Kernreaktor

1945 Erfindung des Mikrowellenherds durch *Percy LeBaron Spencer* (1894-1970)

1945 Ende des Zweiten Weltkriegs

1948 Erfindung des Transistors durch *William B. Shockley* (1910–1989), *John Bardeen* (1908–1991) und *Walter H. Brattain* (1902–1987)

1949 Erste **Atomuhr** am *National Bureau of Standards*

1956 *Rudolf Hell* (1901–2002) erfindet das Faxgerät

1958 *Jack Kilby* (1923–2005) erfindet den Integrierten Schaltkreis (IC)

1960 Der erste funktionstüchtige Laser wird von *Theodore Maiman* (1927–2007) vorgestellt

1960 *Lou Ottens* (*1926) entwickelt die optische Laserdisk (CD-Vorläufer)

1961	*Der Russe Juri Gagarin (1934–1968) fliegt als erster Mensch in den Weltraum*
1963	Erfindung der Digitalkamera durch *David Paul Gregg* (1923–2001)
1965	*Artur Fischer* (1919–2016) erfindet die **fischertechnik**

Bildnachweise

Alle in der folgenden Übersicht nicht aufgeführten Abbildungen sind Werke der Autoren.

Kapitel 1: Der Flaschenzug

Abb. 1: Entwurfszeichnung von *Filippo Brunelleschi* (1377–1446), ca. 1419, gemeinfrei.

Abb. 2: *Brockhaus' Kleines Konversations-Lexikon*, fünfte Auflage, Band 1. Leipzig 1911, gemeinfrei.

Abb. 3, 16, 18: Theodor Beck: *Beiträge zur Geschichte des Maschinenbaus*, Springer 1899, gemeinfrei.

Abb. 5: Leonardo da Vinci: *Codice Atlantico*, Fol. 32, gemeinfrei.

Abb. 6: Aus: fischertechnik: *Bauanleitung Grundkasten*, 1966, mit freundlicher Genehmigung der Fischer-Werke.

Abb. 8: Aus: fischertechnik: *Bauanleitung Universal*, 1997, mit freundlicher Genehmigung der Fischer-Werke.

Abb. 10: Aus: fischertechnik: *Das Abenteuer-Bau-Buch*, 1985, mit freundlicher Genehmigung der Fischer-Werke.

Abb. 11, 12: Grafik von Prolineserver, CC BY 2.5, Wikipedia.

Abb. 14: Aus: Lueger, Otto: *Lexikon der gesamten Technik und ihrer Hilfswissenschaften*, Bd. 2 Stuttgart, Leipzig 1905, gemeinfrei.

Kapitel 2: Das Getriebe

Abb. 1: Foto aus dem Winter 1900/1901, unbekannter Fotograf, gemeinfrei, Wikimedia commons.

Abb. 2: Foto von Marsyas, CC BY 2.5, Wikipedia.

Abb. 3: Conrad Matschoß: *Geschichte des Zahnrads*, VDI, Berlin, 1940, gemeinfrei.

Abb. 5: Theodor Beck: *Beiträge zur Geschichte des Maschinenbaus*, Springer, Berlin, 1899, gemeinfrei.

Abb. 6: Foto von Klaus Grewe mit freundlicher Genehmigung.

Abb. 10: Aus: L. Nix, W. Schmidt: *Herons von Alexandria Mechanik und Katoptrik*, Teubner, Leipzig, 1900, S. 148, Fig. 35, gemeinfrei.

Abb. 11: Leonardo da Vinci: *Codex Madrid I.1, f. 36v*, gemeinfrei.

Abb. 18: Wikimedia Commons, Datei: Antikythera_Mechanism.svg, gemeinfrei.

Kapitel 3: Das Differenzialgetriebe

Abb. 3: Onésiphore Pecqueur: *Pour un chariot à vapeur*, Patent erteilt am 25.4.1828, http://www.car-d.fr

Abb. 4, 5, 8: James White: *A New Century of Inventions*, Leech and Chatham, London, 1822, gemeinfrei.

Abb. 18: George Lanchester: *The Yellow Emperor's South Pointing Chariot*, The China Society, London, 1947, gemeinfrei, archive.org.

Abb. 24: Franz Reuleaux: *Das Buch der Erfindungen, Gewerbe und Industrien*, Band 2, 8. Auflage, Spamer, Berlin, 1885, gemeinfrei, archive.org.

Kapitel 4: Die Uhr

Abb. 3: Frederick J. Britten: *Old Clocks and Watches & their Makers*, 2. Auflage, B. T. Batsford, London 1904, gemeinfrei, archive.org.

Abb. 5: Foto von Sandstein, gemeinfrei, Wikimedia Commons.

Abb. 6: Philippe Joseph Trassaert, *Portrait of John Harrison* nach Thomas Kings Gemälde von 1767, Mezzotint-Tiefdruck 1768, gemeinfrei, Wikipedia.

Abb. 7: National Institute of Standards and Technology, gemeinfrei, Wikimedia Commons.

Abb. 8: Aus: B. Thorpe (Hrsg.): *Watch and Clock Escapements*, The Keystone, Philadelphia, 1904, gemeinfrei.

Abb. 10: Aus: Frederick J. Britten: *Old Clocks and Watches & their Makers*, 2. Auflage, B. T. Batsford, London 1904, gemeinfrei, archive.org.

Abb. 11: Aus: Robert A. Milikan, Henry G. Gale: *Practical Physics*, Ginn, Boston, 1920, gemeinfrei, Wikipedia.

Abb. 12: Aus: Christiaan Huygens: *Horologium Oscillatorium*, 1673, gemeinfrei, Wikipedia.

Abb. 13: Aus: George H. Abott: *American Watchmakers and Jeweler*, George Hazlitt & Co., Chicago, 1898, S. 19, gemeinfrei, Wikipedia, Ausschnitt.

Abb. 15: Foto von Chris Burke, gemeinfrei, Wikipedia.

Abb. 17: Tafel I, Uhren in *Meyers großes Konversationslexikon*, 6. Auflage, Band 19, Leipzig, 1909, gemeinfrei, archive.org.

Abb. 18: Aus: Ward L. Goodrich: *The Modern Clock*, Hazlitt & Walker, Chicago 1905, S. 137, gemeinfrei, archive.org.

Kapitel 5: Das Planetarium

Abb. 1: Holzstich aus dem Mittelalter, erste bekannte Reproduktion in Camille Flammarions *L'atmosphère: météorologie populaire* (1888), gemeinfrei, Wikipedia.

Abb. 2: Armillarsphäre, ICV No 25526, Wellcome Library, London, wellcomeimages.org, CC BY 4.0, Ausschnitt.

Abb. 4: Abbildung von Wolfgang Rieger, gemeinfrei, Wikipedia.

Abb. 9: Foto der Prager Rathausuhr von Andrew Shiva, Namensnennung, Wikipedia, Ausschnitt.

Abb. 16: Foto der astronomischen Uhr der Nürnberger Frauenkirche von Andreas Praefcke, Namensnennung, Wikimedia Commons, Ausschnitt.

Abb. 21: Aus: Johannes de Dondis, *Planetarium: opus de fabrica horarii magistralis*, MS 248, Wellcome Library London, wellcomeimages.org, CC BY 4.0, Ausschnitt.

Abb. 22: Sowjetische Briefmarke, gemeinfrei, Wikipedia.

Abb. 23: Aufzeichnungen von Galileo Galilei aus dem Jahr 1609/1610, University of Michigan Library, CC BY 4.0, Ausschnitt.

Abb. 25: Jan van Rossums Portrait von Joan Willemsz. Blaeu, 1663, Amsterdam Museum, http://hdl.handle.net/11259/collection.38972, gemeinfrei, Ausschnitt.

Abb. 27: Conrad Melpergers Portrait von Wilhelm Schickard, 1632, gemeinfrei, Universität Tübingen, Wikipedia, Fotograf Herbert Klaeren.

Abb. 28: Mechanical Paradox von James Ferguson in *Select Mechanical Exercises*, 1773, gemeinfrei, entnommen *Geared to the Stars* von Henry C. King und John R. Milburn, University of Toronto Press, Toronto, 1978.

Abb. 30: Jovilabium von Ole Rømer aus *Lexicon Technicum*, vol. 1, London 1704, gemeinfrei, entnommen *Geared to the Stars* von Henry C. King und John R. Milburn, University of Toronto Press, Toronto, 1978.

Abb. 32: *A Philosopher Giving a Lecture at the Orrery*, Mezzotint-Tiefdruck von William Pether nach einem Gemälde von Joseph Wright of Derby aus dem Jahr 1768, Iconographic Collection 485285i, Wellcome Library London, wellcomeimages.org, CC BY 4.0.

Abb. 33: Radierung von Benjamin Martin, ICV No 25150, Wellcome Library London, wellcomeimages.org, CC BY 4.0.

Abb. 34: Walther Bauersfeld: *Vorrichtung zum Projizieren von Gestirnen auf eine kugelförmige Projektionswand*, DE-Patent Nr. 391036, 1922.

Abb. 36: Venusphasen 2004, VT 2004-Programm des ESO, Fotograf: Statis Kalyves, http://www.eso.org/public/outreach/eduoff/vt-2004, Namens- und Programmnennung.

Kapitel 6: Die Rechenmaschine

Abb. 3, 10, 13: Fotografiert im Bonner Arithmeum mit freundlicher Genehmigung.

Abb. 7: Reproduktion einer Skizze von Wilhelm Schickard aus dem Jahr 1623, gemeinfrei, Wikipedia.

Abb. 11: *Oeuvres de Blaise Pascal*, Chez Detune, La Haye, 1779, gemeinfrei, Wikipedia.

Abb. 12: Aus: Gottfried Wilhelm Leibniz: *Machina arithmetica*, 1685, gemeinfrei, history-computer.com.

Abb. 15, 16: Aus: V. G. von Bool,: *Tschebyscheffs Arithmometer* (Russisch), 1894, gemeinfrei, tcheb.ru.

Kapitel 7: Der Sextant

Abb. 1: Ptolemäus und Astronomia aus *Margarita philosophica* von Gregor Reisch, Schott, Freiburg i. Brsg. 1503, Fol. 18v VII, i, 1, Wellcome Library, London, wellcomeimages.org, CC BY 4.0.

Abb. 2: Edmund Gunter 1624, ICV No 25530T und ICV No 25531T, Wellcome Library London, wellcomeimages.org, CC BY 4.0.

Abb. 3: Kupferstich von R. Penny 1806, ICV No 25529, Wellcome Library London, wellcomeimages.org, CC BY 4.0.

Abb. 4: Captain Hubert A. Paton (USS LYDONIA) mit Sextant, 1929, theb2180, NOAA's Historic Coast & Geodetic Survey (C&GS) Collection, gemeinfrei, Ausschnitt.

Kapitel 8: Die Dampfmaschine

Abb. 1: Aus: Theodor Beck: *Leonardo da Vinci (1452–1519), vierte Abhandlung: codice atlantico*, Sonderabdruck aus der Zeitschrift des VDI, 1906, gemeinfrei.

Abb. 2: Aus: Artur Fischer: *Kleine Erfinder – große Ideen: Ein fischertechnik-Buch*, Modellanhang, 1972, mit freundlicher Genehmigung der Fischer-Werke.

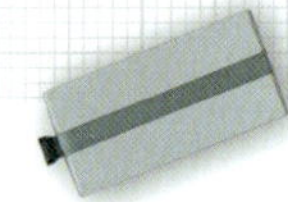

Abb. 3, 5, 6, 10, 11, 12, 19, 27, 31: *Meyers Großes Konversations-Lexikon*, 6. Auflage, 1905, gemeinfrei, http://www.zeno.org/Meyers-1905 und http://de.academic.ru/contents.nsf/meyers/.

Abb. 4: Aus: Luis Figuier: *Les Merveilles de la Science*, Paris, 1867, gemeinfrei.

Abb. 7: Aus: Conrad Matschoss: *Geschichte der Dampfmaschine*, Köln, 1901, gemeinfrei.

Abb. 8: Aus: William Dwight Whitney: *The Century Dictionary: An Encyclopedic Lexicon of the English Language*, New York, 1911, gemeinfrei.

Abb. 9: Aus: Artur Fürst: *Das Weltreich der Technik. Band 4: Lastenförderung, Kraftmaschinen, elektrischer Starkstrom*, Verlag Ullstein, 1927, gemeinfrei.

Abb. 13: Unbekannter Autor, gemeinfrei, Wikipedia.org.

Abb. 14: Gravur des britischen Science Museums, The British Railway Locomotive, H.M.S.O., 1958, gemeinfrei, Wikipedia.org.

Abb. 15, 16: Aus: fischertechnik: *Bauanleitung Festo-Pneumatik*, 1981, mit freundlicher Genehmigung der Fischer-Werke.

Abb. 17: James Watt: *Steam Engines*, GB-Patent No. 1321, 1781.

Abb. 26: James Watt: *Fire and Steam Engines*, GB-Patent No. 1432, 1784.

Kapitel 9: Die Achsschenkellenkung

Abb. 2: Artur Fürst: *Das Weltreich der Technik. Band 2: Der Verkehr auf dem Land*, Verlag Ullstein, 1924, gemeinfrei.

Abb. 4: Autor unbekannt, um 1890, gemeinfrei.

Abb. 6: Foto von Nicolas von Kospoth, Rekonstruktion des römischen Reisewagens im Römisch-Germanischen Museum in Köln, 2006, CC-BY 2.5, Wikipedia.org.

Abb. 9: Foto einer Kutsche der Wiener Lohnerwerke, Sammlung J.P. Adlbrecht, ca. 1895, gemeinfrei, Wikipedia.org.

Abb. 10: Prof. Dr. Ulrich Troitzsch, Prof. Dr. Wolfhard Weber: *Die Technik*, Georg Westermann Verlag, Braunschweig 1982, gemeinfrei.

Abb. 11: Zeichnung von Wilhelm Siegrist (1797–1843), 1817, gemeinfrei, Wikipedia.org.

Abb. 13: Autor unbekannt, gemeinfrei, Wikipedia.org.

Abb. 14: H. W. Laster, Steam Road Roller, US-Patent No. US 486481, 1892.

Abb. 15: Aus: fischertechnik: *Die Dampfwalze um 1920*, 1995, mit freundlicher Genehmigung der Fischer-Werke.

Abb. 17: Foto von Carl Benz' Motorwagen, Autor unbekannt, 1886, gemeinfrei.

Abb. 18: Foto des Stahlradwagens von Carl Benz und Wilhelm Maybach, Autor unbekannt, 1887, gemeinfrei.

Abb. 21: Rudolph Ackermann, GB-Patent No. GB 4212, 1818.

Abb. 23: Amédée Bollée, L'Obéissante, 1873, gemeinfrei.

Abb. 24: Amédée Bollée, La Mancelle, 1878, gemeinfrei, http://www.car-d.fr.

Abb. 25: Carl Benz: *Wagen-Lenkvorrichtung mit tangential zu den Rädern zu stellenden Lenkkreisen*, Deutsches Reichspatent Nr. 73515, 1894.

Abb. 29: Paul Nitz: *Wagengestell mit schwenkbaren Vorderschenkeln*, Deutsches Reichspatent Nr. 273634, 1912.

Kapitel 10: Der Elektromotor

Abb. 1: Aus: Michael Faraday: *Experimental Researches in Electricity*, Vol. 2, Plate 4, 1821, gemeinfrei.

Abb. 2, 4: Aus: Émile Alglave, J. Boulard: *The Electric Light*. D. Appleton, New York, 1884, gemeinfrei.

Abb. 3: Foto des Elektromagnetischen Rotors von Jedlik, Autor unbekannt, gemeinfrei, monoskop.org.

Abb. 5: Aus: Ernst Gerlach, Friedrich Traumüller: *Geschichte der Physikalischen Experimentierkunst*. Leipzig 1899, gemeinfrei.

Abb. 7: Aus: Julius Dub: *Die Anwendung des Elektromagnetismus*. 2. Auflage, Verlag Julius Springer, Berlin 1873, gemeinfrei.

Abb. 9: Thomas Davenport: *Electric Motor*, US-Patent No. 132, 1837.

Abb. 10: Aus: fischertechnik-Clubheft 1/1973, mit freundlicher Genehmigung der Fischer-Werke, Ausschnitt.

Abb. 16: Henry Warren: *Electric-Clock System*, US-Patent No. 1283431, 1918.

Kapitel 11: Der Telegraf

Abb. 1: Zeichnung von John Farey (1791–1851) aus Abraham Rees: *Cyclopaedia*, 1890, Plates Vol. IV, Telegraph, Fig. 4, gemeinfrei, archive.org und Wikipedia.org.

Abb. 2: Museum für Kommunikation Frankfurt, gemeinfrei.

Abb. 3: Aus: Hermann Kellenbenz: *Die historische Bedeutung der Telegraphenstation in Köln-Flittard*. In: Die Telegraphenstation Köln-Flittard. Eine kleine Geschichte der Nachrichtentechnik. Köln, 1973, Zeichnung ca. 1835, gemeinfrei, Wikipedia.org

Abb. 4, 5, 6, 7, 13, 14, 20, 22, 23: Ernst Feyerabend: *Der Telegraph von Gauss und Weber im Werden der elektrischen Telegraphie*. Reichspostministerium, Berlin 1933.

Abb. 8: Charles Wheatstone, William F. Cooke: *Improvements in giving signals and sounding alarms in distant places by means of electric currents transmitted through metallic cirquits*, GB-Patent No. 7390, 1837.

Abb. 9: Charles Wheatstone, William F. Cooke: *Improvement in the electro-magnetic Telegraph*, US-Patent No. 1622, 1842.

Abb. 10: Aus: Hugo Marggraff, *C. A. Steinheil und der erste Schreibtelegraph*, Die Gartenlaube 37/1887, gemeinfrei, Wikimedia Commons.

Abb. 11, 32: Artur Fürst: *Das Weltreich der Technik. Band 1: Telegraphie und Telephonie*, Verlag Ullstein, Berlin 1923, gemeinfrei.

Abb. 12: Aus: Hans Pieper: *Carl August von Steinheil, der vergessene Begründer der wissenschaftlichen Nachrichtentechnik*. In: Technikgeschichte, Nr. 4/1970 (Bd. 37).

Abb. 19: Foto des Zeigertelegrafen von Siemens, Unternehmensfoto, 1847, gemeinfrei.

Abb. 21: Daguerrotypie (Selbstportrait), ca. 1840, gemeinfrei, Library of Congress.

Abb. 24, 25, 26: Samuel F. B. Morse: *Telegraph Signs*. US-Patent No. 1647, 1840.

Abb. 28: Aus: *Meyers großes Konversationslexikon*, 6. Auflage, Band 19, Leipzig 1909, gemeinfrei, archive.org.

Abb. 29: Aus: Edward Lind Morse: *Samuel F. B. Morse: His Letters and Journals. Invention of the Telegraph*, Vol. II, Houghton Mifflin Company Boston and New York, 1914, gemeinfrei, archive.org.

Abb. 30: Aus: Julius Dub: *Die Anwendung des Elektromagnetismus*. 2. Auflage, Verlag Julius Springer, Berlin 1873, gemeinfrei.

Abb. 33: Briefmarke Burkina Faso, 1991, gemeinfrei.

Abb. 34: Aus: fischertechnik: *Ein Schreibgerät für Morsezeichen*, In: Anleitungsbuch Elektromechanik (em2), 1975, mit freundlicher Genehmigung der Fischer-Werke.

Abb. 35: Aus: fischertechnik: *Bauanleitung Morsegerät*, Club-Modell 1975–1, 1975, mit freundlicher Genehmigung der Fischer-Werke.

Abb. 36: Aus: fischertechnik: *Experimentierbuch Elektromechanik*, 1981, mit freundlicher Genehmigung der Fischer-Werke.

Kapitel 12: Die Normalzeit

Abb. 1: Foto von Waldemar Titzenthaler, Spittelmarkt Berlin, 1909, gemeinfrei, Wikimedia Commons.

Abb. 2: Aus: Julius Dub: *Die Anwendung des Elektromagnetismus*. 2. Auflage, Verlag Julius Springer, Berlin 1873, gemeinfrei.

Abb. 3, 4: *Meyers Großes Konversations-Lexikon*, 6. Auflage, Bd. 19, 1909, gemeinfrei.

Abb. 6: Physikalisch-Technische Bundesanstalt (PTB), CC-BY 3.0, Wikipedia.org.

Abb. 7: Wolfgang Hilbert: *Verfahren und Anordnung zur laufenden Übermittlung der Uhrzeit*, DE-Patent Nr. 1673793, 1970.

Abb. 8: Herbert Weidner, gemeinfrei, Wikipedia.org.

Abb. 9: Physikalisch-Technische Bundesanstalt (PTB), http://www.ptb.de.

Kapitel 13: Der Film

Abb. 1: Unbekannter Zeichner, um 1770, gemeinfrei.

Abb. 2: Aus: Athanasius Kircher: *Ars magna lucis et umbrae*, 1646, gemeinfrei.

Abb. 3: Library of Congress, City of Washington, 1893, gemeinfrei.

Abb. 4: William E. Lincoln: *Toy*, US-Patent No. 64117, 1867.

Abb. 5, 8: Charles Émile Reynaud: *Praxinoscope*, GB-Patent No. 4244, 1878.

Abb. 9: Foto von Joseph Nicéphore Niépce, 1826, gemeinfrei.

Abb. 10: Foto von Jacques Mandé Daguerre, 1838, gemeinfrei.

Abb. 11: Fotoserie von Eadweard Muybridge, 1878, gemeinfrei.

Abb. 12: Ottomar Anschütz: *Photographische Camera*, Deutsches Reichspatent Nr. 49919, 1888.

Abb. 13: Aus: Science, Vol. XV, No. 366, 1890, gemeinfrei.

Abb. 14: Foto eines Zoopraxiskops der Eadweard Mybridge Collection, Kingston Upon Thames Museum, 1870.

Abb. 15: Foto von unbekanntem Autor, Elektrotachyscop von 1891, gemeinfrei, http://www.ottomar-anschuetz.de.

Abb. 16: Ottomar Anschütz: *Projektions-Schnellseher (Elektrotachyscop)*, Deutsches Reichspatent Nr. 85791, 1894.

Abb. 17: Zeichnung (Autor unbekannt), ca. 1894, gemeinfrei, Wikipedia.org.

Abb. 18: Aus: *Le Cinématographe*, La Revue du Siècle, Mai-June 1897, gemeinfrei.

Abb. 19, 20: Auguste und Louis Lumiére: *Mechanisme servant à l'obtention et à la vision des* épreuves *chrono-photographiques*, CH-Patent No. 10034, 1895.

Abb. 21: Oskar Messter: *Mechanism for the Feeding of Kinematograph Films*, US-Patent No. 955840, 1909.

Kapitel 14: Das Raupenfahrzeug

Abb. 1: Alvin Lombard: *Logging-Engine*. US-Patent No. 674737, 1901.

Abb. 2, 6: Benjamin Holt: *Traction Engine*, US-Patent No. 874008, 1907.

Abb. 3: Unbekannter Fotograf, Holt & Co., 1915, gemeinfrei.

Abb. 4: Alain Gougaud: *L'Aube de la Gloire*, 1987, Foto vom Frühjahr 1915, gemeinfrei, Wikipedia.org.

Abb. 5: Unbekannter Fotograf, ca. 1918, gemeinfrei.

Abb. 7: Artur Fischer: *Toy Chain*, US-Patent No. 3879935, 1975.

Abb. 11: Aus: fischertechnik: *Bauanleitung XL Bulldozer*, 2010, mit freundlicher Genehmigung der Fischer-Werke.

Abb. 15: Rollin Henry White: *Tractor*, US-Patent No. 1253319, 1918.

Abb. 18: Preliminary Report N° 19: PzKw VI (Tiger), Military College of Science, School of Tank Technology, Chobham Lane, Chertsey, 1943, gemeinfrei.

Abb. 20: Lukas Zimmermann: *Power Transmission and Steering Control for Traction Devices*, US-Patent No. 2336912, 1943.

Abb. 23: Keith Glaesman et.al.: *Steer Drive for Tracked Vehicles*, US-Patent No. 7824289, 2010.

Abb. 27: Leonardo da Vinci: *Codice Atlantico*, Bl. 344, gemeinfrei.

Abb. 28: Foto aus der Detroit Publishing Co. Collection, 1909, gemeinfrei, Wikipedia Commons.

Kapitel 15: Das Radar

Abb. 1: Christian Hülsmeyer: *Verfahren, um entfernte metallische Gegenstände mittels elektrischen Wellen einem Beobachter zu melden*, Deutsches Reichspatent Nr. 165546, 1905.

Abb. 2: Robert Watson-Watt: *Improvements in and relating to Aerial Circuits for Wireless Telegraphy and other purposes*, GB-Patent No. 129336, 1919.

Abb. 3: Skizze von Arnold Wilkins, 1935, gemeinfrei.

Abb. 4: Foto von Joe Hendrick auf dem Flugzeugträger U.S.S. George Washington, 1996, gemeinfrei, Wikipedia.org, Ausschnitt.

Abb. 5: Alexander Behm: *Einrichtung zur Messung von Meerestiefen und Entfernungen und Richtungen von Schiffen oder Hindernissen mit Hilfe reflektierter Schallwellen*, Deutsches Reichspatent Nr. 282009, 1915.

Kapitel 16: Der Hubschrauber

Abb. 1: Leonardo da Vinci: *codex atlantico*, ca. 1483, gemeinfrei.

Abb. 3: Zeichnung, gemeinfrei, Wikipedia.org.

Abb. 4: Fotografie von *Félix Nadar* (1820–1910), 1863, gemeinfrei, Wikipedia.org.

Abb. 5: Unbekannter Fotograf, 1937, gemeinfrei.

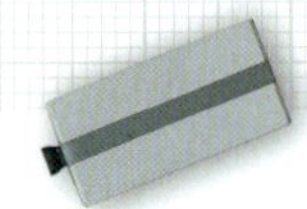

Abb. 6: Unbekannter Fotograf, 1941, gemeinfrei.

Abb. 7: Titelseite der Zeitschrift LIVE, 1943, gemeinfrei.

Abb. 8: Titelseite des TIME Magazine, 1953, gemeinfrei.

Abb. 9: Briefmarke US Airmail, 1988, gemeinfrei.

Abb. 12: Igor Sikorsky: *Direct Lift Aircraft*, US-Patent No. 1994488, 1935.

Abb. 15: Foto von Harald Steinhaus, mit freundlicher Genehmigung.

Zeitleiste

Abb. 1: Gemälde von *Friedrich Kaulbach* (1822–1903), Krönung Karls des Großen, 1861, gemeinfrei.

Abb. 2: Gemälde von *Pieter Bruegel dem Älteren* (ca. 1525–1569), Der Triumpf des Todes, um 1562, gemeinfrei, Wikipedia.org, Ausschnitt.

Abb. 3: Gemälde von *John Vanderlyn* (1775–1852), Landung von Columbus, 1847, gemeinfrei, Wikipedia.org.

Abb. 4: Karte von *Josse de Hondt* (1563–1612), Magellanstraße, 1606, gemeinfrei, Wikipedia.org.

Abb. 5: Gemälde von *Matthäus Merian dem Älteren* (1593–1650), Fenstersturz zu Prag 1618, 1632, gemeinfrei, Wikipedia.org.

Abb. 6: Gemälde von *Auguste Couder* (1790–1873), Zusammentritt der Generalstände in Versailles am 05.05.1789, 1839, gemeinfrei.

Abb. 7: Gemälde von *John Trumbull* (1756–1843), Unabhängigkeitserklärung, um 1816, gemeinfrei, Wikipedia.org, Ausschnitt.

Abb. 8: Gemälde von *Jean-Pierre Houël* (1735–1813), Sturm auf die Bastille, 1789, gemeinfrei, Wikipedia.org.

Abb. 9: Gemälde von *Jaques-Louis David* (1748–1825), Napoleon Bonaparte, 1812, gemeinfrei, Wikipedia.org.

Abb. 10: Foto von *John Jabez Edwin Mayall* (1813–1901), Karl Marx, 1875, gemeinfrei, Wikipedia.org.

Abb. 11: Foto von *Hermann Rex*, Sturmpanzerwagens A7V »Wotan«, 2018, gemeinfrei, Wikipedia.org.

Abb. 12: Foto von einer Demonstration in Minsk, unbekannter Fotograf, 1917, gemeinfrei.

Abb. 13: Luftaufnahme von Köln, unbekannter Fotograf, 1945, gemeinfrei.

Abb. 14: Foto von Juri Gagarin, unbekannter Fotograf, 1961, gemeinfrei.

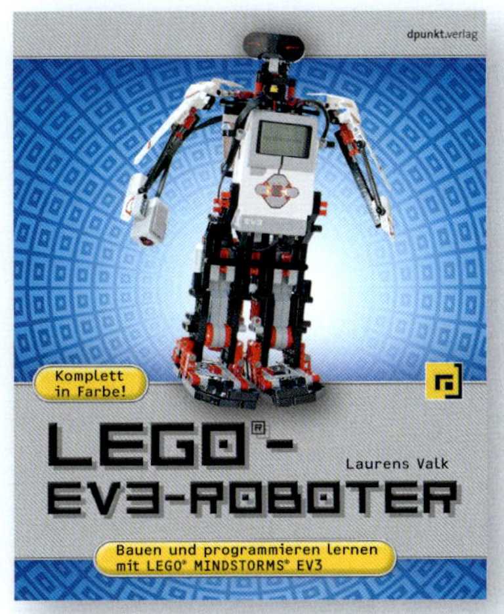

Laurens Valk

LEGO®-EV3-Roboter

Bauen und programmieren lernen mit LEGO® MINDSTORMS® EV3

2015, 394 Seiten,
komplett in Farbe, Broschur
€ 27,90 (D)
ISBN 978-3-86490-151-5

»LEGO Roboter« ist der ideale Einstieg in das EV3-Kit von LEGO. Bestseller-Autor und Robotik-Experte Laurens Valk vermittelt Dir die Grundlagen der Programmierung und Robotik, indem Du zunächst einen leistungsfähigen Roboter baust und programmierst, der sich bewegt und mit Sensoren auf seine Umwelt reagiert.

Danach lernst du, immer raffiniertere Roboter zu konstruieren wie den BRICK SORT3R (ein Roboter, der Ziegelsteine nach Farbe und Größe sortiert), den SNATCH3R (ein autonomer Roboter-Arm) und LAVA R3X (ein Humanoid, der läuft und spricht). Laurens Valk behandelt dabei fortgeschrittene Programmiertechniken wie Datenleitungen und Variable und zeigt, wie Du Programme zur Fernsteuerung erstellst. Mehr als 150 Entdeckungs- und Konstruktionsaufgaben werden Dich anregen, kreativ zu denken und eigene Roboter zu erfinden, bei denen Du das Gelernte anwenden kannst.

»Er (Valk) setzt nichts voraus, sondern erklärt alles, und er holt den Anfänger genau da ab, wo er gerade steht. (...) Eine besondere Stärke des Buches ist, dass der Autor seine Leser immer wieder einlädt, selber auf Entdeckungsreise zu gehen. Dafür streut er - je nach Thema - immer wieder kleine Aufgaben ins Buch (...) Eine weitere Stärke ist der geschickte Mix aus Theorie und Praxis. (...) Natürlich kommt er um Fachbegriffe nicht herum, aber er verliert sich nicht im ›Fachchinesisch‹. Das kann längst nicht jeder Fachmann (...) Laurens Valk ist so einer: den kann man weiterempfehlen!«

1000steine.de